Guy Séguier
Francis Labrique
Philippe Delarue

Électronique de puissance

Structures, commandes, applications

10e édition

DUNOD

Couverture © AudreyPS-istock.com

11 rue Paul Bert, 92240 Malakoff

www.dunod.com

ISBN 978-2-10-073866-3

Avant-propos

L'électronique de puissance est la partie du génie électrique qui traite des modifications de la présentation de l'énergie électrique. Pour cela elle utilise des convertisseurs statiques à semi-conducteurs. Grâce aux progrès sur ces composants et sur leur mise en œuvre, l'électronique de puissance a pris une importance considérable dans tout le domaine de l'électricité industrielle.

Dans l'étude de l'électronique de puissance, on peut distinguer trois aspects :

– L'étude des COMPOSANTS. À partir des propriétés du silicium, elle explique le fonctionnement des semiconducteurs, leurs caractéristiques, les limitations à respecter dans leur emploi, les conditions que doivent remplir les signaux de commande.

– L'étude des STRUCTURES. Elle montre comment ces composants insérés dans des circuits permettent de réaliser des convertisseurs statiques modifiant la présentation de l'énergie électrique. Elle est consacrée aux relations que ces convertisseurs établissent entre leurs grandeurs d'entrée et de sortie, à la caractérisation de ces grandeurs et des contraintes imposées aux composants.

– L'étude de la COMMANDE. À partir de la transformation à réaliser et de la dynamique souhaitée pour l'ensemble dans lequel intervient le convertisseur, elle indique comment élaborer les signaux de commande des semiconducteurs. On distingue d'ordinaire la commande rapprochée, c'est-à-dire la détermination des signaux appliqués aux électrodes de commande des semiconducteurs à partir des références assignées au convertisseur, et la commande proprement dite, c'est-à-dire l'élaboration de ces références.

Cet ouvrage est essentiellement consacré à l'étude des structures des convertisseurs et à leurs principales applications industrielles. Toutefois, pour faire le lien avec la physique des semiconducteurs, nous avons indiqué les fonctions remplies par les divers types de composants, les contraintes qui leur sont imposées et la façon de réduire ces contraintes. D'autre part, pour faire le lien avec l'automatique industrielle, nous montrons comment les composants sont commandés à partir des références et, dans l'examen des principales applications, comment ces références sont élaborées.

▶ Les performances des composants ne cessent de s'améliorer, en raison notamment de l'application aux courant forts des procédés de fabrication de la microélectronique. L'emploi de la microinformatique permet d'élaborer des commandes de plus en plus sophistiquées. L'électronique de puissance est une technique qui évolue extrêmement vite. La comparaison entre la présente édition de cet ouvrage et la première, parue en 1974, montre le chemin parcouru. Il a même semblé indispensable d'apporter d'importantes modifications à l'édition précédente parue en 2011.

Pour que cette édition prenne en compte les plus récents progrès techniques et pédagogiques, j'ai demandé à deux collègues, enseignants et directeurs de recherche, de se joindre à moi.

▶ Nous avons continué à présenter l'électronique de puissance sous forme d'un COURS.

Après deux chapitres de rappels, l'un sur les composants, l'autre sur les signaux, nous avons consacré un chapitre à chacune des quatre fonctions de base :

- les hacheurs,
- les onduleurs,
- les redresseurs,
- les gradateurs.

Nous avons ensuite consacré un important chapitre à l'utilisation de ces montages dans les variateurs électroniques de vitesse avant de compléter notre présentation de l'électronique de puissance par l'étude :

- des alimentations à découpage,
- des onduleurs et alimentations à résonance,
- des convertisseurs matriciels,
- des convertisseurs modulaires multiniveaux.

Nous avons tenu à conserver à cet ouvrage des proportions réduites sans recourir à une densité excessive. Cela n'a pas été facile car l'introduction de ce qui est nouveau nécessite la suppression de ce qui est moins usité.

La lecture de ce cours ne nécessite pas de connaissances préalables autres que celles que possède, en mathématiques et en physique générale, tout étudiant de l'enseignement supérieur scientifique ou technique.

Nous espérons que, comme par le passé, ce travail sera utile à tous ceux qui ont à apprendre, à enseigner ou à utiliser l'électronique de puissance.

Avril 2015, G.S.

Table des matières

Chapitre 1

Introduction

Entre l'électrotechnique et l'électronique s'est développée, depuis la deuxième moitié du XXe siècle, une nouvelle technique, l'électronique de puissance, parfois appelée à ses débuts l'électronique des courants forts.

La mise au point de semiconducteurs, diodes, thyristors et transistors au silicium, ou au carbure de silicium, permettant le contrôle de courants et de tensions importants a donné un essor considérable à cette nouvelle technique, au point d'en faire aujourd'hui une des disciplines de base du génie électrique.

Avant d'aborder l'étude de l'électronique de puissance, il importe d'en dégager la principale caractéristique, de montrer les particularités qui en résultent et de situer le domaine de ses applications.

1.1. L'ÉLECTRONIQUE DE PUISSANCE NE PEUT ÊTRE QU'UNE ÉLECTRONIQUE DE COMMUTATION

Le domaine de l'électronique concerne toutes les applications liées à l'utilisation des composants « actifs », semi-conducteurs ou tubes à vide.

▶ *L'électronique analogique* permet de générer ou de traiter une grandeur électrique, courant ou tension, dont les caractéristiques (amplitude, phase, fréquence...) sont porteuses d'une information.

Elle utilise les composants dans leur zone de fonctionnement linéaire en modulant leur chute de tension. Cette chute de tension est à l'origine de pertes importantes fournies par une alimentation auxiliaire.

► *L'électronique numérique*, qui a permis l'essor de l'informatique, est, comme la précédente, une électronique du signal. Elle utilise des composants semiconducteurs pour réaliser la fonction interrupteur ; elle traite des grandeurs électriques à deux niveaux (généralement zéro et la tension d'alimentation) correspondant aux deux états d'une variable booléenne ; l'information est codée en binaire. Le grand nombre de composants utilisés, les tensions et les courants résiduels ainsi que les fréquences de commutation élevées sont ici encore à l'origine de pertes fournies par une alimentation auxiliaire.

► *L'électronique de puissance* permet la *conversion statique de l'énergie électrique* entre une source et un récepteur qui n'ont pas des caractéristiques adaptées. Par exemple, lorsqu'on désire alimenter les moteurs synchrones triphasés de traction d'un métro à partir du rail alimenté en continu, on doit convertir la tension continue du rail en un système triphasé de tensions alternatives d'amplitude et de fréquence variables. Cette modification est assurée par un convertisseur statique.

Comme les puissances en jeu peuvent être importantes, la notion de rendement est essentielle car plus les pertes sont grandes plus elles sont difficiles à évacuer et plus elles sont onéreuses. Pour limiter les pertes il faut travailler en commutation : *le composant de base est le semiconducteur travaillant en commutation*.

Statiquement, le semiconducteur de puissance joue un rôle analogue à celui d'un interrupteur mécanique :

- fermé ou passant, il laisse passer le courant en provoquant le moins de chute de tension possible ;
- ouvert ou bloqué, il ne laisse passer qu'un courant de fuite négligeable malgré la tension appliquée à ses bornes.

On présente d'ailleurs souvent le principe des convertisseurs statiques avec des schémas à interrupteurs mécaniques.

Dans un convertisseur statique, pour obtenir les grandeurs de sorties souhaitées, on agit à l'aide des interrupteurs à semiconducteurs sur les connexions entre la source d'énergie électrique et le récepteur, on provoque ainsi un hachage des grandeurs à leurs accès, grandeurs nécessitant d'ordinaire un filtrage.

1.2 LE FONCTIONNEMENT EN COMMUTATION CONDUIT À DES MODES DE CALCUL ET DE RAISONNEMENT PARTICULIERS

1.2.1 Nature des régimes permanents

Suivant que les semiconducteurs utilisés dans un montage sont passants ou bloqués, les connexions qu'ils établissent se modifient et le schéma équivalent diffère. En régime établi de fonctionnement, ce schéma retrouve *périodiquement* la même configuration.

Le passage d'un semiconducteur de l'état conducteur à l'état bloqué, ou inversement, caractérise le début d'un *régime transitoire* car le circuit est modifié.

Le fonctionnement permanent d'un montage à semiconducteurs de puissance est une suite périodique de régimes transitoires.

1.2.2 Procédés de calcul

On a l'habitude en électrotechnique ou en électronique analogique de travailler avec des circuits en régime sinusoïdal, d'où l'emploi courant des procédés de calcul propres aux courants sinusoïdaux et le recours fréquent au principe de superposition ou à ses conséquences.

En électronique de puissance, on ne peut utiliser systématiquement les mêmes méthodes pourtant si commodes.

L'importance des puissances en jeu conduit en outre à attacher une attention particulière à la précision des résultats numériques. Il faut éviter :

- les approximations trop hâtives ou trop intuitives,
- l'application des procédés de calcul des circuits linéaires en régime permanent.

Puisque nous aurons à traiter de régimes transitoires se renouvelant de façon périodique, il nous a semblé utile d'effectuer quelques rappels sur :

- *les régimes transitoires*
- *les grandeurs périodiques non sinusoïdales*

1.2.3 Procédé d'étude d'un montage à semiconducteurs

Pour étudier le *fonctionnement en régime permanent* d'un montage à semiconducteurs, il faut d'abord *décrire* ce fonctionnement, c'est-à-dire *identifier* l'évolution des diverses variables pendant les phases successives d'une période (chaque phase correspond à la configuration que donne au montage l'état, passant ou bloqué, de ses semiconducteurs).

▶ Le passage d'une phase à l'autre d'un montage à semiconducteurs correspond au changement d'état d'un ou plusieurs interrupteurs. Ce changement peut être

- *commandé* : l'interrupteur réagit à un signal de commande à la fermeture ou à l'ouverture, qui intervient à l'instant imposé par l'utilisateur.
- *spontané* : l'interrupteur s'ouvre au passage par zéro du courant qui le traverse ou se ferme au passage par zéro de la tension à ses bornes. Ces passages par zéro sont imposés par l'évolution des variables d'état dans la configuration étudiée et ne sont donc pas imposés par l'utilisateur.

▶ Lorsque tous les changements d'état d'un montage sont commandés, l'étude *analytique* peut généralement être menée sans trop de difficulté car la durée de chaque phase est imposée.

Lorsqu'apparaissent des changements d'état spontanés, il peut être nécessaire d'avoir recours à des méthodes *numériques* pour la résolution d'équations implicites.

▶ Dans la plupart des programmes de simulation numérique, on modélise les semiconducteurs par des résistances de très faible ou de très forte valeur suivant qu'ils sont passants ou bloqués. On résout les équations différentielles par intégration numérique. À l'issue de chaque pas de calcul, on adapte si nécessaire la valeur des résistances qui représentent les semiconducteurs en fonction de la polarité du courant qui les traverse ou de la tension à leurs bornes et/ou des signaux de commande qui leur sont appliqués. On effectue éventuellement une interpolation pour déterminer avec précision l'instant où une commutation spontanée a lieu.

Si la simulation numérique permet de décrire le fonctionnement de n'importe quel montage électronique de puissance, en régime permanent ou transitoire, les résultats obtenus ne sont valables que pour le jeu de valeurs données aux divers éléments du montage. Aussi cette simulation se prête-t-elle mal à une étude générale des propriétés des convertisseurs.

Une étude générale, telle celle présentée dans le présent ouvrage, repose sur des simplifications judicieuses permettant de déterminer *de manière analytique* les propriétés fondamentales des différents montages et d'en assurer le dimensionnement.

1.3 L'ÉLECTRONIQUE DE PUISSANCE : TECHNIQUE DES MODIFICATIONS DE PRÉSENTATION DE L'ÉNERGIE ÉLECTRIQUE

1.3.1 Les principales fonctions

Dans un montage électronique de puissance, la puissance moyenne qui sort est, aux pertes près, celle que fournit la source reliée à l'entrée. Les « interrupteurs » permettent de modifier la présentation de cette puissance. Cela explique les principales « transformations » ou fonctions de base rencontrées en électronique de puissance.

Après deux chapitres de rappels,

- l'un sur les SEMICONDUCTEURS DE PUISSANCE, INTERRUPTEURS, COMMUTATIONS *(Chapitre 2)*,
- l'autre sur les SIGNAUX DE L'ÉLECTRONIQUE DE PUISSANCE *(Chapitre 3)*, nous affecterons un chapitre à chacune des fonctions de base.

Les deux premières fonctions étudiées utilisent des convertisseurs entièrement commandés, c'est-à-dire où toutes les commutations sont commandées. Ces convertisseurs alimentés en continu fonctionnent à la fréquence imposée par l'utilisateur, ils sont donc susceptibles de fonctionner en modulation de largeur d'impulsions.

- Les HACHEURS *(Chapitre 4)* assurent la *conversion continu-continu*. Placés entre une source de courant continu et un récepteur de courant continu, ils permettent de faire varier la tension aux bornes de celui-ci.
- Les ONDULEURS *(Chapitre 5)* assurent la *conversion continu-alternatif*. Alimentés en courant continu, ils délivrent une ou plusieurs tensions alternatives. On peut faire varier la fréquence des tensions alternatives et, dans le cas le plus fréquent de la commande en modulation de largeur d'impultions, la valeur de ces tensions.

Les deux chapitres suivants traitent de convertisseurs partiellement commandés : des deux commutations, ouverture et fermeture, une seule est commandée ; l'autre est spontanée et se produit, sans pertes, au passage par zéro du courant dans l'interrupteur ou de la tension à ses bornes. Ce mode de fonctionnement est bien adapté aux convertisseurs alimentés par le réseau alternatif qui assure périodiquement ces passages par zéro.

- Les REDRESSEURS *(Chapitre 6)* assurent la *conversion alternatif-continu*. Ils permettent, à partir d'un ensemble de tensions alternatives, d'obtenir une tension continue ou redressée. S'ils utilisent des thyristors, ils permettent de faire varier le rapport de transformation alternatif-continu. Dans les redresseurs à diodes, toutes les commutations sont spontanées mais on ne peut agir sur la valeur du rapport de transformation.

- Les GRADATEURS (*Chapitre* 7) assurent la *conversion alternatif-alternatif*. Ils permettent de faire varier le courant débité par une source alternative donnée dans un récepteur donné. À la limite, ils jouent le rôle d'interrupteurs statiques.

1.3.2 Les variateurs de vitesse

Les quatre fonctions de base de l'électronique de puissance, que nous venons d'énumérer, trouvent leurs applications dans tous les domaines d'utilisation de l'électricité, c'est-à-dire dans toutes les industries.

Toutefois, il est un type particulier d'emplois qui, de par son importance et sa spécificité, nécessite un développement particulier. Il s'agit des VARIATEURS DE VITESSE. Nous verrons au *chapitre 8* comment les différents montages étudiés dans les chapitres 4 à 7 permettent de faire fonctionner à vitesse variable les principaux types de machines électriques : moteurs à courant continu, moteurs à courant alternatif synchrones ou asynchrones.

1.3.3 Autres convertisseurs. Autres applications

Les *chapitres 9, 10 et 11* présentent des structures de conversion qui n'ont pas fait l'objet des chapitres 4 à 7 mais dont l'examen est nécessaire pour avoir une vue d'ensemble des convertisseurs de l'électronique de puissance.

• Le *chapitre 9* est consacré à une autre application des hacheurs ; il s'agit des **alimentations à découpage**.

• Le *chapitre 10* complète l'étude des onduleurs par celle des **onduleurs à résonance** et de leur utilisation dans les **alimentations à résonance**.

• Le *chapitre 11* traite de convertisseurs dont le développement est relativement récent, les **convertisseurs matriciels** et les **convertisseurs modulaires multiniveaux**.

Chapitre 2

Semiconducteurs de puissance. Interrupteurs. Commutations

L'électronique de puissance utilise des semiconducteurs fonctionnant en « interrupteurs ». Un « interrupteur » peut être formé par un seul semiconducteur ou par un groupement en série ou en parallèle de plusieurs semiconducteurs.

Avant d'aborder l'étude des principaux montages de l'électronique de puissance, il est nécessaire :

• de rappeler les caractéristiques des semiconducteurs de puissance et d'indiquer comment on peut les associer pour obtenir des « interrupteurs » ayant des caractéristiques données,

• de préciser comment les « interrupteurs » peuvent commuter d'un état (ouvert ou fermé) à l'autre (fermé ou ouvert) lorsqu'ils sont insérés dans un montage.

2.1 RAPPELS SUR LES INTERRUPTEURS À SEMI-CONDUCTEURS

Pour montrer le rôle qu'un « interrupteur » peut remplir, on indique (figure 2.1*a*) dans le plan [tension v aux bornes - courant i traversant l'interrupteur] :

- les branches de caractéristiques où il peut travailler,
- les changements de branches qu'il peut assurer.

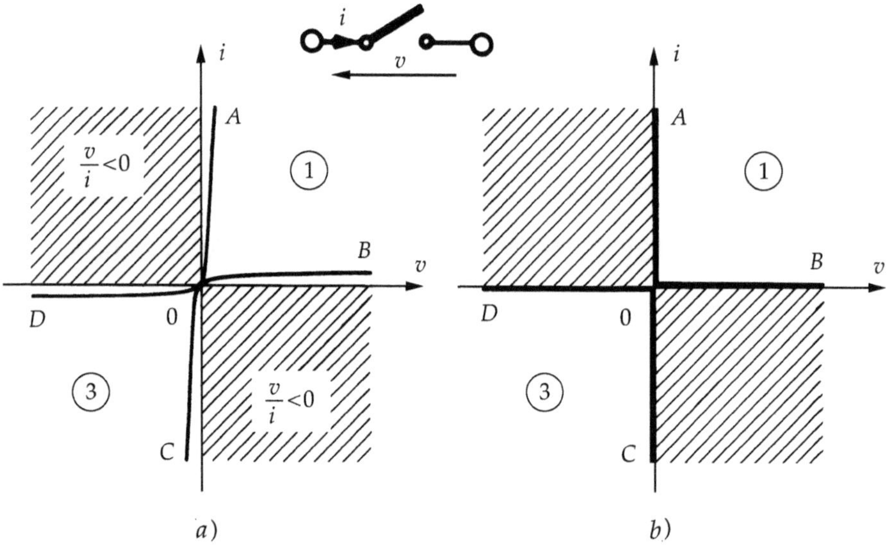

Figure 2.1

▶ Un interrupteur semi-conducteur, comme un interrupteur mécanique, équivaut à une résistance :

- très faible lorsqu'il est fermé,
- très forte lorsqu'il est ouvert,

mais toujours positive. Son point de fonctionnement ne peut se situer que dans les quadrants 1 et 3 du plan [v, i] où v/i est positif. Le passage de l'un de ces quadrants à l'autre ne peut se faire qu'en passant par le point O.

La faible tension qu'on trouve à ses bornes lorsqu'il est fermé est appelée *chute directe de tension*.

Le faible courant qui le traverse lorsqu'il est bloqué s'appelle *courant de fuite*.

▶ Puisqu'un interrupteur statique fonctionne par tout ou rien, en dehors des commutations, son point de fonctionnement ne peut se déplacer que sur les *branches* ou *segments* suivants :

- *OA*, fermé avec un courant direct ($i > 0$, $v > 0$ très faible),
- *OB*, ouvert avec une polarisation directe ($v > 0$, $i > 0$ très faible),
- *OC*, fermé avec un courant inverse ($i < 0$, $v < 0$ très faible),
- *OD*, ouvert avec une polarisation inverse ($v < 0$, $i < 0$ très faible).

▶ On caractérise un interrupteur statique par :

- l'ensemble des segments que comporte sa caractéristique $v - i$; on distingue ainsi les interrupteurs deux segments, trois segments et quatre segments,
- la ou les façons dont s'opèrent les passages de l'état fermé à l'état ouvert ou le passage inverse. La *commutation* est *spontanée* ou *naturelle* si le changement résulte de l'évolution naturelle du courant et de la tension aux bornes sous l'action du circuit dans lequel l'interrupteur est inséré. La *commutation* est *forcée* si le passage résulte d'une action de commande sur l'interrupteur.

▶ En première approximation, lors d'une étude simplifiée des circuits, on suppose les *interrupteurs parfaits* :

- chute de tension directe nulle,
- courant de fuite nul,
- durée des commutations nulle.

Les branches des caractéristiques statiques deviennent des segments de droites confondus avec les axes (figure 2.1*b*).

2.1.1 Interrupteurs à deux segments

Lorsque la caractéristique $v - i$ d'un interrupteur ne comporte que deux segments, l'un correspond à l'état fermé (branche *OA* ou *OC*) et l'autre à l'état ouvert (*OB* ou *OD*), ces segments appartenant ou non au même quadrant.

a) Diode

Un interrupteur dont les deux segments sont dans des quadrants différents du plan $v - i$ est un interrupteur non commandé. Il réalise la fonction *diode*.

La diode est un composant à deux électrodes, l'anode *A* et la cathode *K*, sans électrode de commande. Son fonctionnement, lui, est totalement imposé par le circuit dans lequel elle est insérée.

Quand ce circuit tend à faire passer un courant dans le sens direct ou perméable, c'est-à-dire de *A* vers *K*, la diode est conductrice ou passante.

Quand ce circuit applique une tension négative ou inverse à ses bornes, la diode est bloquée ou isolante.

La figure 2.2 montre le symbole représentatif de la diode et les deux segments de sa caractéristique statique simplifiée. Le passage d'un segment à l'autre, dans un sens ou dans l'autre, s'effectue nécessairement par le point O ; les commutations sont spontanées.

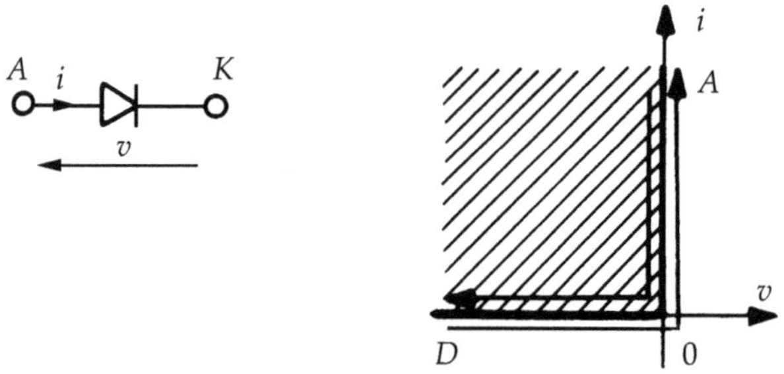

Figure 2.2

> **Remarque**
>
> En raison du comportement asymétrique de ce composant, inverser simultanément le sens de référence de v et de i fait passer la représentation de sa caractéristique dans le plan $v - i$ des segments OA et OD aux segments OC et OB.

b) Transistor de puissance

Un interrupteur dont les deux segments appartiennent au même quadrant du plan $v - i$ (par exemple OA et OB) réalise la *fonction transistor*.

C'est un interrupteur commandé. Les deux segments de sa caractéristique ne se distinguent plus par un changement de polarité du courant et de la tension. Le segment sur lequel se trouve le point de fonctionnement doit être fixé par un signal de commande via un accès de commande :

- le signal de commande *ON* fixe le point de fonctionnement sur la branche OA, l'interrupteur est fermé,
- le signal de commande *OFF* fixe le point sur OB, l'interrupteur est ouvert.

Un transistor comporte donc trois bornes, deux bornes de puissance entre lesquelles il remplit la fonction interrupteur et une borne auxiliaire qui forme avec une borne de puissance l'accès de commande.

▶ La figure 2.3 représente la caractéristique $v - i$ d'un transistor. La figure 2.4 montre les symboles utilisés pour représenter les différents types de transistors.

Dans le transistor bipolaire classique (figure 2.4*a*) et l'IGBT (*Insulated Gate Bipolar Transistor*) (figure 2.4c), l'accès de puissance est formé par le collecteur C

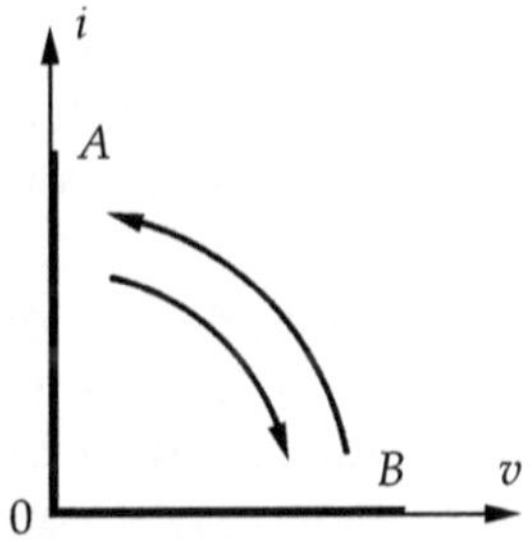

Figure 2.3

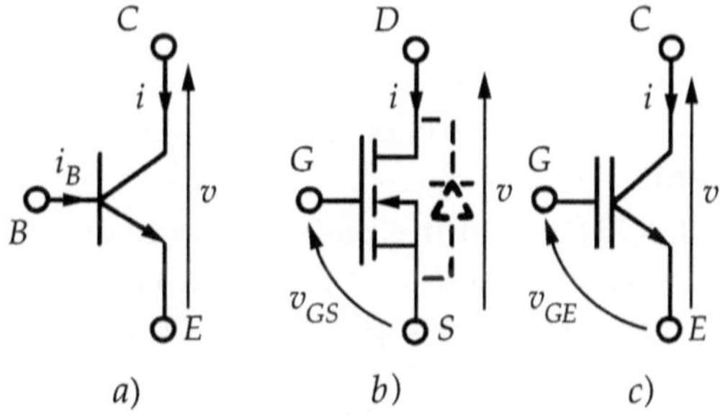

Figure 2.4

et l'émetteur E, l'accès de commande par la base B et l'émetteur ou par la grille G et l'émetteur.

Dans le transistor MOSFET (*Metal Oxyde Semiconductor Field Effect Transistor*), schématisé figure 2.4b, le circuit de puissance est relié au drain D et à la source S, le circuit de commande est branché entre la grille G et la source.

▶ Le transistor bipolaire utilise une *commande en courant*. Si on injecte dans le circuit base-émetteur un courant de commande i_B suffisant, le transistor se comporte comme un interrupteur fermé (segment OA). Si on impose à i_B une valeur nulle l'interrupteur est ouvert (segment OB).

Les transistors MOSFET et IGBT ont une *commande en tension*. Le circuit entre grille et source ou entre grille et émetteur se comporte comme une capacité qu'il faut charger ou décharger. Une tension v_{GS} ou v_{GE} négative ou nulle maintient le point de fonctionnement sur la branche OB. En donnant à v_{GS} ou v_{GE} une valeur positive suffisante, on fait passer ce point sur la branche OA.

Lors du changement du signal de commande (courant i_B ou tensions v_{GS} ou v_{GE}), le point de fonctionnement s'écarte brièvement des branches OA et OB. Pour passer de l'une à l'autre, il décrit dans le plan $v - i$ une trajectoire qui dépend des caractéristiques du circuit dans lequel le transistor est inséré. Ce passage (voir section 2.2.3) entraîne des pertes par commutation significatives au niveau du composant.

Remarque

– *Le transistor bipolaire*, qui a beaucoup contribué au développement des convertisseurs de moyenne puissance est maintenant supplanté par l'IGBT. Nous ne l'avons cité que pour mémoire.

– *Le transistor MOSFET* offre de meilleures performances en termes de vitesse de commutation et donc permet de réduire les pertes par commutation. Il est malheureusement limité en puissance car on ne peut réaliser un composant apte à tenir une tension élevée à l'état bloqué tout en présentant une faible chute de tension à l'état passant. Un MOSFET fort courant doit être un composant basse tension et inversement.

À noter que, par sa structure même, un MOSFET de puissance comporte une diode inverse (représentée en traits interrompus sur la figure 2.4b), ce qui en fait naturellement un interrupteur trois segments réversible en courant.

– *L'IGBT* ne souffre pas de l'inconvénient du MOSFET ; sa chute de tension directe est faible même si son calibre en tension est élevé. À la mise en conduction, le comportement de l'IGBT s'écarte peu de celui du MOSFET. En revanche, au blocage par retour rapide à zéro de la tension v_{GE}, le courant i traversant le composant reste transitoirement à une valeur sensiblement supérieure à la valeur normale de son courant de fuite. Ce phénomène de courant de queue (*tail current*) augmente d'une façon significative les pertes au blocage.

2.1.2 Interrupteurs trois segments réversibles en tension

La caractéristique $v - i$ d'un interrupteur trois segments réversible en tension comporte :

- la branche OA à l'état passant,
- les branches OB et OD à l'état bloquant.

Il permet de combiner des commutations commandées entre les segments OB et OA et des commutations spontanées entre les segments OA et OD.

a) Thyristor

La figure 2.5 donne le symbole représentatif du thyristor et montre les trois segments de sa caractéristique.

Un thyristor comporte trois bornes : l'anode A et la cathode K, entre lesquelles il joue le rôle d'interrupteur, et la gâchette G qui forme avec la cathode l'accès de commande.

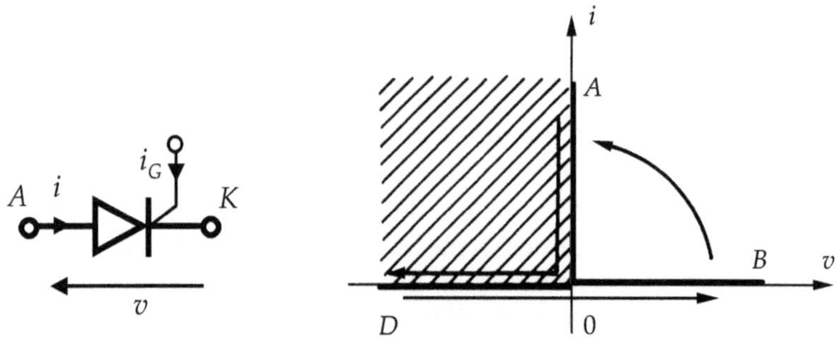

Figure 2.5

▶ En l'absence de signal de commande (c'est-à-dire à courant i_G nul), le composant, bloqué lorsque la tension v est négative (branche *OD*), le reste si v devient positive (branche *OB*).

▶ Lorsque la tension v est positive, on peut passer de *OB* à *OA* en envoyant un courant de commande i_G positif. La fermeture de l'interrupteur s'effectue donc par injection d'un courant de commande comme pour le transistor. Mais, dès que le courant i dépasse une certaine valeur appelée « courant d'accrochage », le composant se verrouille à l'état passant et on peut supprimer la commande sans entraîner un retour sur la branche *OB*.

▶ Le retour à l'état bloquant ne peut s'opérer que de manière spontanée par passage de la branche *OA* à la branche *OD*. Le point de fonctionnement doit ensuite se maintenir sur cette branche pendant un temps suffisant, appelé temps de désamorçage, pour que le thyristor reste bloqué quand la tension v redevient positive.

Remarque

– Si on applique un courant de commande à la gâchette alors que la tension v à ses bornes est négative, le thyristor reste bloqué. Dès que la tension v cesse d'être négative, le thyristor s'amorce comme une diode.

Ce mode de fonctionnement est à éviter car la présence d'un courant de gâchette, alors que v est négatif, augmente le courant de fuite et donc les pertes.

– Certains thyristors prévus pour fonctionner avec une diode en parallèle inverse (voir 2.1.3a) sont *asymétriques*. Ils ne peuvent supporter une tension inverse.

b) GTO

Le thyristor GTO (*gate turn-off*), souvent appelé simplement GTO, est un semi-conducteur dont la *fermeture* et l'*ouverture* peuvent être commandées par la gâchette.

Son symbole représentatif (figure 2.6) est le même que celui du thyristor ordinaire, si ce n'est qu'un tiret perpendiculaire à la connexion de gâchette signifie que le courant injecté dans le circuit gâchette-cathode peut être positif ou négatif.

▶ L'amorçage commandé du GTO (passage de *OB* à *OA*) est similaire à celui du thyristor classique. Toutefois, après amorçage, il est nécessaire de maintenir le courant de gâchette à une valeur légèrement positive pour assurer une bonne répartition du courant au sein du composant.

▶ Le blocage spontané par passage de la branche *OA* à la branche *OD* s'opère comme pour le thyristor classique si ce n'est qu'à partir du passage par le point *O*, il faut annuler le courant de gâchette, sinon on aurait un net accroissement du courant de fuite.

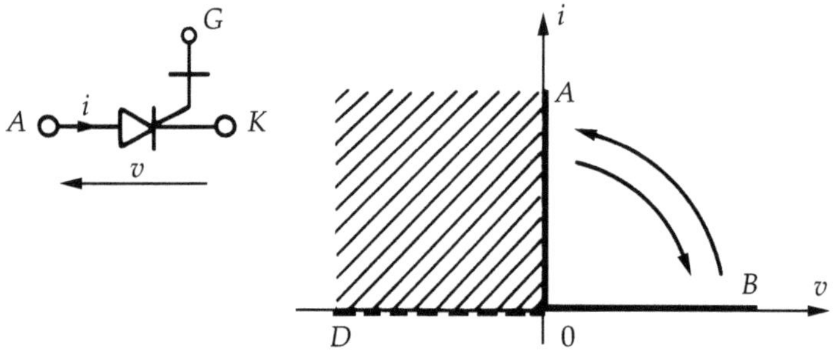

Figure 2.6

▶ On peut réaliser un blocage commandé du GTO passant grâce à une forte impulsion négative du courant de gâchette, de l'ordre de 20 à 30 % du courant i à couper. Ce n'est possible qu'à condition de limiter la vitesse de remontée de la tension v aux bornes grâce à un *snubber* capacitif dont on trouvera le schéma à la figure 2.28. En fin de commutation, le courant i est encore non négligeable et ne continue à décroître qu'assez lentement (courant de queue).

Ce phénomène de traînage du courant à l'ouverture entraîne un accroissement notable des pertes par commutation. De plus, il impose de conserver un temps minimum entre un ordre d'ouverture et l'ordre de fermeture suivant. Il faut en effet que le courant de queue se soit annulé avant de pouvoir réamorcer sans danger le GTO.

Remarque

– Certains GTO sont asymétriques et ne peuvent supporter une tension négative à l'état bloqué (d'où le tracé en traits interrompus de la branche OD sur la figure 2.6). Leur comportement est alors similaire à celui d'un transistor de puissance.

– Tant en raison de leur faible vitesse de commutation qu'en raison de la complexité de leur circuit de commande, les GTO ne s'emploient qu'en très forte puissance lorsque les calibres en tension et en courant dépassent ceux qu'on peut atteindre avec des transistors de puissance.

c) Association d'un transistor et d'une diode

On peut également réaliser un interrupteur trois segments réversible en tension en associant en série une diode et un transistor (figure 2.7).

La commande (*ON-OFF*) du transistor permet d'assurer le passage de *OB* à *OA* et le passage inverse lorsque v et i sont positifs.

• Lorsqu'une commande *ON* est appliquée au transistor, c'est la diode qui fixe l'état de l'interrupteur : il est passant si v est positif, il reste bloqué si v est négatif.

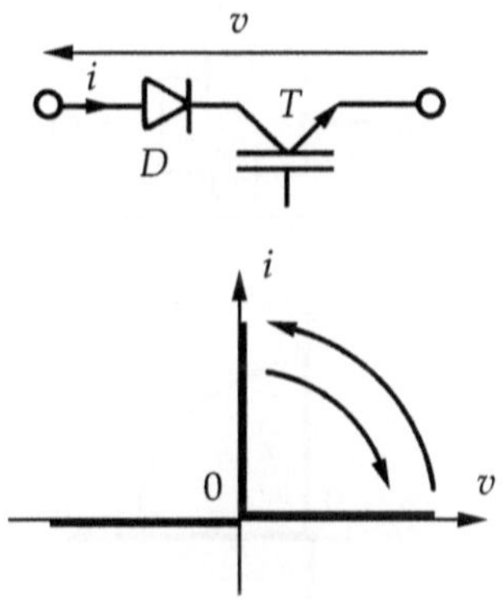

Figure 2.7

• Lorsqu'on applique une commande *OFF* au transistor, le composant est ou reste bloqué quel que soit le signe de v.

> **Remarque**
>
> – Il existe maintenant des IGBT réversibles en tension (*Reverse Blocking IGBT*) qui constituent des interrupteurs trois segments réversibles en tension sans nécessiter l'addition d'une diode en série.
>
> – Si on n'autorise la commande du transistor à le faire passer de l'état *OFF* à l'état *ON* que si la tension v est positive, et si on oblige ensuite cette commande à rester *ON* tant que le courant i est positif, puis à revenir à zéro lorsque le point de fonctionnement passe du segment OA au segment OD suite à une inversion de v et i, alors on simule parfaitement le comportement d'un thyristor. Ceci évite de subir les limitations intrinsèques au thyristor : vitesse de commutation peu élevée et nécessité de respecter un temps de blocage.

2.1.3 Interrupteurs trois segments réversibles en courant

a) Thyristor à conduction inverse RCT

Le thyristor RCT (*Reverse Conducting Thyristor*) résulte de la mise en parallèle inverse d'une diode et d'un thyristor asymétrique (figure 2.8).

On peut commander la fermeture de l'interrupteur lorsqu'il est bloqué avec une tension v positive à ses bornes en commandant l'amorçage du thyristor. Celui-ci conduit tant que le courant i est positif. Lorsque i devient négatif, la diode conduit et le thyristor se bloque par annulation du courant qui le traverse.

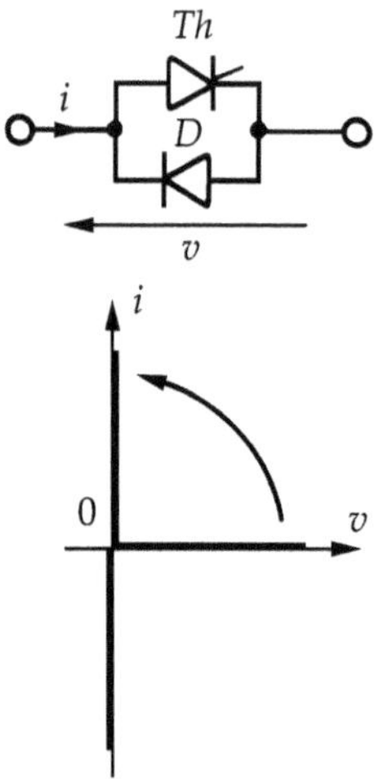

Figure 2.8

Lorsque le courant dans la diode s'annule, l'interrupteur est ouvert avec une tension v positive à ses bornes.

b) Association d'un transistor et d'une diode

En associant en parallèle inverse un transistor et une diode (figure 2.9), on obtient un interrupteur qui peut effectuer des commutations commandées entre *OA* et *OB* lorsque v et i sont positifs, des commutations spontanées entre *OB* et *OC* si la commande du transistor est à l'état *OFF*. On passe naturellement du segment *OA* au segment *OC* et inversement, si la commande du transistor est à l'état *ON* au moment du changement de polarité de i.

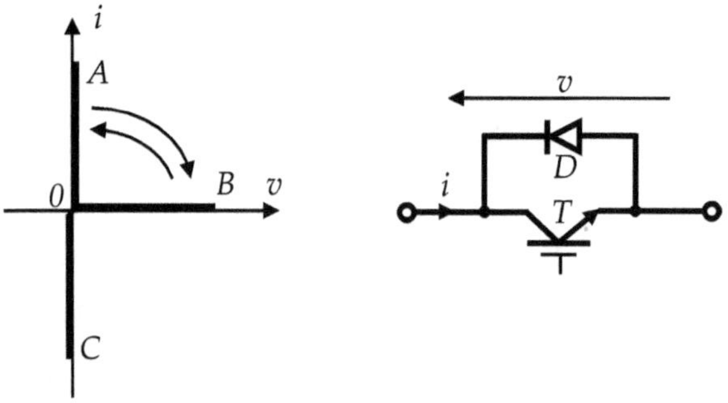

Figure 2.9

Le thyristor dual correspond à un fonctionnement particulier de cet interrupteur. La fermeture spontanée est obtenue par mise en conduction de la diode (passage de *OB* à *OC*) et le retour à l'état bloqué est commandé par le transistor quand i est devenu positif (passage de *OA* à *OB*) (figure 2.10*b*). Ceci implique que la commande du transistor soit passée de *OFF* à *ON* dès que la diode s'est amorcée pour permettre le passage de *OC* à *OA* lorsque i change de polarité.

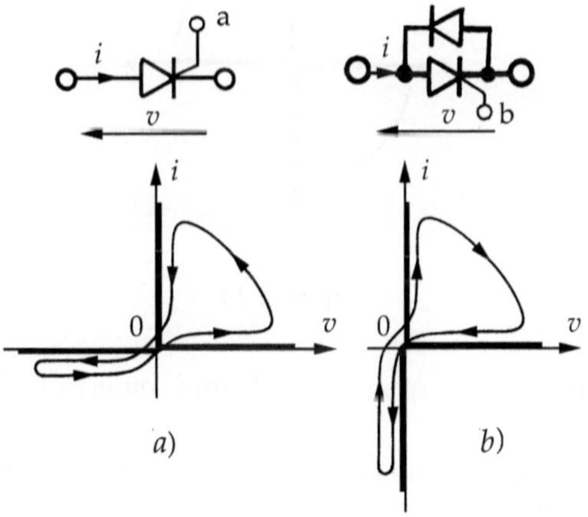

Figure 2.10

L'appellation « thyristor dual » vient de ce que la trajectoire du point de fonctionnement ainsi obtenue se déduit de celle du thyristor classique (figure 2.10*a*) à condition de remplacer i par v, v par i, amorçage commandé par blocage commandé.

> **Remarque**
>
> L'association d'un GTO et d'une diode en parallèle inverse a un fonctionnement identique à celui d'un transistor et d'une diode.

2.1.4 Interrupteurs quatre segments

▶ On obtient un interrupteur quatre segments dont *seuls les amorçages sont commandés* en associant en anti-parallèle deux thyristors symétriques (figure 2.11).

En faible puissance, on peut remplacer les deux thyristors par un seul composant, *le triac,* dont la gâchette unique permet l'amorçage dans les deux sens.

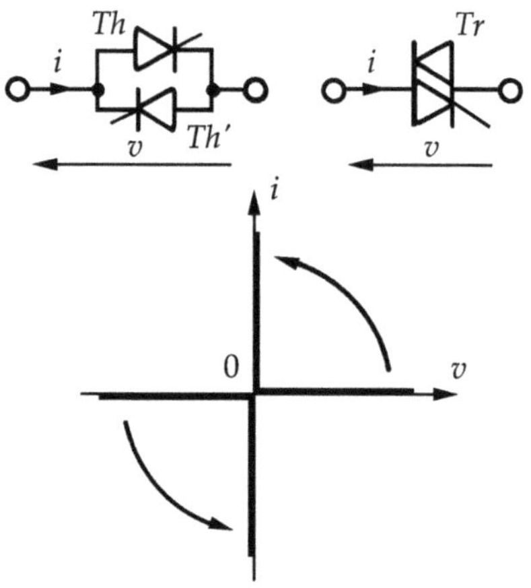

Figure 2.11

▶ On obtient un interrupteur quatre quadrants *commandable à l'ouverture et à la fermeture* (figure 2.12) :

• soit en connectant en série deux interrupteurs 3 segments réversibles en courant montés en sens inverse,

• soit en connectant en parallèle inverse deux interrupteurs 3 segments réversibles en tension.

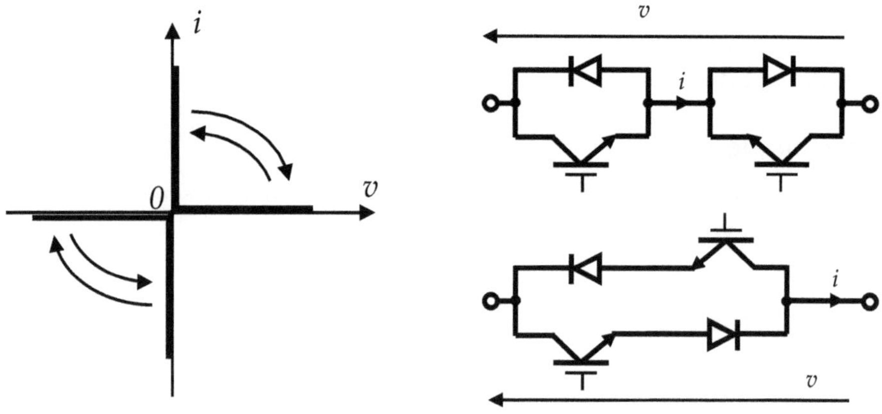

Figure 2.12

On peut remplacer les groupements à deux transistors et deux diodes par un groupement à un transistor et quatre diodes montées en pont (figure 2.13).

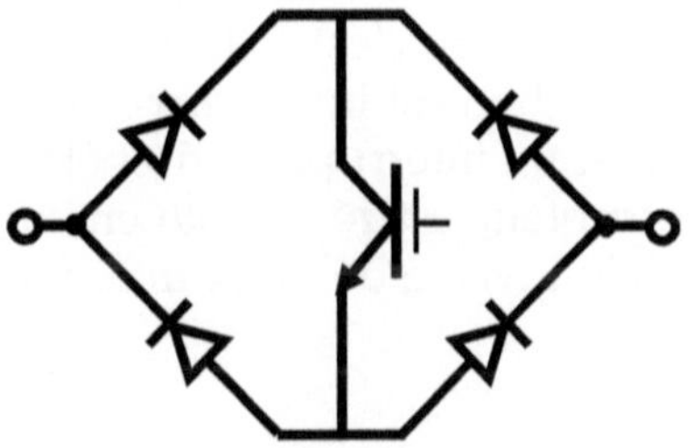

Figure 2.13

2.1.5 Représentation des interrupteurs dans les schémas des convertisseurs

Comme on vient de le voir, il y a plusieurs manières de réaliser un interrupteur ayant un comportement donné. Suivant la puissance et la fréquence de fonctionnement, on choisit celui qui est le mieux adapté.

Pour affranchir de ce choix l'étude des structures des convertisseurs, on représentera, dans ce cours, par le même symbole les interrupteurs qui remplissent la même fonction. On distinguera trois fonctions de base :

• *la fonction interrupteur non commandé* noté *D* et ayant le symbole d'une diode (figure 2.14a),

• *la fonction interrupteur à fermeture commandée* notée *Th* et ayant le symbole d'un thyristor (figure 2.14b),

• *la fonction interrupteur à fermeture et ouverture commandées* notée *T* et dont le symbole est celui d'un thyristor qui aurait deux gâchettes, l'une pour commander la fermeture, l'autre pour commander l'ouverture (figure 2.14c).

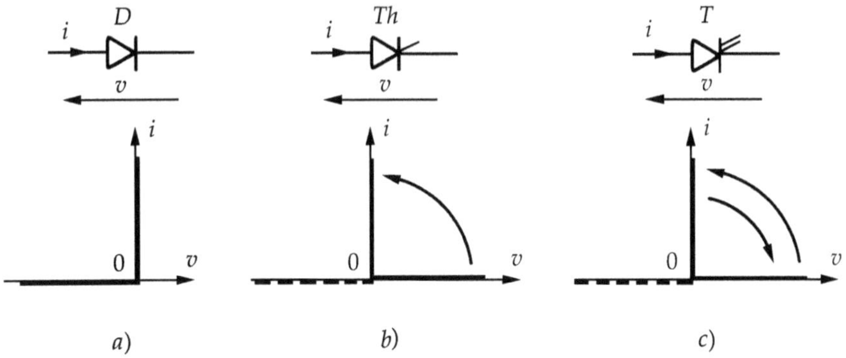

Figure 2.14

Pour les deux derniers interrupteurs cette représentation n'indique pas s'ils sont ou non réversibles en tension, c'est-à-dire aptes ou non à supporter des tensions inverses. Cette indication est inutile car il suffit d'examiner le schéma du convertisseur pour voir si un interrupteur doit être réversible en tension ou non. Mais lorsqu'un interrupteur est réversible en courant on le représentera par l'association en parallèle inverse de deux interrupteurs dont un au moins est du type *Th* ou *T*.

2.2 COMMUTATIONS

La fermeture d'un interrupteur à semiconducteur connecte les bornes qu'il relie, son ouverture interrompt cette connexion.

Au moment où il se ferme, il force les potentiels de deux bornes qu'il relie à devenir égaux. La fermeture d'un interrupteur entraîne une discontinuité du potentiel d'au moins une des bornes, sauf si à cet instant, les deux potentiels étant égaux, la tension aux bornes de l'interrupteur est nulle.

Au moment de l'ouverture, l'interruption de la connexion entre les deux bornes que l'interrupteur reliait force le courant qui circulait d'une borne à l'autre à s'annuler. Ce courant subit une discontinuité, sauf si à cet instant il était nul.

Ces contraintes sont acceptables si elles sont compatibles avec la *continuité de l'énergie* au sein du montage dans lequel les interrupteurs sont insérés. En pratique cela revient généralement à vérifier que les commutations n'entraînent pas

- de discontinuité de la tension aux bornes d'un ou plusieurs condensateurs,
- de discontinuité du courant dans une ou plusieurs inductances.

Aussi, avant d'examiner le déroulement des commutations, est-il nécessaire de voir comment caractériser les générateurs et récepteurs entre lesquels sont montés les interrupteurs.

2.2.1 Caractérisation des générateurs et des récepteurs

En électronique de puissance, on caractérise les générateurs et les récepteurs par rapport aux *commutations* en indiquant s'il s'agit d'un générateur ou d'un récepteur *de tension* ou *de courant*.

a) *Définitions. Représentations*

▶ Un générateur ou un récepteur est dit *de tension* si la valeur instantanée de la tension à ses bornes ne subit pas de discontinuité lors des commutations.

On le représente (figure 2.15.a) par un cercle éventuellement traversé par un trait dans le sens de passage du courant.

▶ Un générateur ou un récepteur est dit *de courant* si la valeur instantanée du courant qui le traverse ne subit pas de discontinuité lors des commutations.

On le représente (figure 2.15.b) par deux cercles entrelacés ou par un cercle traversé par un trait perpendiculaire au sens de passage du courant.

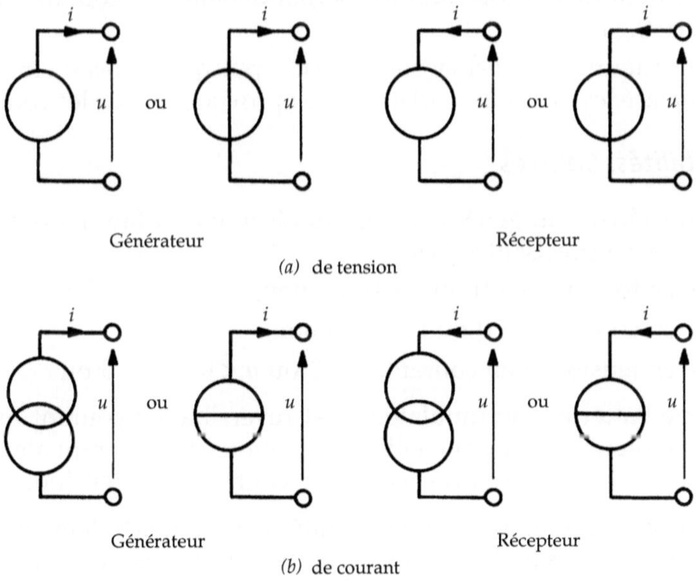

Figure 2.15

▶ Pour la tension u et le courant i on adopte des conventions de signe telles que la valeur moyenne du produit ui soit positive pour un générateur débitant de la puissance ou pour un récepteur en recevant.

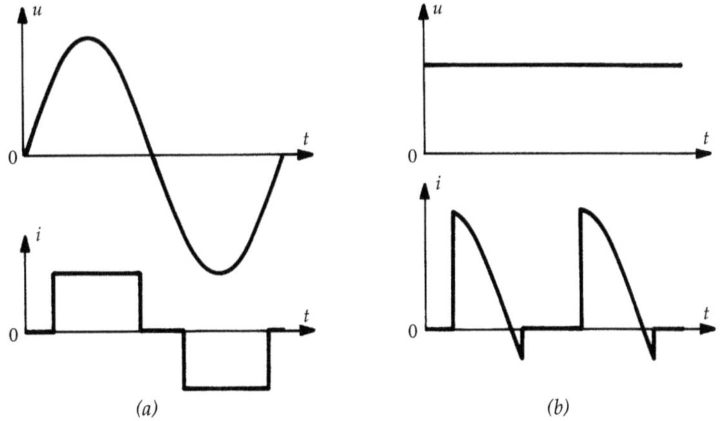

Figure 2.16

► À titre d'exemples, on a tracé les formes d'ondes de la tension u et du courant i

• d'un générateur de tension sinusoïdale parfait débitant un courant formé de créneaux rectangulaires (*figure* 2.16*a*),

• d'un générateur de tension continue parfait débitant un courant formé d'arcs de sinusoïdes (*figure* 2.16*b*).

Ces générateurs de tension sont *parfaits* puisque u reste sinusoïdale ou constante malgré les brusques variations de i provoquées par les commutations.

b) Réversibilités. Sources

Pour caractériser un générateur ou un récepteur, il faut en outre indiquer ses *réversibilités* en précisant s'il est :

• réversible en tension ($u > 0$ ou $u < 0$) ou non,

• réversible en courant ($i > 0$ ou $i < 0$) ou non,

• réversible en tension et en courant ($u > 0$ ou $u < 0$, et $i > 0$ ou $i < 0$) ou non.

Ainsi une batterie d'accumulateurs est réversible en courant mais pas en tension. Les moteurs à courant continu et les moteurs à courant alternatif, synchrones ou asynchrones, sont réversibles en courant et en tension.

Dès qu'il y a au moins une réversibilité, le sens d'écoulement de la puissance instantanée ui peut être inversé : on ne parle plus de générateur ou de récepteur mais de *source*.

c) Amélioration ou changement de nature d'une source

► Amélioration

Vis-à-vis des commutations, la quasi-totalité des sources qu'on trouve en électrotechnique (machines à courant continu ou alternatif) sont naturellement des sources de courant en raison de leur inductance.

Seuls quelques dispositifs, comme les batteries d'accumulateurs par exemple, peuvent être considérés comme sources de tension.

• Si l'inductance interne d'une *source de courant* est insuffisante pour qu'on puisse la considérer comme une bonne source de courant, on ajoute une inductance supplémentaire en série. Plus l'inductance totale L est grande, plus la f.é.m. d'induction $L\,di/dt$ réduit l'amplitude des variations du courant i qu'entraînent les brusques variations de la tension u lors des commutations.

• De même si une *source de tension* a une inductance interne non négligeable, les variations à fort di/dt du courant i lors des commutations entraînent des variations de la tension u excessives. On atténue celles-ci en dérivant un condensateur aux bornes de la source ; il fournit du courant quand u diminue, en absorbe quand u augmente réduisant ainsi les variations de u provoquées par celles de i.

Changement de nature

▸ Pour obtenir une *source de courant* continu à partir d'une source de tension continue, on met en série avec celle-ci une inductance L de valeur suffisante (*figure* 2.17*a*).

L'inductance se charge ou se décharge sous l'effet des variations de u. Les tensions U et u ont en régime périodique la même valeur moyenne. Si la valeur de l'inductance est suffisante, les variations de i sont négligeables :

$$\frac{\mathrm{d}i}{\mathrm{d}t} = \frac{U - u}{L}.$$

▸ Pour transformer en *source de tension* continue une source de courant continu, on dérive aux bornes de celle-ci un condensateur de capacité C suffisante (*figure* 2.17*b*).

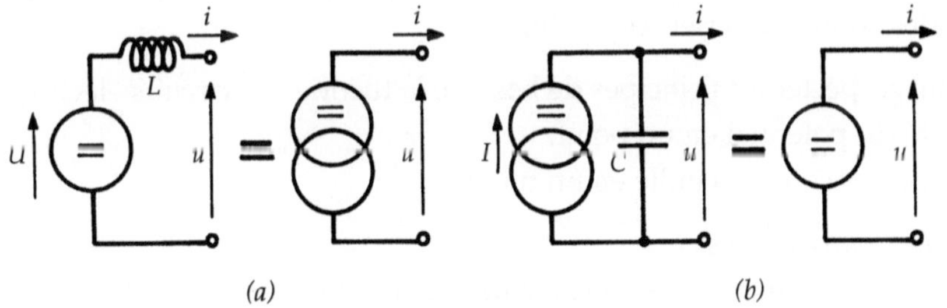

Figure 2.17

Les courants I et i ont en régime périodique même valeur moyenne. Le courant de charge ou de décharge de la capacité rend la tension u d'autant moins sensible aux variations de i que C est plus important :

$$\frac{\mathrm{d}u}{\mathrm{d}t} = \frac{I - i}{C}.$$

▸ En *alternatif*, l'addition d'une forte capacité ou d'une forte inductance peut entraîner une consommation ou une création de puissance réactive excessive. Il est alors nécessaire d'utiliser un filtre formé d'un assemblage d'éléments L et C.

▸ À noter qu'en continu comme en alternatif, *en régime établi* le courant dans un condensateur et la tension aux bornes d'une inductance a une valeur moyenne nulle.

> **Remarque**
>
> Le degré d'imperfection d'une source est lié à la fréquence des tensions et des courants,
>
> • une source de tension est d'autant moins sensible à la forme du courant qui la traverse que la fréquence de fonctionnement est plus élevée,

• une source de courant est d'autant moins sensible à la forme de la tension à ses bornes que la fréquence de fonctionnement est plus élevée.

Toutefois, *pendant les commutations*, qui sont d'ordinaire très brèves en regard de la période de fonctionnement, on peut admettre :

• que la tension d'une source de tension, continue ou alternative, reste constante ;

• que le courant d'une source de courant, continue ou alternative, reste constant.

2.2.2 Règles de connexions

Les connexions établies par les interrupteurs doivent tenir compte de la nature des sources entre lesquelles le convertisseur est monté et, éventuellement, des sources intérieures à celui-ci.

▶ Il faut respecter les principes de base de la théorie des circuits électriques :

- unicité du potentiel en un point,
- somme des courants nulle en un nœud.

• *Une source de tension* :

– ne doit pas être reliée directement à une source de tension de valeur différente,

– peut être mise en circuit ouvert,

– ne doit pas être mise en court-circuit, sinon son courant serait très fort (théoriquement infini).

• *Une source de courant* :

– ne doit pas être reliée directement à une source de courant de valeur différente,

– peut être mise en court-circuit,

– ne doit pas être mise en circuit ouvert, sinon la tension à ses bornes serait très grande (théoriquement infinie).

▶ Du point de vue de sa structure, un convertisseur peut être

- *direct*, s'il n'utilise que des interrupteurs,
- *indirect*, s'il est composé à la fois d'interrupteurs et d'éléments de stockage d'énergie (inductances ou capacités).

Du point de vue de sa commande, un convertisseur peut être

- *entièrement commandable*, si tous les changements de configuration sont obtenus par fermeture et ouverture commandées d'un ou plusieurs interrupteurs,
- *partiellement commandable*, si des changements de configuration sont provoqués par le passage par zéro d'un courant ou d'une tension.

▶ Cette caractérisation des sources et des convertisseurs conduit à la *RÈGLE D'ALTERNANCE DES SOURCES* :

Un convertisseur direct entièrement commandable ne peut relier que deux sources de nature différente, l'une de tension, l'autre de courant.

Lorsqu'il doit relier deux sources de même nature, un convertisseur entièrement commandable doit être *indirect*, c'est-à-dire comporter un élément de stockage de l'énergie qui joue le rôle de source intermédiaire ; on obtient ainsi l'équivalent de deux convertisseurs directs en cascade. Pour respecter l'alternance des sources, l'élément de stockage doit être une inductance lorsqu'il s'agit de relier deux sources de tension, une capacité lorsqu'il s'agit de relier deux sources de courant.

▶ La fonction qu'on demande à un convertisseur de remplir guide ou impose son schéma de principe représenté avec des interrupteurs mécaniques et la séquence suivant laquelle ces interrupteurs doivent être actionnés.

Compte tenu des réversibilités possibles des sources, *les réversibilités qu'on demande au convertisseur d'assurer imposent les types d'interrupteurs à semiconducteurs qu'on doit employer*. Pour cela on utilise les caractéristiques tension-courant des divers « interrupteurs » présentées aux paragraphes 2.1.1 et 2.1.2.

2.2.3 Cellule élémentaire de commutation

Dans un convertisseur direct respectant la règle de l'alternance des sources, les interrupteurs relient les bornes d'une source de tension à celles d'une source de courant (*figure* 2.18a).

Pour respecter les règles de base des circuits électriques rappelées au paragraphe 2.2, il faut qu'à chaque instant parmi les interrupteurs reliés à une même borne de la source de courant, il y en ait *un et un seul fermé*. En effet :

- si tous les interrupteurs aboutissant à cette borne étaient ouverts, la source de courant serait en circuit ouvert ;
- si plusieurs interrupteurs aboutissant à cette borne étaient fermés, ils établiraient un court-circuit entre les bornes de la source de tension à laquelle ils sont reliés.

Lors d'une commutation, on demande donc à deux interrupteurs reliés à une même borne de la source de courant de *transférer* le courant à cette borne d'une borne de la source de tension à une autre borne de cette source. Pour cela, il faut ouvrir l'interrupteur précédemment fermé et fermer l'interrupteur précédemment ouvert.

Pour suivre le déroulement de ce transfert, on peut se limiter à l'examen de la partie de l'ensemble du circuit concernée : l'association en série de deux interrupteurs sous la tension u assurant l'aiguillage du courant i (*figure* 2.18b) ; c'est la « cellule élémentaire de commutation ».

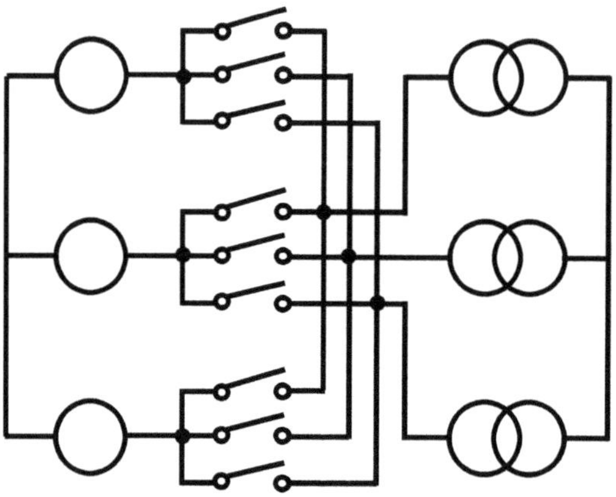

Figure 2.18a

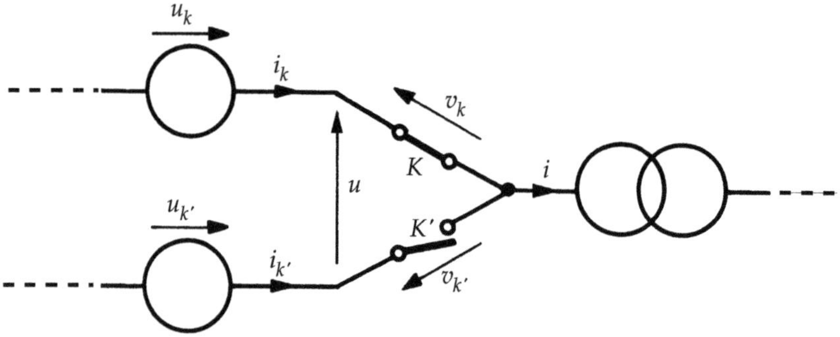

Figure 2.18b

On considère la commutation correspondant à l'*ouverture de l'interrupteur K*, donc au transfert du courant i de la voie que fermait cet interrupteur à la voie que ferme l'interrupteur K'. Les courants dans ces deux voies doivent varier très rapidement, passant de i à 0 pour i_K, de 0 à i pour $i_{K'}$.

2.2.4 Les deux commutations types

Pour simplifier la présentation de la commutation $K \to K'$, on suppose que, pendant toute sa durée :

- la tension u, égale à $v_K - v_{K'}$, reste constante et égale à U,
- le courant i reste constant et égal à I,
- les variations des tensions v_K et $v_{K'}$ et des courants i_K et $i_{K'}$ sont linéaires.

Si ces hypothèses ne sont pas satisfaites, la description des phénomènes et les conclusions qu'on en tire ne sont pas notablement affectées ; seules les formes d'ondes tracées aux figures 2.19 et 2.20 sont plus ou moins altérées.

Suivant les signes de I et de U, il y a quatre possibilités :

$$I > 0 \text{ et } U > 0\,,\quad I > 0 \text{ et } U < 0\,,\quad I < 0 \text{ et } U < 0\,,\quad I < 0 \text{ et } U > 0.$$

L'étude des deux premières suffit ; les deux autres sont les mêmes à condition de permuter K et K', d'inverser le sens positif du courant dans les interrupteurs et celui de la tension à leurs bornes.

▶ Commutation $K \rightarrow K'$ avec U et I positifs (*figure* 2.19)

• Quand K conduit, la tension aux bornes de K' est égale à $-U$ donc négative. Cet interrupteur ne peut écouler I tant que $v_{K'}$ est négatif.

La commutation commence donc par la montée de la tension v_K qui passe, de $t = t_0$ à $t = t_1$, de 0 à $+U$. Pendant cet intervalle, i_K reste égal à I, $i_{K'}$ reste nul, et $v_{K'}$ passe de $-U$ à 0.

Quand $v_{K'}$ s'annule, l'interrupteur K' peut entrer en conduction. Pendant la montée du courant $i_{K'}$ de 0 à I, qui correspond à l'intervalle (t_1, t_2), i_K décroît de I à 0, v_K reste égale à U et $v_{K'}$ à 0. À l'instant $t = t_2$, le transfert de I est terminé.

Le trajet des points de fonctionnement montre que ce type de commutation nécessite la *commande à l'ouverture* de K qui doit donc être du type transistor.

L'interrupteur K' effectue une *fermeture spontanée* : il doit donc se comporter comme une diode. Si le courant I est transféré à une diode, ce qui est souvent le cas, il n'y a pas de problème. Si I est transféré à un semiconducteur à fermeture commandée, du type thyristor ou transistor, il faut que celui-ci se comporte comme une diode, c'est-à-dire qu'il devienne passant dès que la tension à ses bornes tend à devenir positive, ce qui nécessite qu'une commande lui soit appliquée.

▶ Commutation $K \rightarrow K'$, avec I positif et U négatif (*figure* 2.20)

• Quand l'interrupteur K conduit, la tension à ses bornes ne peut devenir négative tant que le courant positif qui le traverse ne s'est pas annulé.

La commutation commence par un intervalle (t_0, t_1), pendant lequel i_K décroît de I à 0, $i_{K'}$ croît de 0 à I, pendant lequel v_K reste nulle et $v_{K'}$ égale à $-U$.

Quand i_K s'annule, la tension v_K peut décroître de 0 à U et $v_{K'}$ de $-U$ à 0. À la fin de ce second intervalle (t_1, t_2), la commutation est finie.

Le trajet des points de fonctionnement montre que ce type de commutation nécessite une *commande à la fermeture* de l'interrupteur K' ; suivant qu'il a ou n'a pas à assurer des ouvertures commandées, il sera du type transistor ou du type thyristor.

L'interrupteur K doit, lors de cette commutation, se comporter comme une diode. S'il s'agit effectivement d'une diode, il n'y a pas de problème. Il n'y en a pas non plus s'il s'agit d'un thyristor car celui-ci se comporte comme une diode lorsqu'il est à l'état passant.

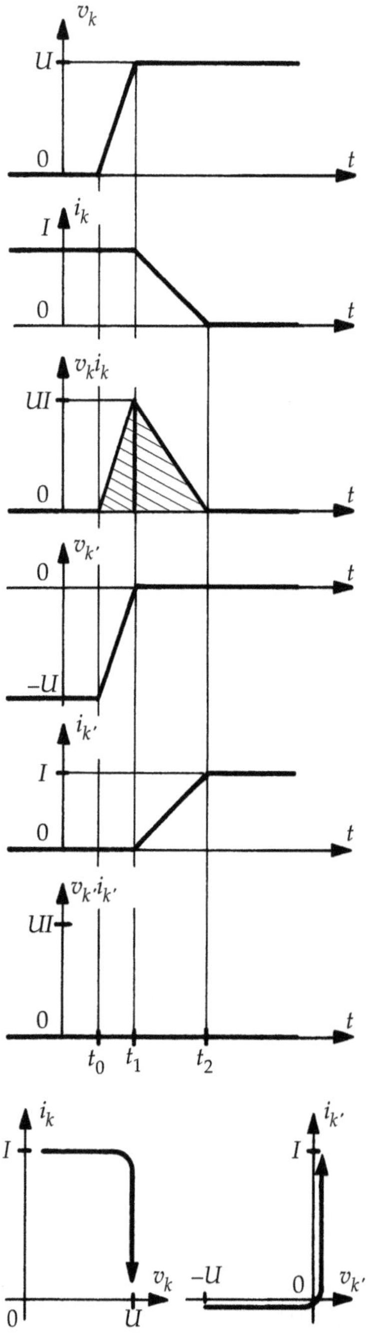

Figure 2.19 (*U* > 0)

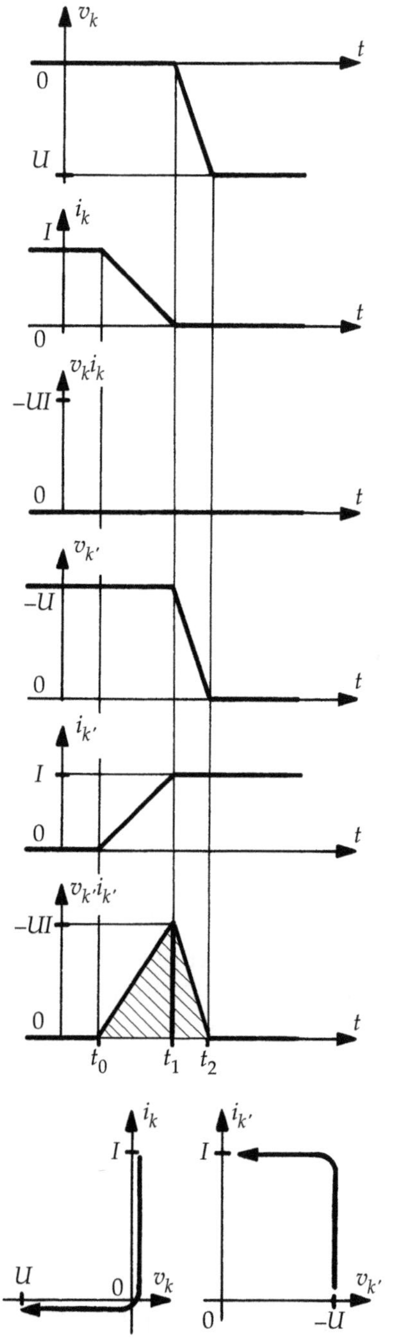

Figure 2.20 (*U* < 0)

Remarques

• Pour la présentation du principe de fonctionnement d'un convertisseur et la détermination des caractéristiques liant les valeurs des grandeurs d'entrée et de sortie, on peut d'ordinaire négliger la durée des commutations devant la période de fonctionnement. On suppose les commutations instantanées.

Sur la forme d'onde du courant i dans un interrupteur et celle de la tension v à ses bornes, les commutations apparaissent alors comme des discontinuités. La figure 2.21 les représente dans les quatre cas possibles.

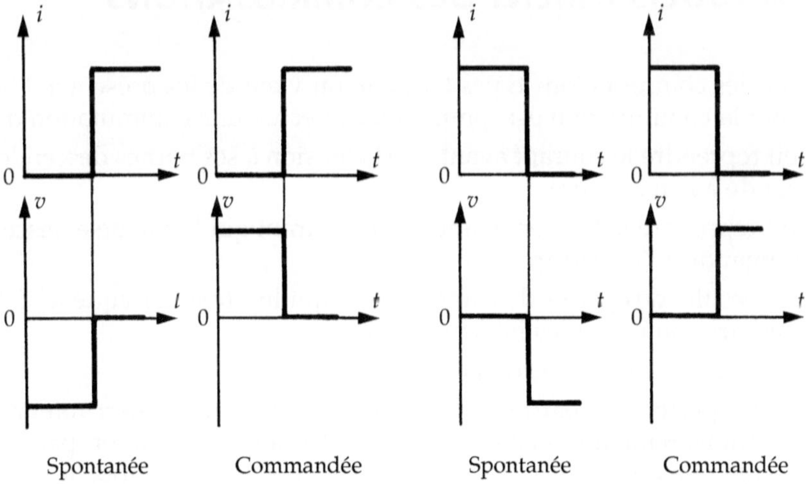

Figure 2.21

• On remarque que la commutation commandée d'un interrupteur est toujours associée à la commutation spontanée de l'autre. Sur les formes d'ondes schématiques, telles celles de la figure 2.21, il est aisé de reconnaître la nature des commutations :

– dans une commutation commandée, le courant dans l'interrupteur lorsqu'il est fermé et la tension à ses bornes lorsqu'il est ouvert sont de même signe.

– dans une commutation spontanée, ce courant et cette tension sont de signes contraires.

• Les surfaces hachurées sur les figures 2.19 et 2.20 montrent l'énergie dissipée dans l'interrupteur qui effectue une ouverture ou une fermeture commandée :

i_K est égal à I pendant toute la montée de v_K, dans le premier cas ;
$v_{K'}$ est égale à $|U|$ pendant toute la montée de $i_{K'}$, dans le second.

Dans ces commutations commandées dites « dures » par opposition aux commutations spontanées (ou à pertes nulles) dites « douces », la puissance instantanée dissipée atteint une valeur élevée (égale à $V.I$). Mais cette puissance correspond à une énergie faible en raison de la brièveté de l'intervalle (t_0 – t_2) dont la durée est fixée par la vitesse de commutation des semiconducteurs utilisés.

2.3 ADOUCISSEMENT DES COMMUTATIONS

Dans les commutations types telles qu'on vient de les présenter, l'interrupteur dont la commutation est commandée effectue une commutation dure car :

- il doit reprendre le courant avant que la tension à ses bornes descende, s'il est commandé à la fermeture ;
- il doit reprendre la tension avant que le courant qui le traverse descende, s'il est commandé à l'ouverture.

Il en résulte des pertes de commutation qui limitent la fréquence à laquelle on peut faire commuter les interrupteurs.

Pour réduire ces pertes, on peut :

– soit reporter une partie de l'énergie dissipée dans l'interrupteur lors des commutations dans des éléments réactifs placés en série ou en parallèle avec lui. C'est le rôle des *circuits d'aide à la commutation* (CALC), appelés *snubbers* en anglo-saxon. L'interrupteur reste entièrement commandable mais la durée des *commutations adoucies* est allongée ;

– soit associer à l'interrupteur un circuit résonnant qui va permettre :

- d'assurer une fermeture commandée fortement adoucie suivie d'une ouverture spontanée par passage par zéro du courant dans l'interrupteur (*zero current switching*, ZCS) ;
- ou d'assurer une ouverture commandée fortement adoucie suivie d'une fermeture spontanée par passage par zéro de la tension aux bornes de l'interrupteur (*zero voltage switching*, ZVS).

Ces *interrupteurs « résonnants »* ne sont plus entièrement commandables (sauf addition d'un interrupteur supplémentaire, mais les circuits deviennent alors complexes). Les convertisseurs qui utilisent de tels interrupteurs sont dits *quasi-résonnants.* Leurs principales applications se trouvent dans la conversion continu-continu, aussi en présenterons-nous le principe à la fin du chapitre consacré aux hacheurs.

Pour l'étude de l'adoucissement des commutations, on reprend la cellule de commutation présentée précédemment (*cf.* § 2.2.3) et on suppose encore que la tension u et le courant i restent constants et égaux à U et à I durant toute la commutation.

2.3.1 Cas des interrupteurs à fermeture OU ouverture commandée

a) *Effets d'une inductance en série*

Si l'interrupteur K effectue une fermeture commandée, l'interrupteur K' conduit tant que i_K n'a pas atteint la valeur I et $v_{K'}$ diffère peu de zéro.

Si une inductance λ est mise en série avec K à sa fermeture (figure 2.22), le courant i_K ne peut croître sans que v_k diminue. En effet :

$$\frac{\mathrm{d}i_K}{\mathrm{d}t} = \frac{1}{\lambda}(U - v_K).$$

Dans l'hypothèse où v_k décroît linéairement, i_k croît avec une allure parabolique.

Après l'annulation de v_K, la croissance de i_K jusqu'à I est linéaire, puisque $\mathrm{d}i_K/\mathrm{d}t$ est alors égal à U/λ.

▶ Si l'inductance λ a une valeur suffisante l'essentiel de la reprise de I par l'interrupteur K s'effectue sous une tension v_k nulle. Les pertes de commutation de l'interrupteur K sont fortement réduites mais la commutation est ralentie car la vitesse du transfert de I de K' à K n'est plus fixée par les caractéristiques du semiconducteur qui forme K mais par la valeur de λ.

Le rôle de λ est donc bénéfique puisque cette inductance adoucit la commutation à la fermeture de K.

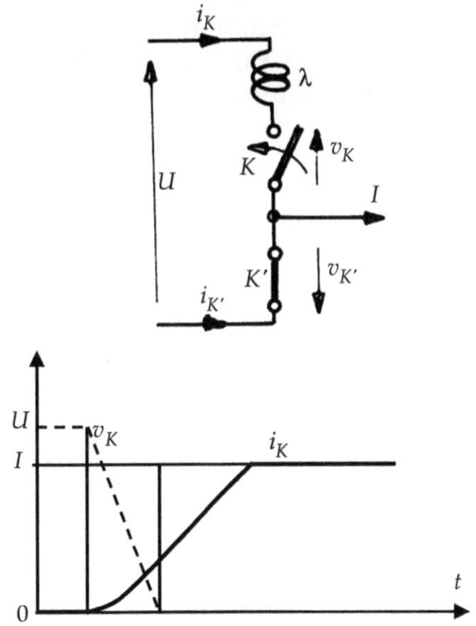

Figure 2.22

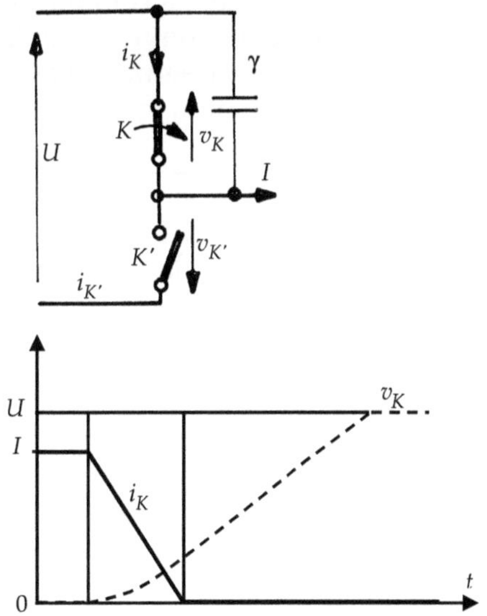

Figure 2.23

▶ Mais si K est à *ouverture commandée,* lors de son ouverture, il impose une rapide décroissance de i_K et l'inductance λ produit une *surtension* $\lambda\, \mathrm{d}i_K/\mathrm{d}t$ aux bornes de K. Cette surtension est intolérable dès que λ est de quelque importance. On peut la réduire en branchant un ensemble résistance r-diode d en parallèle avec l'inductance λ si celle-ci est localisée (figure 2.24). À la fermeture, le courant dans λ croît rapidement, $\lambda\, \mathrm{d}i/\mathrm{d}t$ positif bloque la diode d, ce qui ramène le schéma à celui de la figure 2.22. Mais à l'ouverture de K, l'annulation du courant dans K n'entraîne plus celle du courant i_λ car la diode entre en conduction et l'énergie contenue dans λ se dissipe dans la résistance r ce qui limite la surtension.

b) Effets d'une capacité en parallèle

Si l'interrupteur K effectue une ouverture commandée, l'interrupteur K' ne peut conduire tant que v_K n'a pas atteint la valeur U annulant ainsi $v_{K'}$.

Si une capacité γ est en parallèle avec K (figure 2.23), à l'ouverture de cet interrupteur, la tension v_K ne peut croître sans que i_K ne diminue. En effet :

$$\frac{\mathrm{d}v_K}{\mathrm{d}t} = \frac{1}{\gamma}(I - i_K)$$

Si le courant i_K décroît linéairement, la tension v_K croît avec une allure parabolique.

Après l'annulation de i_K, v_K croît linéairement, le courant de charge de γ étant égal à I.

– Si la capacité a une valeur suffisante l'essentiel de la reprise de U par l'interrupteur K s'effectue à courant nul. Les pertes de commutation dans K sont donc sensiblement réduites mais la commutation est ralentie. La vitesse de reprise de U par K n'est plus fixée par les caractéristiques du semiconducteur qui le forme mais par la valeur de γ.

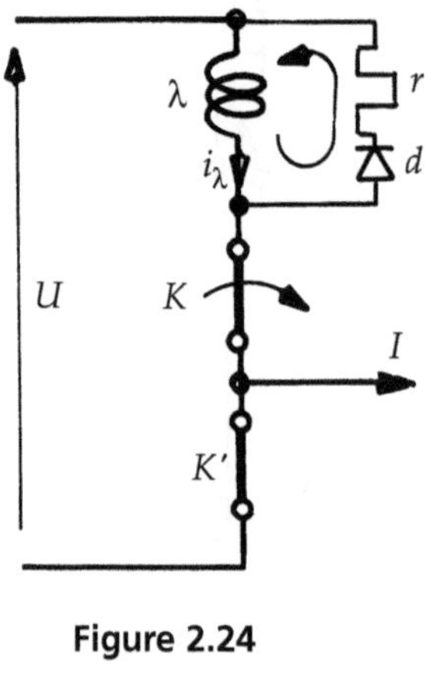

Figure 2.24

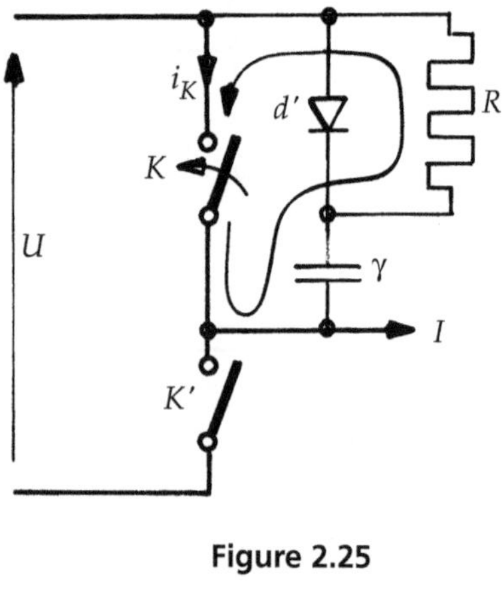

Figure 2.25

Le rôle de γ est donc bénéfique puisque cette capacité adoucit la commutation à l'ouverture de K.

– Mais si K est à fermeture commandée, lors de cette fermeture la capacité se décharge brutalement dans cet interrupteur. Il en résulte une surintensité intolérable dès que γ est de quelque importance. On peut la réduire en forçant γ à se décharger à travers une résistance R placée en série avec elle (figure 2.25), à condition que γ ne soit pas une capacité parasite interne. Pour que γ puisse toujours adoucir la commutation à l'ouverture de K on doit placer en parallèle avec R une diode d' qui permet à la capacité de se charger directement.

c) Conséquences

L'adoucissement des commutations n'est facile à réaliser que si les interrupteurs n'ont à commander que des fermetures ou que des ouvertures.

– Pour les interrupteurs commandés seulement à la fermeture, donc du type thyristor, on adoucit cette commutation par des inductances en série avec les interrupteurs. Ces inductances peuvent d'ailleurs être, en tout ou partie, les inductances parasites des sources de tension.

– Pour les interrupteurs commandés seulement à l'ouverture, donc du type thyristor dual, on adoucit cette commutation par des capacités en parallèle avec les interrupteurs. Ces capacités peuvent d'ailleurs être, en tout ou partie, les capacités parasites des sources de courant.

Si les interrupteurs doivent être commandés à l'ouverture et à la fermeture et si on veut adoucir ces commutations, ou si on veut limiter les effets des inductances et capacités parasites, il faut utiliser des snubbers plus élaborés.

Remarque

Dans une cellule de commutation, on adoucit les commutations :

- en plaçant des inductances en série avec les interrupteurs si les commutations s'opèrent en commandant successivement la fermeture de K' puis celle de K et ainsi de suite,
- en plaçant des condensateurs en parallèle avec les interrupteurs si les commutations s'opèrent en commandant successivement l'ouverture de K' puis celle de K (figure 2.26).

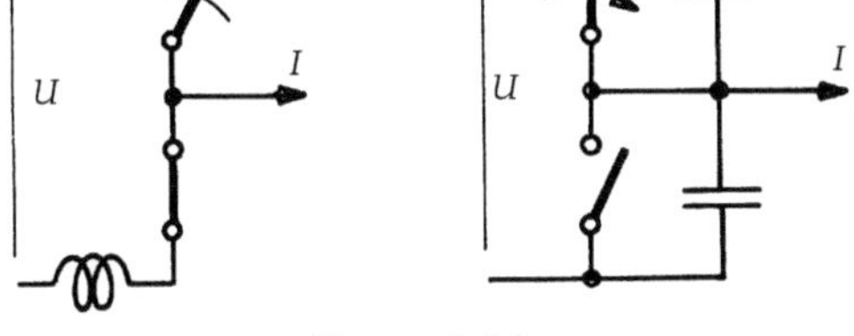

Figure 2.26

2.3.2 Cas des interrupteurs à fermeture et ouverture commandées

Lorsqu'il faut une inductance pour adoucir la fermeture et une capacité pour adoucir l'ouverture, il est nécessaire de limiter la surintensité à la fermeture due à la décharge de la capacité et la surtension à l'ouverture due à la décharge de l'inductance.

a) Exemple de snubber dissipatif

La figure 2.27 donne le schéma le plus classique de snubber dissipatif, c'est-à-dire sans récupération de l'énergie emmagasinée dans l'inductance λ à la fermeture, dans la capacité γ à l'ouverture. Il associe les deux snubbers des figures 2.24 et 2.25, avec leurs deux diodes d'aiguillage d et d', la résistance r de décharge de λ et la résistance R de décharge de γ.

L'examen des schémas équivalents (*figure* 2.28) à la fermeture (les deux diodes d et d' sont alors bloquées) et à l'ouverture (alors d et d' conduisent) montre que ces deux régimes transitoires sont ceux de circuits oscillants amortis.

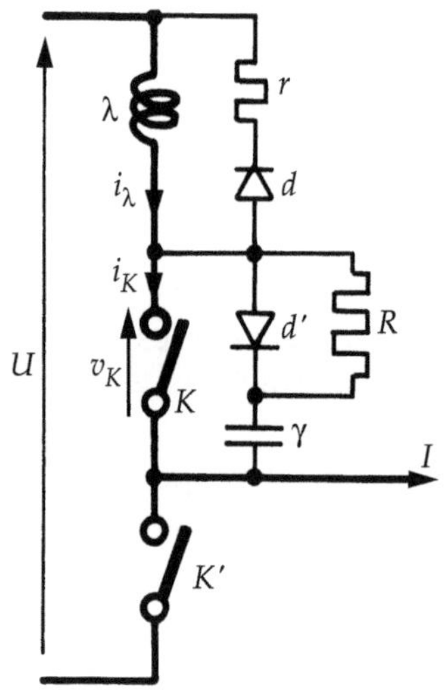

Figure 2.27

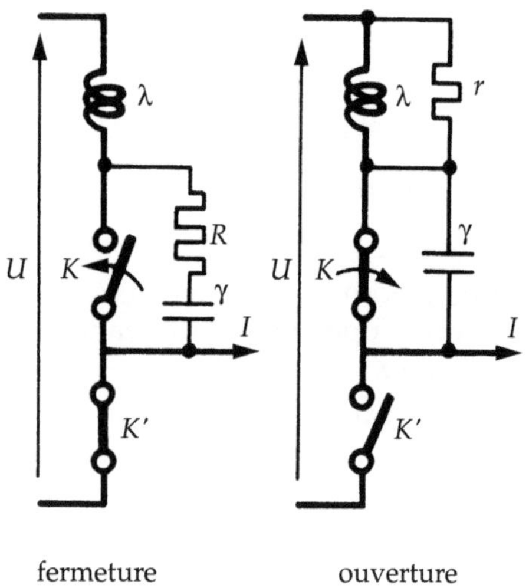

fermeture ouverture

Figure 2.28

Ce caractère oscillant se traduit par un dépassement Δi du courant à la fermeture et par un dépassement Δv de la tension à l'ouverture (*figure* 2.29).

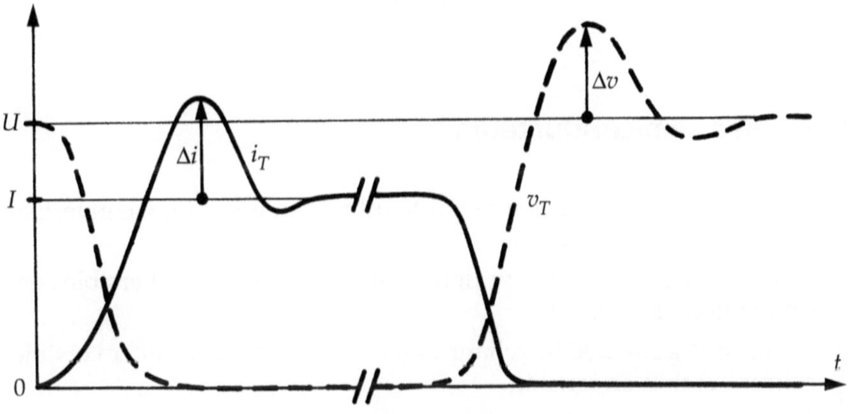

Figure 2.29

b) Remarques

• Sans snubber, à cause des inductances et capacités parasites, on a des régimes oscillants de fréquence plus élevée donnant d'ordinaire lieu à des surintensités et des surtensions plus fortes.

À défaut d'utiliser un snubber plus élaboré, on place souvent en parallèle avec l'interrupteur un dipôle RC ; la résistance amortit les oscillations et la capacité C empêche cette résistance de dissiper de la puissance lorsque l'interrupteur est ouvert.

• Le choix des éléments d'un snubber résulte d'un compromis entre la réduction des pertes par commutation dans l'interrupteur et la limitation de la surintensité et de la surtension.

Il existe un grand nombre de schémas possibles. Certains permettent la récupération de tout ou partie de l'énergie stockée dans l'inductance à la fermeture, dans la capacité à l'ouverture.

• La plupart des commutations commandées à la fermeture correspondent au transfert du courant d'une diode à un transistor. La surintensité dans celui-ci est accrue à cause de la forte pointe de courant inverse qui traverse une diode lorsque son blocage s'opère de manière rapide (phénomène de recouvrement inverse).

On notera toutefois que ce problème inhérent aux diodes à jonction n'existe pas pour les diodes Schottky. Grâce à la technologie carbure de silicium, on réalise maintenant de telles diodes ayant une tension inverse de plusieurs centaines de volts.

EXERCICES

2.1 Choix des semiconducteurs

On schématise avec des interrupteurs mécaniques deux convertisseurs continu-continu indirects,

– l'un (figure 2.30.a) reliant deux sources de tension réversibles en tension et non en courant,

– l'autre (figure 2.30.b) reliant deux sources de courant réversibles en courant et non en tension.

Pour chacun de ces convertisseurs,

– indiquer la nature de l'élément de stockage S et justifier la nécessité de la complémentarité de la commande des deux interrupteurs,

– indiquer les branches de caractéristiques utilisées par les interrupteurs et les commutations à réaliser,

– en déduire le schéma de principe et les semiconducteurs à utiliser.

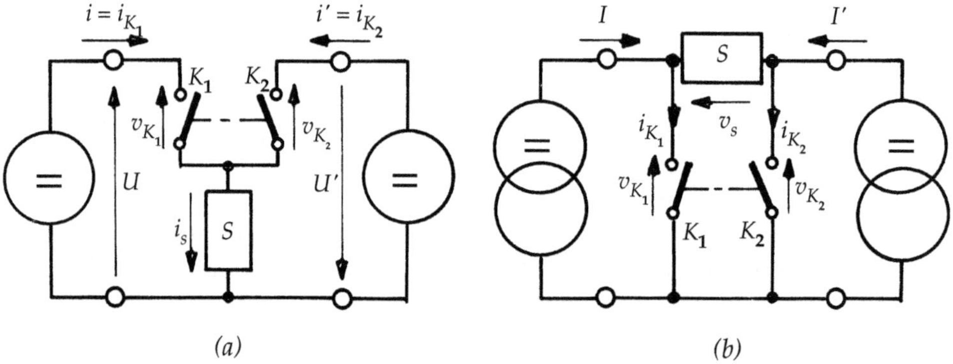

Figure 2.30

▶ *Convertisseurs avec sources de tension* (figure 2.31)

L'élément de stockage doit être une inductance L (source de courant). K_1 et K_2 doivent être complémentaires pour ne pas relier deux sources dont les tensions sont différentes, pour ne pas laisser une source de courant en circuit ouvert.

Le courant i_S est toujours positif.

U et U' positives : K_1 fermé, état 1 ;

K_2 fermé, état 2.

U et U' négatives : K_1 fermé, état 3 ;

K_2 fermé, état 4.

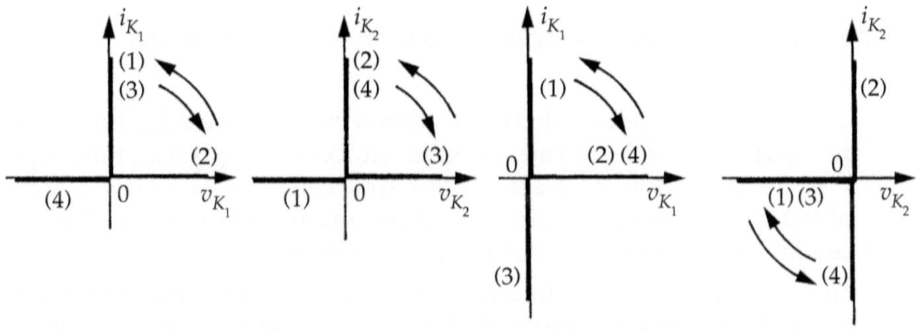

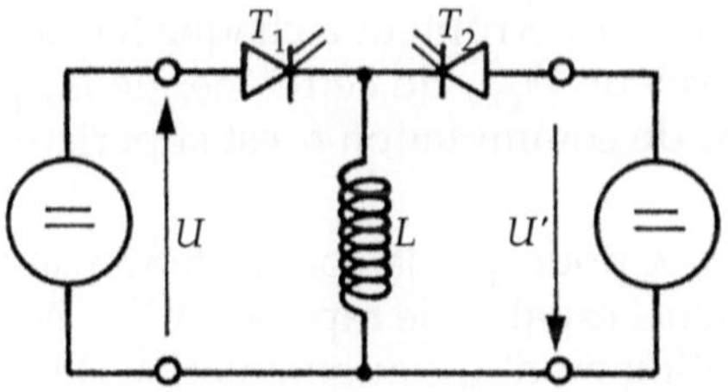

Figure 2.31

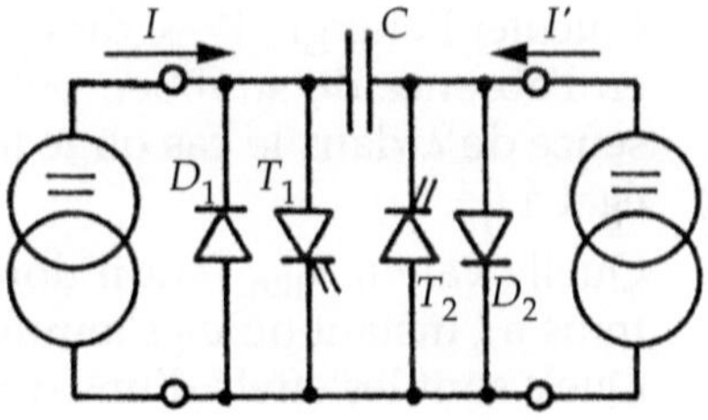

Figure 2.32

Pour K_1, passages 1-2 et 2-1, commutations commandées,
passages 3-4 et 4-3, commutations spontanées.

Pour K_2, passages 1-2 et 2-1,commutations spontanées,
passages 3-4 et 4-3, commutations commandées.

K_1 et K_2 sont à remplacer par des semiconducteurs à fermeture et ouverture commandées, aptes à tenir des tensions inverses.

▶ *Convertisseur avec sources de courant* (figure 2.32)

L'élément de stockage doit être une capacité C (source de tension) ; K_1 et K_2 doivent être complémentaires pour ne pas court-circuiter cette source de tension, pour ne pas relier directement deux sources de courant de valeurs différentes.

La tension v_s est toujours positive.

I et I' positifs : K_1 fermé, état 1.
K_2 fermé, état 2.

I et I' négatifs : K_1 fermé, état 3 ;
K_2 fermé, état 4.

Pour K_1, passages 1-2 et 2-1, commutations commandées,
passages 3-4 et 4-3, commutations spontanées.

Pour K_2, passages 1-2 et 2-1, commutations spontanées,
passages 3-4 et 4-3, commutations commandées.

Chacun des interrupteurs est à remplacer par un semiconducteur à fermeture et ouverture commandées, avec une diode montée en parallèle inverse à ses bornes.

2.2 Adoucissement d'une commutation à la fermeture

On considère la cellule de commutation de la figure 2.22. En l'absence de l'inductance λ les formes d'ondes du courant i_K dans l'interrupteur K et de la tension v_K à ses bornes sont celles de la figure 2.33a. On admet que les variations de i_K pendant son temps de montée t_r et de v_K pendant son temps de descente t_f sont linéaires.

En présence de λ, les formes d'ondes de i_K et v_K deviennent celles de la figure 2.33b. On suppose que le temps de descente t_f de v_k est inchangé et que cette décroissante est encore linéaire.

Calculer l'énergie W_{ON} dissipée dans l'interrupteur à chaque fermeture en l'absence de snubber, puis la valeur W'_{ON} de cette énergie en présence de λ dans le cas où le temps de commutation t_c est supérieur ou égal à t_f.

Quelle valeur λ_{lim} faut-il donner à λ pour que la commutation se termine à l'instant où v_K s'annule ? Quel est alors le rapport W'_{ON}/W_{ON} ? Quels sont les effets d'une diminution ou d'une augmentation de λ ?

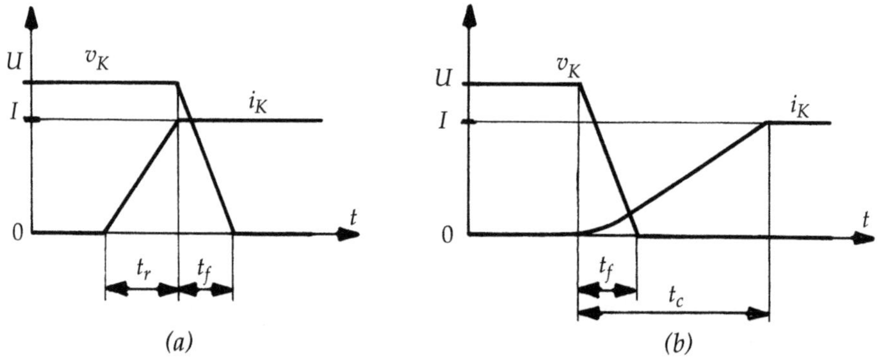

Figure 2.33

$$W_{ON} = \frac{UI(t_r + t_f)}{2} \; ; \; W'_{ON} = \frac{U^2}{2\lambda} \frac{t_f^2}{12}$$

$$\lambda_{lim} = \frac{U}{I} \frac{t_f}{2} \text{ donne } \frac{W'_{ON}}{W_{ON}} = \frac{1}{6} \frac{t_f}{t_r + t_f}$$

Si λ diminue, W'_{ON}/W_{ON} augmente.

Si λ augmente, W'_{ON}/W_{ON} diminue mais t_c augmente.

Chapitre 3

Rappels sur les signaux de l'électronique de puissance

Comme nous l'avons signalé dès l'introduction, en électronique de puissance le fonctionnement en régime établi est une suite périodique de régimes transitoires.

Aussi, avant d'aborder l'étude des diverses structures de convertisseurs, quelques rappels sur

– les régimes transitoires,

– les grandeurs périodiques non sinusoïdales

ne sont peut-être pas inutiles.

3.1 RAPPELS SUR LES RÉGIMES TRANSITOIRES

Quand on modifie un circuit (application d'une tension ou d'un courant par une source, changement de configuration du circuit par l'ouverture ou la fermeture d'un interrupteur), si le circuit comporte des éléments réactifs (inductances et/ou capacités) il apparaît un régime transitoire.

Pour déterminer l'évolution des tensions et des courants, il faut résoudre les équations différentielles qui régissent l'évolution des courants dans les inductances et les tensions aux bornes des capacités.

3.1.1 Circuits du premier ordre. Règles générales

Un circuit qui ne comporte qu'un élément réactif (une inductance ou une capacité) est un circuit du premier ordre : le courant i dans l'inductance ou la tension u aux bornes de la capacité est solution d'une équation différentielle du premier ordre.

Si x est la variable, cette équation est de la forme :

$$a\frac{\mathrm{d}x}{\mathrm{d}t} + bx = f(t)$$

où $f(t)$ est une fonction qui dépend des sources présentes dans le circuit.

▶ La solution de cette équation est la somme de deux termes :

• *de la solution générale* de l'équation « homogène » ou avec second membre nul. Elle donne le *régime libre* x_l du circuit. C'est toujours, en pratique, une fonction décroissante du temps à cause de l'amortissement dû aux résistances ;

• *et d'une solution particulière* de l'équation avec second membre. Celle-ci donne le *régime forcé* x_f, c'est-à-dire celui que la perturbation tend à imposer au circuit. On l'obtient d'ailleurs par identification. Si le régime permanent avait le temps de s'établir, cette seconde solution subsisterait seule.

La solution générale fait intervenir une *constante d'intégration*. Sa valeur est déterminée par le fait que la variable x (courant dans l'inductance ou tension aux bornes de la capacité) ne peut subir de discontinuité : *l'équation du circuit établie après la perturbation doit être satisfaite* tant que le circuit est celui pour lequel on a écrit l'équation. En particulier, elle doit être satisfaite un instant infiniment court après la perturbation.

▶ Si x_0 est la valeur de la variable à l'instant $t = 0$ de la perturbation, x_{f_0} la valeur du terme forcé pour $t = 0$, l'équation

$$a\frac{\mathrm{d}x}{\mathrm{d}t} + bx = f(t)$$

donne

$$x = (x_0 - x_{f_0})\mathrm{e}^{-\frac{b}{a}t} + x_f$$

Le coefficient $\tau = a/b$ est appelé constante de temps du circuit.

▶ **Exemples**

Circuit RL

$$L\frac{\mathrm{d}i}{\mathrm{d}t} + Ri = f(t)$$

$$i = (i_0 - i_{f_0})e^{-\frac{R}{L}t} + i_f.$$

Circuit RC

$$Ri + u = f(t)$$

ou, puisque $i = C\frac{du}{dt}$:

$$RC\frac{du}{dt} + u = f(t)$$

$$u = (u_0 - u_{f_0})e^{-\frac{t}{RC}} + u_f.$$

3.1.2 Premier ordre. Exemples d'applications

Ces exercices, classés par ordre de difficulté croissante, ont été choisis car :

- ils mettent tous en jeu des semiconducteurs de puissance,
- ils correspondent tous à des montages ayant des applications industrielles

a) *Décharge d'un circuit résistant et inductif par une diode (figure 3.1) (régime transitoire non périodique)*

Lorsque l'interrupteur K était fermé, pour $t < 0$, la diode était bloquée puisque la tension à ses bornes égalait $-E$.

Il passait dans RL un courant i_0 égal à E/R si K était fermé depuis un temps suffisant.

À l'ouverture de K, i tend à disparaître. Si le courant dans RL s'annulait instantanément :

$$L\frac{di}{dt} \quad \text{serait égal à } -\infty$$

(problème de l'ouverture d'un circuit inductif).

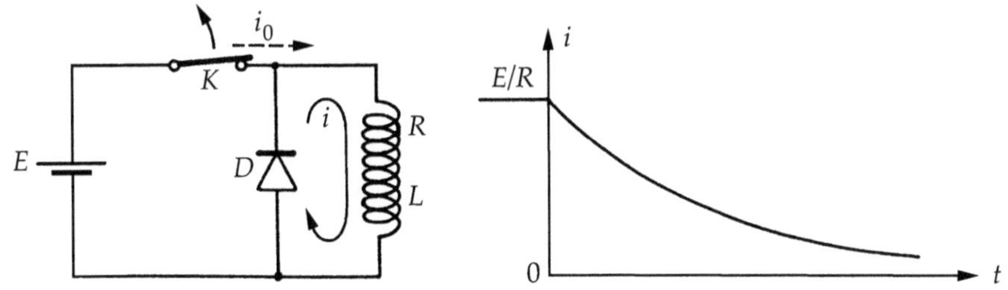

Figure 3.1

La présence de la diode D permet au courant i de « s'éteindre » par dissipation dans la résistance R de l'énergie $1/2\ Li_0^2$, car D court-circuite RL.

À partir de l'instant $t = 0$, où on ouvre K :

$$Ri + L\frac{\mathrm{d}i}{\mathrm{d}t} = 0\,, \quad i = i_0 \mathrm{e}^{-\frac{R}{L}t}.$$

La diode D, ainsi montée, remplace avantageusement la résistance de décharge pour éviter la surtension de rupture à l'ouverture d'un circuit inductif.

b) *Alimentation par une tension sinusoïdale d'un récepteur inductif à travers une diode (figure 3.2) (régime transitoire périodique)*

Quand la diode D est bloquée, le courant i est constant et nul ; la tension v_D aux bornes de la diode est alors égale à la tension d'alimentation v.

Cet état bloqué se maintient tant que :

$$v = V_\mathrm{m} \sin \omega t$$

reste négatif.

Pour $t = 0$, v devient positif et la diode passante.

À partir de cet instant :

$$L\frac{\mathrm{d}i}{\mathrm{d}t} + Ri = V_\mathrm{m} \sin \omega t.$$

Donc :

$$i = i_\mathrm{f} + i_\mathrm{l} = \frac{V_\mathrm{m}}{Z}\left[\sin(\omega t - \varphi) + \sin\varphi\, \mathrm{e}^{-\frac{R}{L}t}\right]$$

avec :

$$Z = \sqrt{R^2 + L^2\omega^2}\,, \quad \varphi = \arctan\frac{L\omega}{R}\,\cdot$$

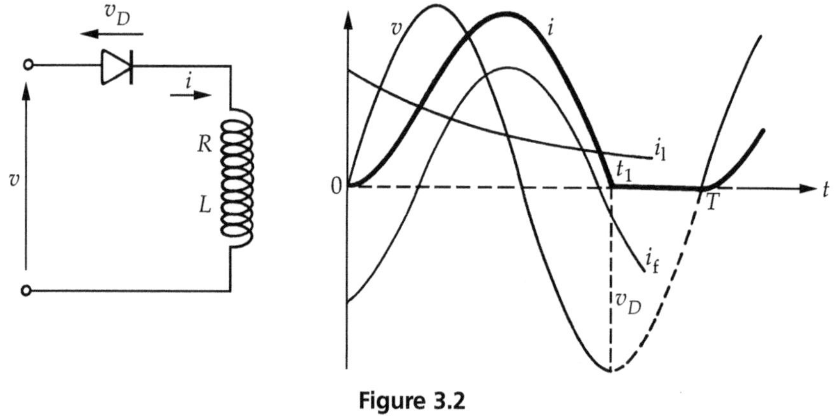

Figure 3.2

La conduction cesse à l'instant $t = t_1$ où le courant s'annule.

La valeur de t_1 est donc donnée par :

$$\sin(\omega t_1 - \varphi) = -\sin\varphi\, e^{-\frac{R}{L}t_1}$$

t_1 est supérieur à $T/2$ et d'autant plus voisin de T que L/R est plus grand.

Entre $t = t_1$ et $t = T$, la diode est bloquée :

$$i = 0, \quad v_D = v.$$

Remarques

• On trouve ici, pour la première fois, le procédé d'étude des régimes transitoires indiqué au chapitre 1 (§ 1.2.3). On a supposé qu'avant un passage de v croissant par zéro le semiconducteur était bloqué. On vérifie qu'il en est bien ainsi au début de la période suivante.

• À l'instant $t = t_1$, on voit apparaître une brusque variation de la tension v_D. On peut utiliser ce montage comme générateur rudimentaire d'impulsions, v_D constituant alors la tension de sortie.

• *Cas limites*

– Si $L\omega/R$ tend vers zéro (récepteur purement résistant) :

$$t_1 \text{ tend vers } \frac{T}{2}$$

$$i \text{ tend vers } \frac{V_m}{R}\sin\omega t\,,\ \text{pour } 0 < t < \frac{T}{2}$$

$$i \text{ tend vers } 0, \quad \text{pour } \frac{T}{2} < t < T$$

le courant est formé d'une alternance positive de sinusoïde par période.

– Si $L\omega/R$ tend vers l'infini (récepteur purement inductif) :

$$t_1 \text{ tend vers } T$$

$$i \text{ tend vers } \frac{V_m}{L\omega}(1 - \cos\omega t)\,,\ \text{pour } 0 < t < T$$

le courant est la somme d'un terme constant et d'un terme sinusoïdal, il ne s'annule qu'à l'instant $t = 0$.

c) *Circuit « roue libre » (figure 3.3) (deux régimes transitoires par période)*

L'exercice précédent montre le redressement d'une tension alternative monophasée lors du débit sur un récepteur RL. Pour réduire l'ondulation du courant redressé fourni à la charge et surtout supprimer les intervalles à courant nul, on « shunte » le récepteur par une diode de « retour » ou de « libre circulation » ou « de roue libre ».

▶ Pour $0 < t < T/2$, $v = V_m \sin \omega t$ est positif, D_1 conduit (la conduction de D_1 entraîne le blocage de D_2 car v_{D_2} est rendu égal à $-v$).

$$L\frac{di}{dt} + Ri = V_m \sin \omega t$$

$$i_f = \frac{V_m}{Z} \sin(\omega t - \varphi).$$

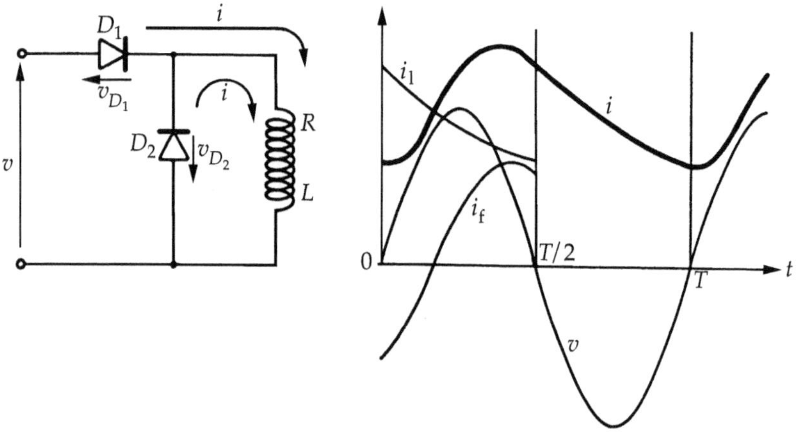

Figure 3.3

Si i_0 est la valeur de i pour $t = 0$:

$$i_0 - i_{f_0} = i_0 + \frac{V_m}{Z} \sin \varphi$$

donc :

$$i = \frac{V_m}{Z} \sin(\omega t - \varphi) + \left(i_0 + \frac{V_m}{Z} \sin \varphi\right) e^{-\frac{R}{L}t}. \qquad (1)$$

À l'instant $t = T/2$:

$$i_{T/2} = \frac{V_m}{Z} \sin \varphi + \left(i_0 + \frac{V_m}{Z} \sin \varphi\right) e^{-\frac{R}{L}\frac{T}{2}}.$$

– Pour $T/2 < t < T$, v est négatif, D_2 conduit (la conduction de D_2 rend v_{D_1} égale à v donc négative).

Le récepteur est court-circuité par la diode de « roue libre » :

$$L\frac{di}{dt} + Ri = 0$$

$$i = i_{T/2} e^{-\frac{R}{L}(t-\frac{T}{2})}. \tag{2}$$

▶ À la fin de la période, i doit avoir retrouvé la valeur i_0 :

$$i_0 = i_{T/2} e^{-\frac{R}{L}\frac{T}{2}} = \frac{V_m}{Z}\sin\varphi\, e^{-\frac{R}{L}\frac{T}{2}} + \left(i_0 + \frac{V_m}{Z}\sin\varphi\right) e^{-\frac{R}{L}T}$$

D'où :

$$i_0 = \frac{V_m}{Z}\sin\varphi \frac{e^{-\frac{R}{L}\frac{T}{2}} + e^{-\frac{R}{L}T}}{1 - e^{-\frac{R}{L}T}}.$$

et :

$$i_{T/2} = \frac{V_m}{Z}\sin\varphi \frac{1 + e^{-\frac{R}{L}\frac{T}{2}}}{1 - e^{-\frac{R}{L}T}}.$$

En reportant dans les relations (1) et (2) on obtient l'expression du courant i durant les deux demi-périodes.

Remarques

- La tension aux bornes de la charge ne subit pas de discontinuité ; successivement égale à v puis à zéro, elle change d'expression lors des passages de v par zéro.

Puisque cette tension est égale à $L/(\mathrm{d}i/\mathrm{d}t) + Ri$ et que i ne subit pas non plus de discontinuité, il en est de même de $\mathrm{d}i/\mathrm{d}t$: la forme d'onde du courant i ne présente pas de point anguleux lors des changements de diode passante.

- Le nom de « roue libre » vient du fait que pendant une alternance de v le débit de D_1 permet à RL d'accumuler de l'énergie ; pendant l'autre alternance, à l'aide de D_2, le courant i circule grâce à l'énergie accumulée dans l'inductance.
- Le temps nécessaire pour atteindre le régime permanent qui vient d'être analysé est fonction de la constante de temps τ du récepteur. On peut admettre qu'il faut un temps de l'ordre de 5τ après l'enclenchement de la source pour que le régime permanent soit pratiquement atteint.

▶ Remplacement du récepteur par une source de courant

- La tension aux bornes du récepteur, égale à $V_m \sin\omega t$ pour $0 < t < T/2$, nulle pour $T/2 < t < T$, a pour valeur moyenne V_m/π. Cette valeur est la somme des valeurs moyennes de Ri et de $L\,\mathrm{d}i/\mathrm{d}t$.

Puisque le courant i retrouve en $t = T$ la valeur qu'il avait en $t = 0$, $L\,\mathrm{d}i/\mathrm{d}t$ a une valeur moyenne nulle. En effet :

$$\frac{1}{T}\int_0^T L\frac{\mathrm{d}i}{\mathrm{d}t}\,\mathrm{d}t = L\frac{i(T) - i(0)}{T} = 0$$

Donc la valeur moyenne i_{moy} de i étant telle que $Ri_{moy} = V_m/\pi$,

$$i_{moy} = \frac{1}{\pi}\frac{V_m}{R}$$

• Si la constante de temps τ est suffisante devant la période T, le courant i s'écarte peu de i_{moy}. Pour calculer le courant i_S fourni par la source alternative on ne commet pas d'erreur importante en assimilant le récepteur RL à une source de courant continu de valeur i_{moy}. On peut substituer au schéma de la figure 3.4.a celui de la figure 3.4.b.

Le courant i_S de période T est alors formé de créneaux rectangulaires de durée $T/2$ et d'amplitude i_{moy}.

On voit ainsi que dans certains cas on peut remplacer un récepteur inductif par une source de courant convenablement choisie.

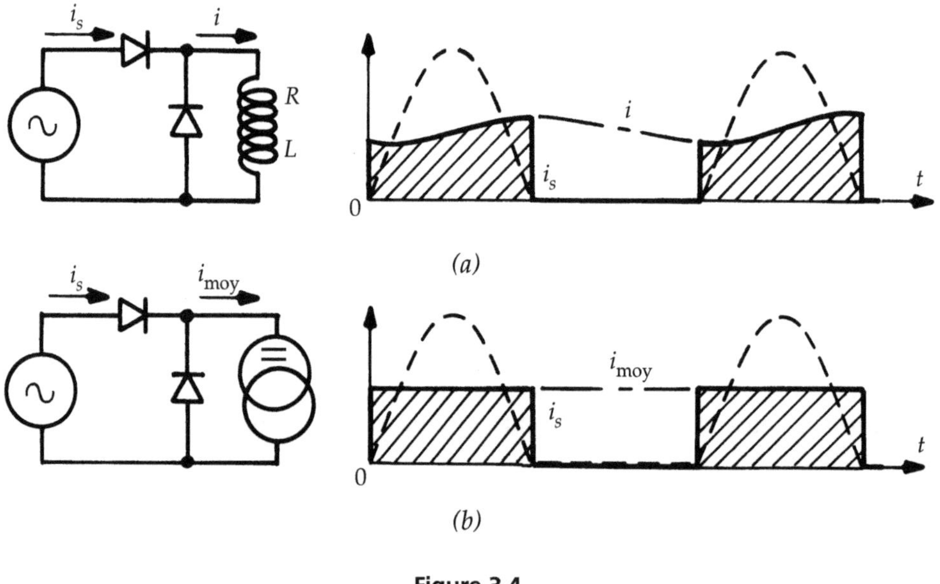

Figure 3.4

d) Débit d'une source de tension sinusoïdale, à travers une diode, sur une résistance et un condensateur en parallèle (figure 3.5) (délimitation des phases successives)

Le condensateur C assure un filtrage rudimentaire de la tension redressée fournie à la résistance de charge R.

On étudie le régime établi.

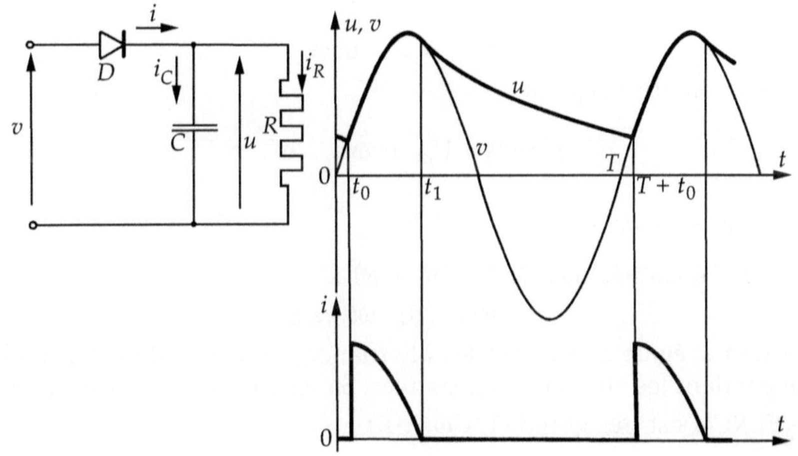

Figure 3.5

– Tant que la tension d'alimentation v est inférieure à la tension u aux bornes du condensateur, la diode est bloquée. Elle devient passante à l'instant $t = t_0$ où v devient supérieure à u :

$$V_m \sin \omega t_0 = (u)_{t_0}.$$

– Pour $t > t_0$:

$$u = v = V_m \sin \omega t$$

$$i_R = \frac{u}{R} = \frac{V_m}{R} \sin \omega t$$

$$i_C = C\frac{du}{dt} = C\omega V_m \cos \omega t$$

$$i = V_m \left(\frac{\sin \omega t}{R} + C\omega \cos \omega t \right).$$

– La conduction cesse quand i s'annule et tend vers une valeur négative, donc pour $t = t_1$ tel que :

$$\sin \omega t_1 = -RC\omega \cos \omega t_1 .$$

– Durant l'intervalle $[t_1\,,\, T + t_0]$, le condensateur se décharge dans la résistance et u atteint la valeur $(u)_{t_0}$ pour $t = T + t_0$.

Remarques

• Les expressions de u/V_m et de $i/(V_m/R)$ ne dépendent que de $RC\omega$. On calcule d'abord t_1 à partir de :

$$\omega t_1 = \arctan(-RC\omega)\,,$$

d'où :

$$(u)_{t_1} = V_m \sin \omega t_1 .$$

On passe ensuite à ωt_0 par :

$$V_m \sin \omega t_0 = V_m \sin \omega t_1 - e^{\frac{-(T+t_0-t_1)}{RC}}$$

• *Influence du condensateur*

– Si $RC\omega$ est négligeable ($1/C\omega \gg R$) :

$$\omega t_0 \simeq 0, \quad \omega t_1 \simeq \pi$$

la tension u égale v pendant les alternances positives de celle-ci, elle est nulle pendant les alternances négatives. Sa valeur moyenne est V_m/π.

– Si $RC\omega$ est très grand ($1/C\omega \ll R$) :

$$\omega t_0 \text{ et } \omega t_1 \text{ tendent vers } \pi/2$$

la tension u est constamment égale à V_m, la source fournit la puissance V_m^2/R pendant des intervalles $[t_0, t_1]$ infiniment brefs.

– Plus la capacité C du condensateur augmente, plus l'ondulation résiduelle de la tension u diminue. Simultanément la valeur moyenne U_C de cette tension augmente et les intervalles de charge diminuent, c'est-à-dire que l'amplitude des impulsions de courant i débité par la source est de plus en plus élevée.

• Note sur les sources

Le convertisseur (ici la diode) relie deux sources de tension, la tension de la source alternative et la tension aux bornes du condensateur. Comme on l'a précisé au paragraphe 2.2.2, l'alternance des sources n'est exigée que si le convertisseur est commandable.

e) *Débit d'une source de tension sinusoïdale sur une résistance shuntée par un condensateur, à travers une diode et une résistance (figure 3.6) (double régime transitoire, double délimitation des phases)*

Pour limiter les à-coups de courant fourni par la source à travers la diode, on met en série avec celle-ci une résistance R' (ou mieux une réactance). L'impédance interne de la source de tension v est d'ailleurs parfois suffisante pour assurer cette limitation.

À l'instant $t = t_0$, où la tension v qui était inférieure à u lui devient supérieure, la diode entre en conduction :

$$V_m \sin \omega t_0 = (u)_{t_0} .$$

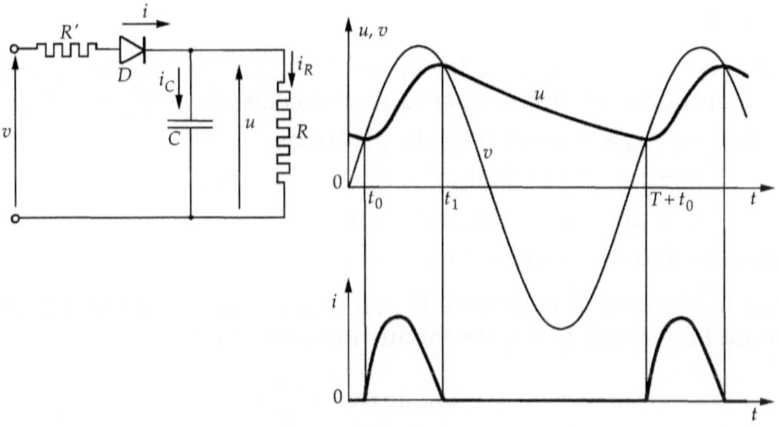

Figure 3.6

À partir de l'instant $t = t_0$, le courant débité par la source est :

$$i = i_R + i_C$$

ou :

$$i = \frac{u}{R} + C\frac{\mathrm{d}u}{\mathrm{d}t}\cdot$$

En reportant dans la relation :

$$v = R'i + u$$

il vient :

$$v = R'\left(\frac{u}{R} + C\frac{\mathrm{d}u}{\mathrm{d}t}\right) + u.$$

D'où l'équation différentielle :

$$R'C\frac{\mathrm{d}u}{\mathrm{d}t} + u\left(1 + \frac{R'}{R}\right) = V_\mathrm{m}\sin\omega t,$$

qui donne u_f, u_1, u et les divers courants.

À l'instant $t = t_0$, le courant i, toujours donné par $(v - u)/R'$, ne subit pas de discontinuité puisque ni u, ni v n'en subissent. De même $\frac{\mathrm{d}u}{\mathrm{d}t}$, égal à $\left(i - \frac{u}{R}\right)/C$ ne peut subir de discontinuité.

La conduction de la diode D cesse à l'instant $t = t_1$ où le courant i s'annule.

Entre $t = t_1$ et $t = T + t_0$, C se décharge dans la résistance R suivant la relation :

$$u = (u)_{t_1}\mathrm{e}^{-\left(\frac{t-t_1}{RC}\right)}$$

et la tension u atteint la valeur $(u)_{t_0}$ à l'instant $t = T + t_0$, ce qui permet de déterminer cette valeur.

Remarques

• Plus l'intervalle de charge $[t_0, t_1]$ est bref, plus le courant i présente des valeurs instantanées élevées par rapport à celles de i_R (*figure* 3.7).

En effet, $i_R = u/R$ tout au long de la période,

$i_C = -u/R$ pendant le blocage de la diode,

i_C a une valeur moyenne nulle,

les deux surfaces hachurées sont égales.

• Si, à la place de la résistance R', on mettait une inductance L, on aurait pendant l'intervalle $t_0 - t_1$ de conduction de la diode :

$$v = V_\mathrm{m} \sin \omega t = L\frac{\mathrm{d}i}{\mathrm{d}t} + u$$

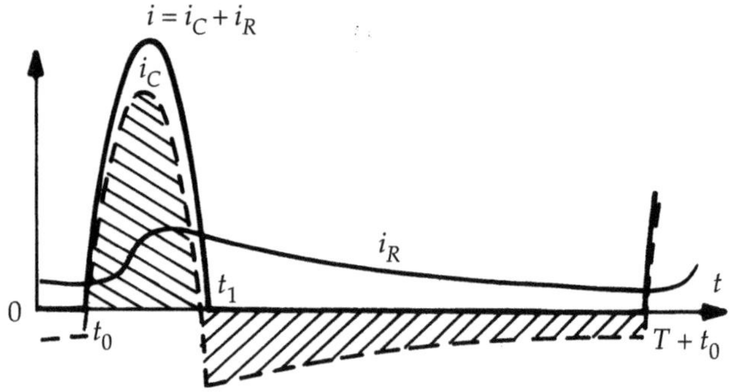

Figure 3.7

• Si la constante de temps du circuit RC est grande devant la période T, on ne commet pas une erreur importante en supposant que la tension aux bornes de C varie peu autour de sa valeur moyenne u_{moy}.

Dans ce cas, la diode entre en conduction à l'instant $t = t_0$ où la tension v devient égale à u_{moy}

$$V_m \sin \omega t_0 = u_{moy}$$

Le courant i dans l'intervalle $t_0 - t_1$ a pour valeur

$$i = \frac{V_m}{L\omega}(\cos \omega t_0 - \cos \omega t) - \frac{V_m \sin \omega t_0}{L\omega}(\omega t - \omega t_0)$$

L'instant t_1 correspond au retour à zéro de i

$$i(t_1) = \frac{V_m}{L\omega}(\cos \omega t_0 - \cos \omega t_1) - \frac{V_m \sin \omega t_0}{L\omega}(\omega t_1 - \omega t_0) = 0$$

3.1.3 Circuits du second ordre. Règles générales

Un circuit est du second ordre s'il contient deux éléments réactifs (une inductance et une capacité ou deux inductances si elles ne sont pas en série ou deux capacités si elles ne sont pas en parallèle).

Pour déterminer l'évolution des tensions et des courants, il faut résoudre une équation différentielle du deuxième ordre de la forme :

$$\boxed{a\frac{\mathrm{d}^2x}{\mathrm{d}t^2} + b\frac{\mathrm{d}x}{\mathrm{d}t} + cx = f(t)},$$

où x est la variable associée à un élément réactif.

Si r_1 et r_2 sont les racines de l'équation caractéristique ($ar^2 + br + c = 0$)

$$r_1, r_2 = -\frac{b}{2a} \pm \sqrt{\frac{b^2}{4a^2} - \frac{c}{a}},$$

leur nature fixe la forme de la réponse.

D'ordinaire on pose :

$$\boxed{\alpha = \frac{b}{2a}, \qquad \beta_0 = \sqrt{\frac{c}{a}}}.$$

α désignant le coefficient d'amortissement,

β_0 la pseudo-pulsation du circuit si α était nul.

D'après les valeurs relatives de α et de β_0, la nature de r_1 et r_2 diffère. Il convient de distinguer trois cas :

- $\alpha > \beta_0$, amortissement fort :
  - racines réelles,
  - régime libre apériodique amorti ;
- $\alpha = \beta_0$, amortissement critique :
  - racine double,
  - régime libre apériodique amorti ;
- $\alpha < \beta_0$, amortissement faible :
  - racines complexes,
  - régime libre pseudo-périodique.

Pour chaque cas, il existe une présentation commode de x_1 facilitant la détermination des constantes d'intégration.

– On déduit les constantes du fait que, si $f(t)$ a une valeur finie, ni x, ni dx/dt ne peuvent subir de discontinuité.

Si on désigne par :

x_0 la valeur de x pour $t = 0$,
x'_0 la valeur de dx/dt pour $t = 0$,
x_{f_0} la valeur de x_f pour $t = 0$,
x'_{f_0} la valeur de dx_f/dt pour $t = 0$,

on détermine les constantes d'intégration à partir de ces quatre valeurs.

▶ $\alpha > \beta_0$

$$x = x_f + A_1 e^{r_1 t} + A_2 e^{r_2 t}$$

avec :

$$r_1 = -\alpha + \sqrt{\alpha^2 - \beta_0^2}$$

$$r_2 = -\alpha - \sqrt{\alpha^2 - \beta_0^2}$$

$$A_1 = \frac{r_2(x_0 - x_{f_0}) - (x'_0 - x'_{f_0})}{r_2 - r_1}$$

$$A_2 = \frac{r_1(x_0 - x_{f_0}) - (x'_0 - x'_{f_0})}{r_1 - r_2}.$$

▶ $\alpha = \beta_0$

$$x = x_f + e^{-\alpha t}(A_1 + A_2 t)$$

avec :

$$A_1 = (x_0 - x_{f_0})$$

$$A_2 = (x'_0 - x'_{f_0}) + \alpha(x_0 - x_{f_0}).$$

▶ $\alpha < \beta_0$

$$x = x_f + A e^{-\alpha t} \sin(\beta t + \gamma)$$

ou :

$$x = x_f + e^{-\alpha t}(A'_1 \cos \beta t + A'_2 \sin \beta t)$$

avec :

$$\beta = \sqrt{\beta_0^2 - \alpha^2}$$

$$A'_1 = (x_0 - x_{f_0})$$

$$A'_2 = \frac{(x'_0 - x'_{f_0}) + \alpha(x_0 - x_{f_0})}{\beta}$$

3.1.4 Second ordre. Exemple d'application

La décharge, à travers un thyristor, d'un condensateur dans un circuit *RL* (*figure* 3.8) est un procédé très utilisé en électronique de puissance pour inverser la tension aux bornes d'un condensateur.

La tension aux bornes du condensateur, donc aux bornes du thyristor bloqué, ayant une valeur positive u_0, à l'instant $t = 0$ on envoie une impulsion de déblocage sur la gâchette de *Th*.

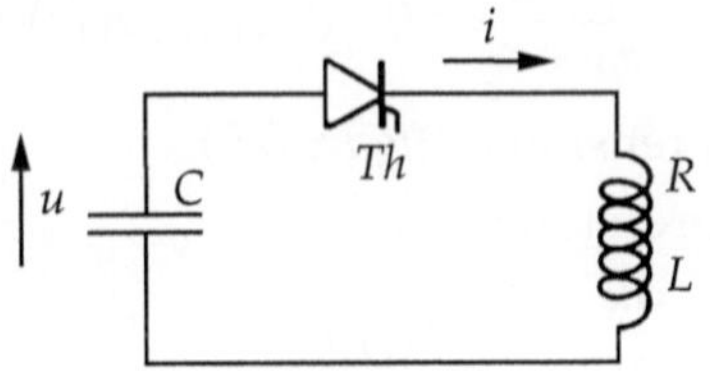

Figure 3.8

À partir de $t = 0$.

$$u = Ri + L\frac{\mathrm{d}i}{\mathrm{d}t}$$

avec :

$$i = -C\frac{\mathrm{d}u}{\mathrm{d}t}$$

la tension u est donc donnée par l'équation différentielle :

$$LC\frac{\mathrm{d}^2u}{\mathrm{d}t^2} + RC\frac{\mathrm{d}u}{\mathrm{d}t} + u = 0.$$

Ici :

$$\begin{cases} a = LC \\ b = RC \\ c = 1 \end{cases} \text{donc} \begin{cases} \alpha = \dfrac{R}{2L} \\ \beta_0 = \dfrac{1}{\sqrt{LC}}. \end{cases}$$

Pour trouver les constantes d'intégration, on a :

$$u_0 \neq 0, \qquad u_f = 0, \qquad \text{donc } u_{f_0} = 0$$

$$u'_0 = \frac{i_0}{C} = 0, \qquad u'_f = 0, \qquad \text{donc } u'_{f_0} = 0.$$

Examinons successivement les trois types possibles de régime libre.

▶ 1er cas : $\alpha > \beta_0$

$$u = A_1\,\mathrm{e}^{r_1 t} + A_2\,\mathrm{e}^{r_2 t}$$

avec :

$$r_1 = -\alpha + \sqrt{\alpha^2 - \beta_0^2} < 0$$
$$r_2 = -\alpha - \sqrt{\alpha^2 - \beta_0^2} < 0$$
$$(r_1 - r_2 > 0 \quad \text{et} \quad |r_2| > |r_1|)$$
$$A_1 = \frac{r_2 u_0}{r_2 - r_1} > 0$$
$$A_2 = \frac{r_1 u_0}{r_1 - r_2} < 0, \quad (|A_1| > |A_2|)$$

d'où la forme d'onde de la tension u (*figure* 3.9).

Le courant i a pour expression :

$$i = -C\frac{\mathrm{d}u}{\mathrm{d}t} = -CA_1 r_1\, \mathrm{e}^{r_1 t} - CA_2 r_2\, \mathrm{e}^{r_2 t}$$
$$i = Cu_0 \frac{r_1 r_2}{r_1 - r_2}(\mathrm{e}^{r_1 t} - \mathrm{e}^{r_2 t}).$$

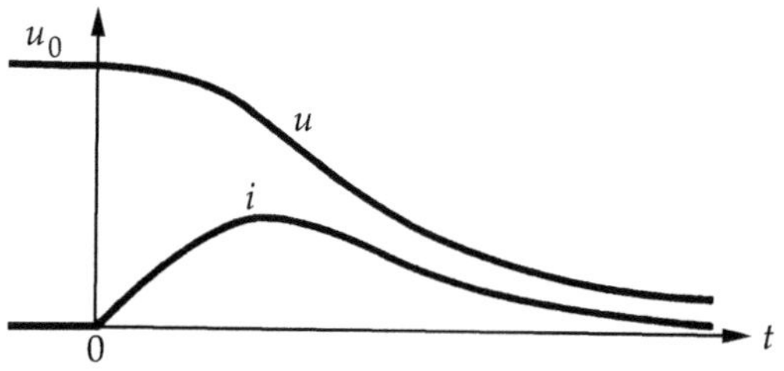

Figure 3.9

Puisque $\mathrm{e}^{r_1 t}$ est toujours supérieur à $\mathrm{e}^{r_2 t}$ sauf pour $t = 0$, le courant i part bien de zéro puis est toujours positif. La conduction de *Th* assure la décharge complète du condensateur en un temps théoriquement infini.

▶ 2e cas : $\alpha = \beta_0$

$$u = \mathrm{e}^{-\alpha t}(A_1 + A_2 t)$$

avec :

$$A_1 = u_0, \quad A_2 = \alpha u_0$$
$$u = u_0 \mathrm{e}^{-\alpha t}(1 + \alpha t)$$

et :

$$i = -C\frac{\mathrm{d}u}{\mathrm{d}t} = -Cu_0\, \mathrm{e}^{-\alpha t}(-\alpha - \alpha^2 t + \alpha)$$
$$i = Cu_0 \alpha^2 t\, \mathrm{e}^{-\alpha t}.$$

Le courant i toujours positif décharge, ici encore, le condensateur en un temps théoriquement infini.

▶ 3e cas : $\alpha < \beta_0$

$$u = \mathrm{e}^{-\alpha t}(A_1' \cos \beta t + A_2' \sin \beta t)$$

avec :

$$\beta = \sqrt{\beta_0^2 - \alpha^2}$$

$$A_1' = u_0, \quad A_2' = \frac{\alpha}{\beta} u_0$$

$$u = u_0 \, \mathrm{e}^{-\alpha t} \left(\cos \beta t + \frac{\alpha}{\beta} \sin \beta t \right).$$

Le courant i, donné par :

$$i = -C\frac{\mathrm{d}u}{\mathrm{d}t} = -Cu_0 \left(-\beta \sin \beta t + \alpha \cos \beta t - \alpha \cos \beta t - \frac{\alpha^2}{\beta} \sin \beta t \right) \mathrm{e}^{-\alpha t}$$
$$= C\frac{\beta_0^2}{\beta} u_0 \, \mathrm{e}^{-\alpha t} \sin \beta t$$

part de zéro pour $t = 0$ et s'annule à nouveau pour $t_1 = \pi/\beta$.

À partir de l'instant $t = t_1$ (*figure* 3.10), le thyristor est bloqué, la tension aux bornes de C a une valeur négative constante :

$$u_{t_1} = -u_0 \, \mathrm{e}^{-\frac{\alpha\pi}{\beta}}.$$

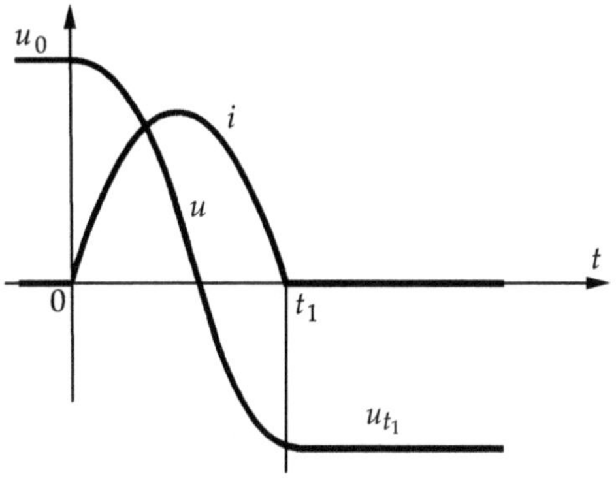

Figure 3.10

3.2 RAPPELS SUR LES GRANDEURS PÉRIODIQUES NON SINUSOÏDALES

Une grandeur, un courant i, par exemple, est périodique si elle est telle que

$$i = f(t) = f(t + T),$$

où T est la période.

La fréquence est f égale à $1/T$; sa pulsation fondamentale est ω égale à $2\pi f$.

3.2.1 Valeurs d'une grandeur périodique

▶ Normalement, on caractérise une grandeur périodique par sa *valeur efficace*, c'est la racine carrée de son carré moyen :

$$\boxed{I = \sqrt{(i^2)_{\text{moy}}} = \sqrt{\frac{1}{T}\int_0^T i^2\,\mathrm{d}t}}$$

▶ On utilise parfois aussi :

- la valeur moyenne :

$$i_{\text{moy}} = \frac{1}{T}\int_0^T i\,\mathrm{d}t$$

- ou la valeur redressée moyenne :

$$\bar{i}_{\text{moy}} = \frac{1}{T}\int_0^T |\,i\,|\,\mathrm{d}t$$

- ou la valeur maximale ou de crête.

3.2.2 Puissance

▶ La puissance P, absorbée par un récepteur parcouru par un courant i sous l'effet d'une tension aux bornes u, est la valeur moyenne de la puissance instantanée ui :

$$\boxed{P = (ui)_{\text{moy}} = \frac{1}{T}\int_0^T ui\,\mathrm{d}t} \quad \text{(unité : le watt).}$$

Il ne faut pas confondre la puissance avec la puissance apparente S, produit des valeurs efficaces de la tension et du courant :

$$S = UI \quad \text{(unité : le volt-ampère).}$$

▶ On appelle *facteur de puissance* le quotient de la puissance par la puissance apparente :

$$f = \frac{P}{S} \cdot$$

Il n'y a pas forcément de relation simple, sauf en régime sinusoïdal, entre f et le cosinus d'un angle. Le facteur de puissance est inférieur à l'unité à cause :

- de la différence de forme des ondes du courant et de la tension,
- du décalage entre ces ondes.

3.2.3 Développement en série de Fourier

a) *Principe. Valeur des divers termes*

Toute fonction périodique de période T, donc telle que :

$$x(t) = x(t + T)$$

($f = 1/T$ est la fréquence, $\omega = 2\pi f$ la pulsation correspondante), peut être décomposée en une somme comprenant :

- un terme constant,
- un terme sinusoïdal de fréquence f (le fondamental),
- une suite, limitée ou non, de termes sinusoïdaux de fréquence multiple entier de f (les harmoniques) :

$$\boxed{x = X_0 + X_{1\text{m}} \sin(\omega t + \psi_1) + X_{2\text{m}} \sin(2\omega t + \psi_2) + \cdots + X_{n\text{m}} \sin(n\omega t + \psi_n) + \cdots}$$

n désignant le rang de l'harmonique,

$X_{n\text{m}}$ son amplitude,

ψ_n sa phase lue à l'échelle de sa pulsation propre $n\omega$.

Pour faciliter les calculs, on écrit souvent :

$$\begin{aligned} x = {} & X_0 + A_1 \sin\omega t + B_1 \cos\omega t + A_2 \sin 2\,\omega t + B_2 \cos\,2\,\omega t + \cdots \\ & + A_n \sin n\omega t + B_n \cos n\omega t + \cdots \\ \text{où } & \sqrt{A_n^2 + B_n^2} = X_{n\text{m}}, \qquad \frac{B_n}{A_n} = \tan\psi_n \end{aligned}$$

► On calcule le terme constant, égal à la valeur moyenne, et les composantes des termes sinusoïdaux par :

$$\begin{aligned} & X_0 = \frac{1}{T}\int_0^T x\mathrm{d}t \\ & A_n = \frac{2}{T}\int_0^T x \sin n\omega t\,\mathrm{d}t, \qquad B_n = \frac{2}{T}\int_0^T x \cos n\omega t\,\mathrm{d}t \end{aligned} \cdot$$

b) Simplifications dues à certaines symétries

Souvent l'onde de la grandeur analysée présente des symétries qui permettent de simplifier le calcul des termes de son développement en série.

▶ Symétrie « de glissement »

L'alternance négative est identique, au signe près, à l'alternance positive. Si on la fait glisser sous celle-ci, on obtient une symétrie par rapport à l'axe des temps (*figure* 3.11) :

$$x\left(t+\frac{T}{2}\right) = -x(t)\,.$$

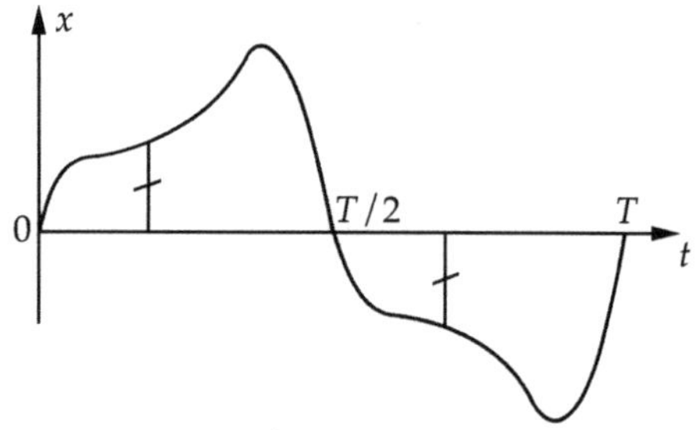

Figure 3.11

Dans ce cas :

- le terme X_0 est nul,
- le développement en série ne contient *pas d'harmonique de rang pair,*
- le calcul des harmoniques impairs est simplifié :

$$A_{2k+1} = \frac{4}{T}\int_0^{T/2} x\sin(2k+1)\omega t\,\mathrm{d}t$$

$$B_{2k+1} = \frac{4}{T}\int_0^{T/2} x\cos(2k+1)\omega t\,\mathrm{d}t\,.$$

▶ Symétrie par rapport aux zéros

Si on prend pour origine des temps un passage par zéro (*figure* 3.12) :

$$x(t) = -x(-t)\,.$$

Dans ce cas :

- X_0 est nul,
- *tous les termes en cosinus disparaissent,*
- le calcul des termes en sinus est simplifié :

$$A_n = \frac{4}{T}\int_0^{T/2} x\sin n\omega t\,\mathrm{d}t\,.$$

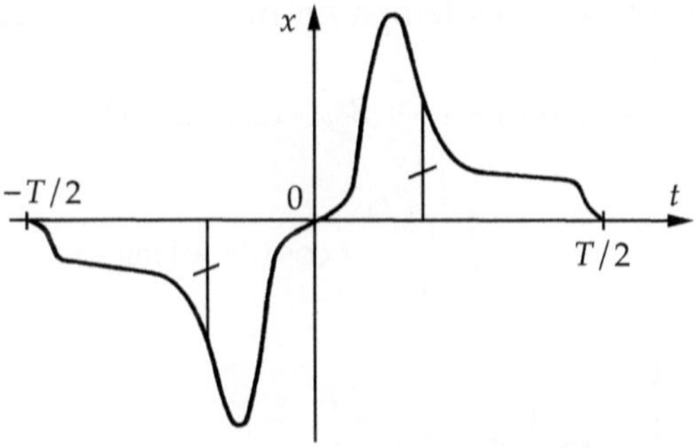

Figure 3.12

▶ Symétrie par rapport aux milieux d'alternances

Chaque alternance est symétrique par rapport à l'ordonnée élevée en son milieu (*figure* 3.13). Si on prend pour origine des temps un des deux axes de symétrie :

$$x(t) = x(-t)\,.$$

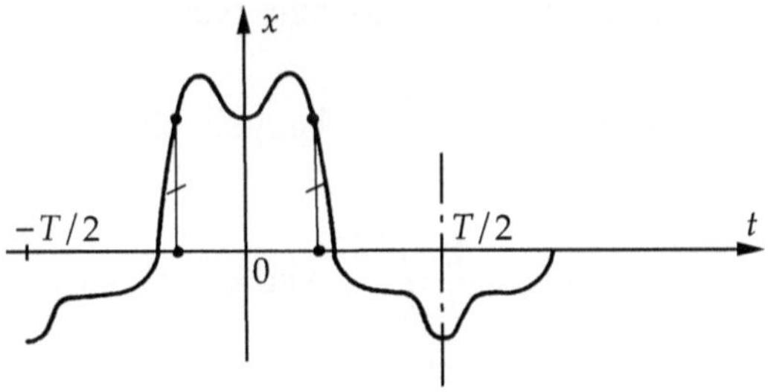

Figure 3.13

Alors :

- *tous les termes en sinus sont nuls,*
- on peut calculer les termes en cosinus sur une demi-période :

$$B_n = \frac{4}{T}\int_0^{T/2} x\cos n\omega t\,\mathrm{d}t\,.$$

> **Remarque**
>
> On rencontre souvent des formes d'ondes présentant simultanément plusieurs symétries.
> Celle de la figure 3.14 par exemple les présente toutes les trois.

Si on prend pour origine des temps un milieu d'alternance, on ne trouve que des cosinus impairs :

$$x = B_1 \cos \omega t + \cdots + B_{2k+1} \cos (2k+1)\omega t + \cdots$$

avec :

$$B_{2k+1} = \frac{8}{T} \int_0^{T/4} x \cos (2k+1)\omega t \, \mathrm{d}t.$$

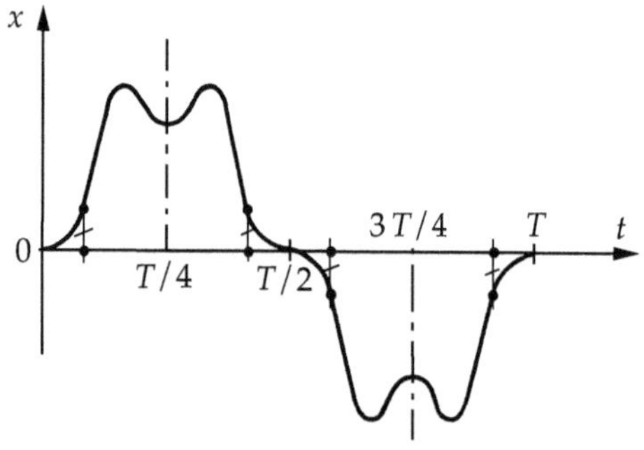

Figure 3.14

Si on prend pour origine un passage par zéro, il n'y a que des sinus impairs :

$$x = A_1 \sin \omega t + \cdots + A_{2k+1} \sin (2k+1)\omega t + \cdots$$

avec :

$$A_{2k+1} = \frac{8}{T} \int_0^{T/4} x \sin (2k+1)\omega t \, \mathrm{d}t.$$

3.2.4 Relations entre valeur efficace, puissance et développement en série

► La valeur efficace d'une grandeur est la racine carrée de la somme des carrés du terme constant et des valeurs efficaces des divers termes sinusoïdaux du développement en série :

$$X = \sqrt{\frac{1}{T} \int_0^T x^2 \mathrm{d}t} = \sqrt{X_0^2 + \frac{1}{2} X_{1\mathrm{m}}^2 + \frac{1}{2} X_{2\mathrm{m}}^2 + \cdots + \frac{1}{2} X_{n\mathrm{m}}^2 + \cdots}$$

$$\boxed{X = \sqrt{X_0^2 + X_1^2 + X_2^2 + \cdots + X_n^2 + \cdots}}. \quad (3)$$

Pour les grandeurs alternatives (X_0 nul) on définit le *taux d'harmoniques* par le quotient de la somme quadratique des harmoniques par le fondamental :

$$\tau = \frac{1}{X_1}\left(\sum_{n=2}^{\infty} X_n^2\right)^{1/2}$$

Or, d'après la relation (3) où X_0 est nul :

$$\left(\sum_{n=2}^{\infty} X_n^2\right)^{1/2} = (X^2 - X_1^2)^{1/2}$$

Donc :

$$\tau = \frac{\sqrt{X^2 - X_1^2}}{X_1} \qquad (4)$$

► La puissance est la somme des puissances mises en jeu par le terme constant et par chacun des harmoniques.

Si la tension u aux bornes d'un circuit et le courant i dans celui-ci ont pour développement en série :

$$u = U_0 + U_{1\mathrm{m}} \sin(\omega t + \psi_1) + \cdots + U_{n\mathrm{m}} \sin(n\omega t + \psi_n) + \cdots$$

$$i = I_0 + I_{1\mathrm{m}} \sin(\omega t + \psi_1 - \varphi_1) + \cdots + I_{n\mathrm{m}} \sin(n\omega t + \psi_n - \varphi_n) + \cdots$$

la puissance P a pour valeur :

$$P = \frac{1}{T}\int_0^T ui\,\mathrm{d}t = U_0 I_0 + \frac{1}{2}U_{1\mathrm{m}} I_{1\mathrm{m}} \cos\varphi_1 + \cdots + \frac{1}{2}U_{n\mathrm{m}} I_{n\mathrm{m}} \cos\varphi_n + \cdots$$

$$\boxed{P = U_0 I_0 + U_1 I_1 \cos\varphi_1 + \cdots + U_n I_n \cos\varphi_n + \cdots}$$

Si u et i sont des grandeurs alternatives ($U_0 = 0\,, I_0 = 0$) et si l'une d'elles, la tension u par exemple, est sinusoïdale :

$$U = U_1\ , \quad I = \sqrt{I_1^2 + I_2^2 + \cdots + I_n^2 + \cdots}\ , \quad P = U_1 I_1 \cos\varphi_1$$

La puissance apparente S, égale à UI, peut s'écrire :

$$S = U_1\left(I_1^2 + \sum_{n=2}^{\infty} I_n^2\right)^{1/2} = U_1 I_1 \sqrt{1 + \tau_i^2}$$

en désignant par τ_i le taux d'harmoniques du courant.

Le facteur de puissance est alors donné par :

$$f = \frac{P}{S} = \frac{1}{\sqrt{1 + \tau_i^2}} \cos\varphi_1$$

c'est le produit du facteur de distorsion, égal à $1/\sqrt{1+\tau_i^2}$, par le facteur de déplacement du fondamental égal à $\cos\varphi_1$.

3.2.5 Application aux tensions redressées

La tension redressée u_d fournie par un montage redresseur à diodes d'indice p est formée de p sommets de sinusoïdes par période T des tensions alternatives sinusoïdales d'alimentation.

Si ω est la pulsation de ces tensions :

$$u_d = V_m \cos \omega t, \qquad \text{pour } -\frac{\pi}{p} < \omega t < +\frac{\pi}{p}$$

$$u_d = V_m \cos\left(\omega t - \frac{2\pi}{p}\right), \qquad \text{pour } \frac{\pi}{p} < \omega t < \frac{3\pi}{p}$$

$$u_d = V_m \cos\left(\omega t - \frac{4\pi}{p}\right), \qquad \text{pour } \frac{3\pi}{p} < \omega t < \frac{5\pi}{p} \quad \text{etc.}$$

La tension u_d (*figure* 3.15) est donc une fonction périodique de période T/p dont le fondamental a pour pulsation $p\omega$.

Calculons la valeur moyenne U_{d_0}, la valeur efficace $U_{d_{eff}}$ et le développement en série de u_d.

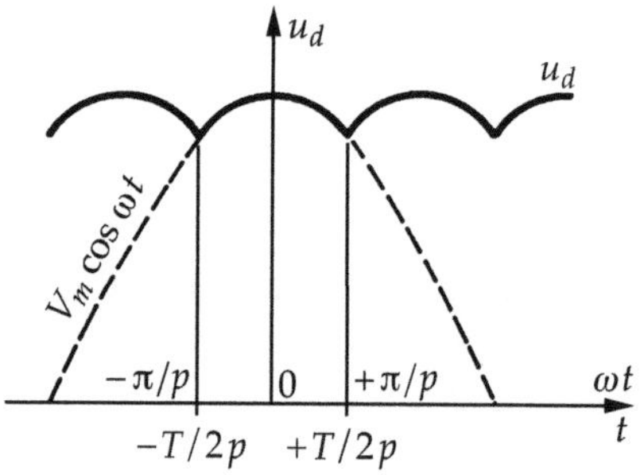

Figure 3.15

▶ Valeur moyenne

$$U_{d_0} = \frac{p}{2\pi}\int_{-\frac{\pi}{p}}^{+\frac{\pi}{p}} V_m \cos\omega t \, d\omega t = \frac{p}{2\pi} V_m \left[\sin\frac{\pi}{p} - \sin\left(-\frac{\pi}{p}\right)\right]$$

$$U_{d_0} = \frac{p}{\pi} V_m \sin\frac{\pi}{p}.$$

▶ Valeur efficace

$$U_{d_{eff}}^2 = \frac{p}{2\pi}\int_{-\frac{\pi}{p}}^{+\frac{\pi}{p}} V_m^2 \cos^2 \omega t \, d\omega t = \frac{pV_m^2}{2\pi}\int_{-\frac{\pi}{p}}^{+\frac{\pi}{p}} \left(\frac{1}{2} + \frac{\cos 2\,\omega t}{2}\right) d\omega t$$

$$= \frac{pV_m^2}{2\pi}\left(\frac{1}{2}\frac{2\pi}{p} + \frac{1}{4}2\sin\frac{2\pi}{p}\right)$$

$$U_{d_{eff}} = V_m\sqrt{\frac{1}{2} + \frac{p}{4\pi}\sin\frac{2\pi}{p}}\,.$$

▶ Développement en série

$$u_d = U_{d_0} + \sum_{k=1}^{\infty} B_{kp} \cos kp\omega t$$

car :

- la pulsation du fondamental est $p\omega$,
- la symétrie de $u_d(t)$ par rapport à $t = 0$ indique qu'il n'y a pas de terme en sinus.

$$B_{kp} = \frac{4p}{2\pi}\int_0^{\pi/p} V_m \cos \omega t \cos kp\omega t \, d\omega t$$

$$= \frac{2p}{2\pi}V_m \int_0^{\pi/p} [\cos (kp+1)\omega t + \cos (kp-1)\omega t]\, d\omega t$$

$$= \frac{p}{\pi}V_m \left[\frac{\sin (kp+1)\frac{\pi}{p}}{kp+1} + \frac{\sin (kp-1)\frac{\pi}{p}}{kp-1}\right]$$

$$= \frac{p}{\pi}\frac{V_m}{(kp+1)(kp-1)}\left[(kp-1)\sin (kp+1)\frac{\pi}{p} + (kp+1)\sin (kp-1)\frac{\pi}{p}\right]$$

$$= \frac{p}{\pi}\frac{V_m}{k^2p^2-1}\left\{kp\left[\sin(kp+1)\frac{\pi}{p} + \sin(kp-1)\frac{\pi}{p}\right] + \right.$$
$$\left. + \left[\sin(kp-1)\frac{\pi}{p} - \sin(kp+1)\frac{\pi}{p}\right]\right\}$$

$$= \frac{p}{\pi}\frac{V_m}{k^2p^2-1}\left[2\,kp\sin kp\frac{\pi}{p}\cos\frac{\pi}{p} + 2\cos kp\frac{\pi}{p}\sin\left(-\frac{\pi}{p}\right)\right]$$

$$= -\frac{2pV_m}{\pi(k^2p^2-1)}\cos k\pi \sin\frac{\pi}{p}$$

$$= -\frac{2pV_m}{\pi(k^2p^2-1)}(-1)^k \sin\frac{\pi}{p}$$

ou, en mettant en évidence :

$$U_{d_0} = \frac{p}{\pi} V_m \sin \frac{\pi}{p},$$

$$B_{kp} = \frac{-2}{k^2p^2 - 1}(-1)^k U_{d_0}.$$

D'où le développement en série :

$$\boxed{u_d = U_{d_0}\left(1 + \sum_{k=1}^{\infty} \frac{-2(-1)^k}{k^2p^2 - 1} \cos kp\omega t\right)}$$

On voit que l'amplitude relative de l'harmonique de rang *kp* est la même quelle que soit la tension redressée dans laquelle on le trouve (voir § 6.2.2.*a*).

EXERCICES

3.1 Influence de la forme d'onde du courant sur le courant direct moyen tolérable par une diode

Le courant moyen nominal indiqué pour une diode est de 20 A ; cette valeur est établie dans le cas du redressement d'une alternance sinusoïdale par période (*figure* 3.16a).

a) Sachant que la chute de tension directe dans la diode est égale à :

$$u_0 + ri \quad \text{avec } u_0 = 0,7\,\text{V} \quad \text{et } r = 0,02\,\Omega$$

calculer les pertes dans ce semiconducteur lors du fonctionnement ayant servi à la définition du courant nominal.

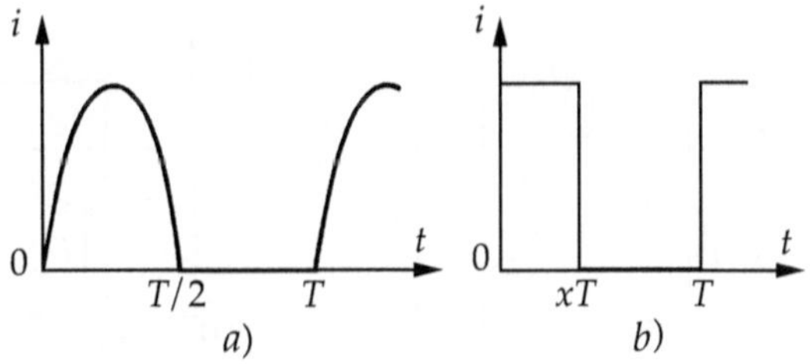

Figure 3.16

b) On fait passer dans cette diode un courant formé de créneaux rectangulaires de largeur relative égale à x (*figure* 3.16*b*).

À égalité de pertes – donc d'échauffement – calculer pour les valeurs usuelles de x (1, 1/2, 1/3, 1/6 et 1/9) le courant direct moyen tolérable.

a) 33,74 W.

b)

x	1	1/2	1/3	1/6	1/9
i_{moy} A	27,1	21,6	18,6	14,1	11,9

3.2 Régulation par un hacheur du courant dans un récepteur L-E

On considère le montage de la figure 3.17 dans lequel la tension E vaut une fraction δ de la tension continue d'entrée U_s :

$$E = \delta U_s, \text{ avec } 0 < \delta < 1$$

On utilise une commande dite en « mode de commande du courant » :

on ferme l'interrupteur K aux instant 0, T, $2T$, ... kT, $(k+1)T$... ; on le maintient fermé jusqu'à l'instant t égal à $kT + t_K$ où le courant i' atteint une valeur de référence i'_{ref} ; puis K reste ouvert jusqu'à $t = (k+1)T$ (figure 3.18).

On demande

a) de calculer la valeur $i'_{0,\,k+1}$ du courant i' à la fin d'une période de fonctionnement en fonction de sa valeur $i'_{0,\,k}$ au début de celle-ci ;

b) de déterminer la valeur $i'_{0,\,R}$ qu'aura le courant i' au début de chaque période en régime permanent ;

c) de déterminer si le régime permanent est stable (Pour cela on considère un écart $\Delta i'_{0,\,k}$ de i' par rapport à $i'_{0,\,R}$ au début de la période et on vérifie si, à la fin de celle-ci, l'écart $\Delta i'_{0,\,k+1}$ entre i' et $i'_{0,\,R}$ a diminué).

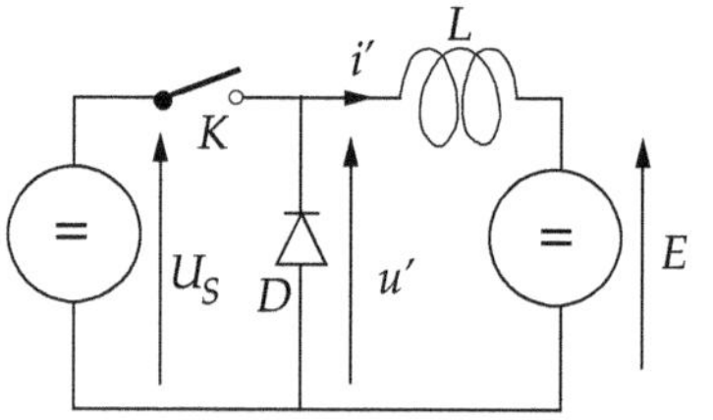

Figure 3.17

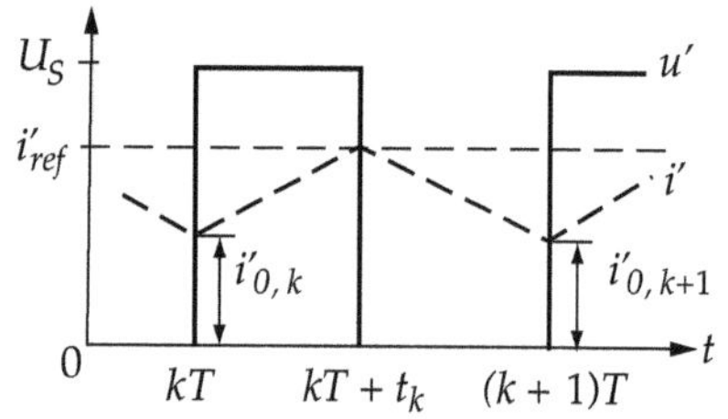

Figure 3.18

a) Entre $t = kT$ et $t = kT + t_k$, K conduit :

$$i' = i'_{0,\,k} + \frac{U_s(1-\delta)}{L}(t - kT)$$

Pour $t = kT + t_k$, i' atteint i'_{ref}

$$i'_{ref} = i'_{0,\,k} + \frac{U_s(1-\delta)}{L}t_k$$

On en déduit

$$t_k = \frac{L(i'_{ref} - i'_{0,\,k})}{U_s(1-\delta)}$$

Entre $t = kT + t_k$ et $t = (k+1)T$, D conduit :

$$i' = i'_{ref} - \frac{\delta U_s}{L}[t - (kT + t_k)]$$

Pour $t = (k+1)T$, i' atteint $i'_{0,\,k+1}$

$$i'_{0,\,k+1} = i'_{ref} - \frac{\delta U_s}{L}(T - t_k)$$

Soit, compte tenu de la valeur de t_k :

$$i'_{0,\,k+1} = \frac{i'_{ref}}{1-\delta} - \frac{\delta U_s T}{L} - \frac{\delta}{1-\delta} i'_{0,\,k}$$

b) $i'_{0,\,R} = i'_{ref} - \dfrac{\delta(1-\delta)U_s T}{L}$

c) $\Delta i'_{0,\,k+1} = \dfrac{-\delta}{1-\delta} \Delta i'_{0,\,k}$

Le système n'est stable que si $\delta/(1-\delta)$ est inférieur à 1. On ne peut utiliser le mode de commande proposé que si E est inférieur à $U_s/2$.

Chapitre 4

Les hacheurs

Les hacheurs opèrent une *conversion continu-continu*. Placés entre un générateur et un récepteur, tous deux à courant continu, ils permettent de régler la tension appliquée au récepteur ou le courant qui y circule. Ils peuvent être directs ou indirects.

• *Les hacheurs directs* relient un générateur et un récepteur qui se comportent l'un comme une source de tension, l'autre comme une source de courant, conformément à la règle d'alternance des sources (*chapitre* 2, § 2.2.2). Ils ne comportent que des interrupteurs qui permettent d'agir sur les connexions entre le générateur et le récepteur.

• *Les hacheurs indirects* relient un générateur et un récepteur de même nature. Ils comportent des interrupteurs et un élément de stockage d'énergie qui joue le rôle de source intermédiaire de courant ou de tension suivant que générateur et récepteur sont des sources de tension ou de courant. L'élément de stockage reçoit de l'énergie du générateur puis la transmet au récepteur en fonction des connexions établies par les interrupteurs.

4.1 HACHEURS DIRECTS

On désignera par :

• u et i, la tension et le courant d'entrée,
• u' et i', la tension et le courant de sortie,
• U, I, U' et I', les valeurs moyennes de u, i, u' et i'.

Si on néglige les pertes à l'intérieur du hacheur, les puissances moyennes à l'entrée et à la sortie sont les mêmes et, puisqu'il n'y a pas d'élément interne de stockage, il en est de même des puissances instantanées :

$$ui = u'i'.$$

4.1.1 Hacheur série

Le hacheur série, dit aussi *abaisseur de tension* ou *buck converter*, commande le débit :

- d'un *générateur de tension* dont la tension est toujours positive,
- dans un *récepteur de courant* dont le courant ne peut devenir négatif.

a) Principe

On supposera d'abord que le générateur et le récepteur sont parfaits : le premier fournit une tension U constante, le second absorbe un courant I' constant.

▶ La figure 4.1*a* explique avec deux interrupteurs K_1 et K_2 ce qu'on demandera aux semiconducteurs de réaliser.

Les deux interrupteurs doivent être complémentaires (toujours un fermé, jamais les deux à la fois) pour que le générateur de tension ne soit pas court-circuité, et que le récepteur de courant ne soit pas mis en circuit ouvert.

Quand K_1 est fermé, i_{K_1} est égal à I', i_{K_2} nul, v_{K_1} nulle et v_{K_2} égale à $-U$.

Quand K_2 est fermé, i_{K_1} est nul, i_{K_2} égal à I', v_{K_1} égale à $+U$ et v_{K_2} nulle.

Les branches de caractéristiques utilisées (*figure* 4.1*b*) montrent que K_1 doit être à ouverture et fermeture commandées, et que K_2 peut être une simple diode.

▶ On arrive ainsi au schéma de principe de la figure 4.1*c* : le hacheur est formé d'un transistor T et d'une diode D.

La figure 4.1*d* donne les formes d'ondes de la tension de sortie u', du courant d'entrée i, des courants dans T et D et des tensions à leurs bornes.

Quand T est fermé :

$$u' = U, \quad i = I'$$

$$v_T = 0, \quad i_T = I', \quad v_D = -U, \quad i_D = 0.$$

Quand T est ouvert :

$$u' = 0, \quad i = 0$$

$$v_T = +U, \quad i_T = 0, \quad v_D = 0, \quad i_D = I'.$$

▶ Si T est la période de fonctionnement et αT la durée des intervalles de conduction du transistor, la tension de sortie u' a pour valeur moyenne :

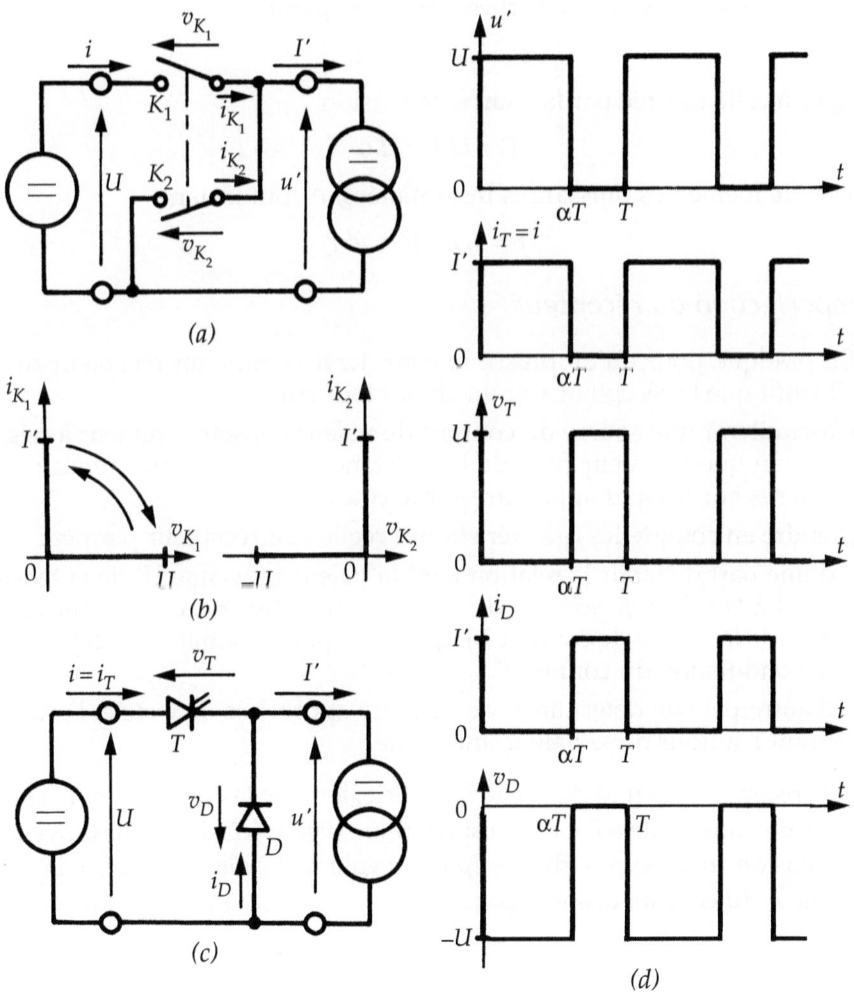

Figure 4.1

$$\boxed{U' = \alpha U}\,.$$

En faisant varier α de 0 à 1, on fait varier U' de 0 à U.

De même, la valeur moyenne I du courant i vaut

$$\boxed{I = \alpha I'}$$

On voit qu'au niveau des valeurs moyennes de u' et u, de i et i', c'est-à-dire des composantes utiles de ces grandeurs, le hacheur se comporte comme un transformateur idéal de rapport de transformation α.

La puissance moyenne absorbée par le récepteur

$$P' = U' I' = \alpha U I'$$

est égale à celle fournie par la source de tension

$$P = U I = U \alpha I'$$

Il en est de même des puissances instantanées. À tout instant,

$$p = u\, i = p' = u'\, i'$$

b) Imperfection du récepteur

En pratique pour qu'on puisse le considérer comme un récepteur de courant il suffit que le récepteur soit un circuit inductif.

L'assimiler à une source de courant de valeur constante revient à négliger l'ondulation que la valeur finie de l'inductance et la forme en créneaux de la tension à ses bornes font apparaître sur le courant.

Prendre en compte les caractéristiques réelles du récepteur permet :

– d'une part d'établir la relation liant la valeur moyenne U' de la tension à ses bornes à *la valeur moyenne* I' du courant qu'il absorbe, cette dernière étant l'intensité de la source de courant à laquelle on peut assimiler le récepteur si on néglige l'ondulation du courant i' ;

– d'autre part de déterminer, de manière approchée ou exacte, *l'ondulation* du courant i' autour de sa valeur moyenne.

► Si le récepteur est une charge R-L-E' série, lorsque la conduction de la diode au cours de l'intervalle $\alpha T < t < T$ est continue (*figure* 4.2), la valeur moyenne U' de la tension aux bornes du récepteur égale αU ; elle est liée à la valeur moyenne I' du courant absorbé par

$$\alpha U = RI' + E', \text{ donc } I' = \frac{\alpha U - E'}{R} \text{ où } E' < \alpha U,$$

puisque la tension aux bornes de L a une valeur moyenne nulle car, en régime permanent, le courant i' retrouve à la fin de la période de hachage la valeur qu'il avait au début de celle-ci.

À valeurs moyennes imposées de U et E', on règle la valeur de I' en agissant sur α. Si, dans les conditions normales de fonctionnement du récepteur, la tension RI' est faible devant U' (c'est généralement le cas si le récepteur est un moteur à courant continu), α est sensiblement égal à E'/U.

► Pour estimer l'ondulation du courant i', on assimile la tension $Ri' + E'$ à sa valeur moyenne $RI' + E'$, ce qui revient à supposer que la chute de tension associée à l'ondulation de i' se retrouve toute entière aux bornes de L :

$$L\frac{\mathrm{d}i'}{\mathrm{d}t} = u' - (RI' + E') = u' - \alpha U$$

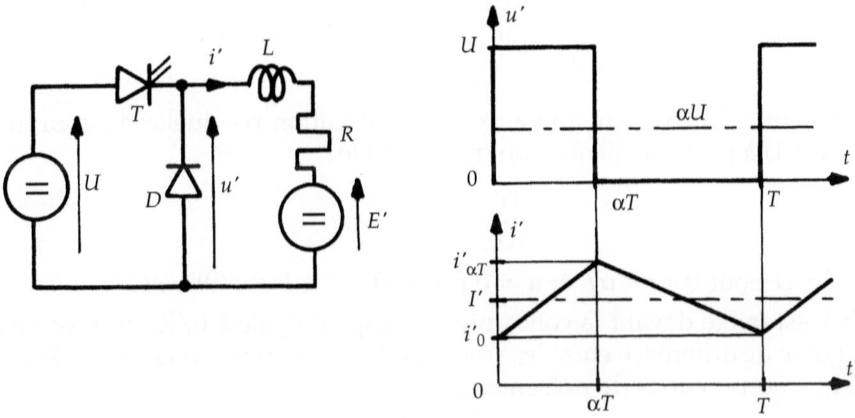

Figure 4.2

Pour $0 < t < \alpha T$, $u' = U$, $\dfrac{\mathrm{d}i'}{\mathrm{d}t} = \dfrac{(1-\alpha)U}{L}$

$$i' = i'_0 + \frac{1-\alpha}{L}Ut$$

i' croît de son minimum i'_0 à son maximum $i'_{\alpha T}$.

Pour $\alpha T < t < T$, $u' = 0$, $\dfrac{\mathrm{d}i'}{\mathrm{d}t} = -\dfrac{\alpha U}{L}$

$$i' = i'_{\alpha T} - \frac{\alpha U}{L}(t - \alpha T)$$

i' décroît pour retrouver en $t = T$ la valeur i'_0.

L'ondulation $\Delta i'$ du courant i' est donc donnée par

$$\Delta i' = i'_{\alpha T} - i'_0 = \frac{U}{L}(1-\alpha)\alpha T\ ;$$

elle est maximale pour $\alpha = 0{,}5$ et vaut alors $UT/4L$.

Les valeurs i'_0 et $i'_{\alpha T}$ sont symétriques par rapport à I'

$$i'_0 = I' - \frac{\Delta i'}{2} \quad ; \quad i'_{\alpha T} = I' + \frac{\Delta i'}{2}$$

Pour que la conduction soit continue il faut que i' soit constamment positif, donc que l'on ait

$$I' > \frac{\Delta i'}{2} = \frac{U}{2L}\alpha(1-\alpha)T$$

Si I' devient inférieur à cette valeur, la conduction devient intermittente ou discontinue : le courant i' part de zéro en $t = 0$ et redevient nul en t' tel que $\alpha T < t' < T$ (voir exercice 4.2).

▶ On peut calculer de manière exacte l'ondulation résiduelle du courant (*cf.* exercice 4.1) à partir de l'équation différentielle

$$L\frac{\mathrm{d}i'}{\mathrm{d}t} + Ri' + E' = u'$$

avec $u' = U$ pour $0 < t < \alpha T$ et $u' = 0$ pour $\alpha T < t < T$ et $i'(0) = i'(T)$

Si T est faible devant la constante de temps τ, égale à L/R, du récepteur, il n'y a guère de différence entre les résultats du calcul exact et ceux du calcul simplifié que nous venons de présenter.

▶ Si l'inductance du récepteur est insuffisante pour réduire l'ondulation de i' il faut augmenter τ donc L, c'est-à-dire ajouter une *inductance de lissage* entre le hacheur et le récepteur proprement dit.

On obtient le même résultat en augmentant la fréquence $1/T$ de fonctionnement. D'où l'intérêt des semiconducteurs permettant le fonctionnement à fréquence élevée.

c) Imperfection du générateur : filtre d'entrée

Le générateur alimentant le hacheur doit se comporter comme une source de tension, c'est-à-dire que sa réactance interne doit être négligeable.

Si tel n'est pas le cas, il faut dériver un condensateur C à l'entrée du hacheur.

Souvent on place entre le condensateur et le générateur une inductance supplémentaire (*figure* 4.3*a*). L'inductance du générateur ainsi majorée L forme avec C le *filtre d'entrée*.

Ce filtre a deux effets :

– il réduit l'ondulation de la tension u à l'entrée du hacheur,

– il réduit l'ondulation du courant i_S fourni par le générateur de tension.

Si on néglige l'ondulation du courant i' autour de sa valeur moyenne I', le courant i est formé de créneaux rectangulaires d'amplitude I' et de durée αT. La valeur moyenne du courant i_c étant nulle en régime permanent, la valeur moyenne du courant i_s est égale à celle de i.

$$I_s = I = \alpha I'$$

Si le filtre est convenablement dimensionné, les variations de i_s autour de sa valeur moyenne sont faibles. On ne commet pas d'erreur significative en assimilant i_s à I_s. Dans ces conditions on prend pour valeurs de i_c

de 0 à αT, $i_c = I_s - I' = I'(\alpha - 1)$

de αT à T, $i_c = I_s = \alpha I'$

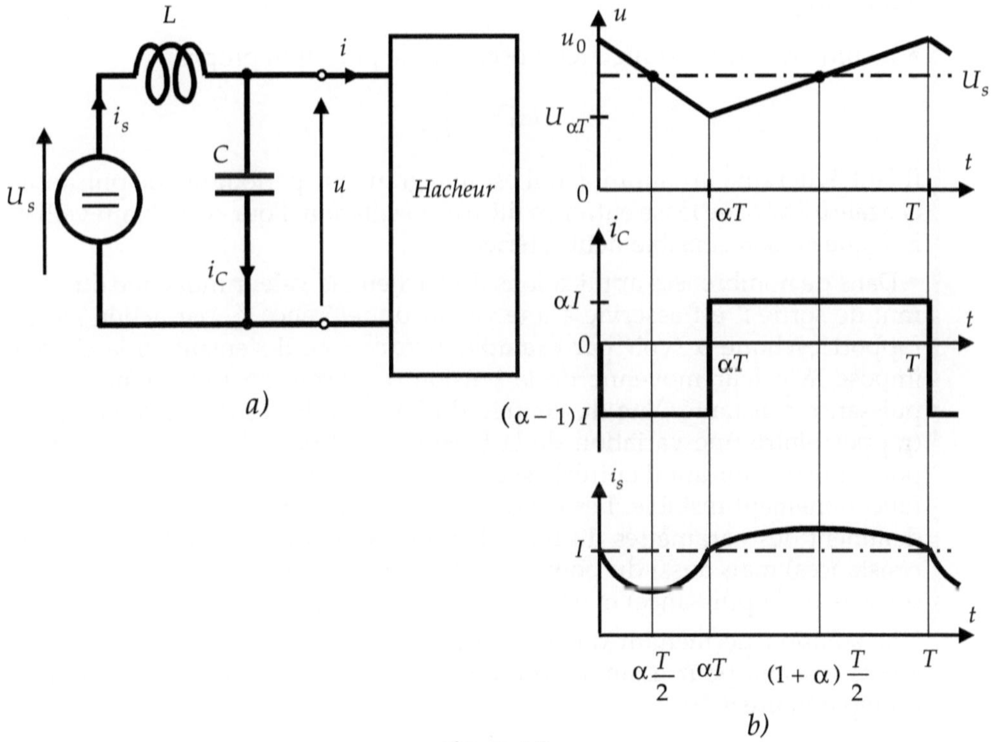

Figure 4.3

Puisqu'en régime permanent la tension aux bornes de l'inductance L est nulle, la tension u a pour valeur moyenne U_s. L'amplitude Δu de son ondulation est égale à celle de la tension aux bornes de la capacité (figure 4.3.*b*).

$$\Delta u = u_0 - u_{\alpha T} = \int_{\alpha T}^{T} \frac{\alpha I'}{C}\,\mathrm{d}t = \frac{I'}{C}\,\alpha(1-\alpha)T$$

Les valeurs de u_0 et $u_{\alpha T}$ sont symétriques par rapport à U_s.

La tension aux bornes de L égale $U_s - u$. Le courant i_s est minimum pour $t = \alpha T/2$, maximum pour $t = (1+\alpha)T/2$.

Son ondulation est donc

$$\Delta i_s = -\frac{1}{L}\int_{\alpha T/2}^{(1+\alpha)T/2} (U_s - u)\mathrm{d}t = \frac{1}{8}\,\frac{\Delta u T}{L}$$

(On trouvera à l'exercice 4.3 un exemple de calcul du filtre d'entrée par la méthode du premier harmonique).

Remarques

• Le filtre d'entrée est un circuit oscillant de pulsation propre

$$\omega_0 = \frac{1}{\sqrt{LC}}$$

Il faut éviter que le courant i, qui est une grandeur périodique de pulsation ω égale à $2\pi/T$, ne fasse entrer ce filtre en oscillation. Pour cela, il faut veiller à ce que ω_0 soit sensiblement inférieur à ω.

• Dans de nombreuses applications du hacheur, la valeur moyenne du courant de sortie i' est asservie à une valeur de référence I'_w par action sur le rapport cyclique α (voir par exemple *exercice* 3.2). Il s'ensuit, si la charge impose la valeur moyenne de la tension de sortie, un fonctionnement à puissance constante. Vue de l'entrée du hacheur, la résistance dynamique (rapport entre une variation de la tension d'entrée et la variation correspondante du courant d'entrée) est alors négative, ce qui peut conduire à un fonctionnement instable. Les conditions de cette instabilité dépendent évidemment des paramètres du filtre d'entrée (valeurs de L, de C et de leurs résistances) mais aussi du point de fonctionnement (valeurs du courant de sortie et de la puissance) et de la valeur de la tension d'entrée.

Une solution permettant d'éviter ce problème consiste à ajouter des éléments résistifs pour assurer un amortissement correct du filtre (voir par exemple figure 9.2).

4.1.2 Hacheur parallèle

Le hacheur parallèle ou *élévateur* ou *boost converter* commande le débit
– d'un *générateur de courant* dont le courant i est toujours positif,
– dans un *récepteur de tension* dont la tension u' ne peut devenir négative.

▶ La figure 4.4*a* donne le schéma avec interrupteurs mécaniques.

L'interrupteur K_1 permet de relier l'entrée à la sortie ; l'interrupteur complémentaire K_2 ferme le circuit du générateur de courant quand K_1 est ouvert.

• Quand K_1 est fermé :

$$v_{K_1} = 0, \quad i_{K_1} = I, \quad v_{K_2} = +U', \quad i_{K_2} = 0.$$

Quand K_2 est fermé :

$$v_{K_1} = -U', \quad i_{K_1} = 0, \quad v_{K_2} = 0, \quad i_{K_2} = I.$$

Les branches de caractéristiques utilisées (*figure* 4.4*b*) montrent qu'il faut remplacer K_1 par une diode et K_2 par un transistor. D'où le schéma de principe de la figure 4.4*c*.

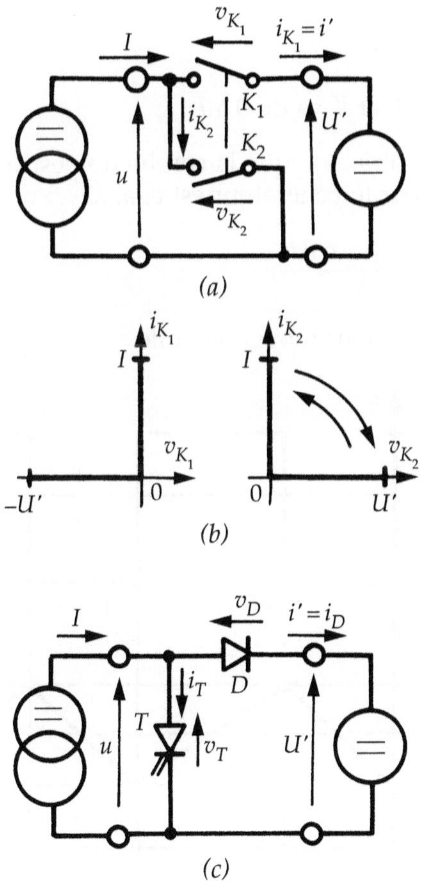

Figure 4.4

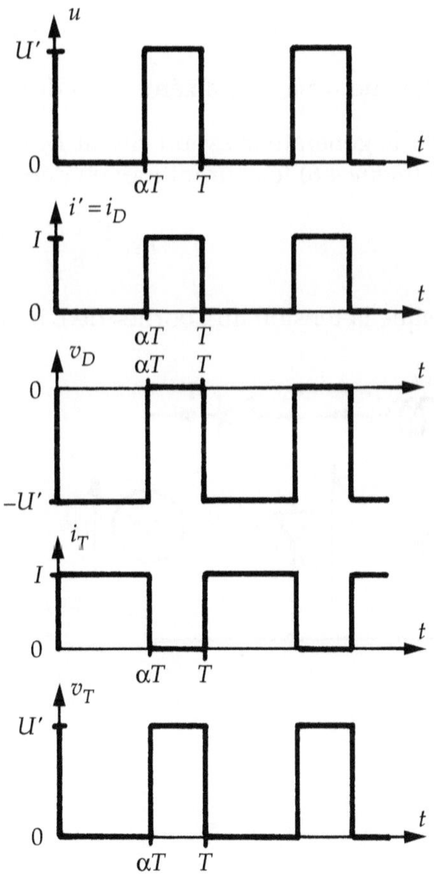

Figure 4.5

- La figure 4.5 donne les formes d'ondes des diverses variables.

  Pour $0 < t < \alpha T$, le transistor conduit :

$$u = 0\,,\ i' = 0$$

$$i_D = 0\,,\ v_D = -U'\,,\ i_T = I\,,\ v_T = 0.$$

  Pour $\alpha T < t < T$, la diode conduit :

$$u = U'\,,\ i' = I$$

$$i_D = I\,,\ v_D = 0\,,\ i_T = 0\,,\ v_T = +U'.$$

- La tension d'entrée u a pour valeur moyenne :

$$U = (1 - \alpha)U'$$

Le courant de sortie i' a pour valeur moyenne

$$I' = (1 - \alpha)I$$

Quand α va de 1 à zéro, U va de 0 à U' et I' va de 0 à I

▶ Si le générateur est un circuit R, L, E série, lorsque la conduction est continue (*figure* 4.6) le courant moyen débité par le générateur est égal à :

$$I = \frac{E - U}{R} = \frac{E - (1 - \alpha)U'}{R},$$

puisque la tension aux bornes de L a une valeur moyenne nulle.

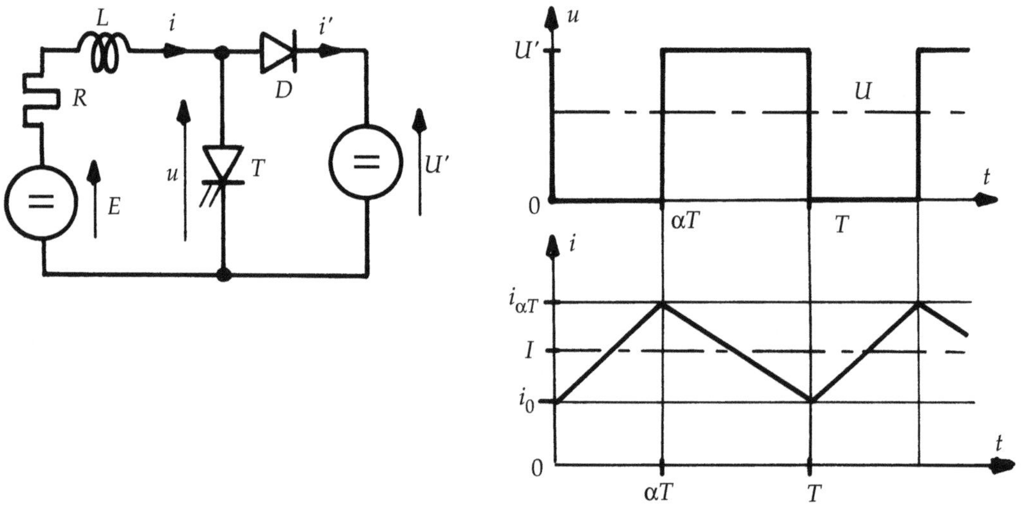

Figure 4.6

À valeurs données de E et de U', on règle la valeur du courant I' en agissant sur α. Si dans les conditions normales de fonctionnement du générateur RI est faible devant U' (c'est le cas par exemple si le générateur est une machine à courant continu), α est sensiblement égal à $1 - E/U'$.

▶ Comme pour le hacheur série, on peut calculer une valeur approchée de l'ondulation du courant i en remplaçant la tension $E - Ri$ par sa valeur moyenne $E - RI$:

$$L\frac{\mathrm{d}i}{\mathrm{d}t} = E - RI - u = (1 - \alpha)U' - u$$

pour $0 < t < \alpha T$, $u = 0$, $L\frac{\mathrm{d}i}{\mathrm{d}t} = (1 - \alpha)U'$, $i = i_0 + (1 - \alpha)\frac{U'}{L}t$

pour $\alpha T < t < T$, $u = U'$, $L\frac{\mathrm{d}i}{\mathrm{d}t} = -\alpha U'$, $i = i_{\alpha T} - \frac{\alpha U'}{L}(t - \alpha T)$

L'ondulation Δi du courant d'entrée est donc donnée par

$$\Delta i = i_{\alpha T} - i_0 = \frac{U'}{L}(1-\alpha)\alpha T$$

elle est maximum pour $\alpha = 0,5$ et vaut alors $U'T/4L$.

Les valeurs maximum $i_{\alpha T}$ et minimum i_0 sont symétriques par rapport à I :

$$i_0 = I - \Delta i/2 \qquad i_{\alpha T} = I + \Delta i/2$$

▶ Il faut que le récepteur se comporte en *source de tension*. Si son impédance interne n'est pas négligeable, on doit dériver une capacité à ses bornes. Si on ajoute ensuite une inductance en série, on a constitué un filtre réduisant l'ondulation de la tension aux bornes du récepteur et l'ondulation du courant qui lui est fourni.

L'étude de ce filtre se fait de la même manière que celle du filtre d'entrée du hacheur série.

On remarque les nombreuses analogies entre le hacheur série et le hacheur parallèle. C'est normal puisque l'un commande le transfert de puissance d'une source de tension vers une source de courant, l'autre le transfert de puissance en sens inverse.

4.1.3 Hacheur réversible en courant

Avec un schéma à deux interrupteurs on peut commander le transfert de l'énergie dans les deux sens entre :

– une *source de tension*

– et une *source de courant*

à condition que les deux sources présentent la ou les mêmes réversibilités (toutes deux réversibles en tension, ou en courant, ou en tension et en courant).

Nous nous limiterons à l'étude du schéma le plus utilisé, celui du *hacheur reliant deux sources réversibles en courant*.

a) Principe

▶ Le schéma avec interrupteurs (*figure* 4.7) est toujours le même : K_1 permet de relier l'entrée et la sortie, K_2 court-circuite la source de courant quand K_1 est ouvert.

• Quand I' est positif :

si K_1 est fermé (état 1) :

$$v_{K_1} = 0, \qquad i_{K_1} = I' > 0$$
$$v_{K_2} = +U, \qquad i_{K_2} = 0$$

si K_1 est ouvert (état 2) :

$$v_{K_1} = +U, \qquad i_{K_1} = 0$$
$$v_{K_2} = 0, \qquad i_{K_2} = -I' < 0.$$

• Quand I' est négatif :
si K_1 est fermé (état 3) :

$$v_{K_1} = 0, \quad i_{K_1} = I' < 0$$
$$v_{K_2} = +U, \quad i_{K_2} = 0$$

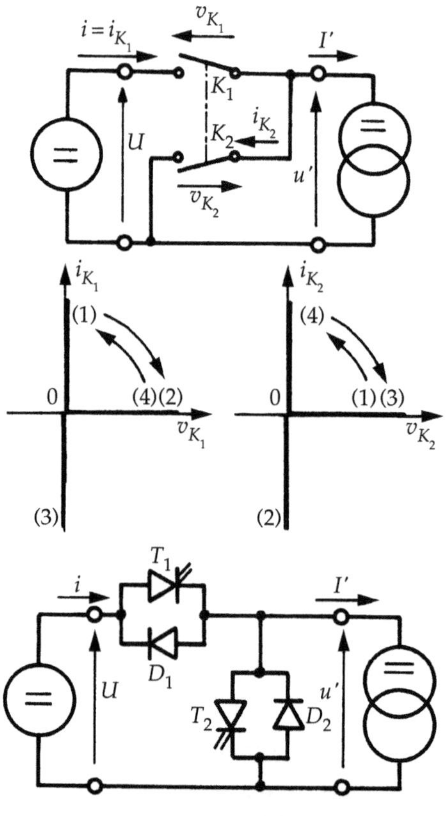

Figure 4.7

si K_1 est ouvert (état 4) :

$$v_{K_1} = +U, \quad i_{K_1} = 0$$
$$v_{K_2} = 0, \quad i_{K_2} = -I' > 0.$$

On en déduit les branches de caractéristiques utilisées et les semiconducteurs devant être substitués aux interrupteurs mécaniques :

– K_1 doit être remplacé par un transistor T_1 avec une diode D_1 en parallèle inverse.

– de même K_2 doit être remplacé par le transistor T_2 avec la diode D_2 en parallèle inverse.

On arrive ainsi au schéma du bas de la figure 4.7.

▶ On voit que ce convertisseur résulte de l'association d'un hacheur série, formé par T_1 et D_2, et d'un hacheur parallèle, formé par T_2 et D_1.

• Pour I' positif, il fonctionne en hacheur série ; le courant I' passant tantôt par T_1, tantôt par D_2. Si α_1 est la durée relative de la fermeture de T_1 pendant chaque période, u' a pour valeur moyenne :

$$U' = \alpha_1 U.$$

• Pour I' négatif, il fonctionne en hacheur parallèle : le courant I' passant tantôt par T_2, tantôt par D_1. Si α_2 est la durée relative des intervalles de fermeture de T_2, u' a pour valeur moyenne :

$$U' = (1 - \alpha_2)U.$$

Tout ce qui a été dit, pour le hacheur série et pour le hacheur parallèle, sur l'ondulation du courant de sortie due à la valeur limitée de l'inductance de la source de courant reste valable.

Il en est de même de l'éventuelle nécessité de corriger la source de tension.

b) Lois de commande

Si on passe de I' positif à I' négatif sans discontinuité dans la commande des transistors, la commande est dite continue. S'il faut changer de loi de commande quand on veut changer le signe du courant, on dit que la commande est discontinue.

▶ En commande *discontinue*, pour I' positif, le transistor T_2 est ouvert en permanence, T_1 est fermé pendant $\alpha_1 T$ à chaque période : U' égal à $\alpha_1 U$ va de U à 0 quand α_1 va de 1 à 0.

Pour I' négatif, T_1 est ouvert en permanence, T_2 fermé pendant $\alpha_2 T$: la tension U' va de U à 0 quand α_2 va de 0 à 1.

▶ En commande *continue*, on commande la fermeture de T_1 de 0 à $\alpha_1 T$ et la fermeture de T_2 pendant tout le reste de la période. Cela revient à imposer

$$\alpha_1 + \alpha_2 = 1,$$

la tension U' est égale à $\alpha_1 U$ quel que soit le signe du courant I'.

c) Exemple d'application

▶ Placé entre une source de tension U constante réversible en courant, une batterie d'accumulateurs par exemple, et une machine à courant continu (source de courant de constantes E', R, L), le hacheur réversible en courant permet :

– de faire varier la vitesse de la machine ;

– que celle-ci fonctionne en moteur ($I' > 0$) ou en génératrice ($I' < 0$).

On verra au chapitre 8 que pour une machine à courant continu à flux inducteur constant, la vitesse N est proportionnelle à la f.é.m. E', et le couple C au courant I'.

La marche en génératrice correspond au freinage par récupération : la machine prend alors l'énergie mécanique de la charge qu'elle freine et la transforme en énergie électrique.

▶ Avec la commande continue,

$$E' = \alpha_1 U - R I',$$

avec $I' > 0$ en moteur,

avec $I' < 0$ en génératrice.

La figure 4.8 donne l'allure des caractéristiques $E'(I')$ ou $N(C)$ obtenues pour diverses valeurs de α_1. Dans un moteur à courant continu, la chute de tension ohmique dans l'induit a une valeur relative faible et la f.e.m. E' a une valeur proche de la tension moyenne aux bornes de l'induit U' ou $\alpha_1 U$. Ceci explique le caractère quasi horizontal des caractéristiques de la figure 4.8.

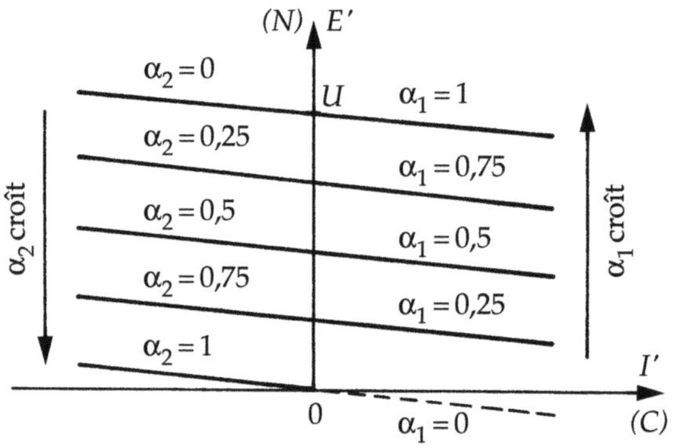

Figure 4.8

Remarques

• Avec la *commande discontinue*, il faut s'assurer que le courant I' est nul avant de changer de loi de commande. Sinon, pour $\alpha_1 + \alpha_2$ supérieur à 1, on commanderait en même temps T_1 et T_2 mettant la source de tension en court-circuit.

De plus, lors du débit sur un récepteur présentant une force électromotrice, tel un moteur, la conduction discontinue entraîne des anomalies de fonctionnement pour les faibles valeurs du courant I' (*cf.* exercice 4.2).

• Avec la *commande continue*, pour éviter tout risque de court-circuit de la source par la conduction simultanée de T_1 et T_2, il convient d'imposer un léger retard entre la commande à l'ouverture de T_1 et la fermeture de T_2, entre l'ouverture de T_2 et la fermeture de T_1 (figure 4.9). Ce délai diminue un peu la durée de la fermeture de K_1 si le courant I' positif passe tantôt par T_1, tantôt par D_2. Il allonge la durée de la fermeture de K_1 si I' négatif passe alternativement par D_1 et par T_2.

(La même précaution est à prendre dans les convertisseurs où plusieurs transistors sont montés en série directement aux bornes d'une source de tension).

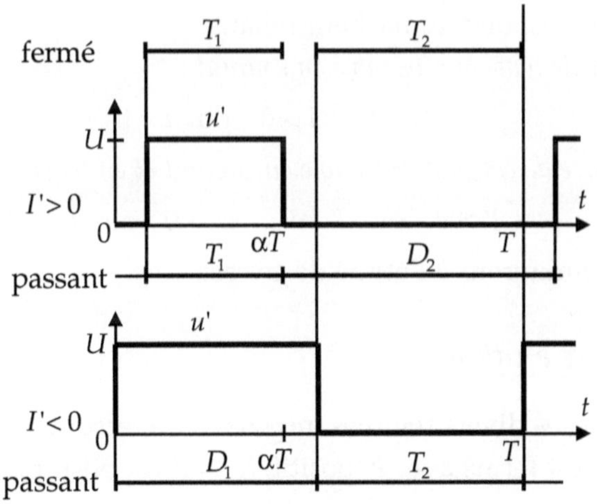

Figure 4.9

4.1.4 Hacheur en pont

La structure à quatre « interrupteurs » ou en pont (*figure* 4.10) offre plus de possibilités que celle à deux « interrupteurs » car elle permet de relier chacune des bornes de sortie à chacune des bornes d'entrée ou de les séparer.

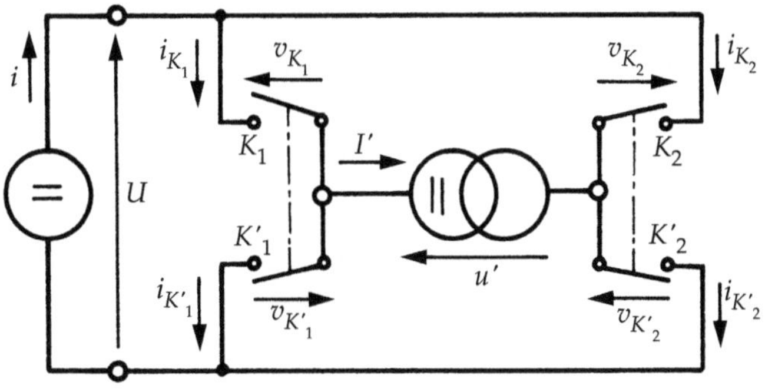

Figure 4.10

Puisque, par moments, le hacheur les relie directement, les sources d'entrée et de sortie doivent encore être de natures différentes, l'une de tension, l'autre de courant. Mais on peut commander le transfert entre sources de *réversibilités différentes*.

La fermeture des « interrupteurs », K_1 et K'_1 d'une part, K_2 et K'_2 d'autre part, doit être complémentaire pour que la source de tension ne soit jamais en court-circuit et la source de courant jamais en circuit ouvert.

Parmi les nombreuses possibilités offertes par la structure en pont, l'une des plus utilisées correspond au hacheur reliant :

– une *source de tension réversible en courant* :

$$U > 0, \quad i > 0 \quad \text{ou} \quad i < 0$$

– et *une source de courant réversible en courant et en tension* :

$$I' > 0 \quad \text{ou} \quad I' < 0, \quad u' > 0 \quad \text{ou} \quad u' < 0.$$

Nous nous limiterons à l'étude de ce cas.

a) Interrupteurs à utiliser

Considérons les divers régimes imposés à l'interrupteur K_1 :

– quand K_1 est fermé avec I' positif, $i_{K_1} = I'$ est positif ;

– quand K_1 est fermé avec I' négatif, $i_{K_1} = I'$ est négatif ;

– quand K_1 est ouvert, $v_{K_1} = U$ est positif ;

– il faut pouvoir fermer et ouvrir K_1.

La figure 4.11 montre les trois branches de caractéristiques sur lesquelles doit pouvoir travailler K_1 et les commutations qu'il peut avoir à effectuer.

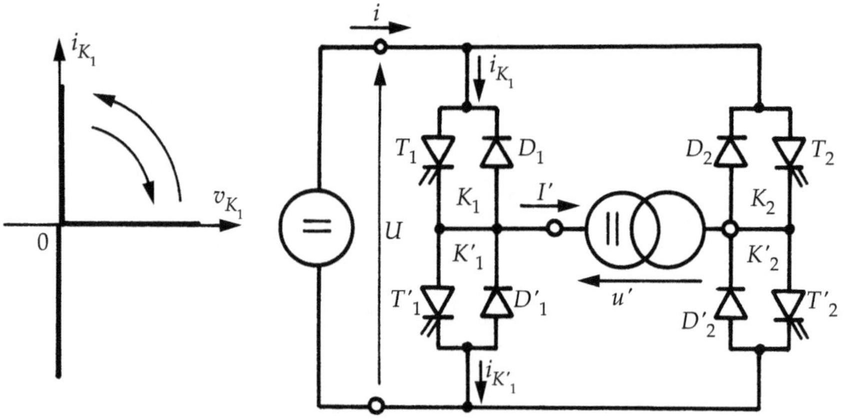

Figure 4.11

Pour les trois autres interrupteurs on trouverait exactement la même chose.

Chaque interrupteur doit donc être réalisé avec un semiconducteur à fermeture et ouverture commandées du type transistor et une diode montée en parallèle inverse. D'où le schéma de la figure 4.11.

b) Commande

Commande discontinue

Pour réduire le nombre de commutations, on peut ne commander à la fréquence de hachage qu'un seul interrupteur. Un autre, servant d'interrupteur d'aiguillage, est commandé en permanence à la fermeture tant qu'on n'inverse pas la tension de sortie.

La figure 4.12 montre, pour les deux signes de U' et pour chaque signe de I', les interrupteurs fermés et les semi-conducteurs passants.

Pour U' positif, on ferme en permanence K_2' et pendant $\alpha_1 T$ l'interrupteur K_1. Donc

$$U' = \alpha_1 U$$

- Si I' est positif,
  pour $0 < t < \alpha_1 T$, I' passe par T_1 et T_2'
  pour $\alpha_1 T < t < T$, I' passe par T_2' et D_1'
- Si I' est négatif,
  pour $0 < t < \alpha_1 T$, I' passe par D_2' et D_1
  pour $\alpha_1 T < t < T$, I' passe par T_1' et D_2'

Pour U' négatif, on ferme en permanence K_2 et, pendant l'intervalle $\alpha_1 T, K_1$. Donc :

$$U' = -(1 - \alpha_1)U$$

- Si I' est positif, I' passe par D_2 et T_1, puis par D_1' et D_2.
- Si I' est négatif, I' passe par T_2 et D_1, puis par T_1' et T_2.

On en déduit immédiatement quand le hachage s'opère par la commande de T_1 et quand il s'opère par la commande de T_1'.

Le fonctionnement est le même que celui du hacheur de la figure 4.7. Mais la borne du récepteur mise à un potentiel fixe peut être reliée à l'une ou l'autre borne de la source de tension.

Il faut prendre les mêmes précautions lors du changement de signe de I' ou de U'.

Commande continue

Pour avoir une *loi de commande unique* permettant de faire passer U' de $+U$ à $-U$ sans discontinuité et cela, quel que soit le signe de I', il faut faire fonctionner les deux demi-ponts à la fréquence de hachage.

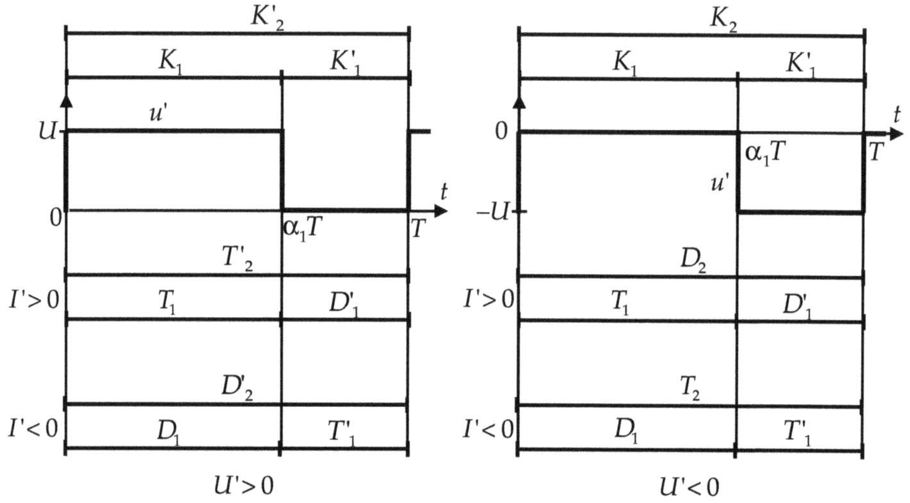

Figure 4.12

Plusieurs lois de commande sont possibles. Celle qui permet de minimiser le nombre d'instants de commutation est la suivante (figure 4.13) :

- Pour $0 < t < \alpha_1 T$, on commande la fermeture de K_1 et K_2' : la tension u' égale U. Le courant I' passe par T_1 et T_2' s'il est positif ; par D_1 et D_2' s'il est négatif.
- Pour $\alpha_1 T < t < T$, on commande la fermeture de K_2 et K_1' : la tension u' égale $-U$. Le courant I' passe par D_1' et D_2 s'il est positif ; par T_1' et T_2 s'il est négatif.

Quel que soit le signe de U' et celui de I', on a toujours

$$U' = \alpha_1 U - (1 - \alpha_1)U = (2\alpha_1 - 1)U$$

La tension U' va de $+U$ à $-U$ quand α_1 va de 1 à zéro.

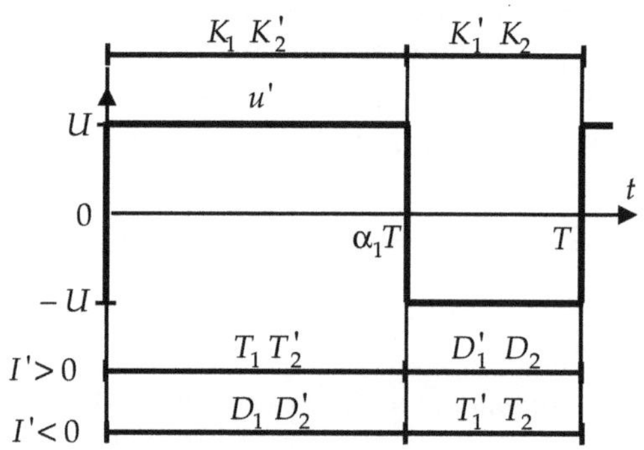

Figure 4.13

L'inconvénient de cette commande est que u', tantôt égal à $+U$, tantôt à $-U$, a une forte composante alternative, ce qui rend plus difficile son filtrage.

On peut rendre u' unidirectionnel en acceptant de ne plus synchroniser la commande des deux demi-ponts, c'est-à-dire en acceptant une commutation supplémentaire. La commande des interrupteurs, la forme d'onde de la tension et le diagramme de conduction des semi-conducteurs sont alors ceux de la figure 4.14.

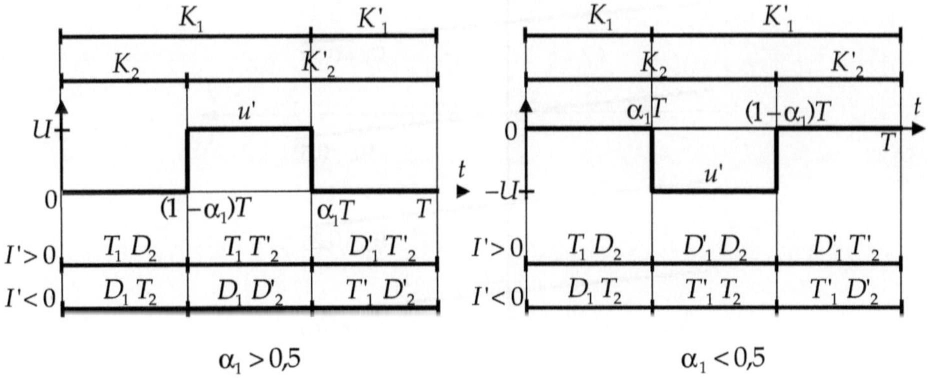

Figure 4.14

Pour $0 < t < \alpha_1 T$, on commande la fermeture de K_1, pour $0 < t < (1 - \alpha_1)T$, celle de K_2.

On voit que si α_1 est supérieur à 0.5, de $t = (1 - \alpha_1)T$ à $\alpha_1 T$, la tension u' égale U et est nulle pendant le reste de la période. Si α_1 est inférieur à 0.5, u' égale $-U$ pour $\alpha_1 T < t < (1 - \alpha_1)T$ et est nulle le reste de la période.

On a donc toujours :

$$U' = (2\alpha_1 - 1)U$$

c) Exemple d'utilisation

Le hacheur en pont de la figure 4.11 permet, à partir d'une batterie d'accumulateurs, de faire fonctionner une machine à courant continu dans les quatre quadrants du plan couple-vitesse.

On a encore (*cf.* 4.1.3c)

$$E' = U' - RI'$$

avec : E' proportionnelle à la vitesse N,
I' proportionnel au couple C.

Lorsqu'on veut des inversions rapides du sens de rotation, on utilise la commande continue. La figure 4.15 montre comment α_1 déplace les caractéristiques E' (I') ou $N(C)$.

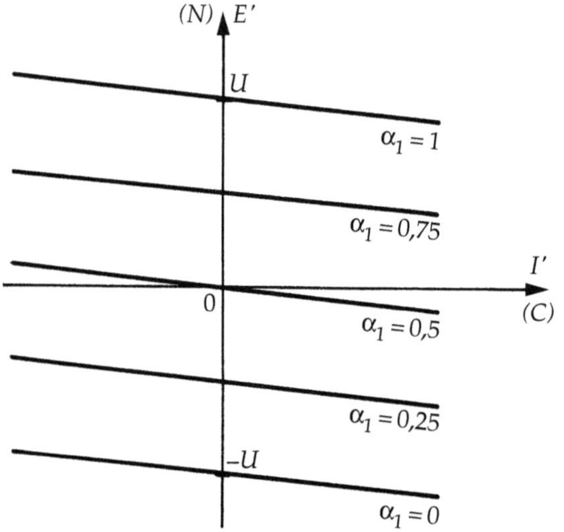

Figure 4.15

La machine fonctionne en moteur quand $E'I'$ ou NC est positif.

Lorsque $E'I'$ ou NC est négatif, elle marche en génératrice, c'est-à-dire freine par récupération d'énergie.

La marche en moteur et celle en génératrice sont possibles, que la machine tourne à l'endroit (E' et N positives) ou à l'envers (E' et N négatives).

4.1.5 Hacheurs multiniveaux

Lorsque la tension d'alimentation d'un hacheur atteint une valeur trop élevée vu le calibre en tension des composants à semiconducteurs utilisés, il faut réaliser les interrupteurs en mettant en série plusieurs composants à semiconducteurs élémentaires. Il est alors intéressant de recourir à la structure multiniveau appelée FC (Flying Capacitor). Non seulement elle permet le partage statique et dynamique de la tension entre les différents composants, mais elle présente des avantages vis-à-vis du récepteur.

La figure 4.16 représente le hacheur série trois niveaux ($u' = 0$, $u' = U/2$ ou $u' = U$). Un condensateur C relie le point de mise en série des deux transistors, T_1 et T_2, au point de mise en série des deux diodes, D_1 et D_2.

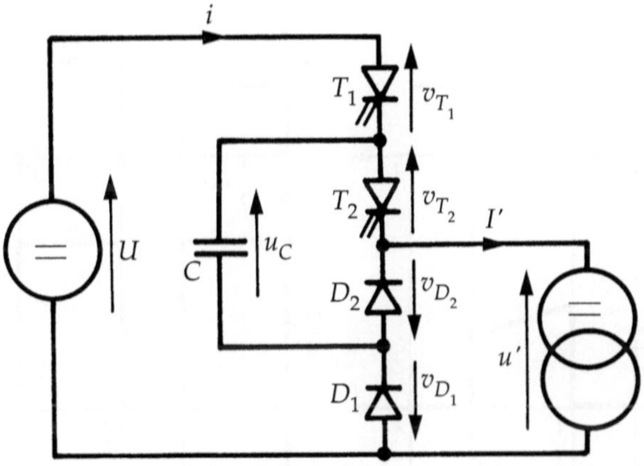

Figure 4.16

On suppose les sources de tension U et de courant I' parfaites.

La capacité C doit être suffisante pour réduire l'ondulation de la tension u_C à ses bornes de part et d'autre de sa valeur moyenne maintenue égale à $U/2$.

On ferme T_1 de $t = 0$ à $t = \alpha T$, T_2 de $t = T/2$ à $t = T/2 + \alpha T$.

▶ Il faut distinguer le cas où le taux de hachage α est inférieur à 0,5 de celui où il lui est supérieur.

- *1er cas* : $\alpha < 0,5$ (*figure* 4.17*a*)

– pour $0 < t < \alpha T$, T_1 est fermé, T_2 ouvert.

Le courant *i*, égal à I', passe par T_1, C et D_2 ; C se charge :

$$v_{T_1} = v_{D_2} = 0, \quad v_{T_2} = u_C \simeq U/2, \quad v_{D_1} = -U + u_C \simeq -U/2$$

$$u' = U - u_C \simeq U/2, \qquad i = I'$$

– pour $\alpha T < t < T/2$, T_1 et T_2 sont ouverts.

Le courant I' passe par D_1 et D_2 ; C est en circuit ouvert :

$$v_{D_1} = v_{D_2} = 0, \quad v_{T_1} = U - u_C \simeq U/2, \quad v_{T_2} = u_C \simeq U/2$$
$$u' = 0, \quad i = 0$$

– pour $T/2 < t < T/2 + \alpha T$, T_2 est fermé, T_1 ouvert.

Le courant I' passe par D_1, C et T_2 ; C se décharge :

$$v_{D_1} = v_{T_2} = 0, \quad v_{T_1} = U - u_C \simeq U/2, \quad v_{D_2} = -u_C \simeq -U/2$$

$$u' = u_C \simeq U/2, \quad i = 0$$

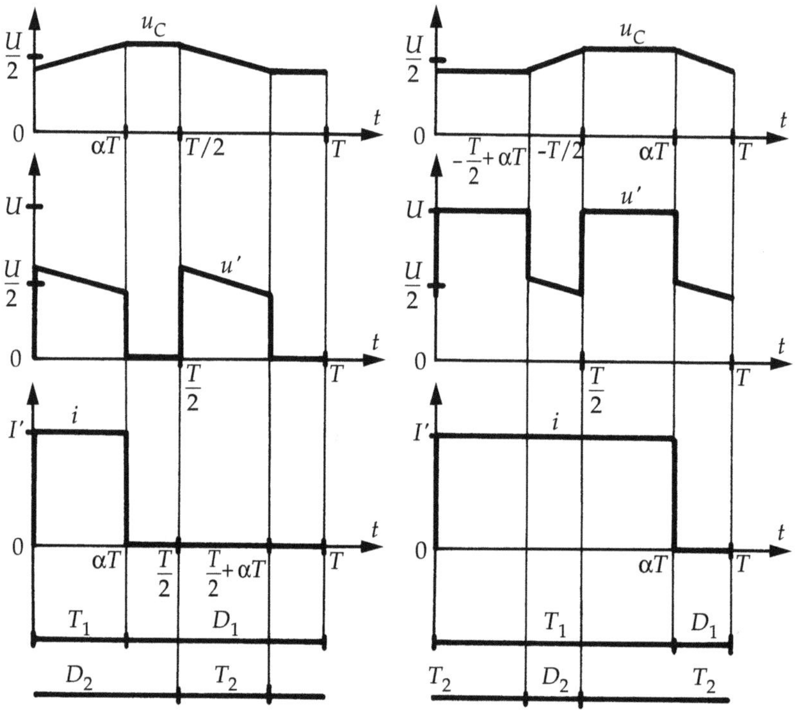

(a) $\alpha < 0{,}5$ (b) $\alpha > 0{,}5$

Figure 4.17

– pour $T/2 + \alpha T < t < T$, T_1 et T_2 sont ouverts.

On retrouve les mêmes relations que pour $\alpha T < t < T/2$.

• *2ᵉ cas* : $\alpha > 0,5$ (*figure* 4.17*b*)

– pour $0 < t < \alpha T - T/2$, T_1 et T_2 sont fermés.

Le courant d'entrée égale le courant de sortie ; C est en circuit ouvert :

$$v_{D_1} = -U + u_C \simeq -U/2, \quad v_{D_2} = -u_C \simeq -U/2, \quad v_{T_1} = v_{T_2} = 0$$
$$u' = U, \quad i = I'$$

– pour $\alpha T - T/2 < t < T/2$, T_1 est fermé, T_2 ouvert.

Les relations sont les mêmes que pour $0 < t < \alpha T$ quand $\alpha < 0,5$.

– pour $T/2 < t < \alpha T$, T_1 et T_2 sont fermés, etc.

▶ Pour maintenir la valeur moyenne de u_C égale à $U/2$, il suffit de faire varier la durée de la phase de décharge de C par rapport à la durée de sa phase de charge.

Si la capacité a une valeur suffisante, la tension aux bornes des transistors bloqués diffère peu de $U/2$, et celle aux bornes des diodes bloquées diffère peu de $-U/2$.

Comme pour tout hacheur série, les valeurs moyennes de la tension de sortie et du courant d'entrée sont données par :

$$\boxed{\frac{U'}{U} = \frac{I}{I'} = \alpha}$$

La fréquence de la tension de sortie est le double de la fréquence de commutation des semiconducteurs, et la hauteur des créneaux qui la composent est voisine de $U/2$ au lieu d'être égale à U. Cela facilite beaucoup le filtrage de cette tension.

4.1.6 Note sur la commande des interrupteurs

a) *Modulation en dent de scie ou en triangle*

Pour déterminer les instants des commutations, on peut utiliser les intersections d'une onde de référence et d'une onde de modulation.

L'onde de référence u'_w indique la valeur relative U'/U de la tension de sortie désirée (wanted) s'il s'agit d'un hacheur série ou en pont, la valeur relative U/U' de la tension d'entrée s'il s'agit d'un hacheur parallèle.

▶ L'onde de modulation M peut être un signal en dent de scie. Pour le hacheur série dont la tension varie de 0 à U (donc u'_w entre 0 à 1), le signal M croît linéairement de zéro à 1 pendant la période T de hachage, puis retourne brusquement à zéro. L'intersection de u'_w avec M croissant commande l'ouverture du transistor, sa fermeture est commandée par l'intersection avec u'_w de M décroissant.

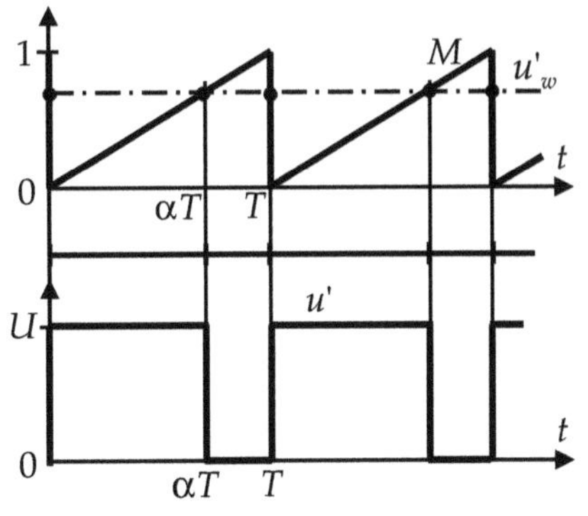

Figure 4.18

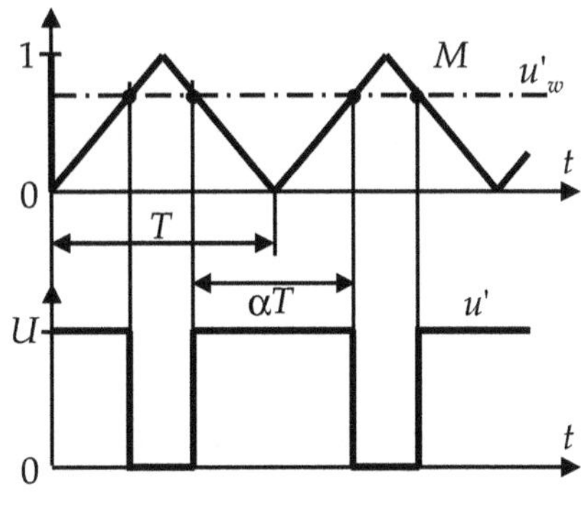

Figure 4.19

$$\text{On a bien}\quad \alpha = u'_w = \frac{U'}{U} \quad \text{et donc } U' = \alpha\, U$$

▶ Avec la modulation en triangle (figure 4.19), on prend deux échantillons de la référence par période de hachage, au lieu d'un.

▶ Avec un montage en pont, si la même loi de commande permet d'inverser la tension U', on doit utiliser une onde de modulation allant de –1 à +1. La figure 4.20 montre, pour U' positif puis pour U' négatif, la tension de sortie u' obtenue avec la loi illustrée par la figure 4.13.

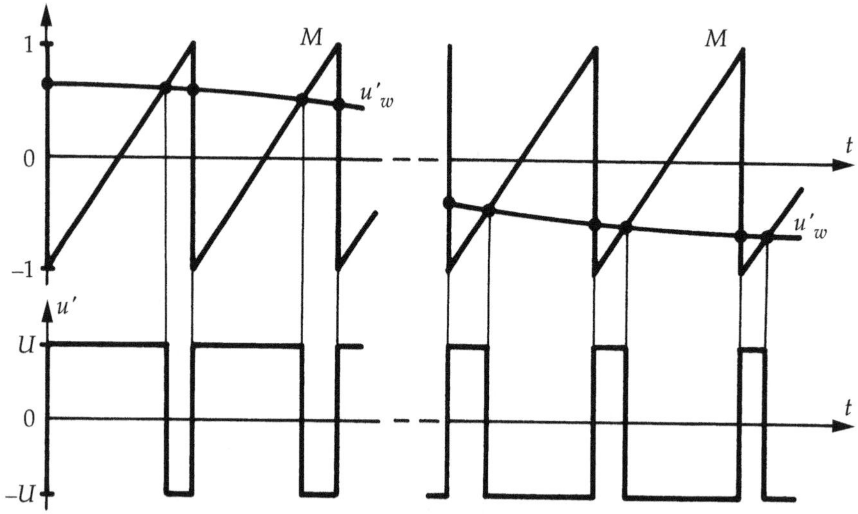

Figure 4.20

Remarque

Avec ces modulations à fréquence de hachage constante, on obtient une bonne approximation de la tension de sortie désirée si celle-ci ne varie que lentement à l'échelle de temps de la période de hachage.

b) Modulation en delta ou en sigma-delta

▶ *La modulation en delta,* souvent appelée commande par hystérésis, consiste à limiter l'ondulation d'une variable d'état de part et d'autre de sa référence. Par variable d'état on entend une grandeur qui ne peut subir de discontinuité : courant traversant une inductance, tension aux bornes d'une capacité.

On peut réguler ainsi le courant débité par un hacheur série ou le courant fourni par le générateur alimentant un hacheur parallèle. Pour cela, on utilise une bascule à hystérésis actionnée par la différence entre le courant de référence qu'on veut obtenir et le courant mesuré par un capteur.

Pour le hacheur série par exemple (figure 4.21), la bascule est actionnée par la différence entre i' et i'_w :

• quand $i' - i'_w$ atteint $+\Delta i'$, on commande l'ouverture de T ; u' passe de $+U$ à 0, le courant i' décroît.

• quand $i' - i'_w$ atteint $-\Delta i'$, on commande la fermeture du transistor ; u' passe de 0 à $+U$, le courant i' croît...

La modulation en delta assure à la fois la régulation du courant débité et la génération des signaux de commande des transistors.

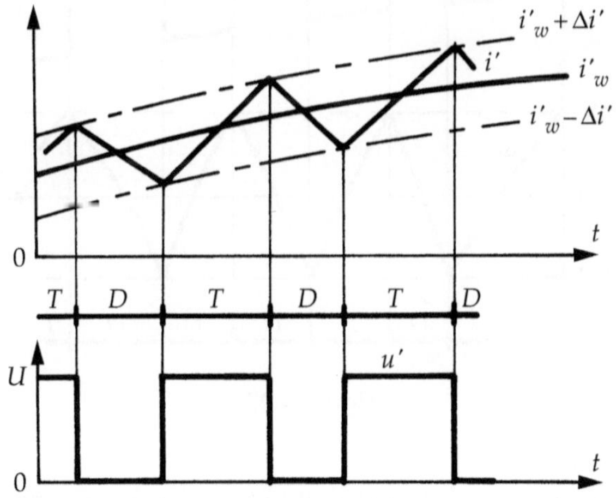

Figure 4.21

▶ On peut réguler la valeur moyenne d'une grandeur non variable d'état à condition de l'intégrer, l'intégration faisant disparaître ses discontinuités. C'est le principe de la *modulation sigma-delta*. On peut réguler ainsi la tension de sortie d'un hacheur série ou en pont ou la tension aux bornes de la source de courant alimentant un hacheur parallèle.

Pour le hacheur série par exemple (figure 4.22), la tension de sortie u' est soustraite de la tension de référence u'_w.

• Quand le transistor T est fermé, $u' = U > u'_w$, $u'_w - u'$ est négative. L'intégrale ψ de $u'_w - u'$ décroît. Lorsqu'elle atteint le seuil $-\Delta\psi$ une bascule à hystérésis commande l'ouverture de T.

• Quand T est ouvert, $u' = 0$, $u'_w - u'$ est positive, son intégrale ψ croît. Lorsqu'elle atteint $+\Delta\psi$ une bascule commande la fermeture de T...

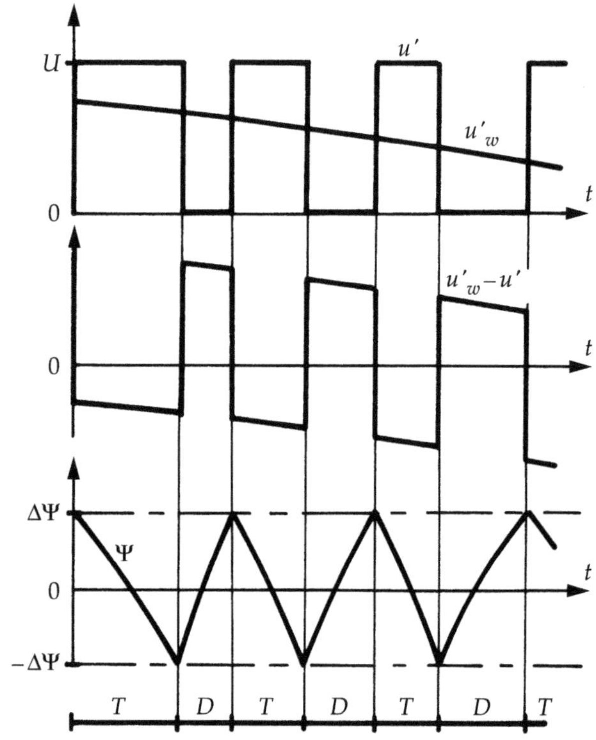

Figure 4.22

> **Remarque**
>
> Les commandes par modulation delta et sigma-delta conduisent à une fréquence de hachage d'autant plus grande que la fourchette d'hystérésis, $2\Delta i'$ ou $2\Delta\psi$, est étroite. Cette fréquence varie avec la valeur de la référence et dépend des caractéristiques du circuit du courant i' dans le cas de la modulation en delta.

4.2 HACHEURS À LIAISON INDIRECTE

Pour commander le transfert d'énergie entre *deux sources de même nature,* sans changer la nature de l'une d'elles, il faut utiliser un hacheur à liaison indirecte ou à accumulation.

Celui-ci comporte un élément de stockage de l'énergie, inductance ou capacité, que l'on relie tantôt à l'entrée, tantôt à la sortie. Entrée et sortie ne sont jamais reliées directement.

Nous nous limiterons au cas des hacheurs indirects à deux « interrupteurs » et au cas où ces hacheurs ne sont pas réversibles. On peut évidemment réaliser des hacheurs indirects réversibles ; mais, dans le cas où on n'utilise que deux « interrupteurs », les deux sources doivent présenter les mêmes réversibilités.

4.2.1 Hacheur à stockage inductif

Lorsque le hacheur est monté entre un générateur *de tension* et un récepteur *de tension*, l'élément de stockage doit être une inductance. Celle-ci joue le rôle d'une source de courant reliée à l'entrée (phase de charge) ou à la sortie (phase de décharge).

La figure 4.23 donne le schéma avec interrupteurs mécaniques K_1 et K_2 de ce hacheur souvent appelé *abaisseur-élévateur* ou *buck-boost converter*. Les deux interrupteurs doivent être complémentaires pour que les deux sources de tension ne soient jamais reliées directement et pour que l'inductance L ne soit jamais en circuit ouvert.

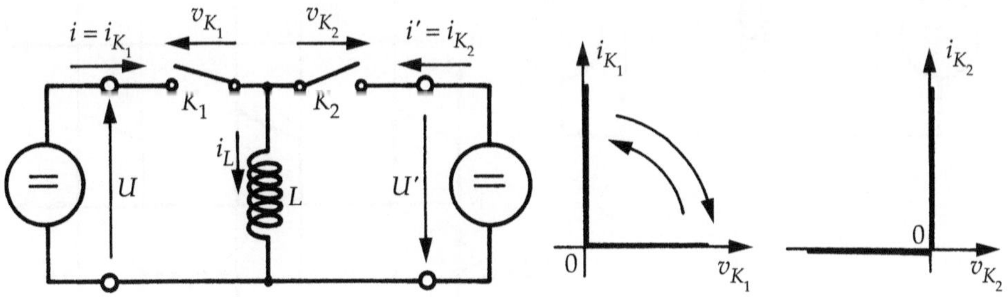

Figure 4.23

La tension U' doit être positive dans le sens indiqué pour que, en régime périodique, la tension aux bornes de L ait une valeur moyenne nulle.

Quand K_1 est fermé :

$$v_{K_1} = 0, \qquad i_{K_1} = i_L, \qquad v_{K_2} = -(U + U'), \qquad i_{K_2} = 0.$$

Quand K_2 est fermé :

$$v_{K_1} = +(U + U'), \qquad i_{K_1} = 0, \qquad v_{K_2} = 0, \qquad i_{K_2} = i_L.$$

Il faut donc remplacer K_2 par une diode D et K_1 par un semiconducteur à fermeture et ouverture commandées T.

On arrive ainsi au schéma et aux formes d'ondes de la figure 4.24. Ces dernières ont été tracées en tenant compte de la valeur finie de l'inductance L.

- Pour $0 < t < \alpha T$, T conduit :

$$i = i_T = i_L, \qquad i' = 0, \qquad v_D = -(U + U')$$

Puisque $L\dfrac{di_L}{dt} = U$, i_L croît linéairement.

• Pour $\alpha T < t < T$, D conduit :

$$i_L = i' = i_D, \qquad i = 0, \qquad v_T = +(U + U')$$

Puisque $L\dfrac{di_L}{dt} = -U'$, i_L décroît linéairement.

En régime établi, le courant i_L a la même valeur moyenne I_L pendant les deux intervalles. D'où les valeurs moyennes I et I' des courants d'entrée et de sortie :

$$I = \alpha I_L, \qquad I' = (1 - \alpha)I_L.$$

Si on néglige les pertes à l'intérieur du hacheur, la puissance moyenne (et non plus la puissance instantanée) est la même à l'entrée et à la sortie.

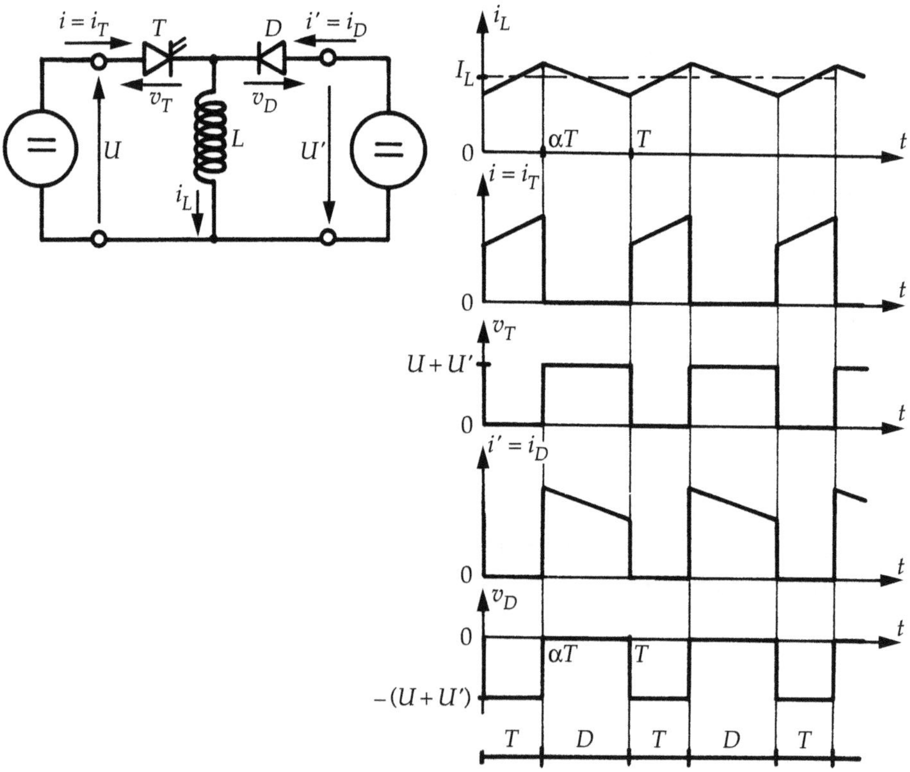

Figure 4.24

De $U'I' = UI$ on déduit :

$$\boxed{\frac{U'}{U} = \frac{I}{I'} = \frac{\alpha}{1-\alpha}}$$

Si α varie de 0 à 1, U'/U varie – théoriquement – de 0 à l'infini.

Habituellement, le générateur impose une tension constante ou quasi constante à ses bornes, tandis que le récepteur est caractérisé par une relation du type $U' = U'(I')$ dont on verra un exemple au chapitre 9. En agissant sur α, on impose la tension U' aux bornes du récepteur qui impose en retour la valeur de I'.

4.2.2 Hacheur à stockage capacitif

Si le hacheur doit relier *deux sources de courant*, l'élément d'accumulation doit être un condensateur ; celui-ci joue le rôle de source intermédiaire de tension. Ce convertisseur est connu sous le nom de *hacheur de Cùk* ou *Cùk converter*.

La figure 4.25 donne le schéma à deux interrupteurs K_1 et K_2. Ceux-ci doivent être complémentaires. Des branches de caractéristiques utilisées on déduit que K_1 doit être remplacé par un semiconducteur à fermeture et ouverture commandées T, et que K_2 doit être remplacé par une diode D.

On arrive ainsi au schéma de principe de la figure 4.26 ; celle-ci donne également les formes d'ondes des principales variables.

• Pour $0 < t < \alpha T$, le semiconducteur commandé conduit ; le condensateur alimente le récepteur à courant I' constant, la tension u_C diminue linéairement :

$$u = 0, \qquad u' = u_C$$

$$i_C = -I', \qquad \frac{\mathrm{d}u_C}{\mathrm{d}t} = \frac{-I'}{C}$$

$$i_T = I + I', \qquad v_T = 0, \qquad i_D = 0, \qquad v_D = -u'.$$

• Pour $\alpha T < 0 < T$, la diode conduit ; le générateur charge le condensateur à courant I constant, la tension u_C croît linéairement :

$$u = u_C, \qquad u' = 0$$

$$i_C = I, \qquad \frac{\mathrm{d}u_C}{\mathrm{d}t} = \frac{I}{C}$$

$$i_T = 0, \qquad v_T = u_C, \qquad i_D = I + I', \qquad v_D = 0.$$

En régime établi, la valeur moyenne U_C de la tension aux bornes de C est la même pendant sa décharge et pendant sa charge. D'où les valeurs moyennes U et U' des tensions d'entrée et de sortie :

$$U' = \alpha U_C, \qquad U = (1 - \alpha)U_C.$$

Si on néglige les pertes dans le hacheur, les puissances moyennes à l'entrée et à la sortie sont les mêmes :

$$\boxed{\frac{U'}{U} = \frac{I}{I'} = \frac{\alpha}{1-\alpha}}$$

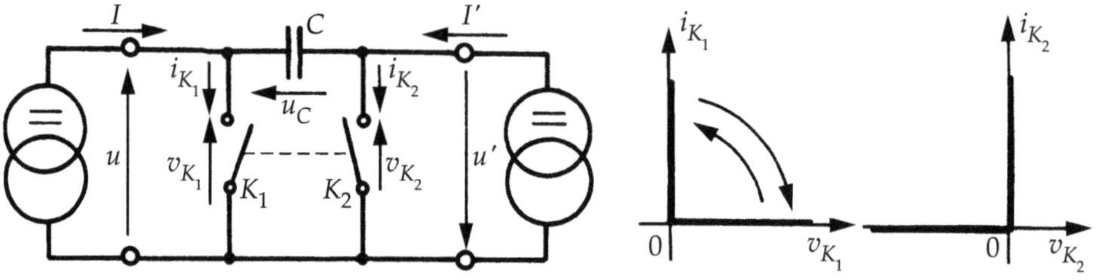

Figure 4.25

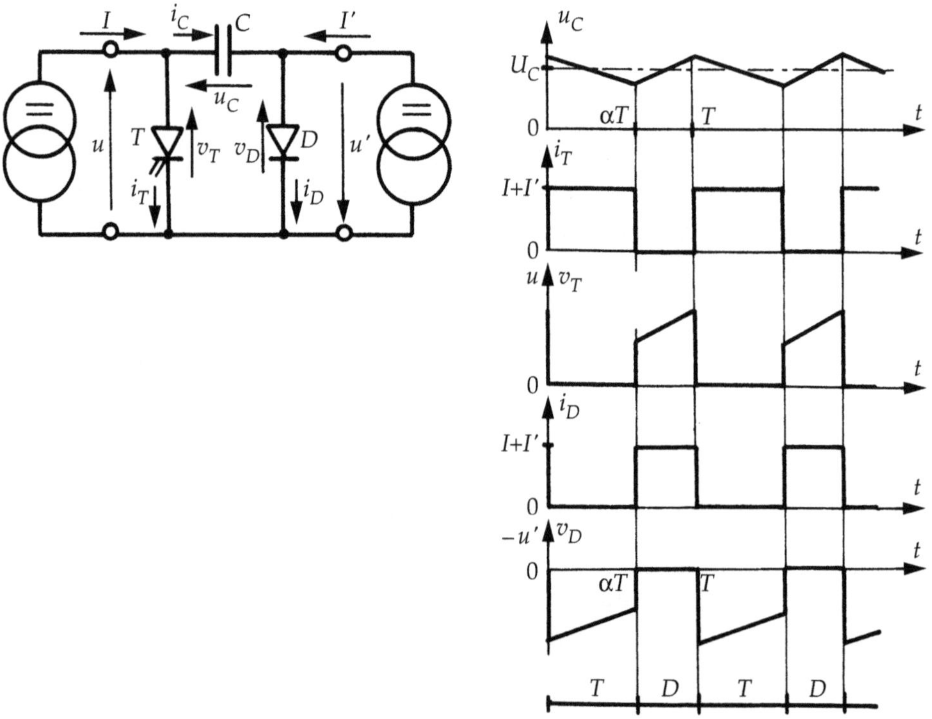

Figure 4.26

D'ordinaire le générateur est un circuit *RLE*, de résistance *R* négligeable, qui impose en régime permanent $U = E$ et le récepteur est caractérisé par une relation $U' = U'(I')$. Dans ce cas, en agissant sur α, on impose la valeur de la tension appliquée au récepteur $U' = \alpha E/(1 - \alpha)$; le récepteur réagit en imposant alors I'.

4.3 HACHEURS À INTERRUPTEURS RÉSONNANTS

L'augmentation de la fréquence de fonctionnement des hacheurs que nous avons étudiés jusqu'ici est limitée par les pertes de commutation dans les transistors qui fonctionnent en commutation dure (*cf.* chapitre 2, § 2.3).

Si on veut atteindre des fréquences de commutation plus élevées, il faut utiliser des montages dans lesquels tous les interrupteurs fonctionnent en commutation douce. C'est le cas des montages à interrupteurs résonnants, dont nous allons donner deux exemples avec la structure du hacheur série.

Un *interrupteur résonnant* est obtenu en associant à un interrupteur trois segments à fermeture *ou* ouverture commandée un circuit résonnant. Celui-ci :

– adoucit la commutation commandée ;

– et rend spontanée l'autre commutation en assurant soit l'ouverture par passage par 0 du courant (mode ZCS), soit la fermeture par passage par 0 de la tension (mode ZVS).

On appelle *convertisseurs quasi-résonnants* ceux qui utilisent ces interrupteurs, pour les distinguer des convertisseurs à résonance, tels ceux qu'on verra au chapitre 10, où le circuit résonnant n'est pas inséré dans l'interrupteur mais constitue le récepteur.

4.3.1 Hacheur série à interrupteur résonnant fonctionnant en mode ZCS

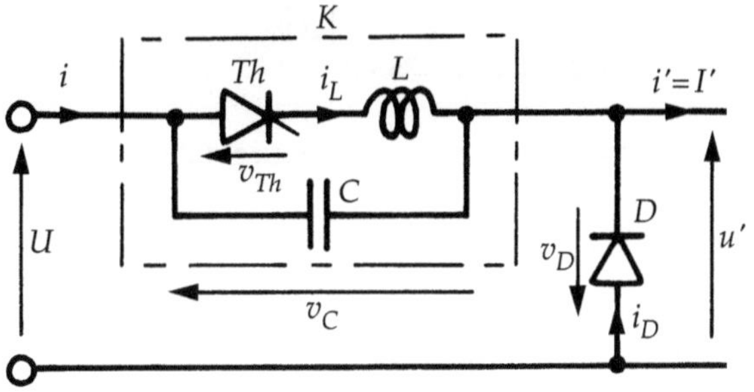

Figure 4.27

L'interrupteur résonnant *K*, qui remplace le transistor placé entre l'entrée et la sortie du hacheur classique, est formé d'un semiconducteur *Th* dont seule la fermeture est commandée, d'une inductance *L* et d'une capacité *C* (*figure* 4.27).

La fréquence de commutation des thyristors étant limitée, l'interrupteur *Th* est généralement réalisé par la mise en série d'une diode et d'un transistor muni d'une commande adéquate (voir § 2.1.2c).

Pour simplifier, on suppose le courant i' parfaitement lissé et constamment égal à sa valeur moyenne I'.

Au cours d'une période T, quatre phases de fonctionnement se succèdent. La figure 4.28 montre les formes d'ondes des principales variables.

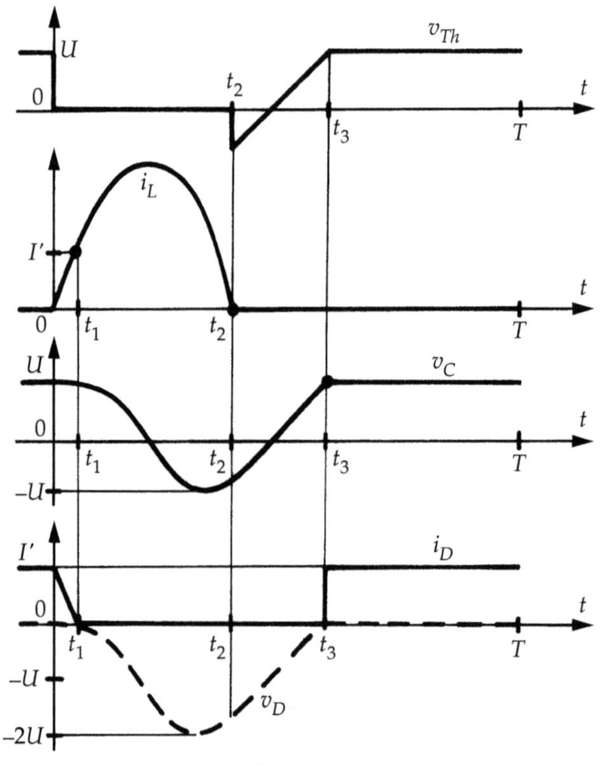

Figure 4.28

- *Phase 1* $(0 < t < t_1)$: Th et D conduisent.

Pour $t = 0$, alors que la diode D conduit seule ($i_D = I'$, $i_L = 0$, $v_C = v_{Th} = U$), on commande la fermeture de Th.

Tant que i_L est inférieur à I', Th et D conduisent simultanément :

$$v_C = U, \qquad L\frac{\mathrm{d}i_L}{\mathrm{d}t} = U \text{ donne } i_L = \frac{U}{L}t, \qquad i_D = I' - i_L.$$

L'inductance adoucit la fermeture commandée de Th.

Pour $t = t_1$, tel que :

$$t_1 = LI'/U$$

le courant i_D s'annule et la diode D se bloque.

- *Phase* 2 ($t_1 < t < t_2$) : *Th* conduit seul.

Puisque $i_L + C\dfrac{dv_C}{dt} = I' = \text{Cte}$, avec $v_C = L\dfrac{di_L}{dt}$, la tension v_C est donnée par :

$$\frac{d^2v_C}{dt^2} + \frac{v_C}{LC} = 0, \text{ avec } v_C(t_1) = U \text{ et } \frac{dv_C}{dt}(t_1) = 0.$$

Donc :

$$v_C = U\cos\omega_0(t - t_1)$$

$$i_L = I' + C\omega_0 U \sin\omega_0(t - t_1)$$

avec :

$$\omega_0 = 1/\sqrt{LC}.$$

C'est la phase d'oscillation.

Le courant i_L repasse par 0 pour $t = t_2$ tel que :

$$\omega(t_2 - t_1) = \pi + \arcsin(I'/C\omega_0 U)$$

à condition que l'amplitude $C\omega_0 U$ de l'oscillation soit supérieure à I'.

Pour $t = t_2$, la tension v_C vaut :

$$v_C(t_2) = -U\sqrt{1 - (I'/C\omega_0 U)^2}.$$

- *Phase* 3 ($t_2 < t < t_3$) : aucun semiconducteur ne conduit.

Le courant I' charge le condensateur dont la tension v_C croît linéairement. Elle atteint U pour $t = t_3$; v_D cesse alors d'être négative et D entre en conduction.

- *Phase* 4 ($t_3 < t < T$) : la diode D conduit seule.

$$i = 0, \qquad u' = -v_D = 0, \qquad i_D = I'.$$

Cette phase dure jusqu'à la fermeture de *Th* au début de la période suivante.

La tension de sortie u' est égale à $-v_D$, elle-même égale à $U - v_c$; elle est positive de t_1 à t_3 ; son maximum est égal à $2U$; elle est nulle en dehors de cet intervalle.

On règle la valeur moyenne de la tension u' en agissant sur la période T de fonctionnement, c'est-à-dire en augmentant ou en diminuant la cadence à laquelle on applique à la charge une arche de tension positive.

Remarque

La période de fonctionnement T doit être supérieure à t_3. Elle doit être d'autant plus grande que I' est petit, car une diminution de I' entraîne une augmentation de l'intervalle $[t_2, t_3]$.

4.3.2 Hacheur série à interrupteur résonnant fonctionnant en mode ZVS

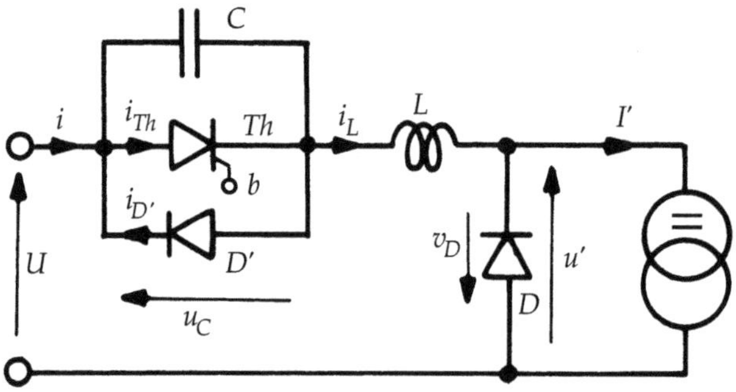

Figure 4.29

L'interrupteur résonnant qui remplace le transistor T placé entre l'entrée et la sortie du hacheur classique comporte un thyristor dual, formé de Th et de D', une capacité C, qui peut être la capacité parasite interne du semiconducteur, et une inductance L (*figure* 4.29).

Au cours d'une période T, on distingue à nouveau quatre phases de fonctionnement. La figure 4.30 montre la forme d'onde des courants i_{Th}, i_D et i_L, des tensions u_C et u'.

- *Phase 1* ($0 < t < t_1$) : Th et D sont bloqués.

Pour $t = 0$ alors que Th conduit le courant I' et que la diode D est bloquée, on commande l'ouverture de Th. Le courant I' qui le traversait est repris par la capacité C en parallèle avec lui.

Tant que la tension u_C est inférieure à U la diode D est bloquée car la tension à ses bornes est négative. La capacité C traversée par le courant I' se charge linéairement :

$$i_L = I' \ ; \ u_C = \frac{I't}{C} \ ; \ -v_D = u' = U - \frac{I't}{C}$$

- *Phase 2* ($t_1 < t < t_2$) : D conduit seule.

Pour $t = t_1$, u_C atteint la valeur U, D entre en conduction car la tension u' s'annule.

Puisque $u_C + L\dfrac{\mathrm{d}i_L}{\mathrm{d}t} = U = \text{cste}$, la tension u_C et le courant i_L ont pour expression :

$$i_L = I' \cos \omega_0(t - t_1)$$
$$u_c = U + L\omega_0 I' \sin \omega_0(t - t_1),$$

avec $\omega_0 = 1/\sqrt{LC}$;

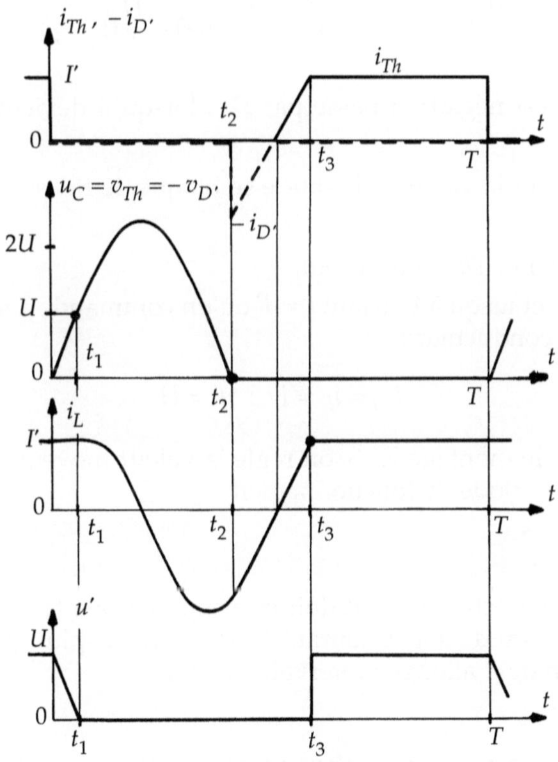

Figure 4.30

c'est l'intervalle d'oscillation.

La tension u_C repasse par zéro à l'instant $t = t_2$ tel que

$$\omega_0(t_2 - t_1) = \pi + \arcsin\left(\frac{U}{L\omega_0 I'}\right),$$

à condition que l'amplitude $L\omega_0 I'$ de l'oscillation soit supérieure à U.

Au cours de l'oscillation u_C et donc la tension aux bornes de Th dépassent $2U$.

En $t = t_2$, le courant i_L est négatif et vaut :

$$i_L(t_2) = -I'\sqrt{1 - \left(\frac{U}{L\omega_0 I'}\right)^2}$$

- *Phase 3* ($t_2 < t < t_3$) : D et le thyristor dual conduisent.

En $t = t_2$, la diode du thyristor dual formé de Th et D' entre spontanément en conduction. À partir de cet instant,

$$L\frac{\mathrm{d}\,i_L}{\mathrm{d}\,t} = U \quad \text{d'où} \quad i_L = i_L(t_2) + \frac{U}{L}(t - t_2)$$

Au début, i_L est négatif et passe par D' ; lorsqu'il devient positif, il passe par *Th*.

Quand i_L atteint la valeur I' la diode se bloque, le thyristor dual reste seul en conduction.

- *Phase 4* ($t_3 < t < T$) : *Th* conduit seul.

À partir de t_3 et jusqu'à l'instant $t = T$ où on commande à nouveau son blocage, *Th* est seul conducteur :

$$i_{Th} = i_L = I' \quad ; \quad u' = U$$

Comme pour le montage ZCS, on règle la valeur moyenne de la tension u' par action sur la période de fonctionnement.

Remarque

La période de fonctionnement doit être supérieure à t_3. Elle doit donc être d'autant plus grande que le courant I' est lui-même plus grand, puisqu'une augmentation de I' allonge l'intervalle $[t_2, t_3]$.

4.3.3 Remarques sur les hacheurs quasi-résonnants

► Les montages que nous venons d'examiner présentent chacun deux inconvénients.

- Pour le hacheur fonctionnant en mode ZCS,

– puisqu'on commande la fermeture de l'interrupteur mais pas son ouverture, on ne peut faire varier la valeur moyenne de la tension de sortie de l'alimentation qu'en faisant varier la fréquence de fonctionnement ;

– l'autoextinction par oscillation suppose une valeur crête du courant dans le semiconducteur très supérieure au courant I' débité par le convertisseur.

- Pour le hacheur fonctionnant en mode ZVS,

– puisqu'on commande l'ouverture de l'interrupteur mais pas sa fermeture, on ne peut faire varier la valeur moyenne de la tension de sortie de l'alimentation qu'en faisant varier la fréquence de fonctionnement ;

– l'autoamorçage du thyristor dual suppose une valeur de la tension aux bornes de l'interrupteur nettement supérieure à la tension d'alimentation U.

- De nombreux autres montages utilisant le même principe sont possibles. Ils présentent tous les mêmes inconvénients : nécessité de fonctionner à fréquence variable, nécessité de surcalibrer en courant ou en tension le semiconducteur commandé.

▶ Ces inconvénients ne sont compensés que s'il faut que la fréquence de fonctionnement puisse atteindre des valeurs très élevées, proches du MHz dans certains cas ; la réduction des pertes de commutation devient alors primordiale.

Aussi les montages à interrupteurs résonnants sont-ils d'ordinaire réservés à des applications de faible ou très faible puissance pour la réalisation d'alimentations à découpage (voir chapitre 9).

EXERCICES

4.1 Alimentation par un hacheur série d'un récepteur présentant une force électromotrice

Un hacheur série, formé par un semiconducteur T à fermeture et ouverture commandées et par une diode D, est alimenté par une source de tension U supposée parfaite. Il débite sur un récepteur comportant en série une résistance R, une inductance L et une force électromotrice E (*figure* 4.31).

On désigne par T la période de fonctionnement, par αT la durée des intervalles de conduction du semiconducteur commandé. On pose :

$$\tau = \frac{L}{R}, \qquad m = \frac{E}{U}.$$

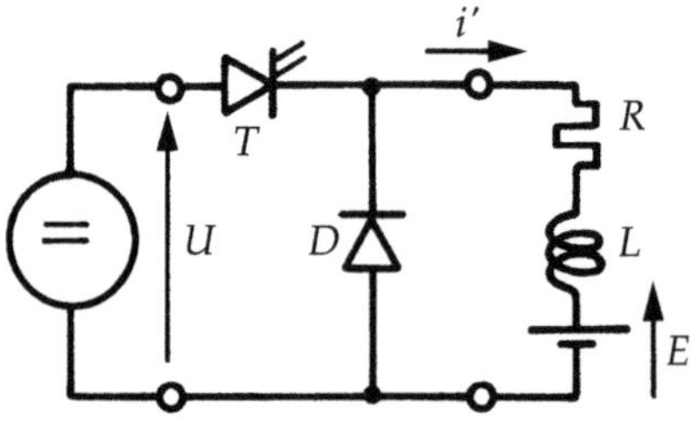

Figure 4.31

Calculer les valeurs maximale, minimale et moyenne du courant i' dans le récepteur.

Tracer, en fonction de α, les courbes donnant la valeur moyenne I' du courant i' et l'ondulation $\Delta i'$ de celui-ci pour diverses valeurs de m, dans le cas où T/τ est égal à 1.

▶ *Deux possibilités*

- à m et T/τ donnés, si α est inférieur à une certaine valeur, i' s'annule au cours de l'intervalle $(\alpha T, T)$ (*figure* 4.32*a*) ;
- à m et T/τ donnés, si α est supérieur à α_{lim}, i'_{min} est supérieur à 0 (*figure* 4.32*b*).

$$\alpha_{\text{lim}} = \frac{\tau}{T} \ln \left[m\left(e^{\frac{T}{\tau}} - 1\right) + 1\right].$$

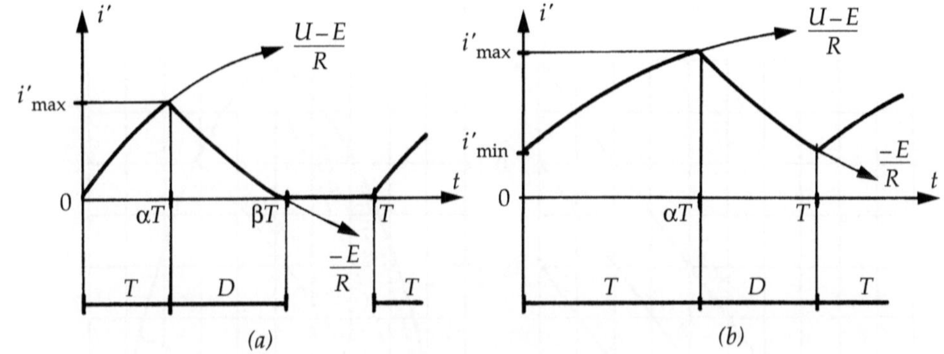

Figure 4.32

▶ *Conduction discontinue* ($\alpha < \alpha_{\text{lim}}$)

$$i'_{\text{min}} = 0$$

$$\frac{i'_{\text{max}}}{U/R} = (1 - m)(1 - e^{\frac{-\alpha T}{\tau}})$$

$$\frac{I'}{U/R} = \alpha - m\beta$$

avec $$\beta = \frac{\tau}{T} \ln \left(\frac{e^{\frac{\alpha T}{\tau}} - 1 + m}{m} \right).$$

▶ *Conduction continue* ($\alpha > \alpha_{\text{lim}}$)

$$\frac{i'_{\text{min}}}{U/R} = \frac{e^{\frac{\alpha T}{\tau}} - 1}{e^{\frac{T}{\tau}} - 1} - m$$

$$\frac{i'_{\text{max}}}{U/R} = \frac{e^{\frac{T}{\tau}} - e^{(1-\alpha)\frac{T}{\tau}}}{e^{\frac{T}{\tau}} - 1} - m$$

$$\frac{I'}{U/R} = \alpha - m.$$

Caractéristiques tracées pour $T/\tau = 1$ (*figure* 4.33)

(En traits interrompus, partie des courbes correspondant à la conduction discontinue.)

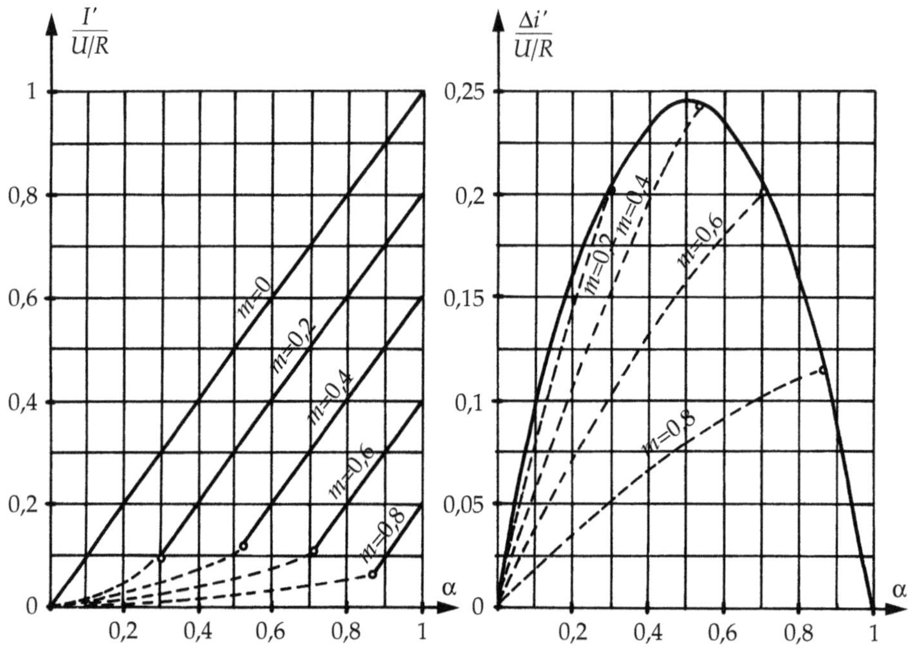

Figure 4.33

4.2 Hacheur réversible en courant. Comparaison des commandes séparée et complémentaire

Une source de tension continue U d'impédance interne négligeable est reliée par un hacheur à deux semiconducteurs commandés T_1, T_2 et deux diodes D_1, D_2 (*figure* 4.34) à une source de courant de f.é.m. E, d'inductance L dont on néglige la résistance.

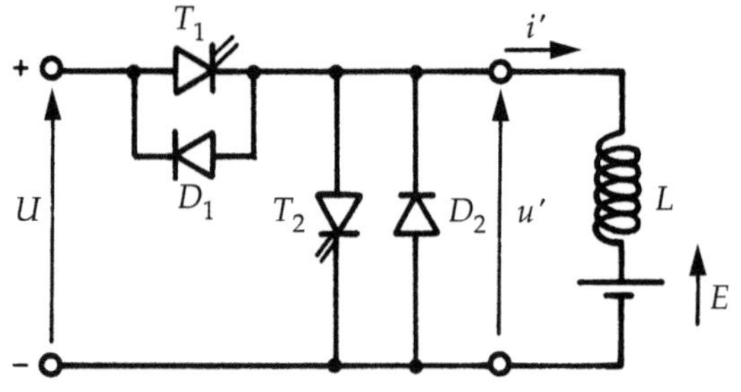

Figure 4.34

▶ *Hacheur série*

Le semiconducteur T_2 continuellement bloqué, on rend, au cours de chaque période T, le semiconducteur T_1 conducteur pendant l'intervalle $(0, \alpha_1 T)$.

• Calculer le rapport E/U quand le courant i' est toujours positif.

• Pour quelle valeur moyenne I'_1 du courant i' apparaît au cours de chaque période un intervalle à i' nul ?

• Pour $0 < I' < I'_1$, en désignant par $t = t_1$ l'instant où i' s'annule, exprimer E et la valeur moyenne I' du courant i' en fonction de U, α_1, t_1, T et L ; en déduire la relation liant E/U à α_1 et à I'/I'_1.

• Tracer les courbes $E/U = f(I')$ pour $\alpha_1 = 0,25$, $\alpha_1 = 0,5$ et $\alpha_1 = 0,75$.

▶ *Hacheur parallèle*

Le semiconducteur T_1 toujours ouvert, au cours de chaque période T, on ferme le semiconducteur T_2 pendant l'intervalle $[(1 - \alpha_2)T,\ T]$.

Comme pour le hacheur série :

• Calculer le rapport E/U quand le courant i' est toujours négatif.

• Calculer la valeur moyenne I'_2 de i' pour laquelle apparaît un intervalle à i' nul.

• Pour $I'_2 < I' < 0$, établir la relation donnant E/U en fonction de α_2 et I'/I'_2.

• Tracer les courbes $E/U = f(I')$ pour $\alpha_2 = 0,75$, $\alpha_2 = 0,5$ et $\alpha_2 = 0,25$.

▶ *Commande continue*

Pour assurer la continuité du réglage de E/U quels que soient le sens et la valeur de i', le semiconducteur T_1 est commandé à la fermeture pendant tout l'intervalle $(0,\ \alpha_1 T)$ et à l'ouverture pendant le reste de la période, et le semiconducteur T_2 est commandé à la fermeture pendant tout l'intervalle $(\alpha_1 T,\ T)$ et à l'ouverture pendant le reste de la période.

• Que devient la relation liant E/U à α_1 ?

• Est-il possible de tenir compte d'une façon simple de la résistance R de la source du courant i' ?

▶ *Hacheur série* ($E = u'_{moy}$)

• Si i' est toujours positif (*figure* 4.35*a*) :

$$E = \alpha_1 U.$$

• La valeur minimum de i' égale 0 si I' a pour valeur :

$$I'_1 = \frac{UT}{2L}(\alpha_1 - \alpha_1^2).$$

• Si i' est nul pour $t_1 < t < T$ (*figure* 4.35*b*) :

$$t_1 = \frac{U}{E}\alpha_1 T \quad \text{ou} \quad E = \alpha_1 U \frac{T}{t_1}$$

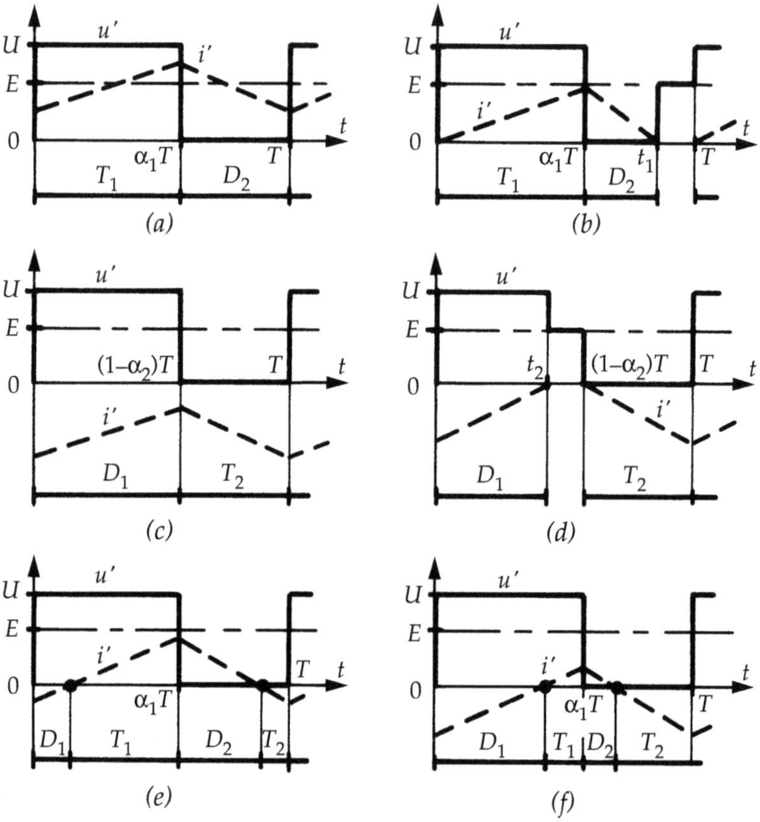

Figure 4.35

$$I' = \frac{U}{2L}\alpha_1(t_1 - \alpha_1 T)$$

Donc :

$$\frac{E}{U} = \frac{1}{1 + \dfrac{1 - \alpha_1}{\alpha_1}\dfrac{I'}{I'_1}}$$

- Caractéristiques en traits pleins à droite de la figure 4.36.

▶ *Hacheur parallèle* ($E = u'_{moy}$)

- Si i' est toujours négatif (*figure* 4.35*c*)

$$E = (1 - \alpha_2)U.$$

- Le maximum de i' égale 0 pour :

$$I'_2 = -\frac{UT}{2L}(\alpha_2 - \alpha_2^2)$$

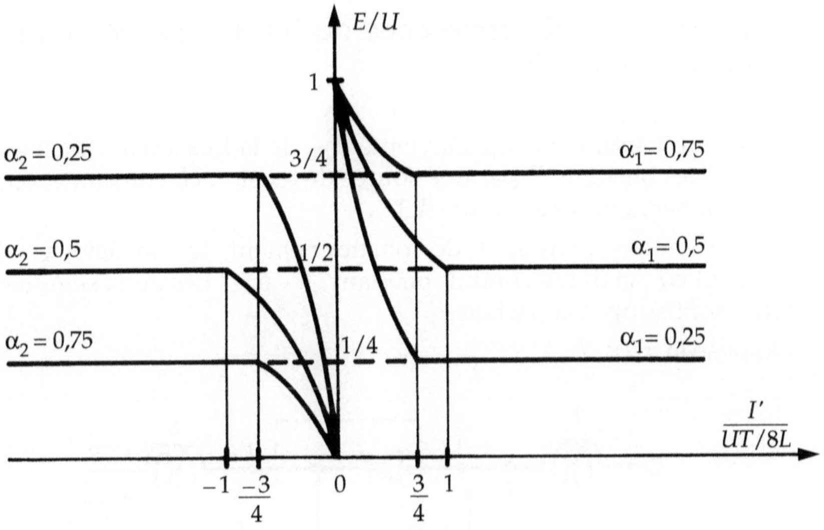

Figure 4.36

– Si i' est nul pour $t_2 < t < (1 - \alpha_2)T$ (*figure* 4.35*d*) :

$$t_2 = \frac{E}{U - E}\alpha_2 T \quad \text{ou} \quad E = U\frac{t_2}{t_2 + \alpha_2 T}, \quad I' = -\frac{U}{2L}\alpha_2 t_2$$

Donc :

$$\frac{E}{U} = \frac{1}{1 + \dfrac{\alpha_2}{1 - \alpha_2}\dfrac{I'_2}{I'}}$$

- Caractéristiques en traits pleins à gauche de la figure 4.36.

▶ *Commande continue* ($\alpha_2 = 1 - \alpha_1$)

- Quel que soit i' (*figure* 4.34*e* et *f*),

$$u = U, \quad \text{pour } 0 < t < \alpha_1 T,$$
$$u = 0, \quad \text{pour } \alpha_1 T < t < T,$$

$$E = \alpha_1 U.$$

- Les demi-droites horizontales sont reliées par les segments en traits interrompus (*figure* 4.36).
- Puisque $E = u'_{\text{moy}} - RI' = \alpha_1 U - RI'$, les droites $E/U = f(I')$ prennent une pente $-R/U$.

4.3 Hacheur série. Étude approchée du filtrage par la méthode du premier harmonique

Pour faire varier la valeur moyenne U_{R0} de la tension u_R fournie à une résistance constante R par une source de tension U_s constante, on interpose un hacheur série (figure 4.37).

Durant chaque période T de fonctionnement, le transistor est fermé pendant αT, la diode conduit pendant $(1 - \alpha)T$. Les deux semi-conducteurs sont supposés parfaits.

On pose $\omega = 2\pi/T$

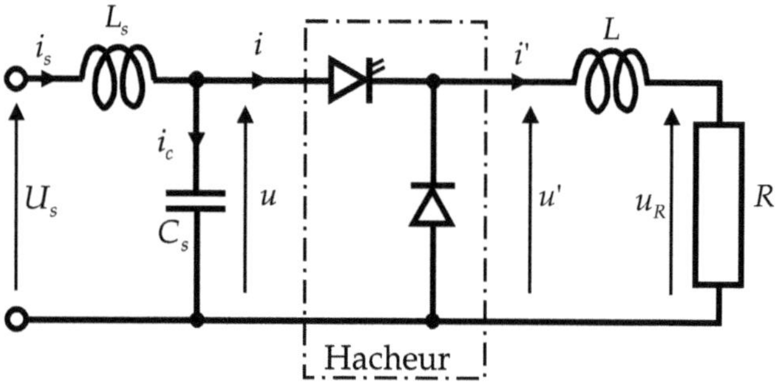

Figure 4.37

a) Pour réduire l'ondulation de la tension u_R on ajoute une inductance L en série avec R.

En supposant la tension u à l'entrée du hacheur constamment égale à U_s, on approxime l'ondulation de la tension u_R en ne tenant compte que du terme de pulsation ω du développement en série de u'.

Quelle est l'amplitude U_{R1m} de ce terme ?

Pour quelle valeur de α est-elle maximale ?

Quelle valeur faut-il donner à L pour que U_{R1m}/U_s n'excède pas 10 % ?

b) Pour réduire l'ondulation du courant i_s pris à la source, on ajoute un filtre L_sC_s à l'entrée du hacheur.

On calcule les ondulations du courant i_s et de la tension u en négligeant l'ondulation du courant à la sortie du hacheur et en ne tenant compte que du terme de pulsation ω de son courant d'entrée.

Quelle est l'amplitude I_{1m} de ce terme ?

Quelles sont les amplitudes I_{s1m} et U_{1m} des termes de pulsation ω du courant i_s et de la tension u ?

Pour quelle valeur de α ces amplitudes sont-elles maximales ?

Quelles valeurs faut-il donner à L_s et C_s pour que $I_{s1m}/(U_s/R)$ et U_{1m}/U_s n'excèdent pas 10 % ?

a) Amplitude du terme de pulsation $n\omega (n = 1, 2, 3, \ldots)$ de u' :

$$U'_{nm} = \frac{2}{n\pi} U_s \sin n\pi\alpha$$

Donc :

$$U_{R1m} = \frac{R}{\sqrt{R^2 + L^2\omega^2}} \frac{2}{\pi} U_s \sin \pi\alpha$$

maximum pour $\alpha = 0{,}5$:

$$\left(\frac{U_{R1m}}{U_s}\right)_{\alpha=0.5} \leqslant 0{,}1, \quad \text{si } \frac{L\omega}{R} \geqslant \sqrt{\left(\frac{2}{0{,}1\pi}\right)^2 - 1} = 6{,}3$$

b) Puisque i_c a une valeur moyenne nulle, $I_{s0} = I_0 = \alpha I'_0$
L'égalité des puissances à l'entrée et à la sortie donne :

$$(U_s i_s)_{\text{moy}} = (u_R I'_0)_{\text{moy}}$$

$$U_s i_{s0} = U_s \alpha I'_0 = R I'^2_0$$

I'_0 égale encore $\alpha U_s/R$
Le terme de pulsation $n\omega$ de i a pour amplitude :

$$I_{nm} = \frac{2}{n\pi} I'_0 \sin n\pi\alpha$$

$$I_{1m} = \frac{2}{\pi} \frac{U_s}{R} \alpha \sin n\pi\alpha$$

$I_{1m}/(U_s/R)$ est maximum pour $\alpha = 0{,}646$ et vaut alors 0,369 :

$$I_{s1m} = I_{1m} \frac{1}{L_s C_s \omega^2 - 1} \ ; \ U_{1m} = I_{1m} \frac{L_s \omega}{L_s C_s \omega^2 - 1}$$

(Pour que tous les « harmoniques » soient au-dessus de la fréquence de résonance du filtre, il faut que $L_s C_s \omega^2 - 1$ soit positif).

$$\frac{I_{s1m}}{U_s/R} \leqslant 0{,}1 \text{ avec } \frac{U_{1m}}{U_s} \leqslant 0{,}1, \text{ quel que soit } \alpha, \text{ nécessite :}$$

$$L_s C_s \omega^2 \geqslant \frac{0{,}369}{0{,}1} + 1 \quad \text{et} \quad \frac{L_s \omega}{R} \leqslant \frac{0{,}1}{0{,}369}(L_s C_s \omega^2 - 1)$$

4.4 Hacheur série. Calcul des pertes

Un hacheur série alimenté par une tension U débite un courant I supposé constant. On désigne par T la période de hachage, par αT la durée des intervalles de conduction du transistor. Les courants inverses des semi-conducteurs sont négligés. Compte tenu de la durée des commutations, le courant i_T dans le transistor et la tension v_T à ses bornes ont les formes d'ondes représentées (figure 4.38).

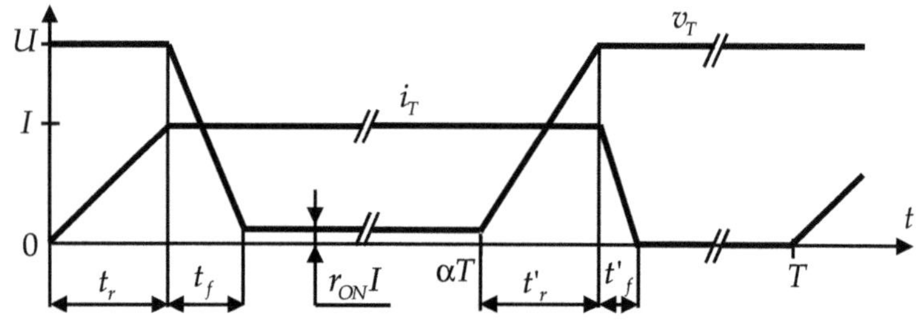

Figure 4.38

Calculer :

- l'énergie dépensée dans le transistor à la fermeture, à l'ouverture,
- les pertes par conduction du transistor s'il s'agit d'un MOSFET de résistance r_{ON} à l'état conducteur,
- les pertes par conduction de la diode dont la tension aux bornes est de la forme $v_D = \Delta v + r_D \cdot i$,
- le rendement du montage,
- l'échauffement par rapport à la température ambiante du boîtier des semi-conducteurs sachant que la résistance thermique du dissipateur sur lequel ils sont montés est R_{Th}.

A.N. $U = 15$ V ; $I = 10$ A ; $T = 20$ µs ; $\alpha = 0{,}5$;
$t_r = 100$ ns ; $t_f = 75$ ns ; $t'_r = 50$ ns ; $t'_f = 60$ ns ;
$r_{ON} = 0{,}05\ \Omega$; $v_T = 0{,}6 + 0{,}01 \cdot I$; $R_{Th} = 6{,}4$ °C/W

- Énergie dépensée dans le transistor :
  - à la fermeture $\frac{1}{2}\ U\,I(t_r + t_f) = 13{,}12\ \mu\text{J}$
  - à l'ouverture $\frac{1}{2}\ U\,I(t'_r + t'_f) = 8{,}25\ \mu\text{J}$
- Pertes par conduction (on néglige $t_r + t_f$ et $t'_r + t'_f$ devant T)
  - dans le transistor $\alpha\, r_{ON}\, I^2 = 2{,}5$ W
  - dans la diode $(1 - \alpha)(\Delta v + r_D I)I = 3{,}5$ W

- Total des pertes :
  - $p = \dfrac{1}{2T} U I(t_r + t_f + t'_r + t'_f) + \alpha r_{ON} I^2 + (1 - \alpha)(\Delta v + r_D I)I = 7{,}07$ W
  - rendement $\dfrac{\alpha U I}{\alpha U I + pertes} = 91{,}4\ \%$
- Échauffement :
  - $\Delta\theta = pR_{Th} = 7{,}07 \times 6{,}4 = 45{,}2$ °C
  - température du boîtier
  - $\theta_{boitier} = \theta_{ambiante} + \Delta\theta$

4.5 Emploi de supercondensateurs

Les supercondensateurs ont des caractéristiques situées entre celles des condensateurs classiques (charges et décharges rapides, faible énergie stockée) et celles des batteries d'accumulateurs (forte énergie stockée, mais charges et décharges longues).

Ils trouvent notamment leur emploi dans les applications nécessitant de fortes puissances transitoires et une réserve d'énergie raisonnable.

On utilise un banc de supercondensateurs de capacité C égale à $100F$ dans un système de stockage pour une application donnée à l'aide du montage de la figure 4.39. La tension U imposée par l'application est constante et égale à 800 V. On limite de $U/2$ à U la variation de la tension v_c de façon à limiter le courant i_L et les pertes qu'il provoque dans l'inévitable résistance série de l'inductance L (on néglige cette résistance dans cet exercice).

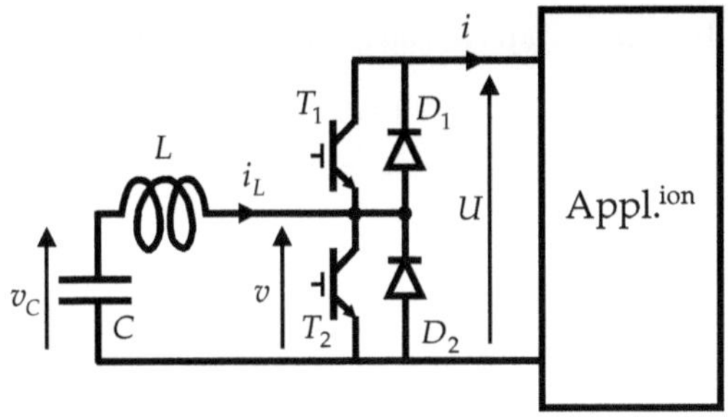

Figure 4.39

Les transistors sont commandés périodiquement à la fréquence f, égale à $1/T$, de 20 kHz. T_1 est fermé de $t = 0$ à $t = \alpha T$, bloqué pendant le reste de la période ; T_2 est fermé de $t = \alpha T$ à $t = T$, bloqué le reste de la période.

a) Quel est le convertisseur utilisé ? Quelles sont ses réversibilités ?

Pourquoi peut-on négliger les variations de la tension v_c durant une période T ?

b) En régime établi, en supposant v_c constant, donner la relation liant v_c à U en fonction de α et celle qui lie les valeurs moyennes de i et i_L. Tracer les formes d'ondes de v et de i_L en régime de charge puis de décharge de C.

c) Quelle valeur faut-il donner à L pour que, quel que soit la valeur de v_c comprise entre 400 et 800 V, l'ondulation de i_L n'excède pas 10 A ?

d) Lors d'une phase de stockage, l'application fournit 100 kW pendant une minute ; quelle valeur prend la tension v_c qui au départ était de 400 V ?

e) La tension v_c étant égale à 800 V, combien de temps le banc de super-condensateurs peut-il fournir 50 kW avant que v_c ne tombe à 400 V ?

a) Le convertisseur est un hacheur réversible en courant entre une source de courant (i_L) et une source de tension (U). Il est réversible en courant donc en puissance mais pas en tension.
Pendant une période T, la charge de C varie de $C\Delta v_c$ qui égale $i_{Lmoy}T$. Pour que Δv_c égale 1 volt, il faudrait que i_{Lmoy} soit égal à $C\Delta v_c/T$ donc à $100 \times 1 \times 20 \cdot 10^3 = 2\,000\,000$ A, valeur très supérieure aux courants mis en jeu.

b) Pour $i_L > 0$, pour $0 < t < \alpha T$, $v = U$, $L\, \mathrm{d}i_L/\mathrm{d}t = v_c - v < 0$
pour $\alpha T < t < T$, $v = 0$, $L\, \mathrm{d}i_L/\mathrm{d}t > 0$.
Pour $i_L < 0$, pour $0 < t < \alpha T$, $v = U$, $L\mathrm{d}i_L/\mathrm{d}t < 0$
pour $\alpha T < t < T$, $v = 0$, $L\, \mathrm{d}i_L/\mathrm{d}t > 0$.
Donc, quel que soit le régime,

$$v_c = v_{moy} = \alpha\, U$$

Puisqu'on néglige les pertes dans le convertisseur et dans l'inductance,

$$v_c\, i_{Lmoy} = U\, i_{moy}$$

$$i_{moy} = \alpha\, i_{Lmoy}$$

La figure 4.40 donne les formes d'ondes de v et i_L.

c) $L \dfrac{\mathrm{d}i_L}{\mathrm{d}t} = v_c - v$; pour $0 < t < \alpha T$, $v = U$

$$\Delta i_L = \frac{\alpha\, U - U}{L}\, \alpha\, T = -\frac{\alpha(1-\alpha)U}{L} T$$

$|\Delta i_L|$ est maximum pour $\alpha = 1/2$ et vaut $\dfrac{1}{4}\dfrac{U}{L}T$

$|\Delta i_L|_{\max} = 10$ A pour $L = 1$ mH

d) $\dfrac{1}{2} C\, u_{c0}^2 = 8 \cdot 10^6$ J ; $\dfrac{1}{2} C\, u_c^2 = 8 \cdot 10^6 + 100 \cdot 10^3 \times 60 = 14 \cdot 10^6$ J

$$u_c = 529 \text{ V}$$

e) L'énergie stockée passe de 32 MJ à 8 MJ en un temps de $24 \cdot 10^6/50 \cdot 10^3 = 480$ secondes.

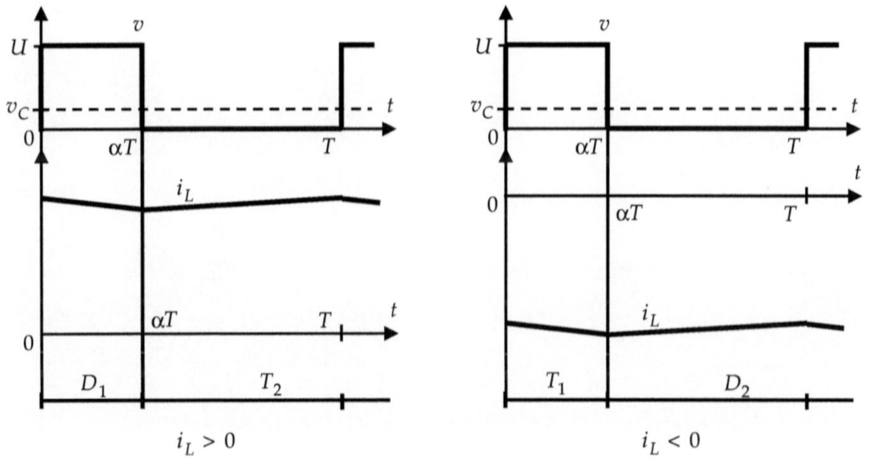

Figure 4.40

Chapitre 5

Les onduleurs

Un onduleur est un convertisseur statique assurant la conversion continu-alternatif. Alimenté par une source continue, il modifie de façon périodique les connexions entre l'entrée et la sortie pour obtenir à la sortie une tension et un courant alternatif, c'est-à-dire de valeur moyenne nulle, ou un système polyphasé de telles grandeurs.

▶ La structure d'un onduleur dépend essentiellement de la nature des sources entre lesquelles il est monté. Comme il faut respecter l'alternance des sources à ses accès, on distinguera donc :

• *les onduleurs de tension* reliant une source de tension continue à une source de courant alternatif,

• *les onduleurs de courant* placés entre une source de courant continu et une source de tension alternative.

La nature des sources est définie du point de vue des commutations.

▶ La fréquence des grandeurs de sortie d'un onduleur peut, suivant l'application, être fixe ou variable, être librement imposée ou dépendre des caractéristiques de la source alternative alimentée.

Les onduleurs de tension à fréquence fixe sont principalement utilisés :

• pour réaliser des alimentations de sécurité délivrant une tension sinusoïdale de fréquence constante,

• pour relier au réseau industriel des générateurs à courant continu (panneaux photovoltaïques par exemple) ou pour assurer à partir du réseau une conversion alternatif-continu (marche d'un onduleur en inverse).

Les onduleurs de tension à fréquence variable servent à réaliser des entraînements à vitesse variable avec moteurs à courant alternatif.

Les onduleurs de courant sont surtout utilisés dans les entraînements à vitesse variable de moteurs à courant alternatif.

► En ce qui concerne la commande, il faut distinguer la nature de la grandeur de sortie (tension ou courant) dont la commande assure la régulation : un onduleur de tension peut être régulé en tension ou en courant suivant la grandeur de référence utilisée pour établir les ordres de commande des interrupteurs. De même un onduleur de courant peut être régulé en tension ou en courant.

► La tension ou le courant de sortie d'un onduleur de tension ou de courant peut être formé d'un *seul créneau par alternance*. On dit alors que l'onduleur est commandé en *pleine onde*.

Mais, grâce aux progrès sur les semiconducteurs de puissance et sur leur commande, on utilise le plus souvent la *modulation de largeur d'impulsions* (MLI). Chaque alternance est formée de plusieurs créneaux dont la largeur et la position imposent les caractéristiques du spectre des grandeurs alternatives.

Dans la mesure où l'on vise à produire une tension ou un courant aussi sinusoïdal que possible, la commande MLI s'impose car elle facilite beaucoup le filtrage des grandeurs alternatives.

C'est pourquoi nous consacrons ce chapitre aux onduleurs MLI en insistant plus particulièrement sur les onduleurs de tension.

Remarque

Nous avons reporté au chapitre 10 l'étude des *onduleurs à résonance*. Il s'agit d'onduleurs de tension ou de courant alimentant au voisinage de leur fréquence de résonance des circuits résonnants peu amortis. Ils servent à alimenter en moyenne fréquence des charges ayant un très faible facteur de puissance (chauffage par induction, ozoneurs). On les utilise aussi comme convertisseurs intermédiaires dans certaines chaînes de conversion de l'énergie. À la différence des onduleurs MLI, les interrupteurs n'y sont commandés qu'à la fermeture ou qu'à l'ouverture.

5.1 ONDULEURS DE TENSION MONOPHASÉS À MODULATION DE LARGEUR D'IMPULSIONS

5.1.1 Onduleur en pont. Deux niveaux de sortie

► L'onduleur de tension monophasé le plus utilisé, car n'incluant pas dans son principe de transformateur ou de diviseur capacitif, est l'onduleur en pont complet (figure 5.1). Il est formé par quatre « interrupteurs » réversibles en courant, commandables à la fermeture et à l'ouverture. On remarque qu'il a la même structure que le hacheur quatre quadrants ; il doit en effet assurer les mêmes réversibilités.

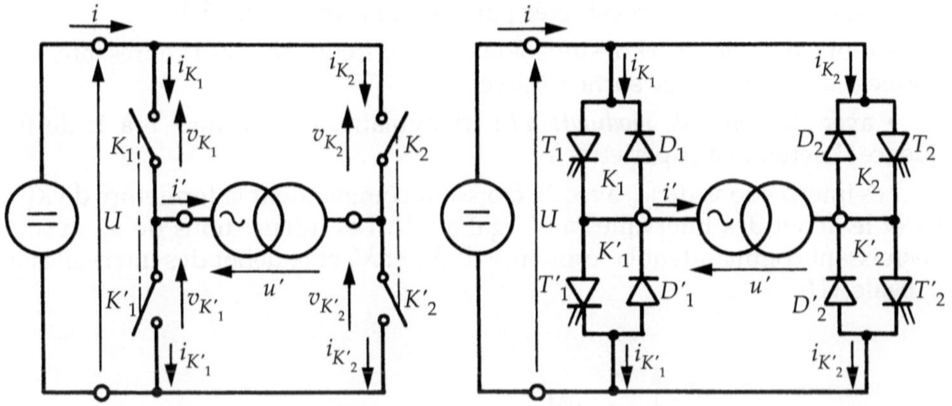

Figure 5.1

Pour l'étude générale, on suppose les sources parfaites : source de tension continue U constante, source de courant alternatif i' sinusoïdal.

▶ La tension de sortie u' ne comporte que deux niveaux $+U$ et $-U$ si on ferme tantôt K_1 et K'_2, tantôt K'_1 et K_2.

- Quand K_1 et K'_2 sont fermés :

$$u' = U,\ i = i',\ i_{K1} = i_{K'2} = i',\ i_{K'1} = i_{K2} = 0$$

$$v_{K1} = v_{K'2} = 0,\ v_{K'1} = v_{K2} = U,$$

i' positif passe par T_1 et T'_2, i' négatif par D_1 et D'_2

- Quand K'_1 et K_2 sont fermés :

$$u' = -U,\ i = -i',\ i_{K1} = i_{K'2} = 0,\ i_{K'1} = i_{K2} = -i'$$

$$v_{K1} = v_{K'2} = U,\ v_{K'1} = v_{K2} = 0,$$

i' positif passe par D'_1 et D_2, i' négatif par $T'1$ et T_2.

5.1.2 Modulation sinus-triangle deux niveaux

a) Principe de la modulation

▶ La modulation en triangle a été présentée pour les hacheurs (chapitre 4, § 4.1.6). Dans le cas de l'onduleur de tension, on forme la tension de sortie u' d'une *suite de créneaux* valant successivement $+U$ (fermeture de K_1 et K'_2) et $-U$ (fermeture de K'_1 et K_2).

La durée des créneaux est fixée par comparaison (figure 5.2) :

• d'une *onde de référence* sinusoïdale u'_w de fréquence f qui représente, rapportée à U, la tension de sortie désirée,

• avec une *onde de modulation* M triangulaire, variant de -1 à 1, de fréquence f' nettement supérieure à f.

Les intersections de u'_w avec M croissant commandent la fermeture de K'_1 et K_2 et le début des intervalles à u' égal à $-U$. Les intersections de u'_w avec M décroissant commandent la fermeture de K_1 et K'_2 et le début des intervalles où u' égale $+U$.

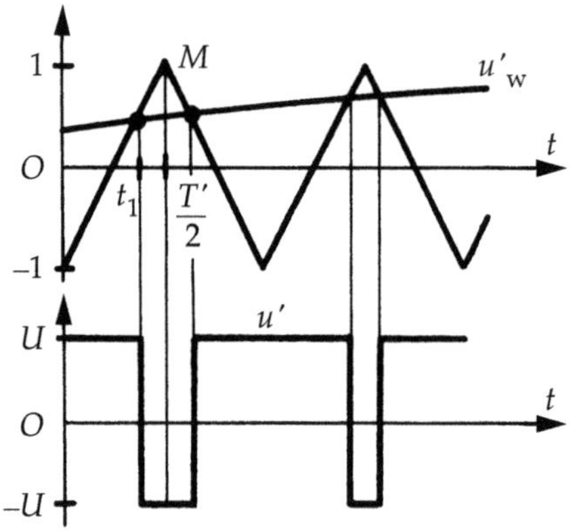

Figure 5.2

La valeur moyenne de u' pendant chaque demi-période $T'/2$ de modulation est égale à la tension désirée à l'instant d'échantillonnage (intersection de M et de u'_w).

Ainsi, pour la première demi-période (*figure* 5.2), puisque :

$$M = -1 + \frac{2t}{T'/2}$$

l'instant t_1 est tel que :

$$\frac{4t_1}{T'} - 1 = u'_w(t_1).$$

De :

$$u'_{moy} = U\frac{1}{T'/2}\left[t_1 - \left(\frac{T'}{2} - t_1\right)\right]$$

on déduit :

$$u'_{moy} = U\,u'_w(t_1).$$

Si f'/f est grand, la « valeur moyenne» de u' (à l'échelle de temps de $T'/2$) suit les variations de la référence.

▶ Deux paramètres sont généralement utilisés pour caractériser la modulation sinus-triangle :

• l'*indice de modulation* m, égal au rapport f'/f des fréquences de modulation et de référence ;

• le *coefficient de réglage en tension* r, égal au rapport de l'amplitude de la référence à la valeur de crête de l'onde de modulation.

Le premier indique le nombre de créneaux que comporte la tension u' par période de l'onde de référence.

Le second multiplié par U fournit l'amplitude de la tension souhaitée en sortie.

b) Tracé des formes d'ondes

La figure 5.3 montre la détermination des instants de commutation dans le cas où m égale 7 et r égale 2/3. On déduit de cette détermination les formes d'ondes de la tension de sortie u', du courant d'entrée i, de la tension v_{K_1} aux bornes de l'interrupteur K_1 et du courant i_{K_1} qui le traverse.

Dans cet exemple, la modulation est *synchrone* car f'/f est un nombre entier ; la tension u' se reproduit identiquement à elle-même tous les $1/f$. Le choix d'une valeur impaire de m permet d'obtenir pour u' une alternance négative identique, au signe près, à son alternance positive. On a également adopté le *calage optimal*, c'est-à-dire la position relative de la référence et de l'onde de la modulation qui rend chaque alternance de la tension u' symétrique par rapport à son milieu.

Connaissant les interrupteurs fermés, les relations établies à la section 5.1.1 donnent les expressions des diverses variables.

Pour tracer les formes d'ondes de i et de i_{K_1}, on a supposé le courant i' sinusoïdal et déphasé d'un angle φ en arrière du fondamental de la tension u'.

c) Caractéristiques

▶ Tension de sortie

La tension u' tantôt égale à $+U$, tantôt égale à $-U$, a pour valeur efficace

$$U' = U$$

Lorsque m est entier, u' est une fonction périodique de période $T = 1/f$ et on peut en déterminer le contenu fréquentiel en la développant en série de Fourier (chapitre 3, §3.2.3). Pour m suffisamment grand (en pratique pour $m \geqslant 15$), que m soit pair ou impair et que le calage soit optimal ou non, on obtient les résultats suivants :

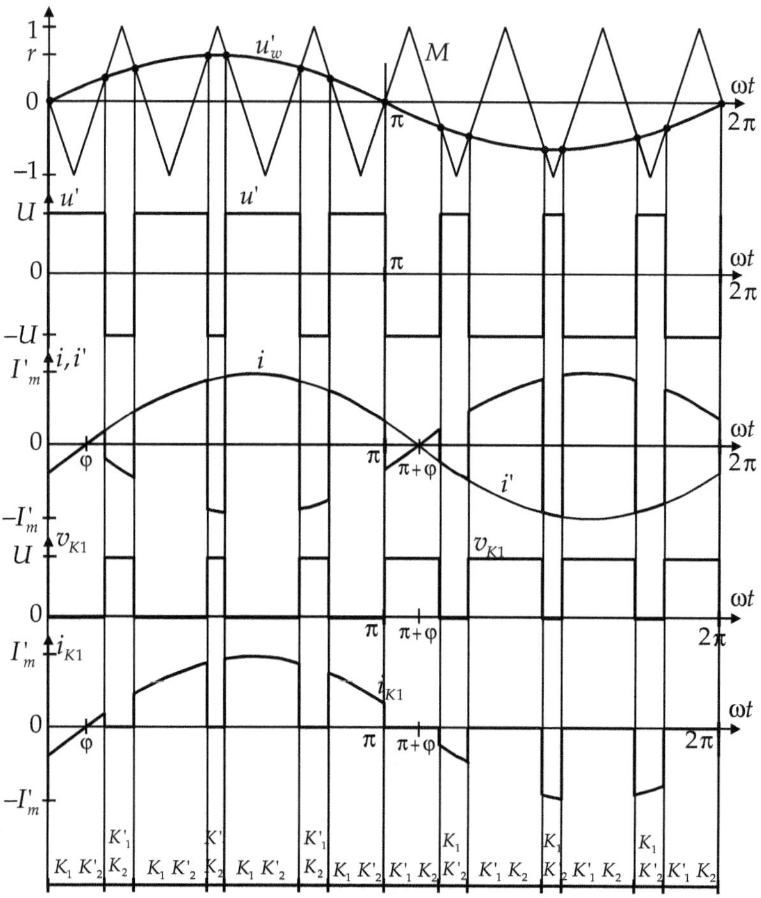

Figure 5.3

• la valeur moyenne de la tension u' est nulle ou virtuellement nulle (ce n'est que pour les faibles valeurs paires de m que cette valeur moyenne n'est pas négligeable),

• la valeur efficace du *fondamental* est pratiquement égale à celle de la tension de référence :

$$U'_1 = \frac{1}{\sqrt{2}} rU,$$

• sa phase par rapport à u'_w est négligeable.

Par action sur r on peut faire varier U'_1 depuis 0 jusqu'à un maximum correspondant à $r = 1$ (au-delà, u'_w ayant une amplitude supérieure à celle de M, certaines intersections disparaissent).

• les *harmoniques* de valeur non négligeable se groupent par « *familles* » :

– la famille centrée sur la fréquence *mf* et comportant :

l'harmonique de rang m,
les harmoniques $m-2$ et $m+2$,
les harmoniques $m-4$ et $m+4$...

– la famille centrée sur la fréquence $2mf$ et comportant :

les harmoniques $2m-1$ et $2m+1$,
les harmoniques $2m-3$ et $2m+3$...

– la famille centrée sur la fréquence $3mf$ et comportant :

l'harmonique $3m$,
les harmoniques $3m-2$ et $3m+2$...

En règle générale, un harmonique est d'autant plus faible qu'il appartient à une famille dont la fréquence centrale est plus élevée et qu'il est plus éloigné du centre de la famille.

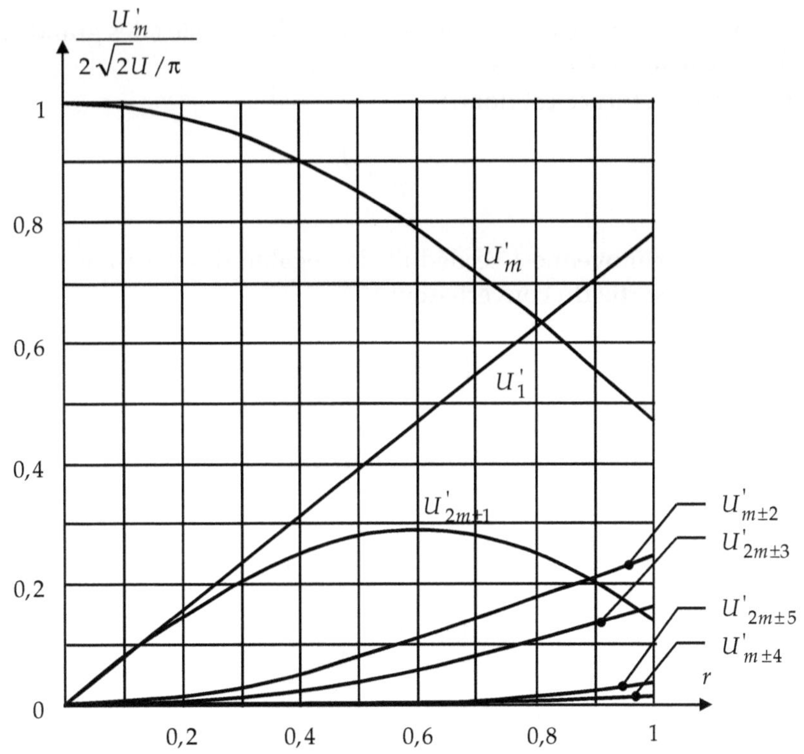

Figure 5.4

La figure 5.4 montre l'évolution, en fonction de r, de U'_1 et des principaux harmoniques lorsque m est grand (en fait supérieur à 15).

Le *taux d'harmoniques* est alors

$$\tau_{u'} = \frac{1}{U'_1}\sqrt{U'^2 - U'^2_1} = \sqrt{\frac{2}{r^2} - 1}$$

et ne dépend plus de m. L'augmentation de m ne réduit pas le taux d'harmoniques ; mais, en déplaçant ceux-ci vers les fréquences élevées, il facilite le filtrage.

Lorsque m n'est pas entier, la tension u' n'est pas strictement périodique de période $1/f$. On ne peut plus réaliser au sens strict une décomposition en série de u'. Toutefois, si m est grand, il est toujours possible de représenter u' par la somme d'un fondamental et de composantes de fréquences mf, $(m-2)f$, $(m+2)f$,.... $(2m-1)f$, $(2m+1)f$,... dont les amplitudes sont encore données par la figure 5.4.

d) Courant d'entrée

Le courant d'entrée i a une fréquence double de celle f des grandeurs de sortie. Il est égal tantôt à i', tantôt à $-i'$.

• Sa valeur efficace est donc :

$$I_{eff} = \frac{I'_m}{\sqrt{2}}.$$

• Sa valeur moyenne I se déduit de l'égalité des puissances moyennes à l'entrée et à la sortie du convertisseur :

$$UI = U'_1 \frac{I'_m}{\sqrt{2}} \cos\varphi$$

$$I = \frac{1}{2} r I'_m \cos\varphi.$$

• Son taux d'harmoniques vaut :

$$\tau_i = \frac{1}{I}\sqrt{I^2_{eff} - I^2} = \sqrt{\frac{2}{r^2\cos^2\varphi} - 1}$$

Il augmente quand r diminue.

Son développement en série comporte, en plus du terme moyen I, les harmoniques de pulsation 2ω, 4ω, 6ω, etc.

La valeur des harmoniques de i peut se déduire de celle des harmoniques de u', puisque :

$$i = \frac{1}{U}(u'i')$$

Si m est suffisant pour que l'harmonique 3 de u' soit négligeable, l'harmonique 2 de i est dû au fondamental de u' et a pour valeur efficace :

$$I_2 = \frac{1}{2\sqrt{2}} r I'_m$$

Les autres harmoniques correspondent aux familles d'harmoniques de u'.

Les plus importants sont ceux de rang :

$$m-1 \text{ et } m+1,\ m-3 \text{ et } m+3$$

$$2m,\ 2m-2 \text{ et } 2m+2,\ 2m-4 \text{ et } 2m+4, \text{ etc.}$$

Remarques

• *Déchet de tension*. La valeur efficace maximale du fondamental de u', soit $U/\sqrt{2}$, est inférieure à celle qu'on obtient avec la commande pleine onde. La tension u', alors égale à $+U$ pendant une demi-période, à $-U$ pendant l'autre, a un fondamental de valeur efficace

$$U'_1 = \frac{2\sqrt{2}}{\pi} U$$

Avec la MLI normale, le maximum de U'_1 est réduit dans un rapport $\pi/4$. On a un « déchet de tension » égal à 21,5 %.

• *Surmodulation ou modulation latérale*. Pour augmenter la valeur du fondamental de u' au-delà de la valeur correspondant à r égal à 1, on peut donner à u'_w une amplitude supérieure à U. Alors disparaissent les intervalles où u' égale $-U$ au milieu de la première alternance de u' et les intervalles où u' égale U au milieu de la seconde ; il reste un large créneau (flat top) au milieu de chaque alternance et des créneaux étroits de largeurs variables de part et d'autre.

Les harmoniques supprimés lorsque r est compris entre 0 et 1 réapparaissent, mais ce n'est pas gênant pour certaines applications à fréquence de sortie variable. On ne pratique en effet cette surmodulation ou modulation latérale que pour les fortes valeurs de f, et les harmoniques à filtrer sont alors de fréquence relative élevée. Mais la valeur efficace du fondamental ne peut jamais dépasser la valeur $U2\sqrt{2}/\pi$ correspondant à la commande pleine onde.

• *Modulation synchrone ou asynchrone.* Lorsque f'/f est grand, il n'est pas nécessaire de synchroniser f' sur f. On peut travailler à f' constant. Ceci simplifie l'implantation de la commande, en particulier pour les applications à fréquence f variable.

La modulation synchrone ne s'impose que pour les faibles valeurs de m. Il est alors impératif de donner à m une valeur entière pour éviter une pulsation notable du fondamental de la tension de sortie. Cette pulsation résulterait de la modification de forme que présenterait la tension u' d'une période de l'onde de référence à l'autre si m n'était pas entier, comme le montre la figure 5.5 tracée pour $m = 4{,}5$.

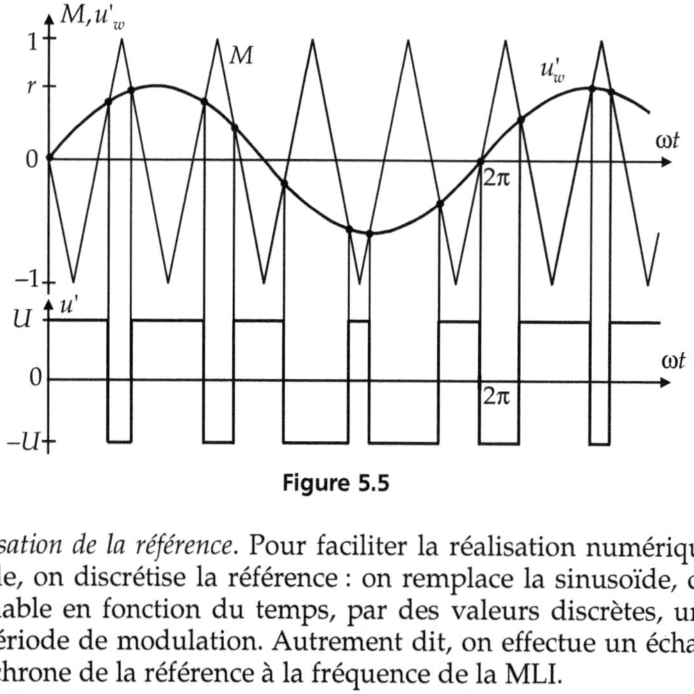

Figure 5.5

• *Discrétisation de la référence.* Pour faciliter la réalisation numérique de la commande, on discrétise la référence : on remplace la sinusoïde, continûment variable en fonction du temps, par des valeurs discrètes, une pour chaque période de modulation. Autrement dit, on effectue un échantillonnage synchrone de la référence à la fréquence de la MLI.

• *Modulation aléatoire.* La MLI aléatoire permet de répartir les harmoniques sur une large gamme du côté des hautes fréquences en faisant varier de façon aléatoire la fréquence de l'onde de modulation. Ceci permet de réduire le bruit acoustique dans les onduleurs dont la fréquence de commutation est inférieure à 20 kHz.

5.1.3 Modulation sinus-triangle trois niveaux

L'onduleur en pont complet de la figure 5.1 permet d'obtenir une tension de sortie u' égale à $+U$, à $-U$, mais aussi à zéro. Pour cela, il faut fermer K_1 et K_2 ou K'_1 et K'_2.

On peut utiliser cette possibilité pour former l'alternance positive de u' de créneaux de valeur U séparés par des intervalles à tension nulle, l'alternance négative de créneaux de valeur $-U$ séparés par des intervalles à tension nulle. Cela suppose des commandes distinctes des deux demi-ponts, K_1 et K_1', K_2 et K_2', et la synchronisation de ces deux commandes.

a) Principe

On utilise une onde de modulation M de fréquence mf à laquelle on compare (figure 5.6) :

- une onde de référence u'_{wA} de fréquence f pour fixer les instants de commande de K_1 et K_1',
- une onde de référence u'_{wB} de même fréquence pour les instants de commande de K_2 et K_2'.

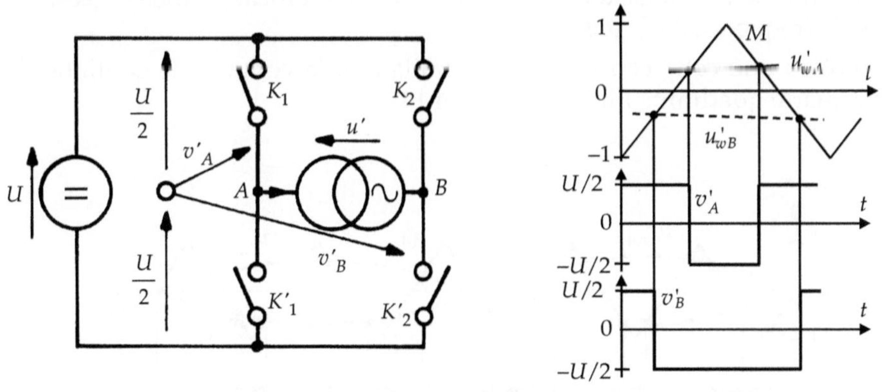

Figure 5.6

Si u'_{wA} varie peu à l'échelle de temps de l'onde de modulation et si on désigne par v'_A la tension du point A par rapport au point milieu (fictif) de la tension U, v'_A, tantôt égale à $U/2$, tantôt égale à $-U/2$, est « en moyenne » égale à $\frac{U}{2}u'_{wA}$.

De même v'_B est « en moyenne » égale à $\frac{U}{2}u'_{wB}$.

La tension u', égale à $v'_A - v'_B$, vaut « en moyenne »

$$u' = \frac{U}{2}(u'_{wA} - u'_{wB})$$

Il suffit que la différence $u'_{wA} - u'_{wB}$ soit une sinusoïde de fréquence f et d'amplitude égale au double du coefficient de réglage en tension r souhaité pour que le fondamental de u' ait une valeur efficace $rU/\sqrt{2}$.

Il existe une multitude de possibilités pour le choix de u'_{wA} et u'_{wB}.

b) Exemples de commande

▶ *Utilisation de deux ondes de référence sinusoïdales*

On prend (figure 5.7) pour u'_{wA} une sinusoïde de fréquence f et de coefficient de réglage en tension r, pour u'_{wB} une sinusoïde de même f et r mais en opposition de phase. On obtient bien une tension u' ne comportant que des créneaux positifs pendant l'alternance positive, que des créneaux négatifs pendant l'alternance négative.

Le taux d'harmoniques est fortement réduit par rapport à la MLI deux niveaux. Les familles d'harmoniques centrées autour des fréquences mf, $3mf$... disparaissent. Seuls subsistent, avec des valeurs efficaces inchangées, les familles de fréquence $2mf$, $4mf$...

On notera que cette commande est similaire à la commande continue du hacheur quatre quadrants illustrée figure 4.14.

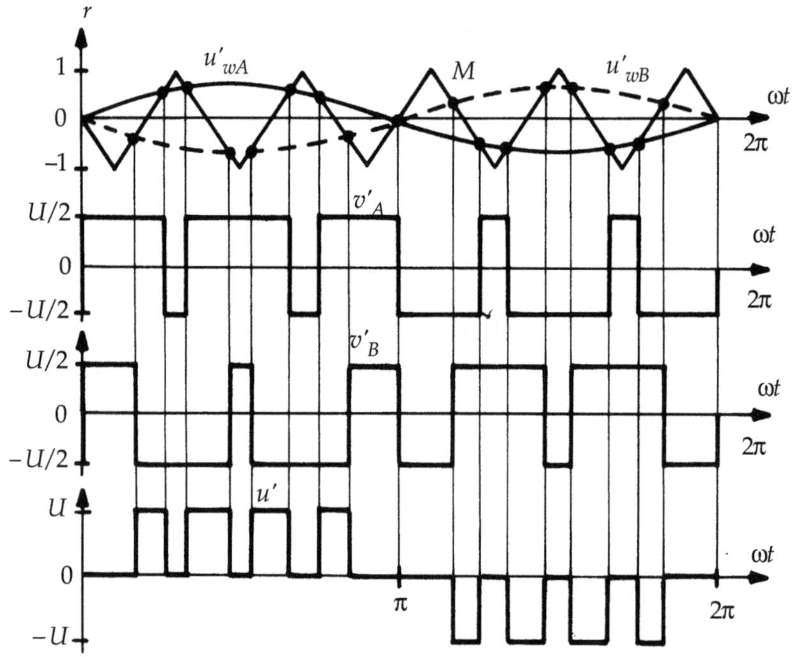

Figure 5.7

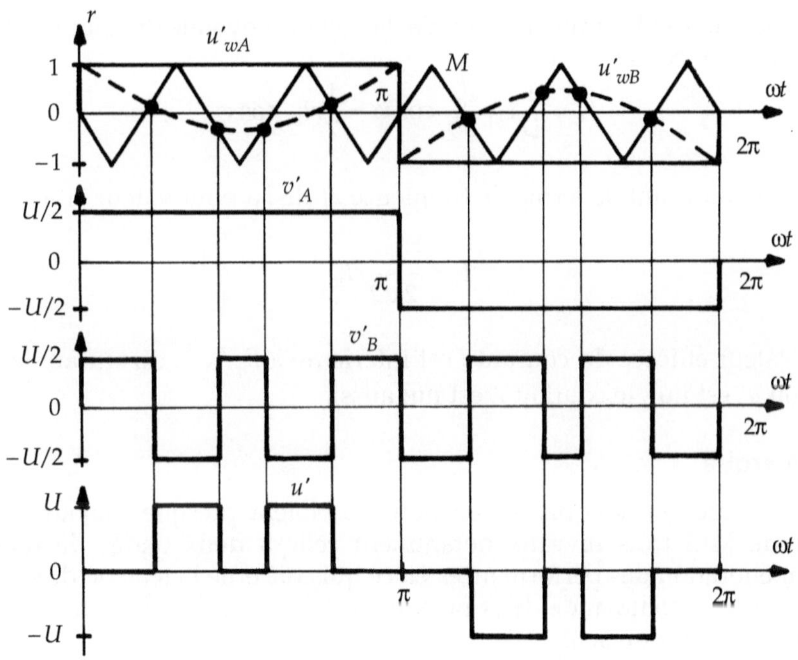

Figure 5.8

► *Modulation sur un seul demi-pont*

On peut faire fonctionner un demi-pont en commande pleine onde. Si on ferme K_1 de 0 à π, K'_1 de π à 2π, v'_A vaut $U/2$ puis $-U/2$.

Il faut alors imposer à u'_{wB} d'être une sinusoïde d'amplitude $2r$, décalée de +1 vers le haut de 0 à π, de -1 vers le bas de π à 2π (figure 5.8).

Cette commande, comparée à la précédente, divise par 2 le nombre de commutations et les pertes associées. Mais elle supprime l'égalité de la répartition du courant entre les interrupteurs, et la réduction du contenu harmonique par rapport à la commande deux niveaux est moins forte.

c) Caractéristiques

► Dès que m est suffisant, le fondamental de la tension de sortie est pratiquement égal à la tension désirée. Sa valeur efficace est donc

$$U'_1 = r\frac{U}{\sqrt{2}}$$

La valeur efficace U' de u' est inférieure à U à cause des intervalles à tension nulle. Cela entraîne la diminution, à r donné, du taux d'harmoniques par rapport à la commande deux niveaux.

▶ Quelle que soit la stratégie adoptée, la valeur moyenne du courant d'entrée est encore donnée par

$$I = \frac{1}{U} U'_1 \frac{I'_m}{\sqrt{2}} \cos \varphi = \frac{1}{2} r I'_m \cos \varphi$$

Si m est suffisant, le terme de fréquence $2f$ de i a pour valeur efficace

$$I_2 = \frac{1}{2\sqrt{2}} r I'_m$$

La valeur efficace du courant i est inférieure à $I'_m/\sqrt{2}$, car durant les intervalles où u' est nul, le courant i' est nul aussi.

Remarque

Les onduleurs monophasés en pont emploient presque toujours la commande MLI trois niveaux notamment celle à deux ondes de référence. L'amélioration des performances en ce qui concerne la tension de sortie par rapport à la commande deux niveaux justifie la nécessité de deux modulateurs au lieu d'un seul.

Ce n'est que pour des applications de très faible puissance que l'accroissement du coût de la commande peut expliquer la préférence de la modulation deux niveaux. Et cela d'autant plus qu'on travaille alors généralement à une fréquence MLI suffisamment élevée pour que le filtrage des harmoniques ne soit plus un problème.

5.1.4 Autres procédés de modulation

a) Modulation delta ou sigma-delta

On peut commander le courant fourni au récepteur par un onduleur de tension ou la tension aux bornes de celui-ci par modulation delta dans le premier cas, par modulation sigma-delta dans le second. Le principe est le même que pour les hacheurs (*cf.* 4.1.6) si ce n'est que la référence est alternative et non plus continue.

La durée d'un cycle de modulation, montée du courant i' de $i'_w - \Delta i'$ à $i'_w + \Delta i'$ puis retour à $i'_w - \Delta i'$ par exemple, varie tout au long de la période de la référence. On ne peut plus parler de fréquence de modulation ; on désigne par *fréquence instantanée de modulation*, l'inverse de la durée d'un cycle.

Cette fréquence instantanée f' varie entre f'_{min} et f'_{max}. Pour que la grandeur commandée suive bien « en moyenne » la référence de fréquence f, il faut que f'_{min}/f soit suffisant. À f'_{max} donnée, cela limite la plage des valeurs du courant i' ou de la tension u' que l'on peut réguler correctement (*cf.* exercice 5.3).

b) Modulation calculée

Au lieu de déterminer les angles de commutation en temps réel à l'aide d'une électronique de commande analogique et/ou numérique, on peut les calculer au préalable, les mémoriser dans une « look up table » et commander ensuite les interrupteurs par lecture de cette table à l'aide d'un microprocesseur.

▶ *Pour la modulation sur 2 niveaux*, on caractérise alors l'onde de tension u' par le nombre c de « *trous* » par alternance c'est-à-dire le nombre d'intervalles à u' égale à $-U$ pendant l'alternance positive, à u' égale à $+U$ pendant l'alternance négative. La figure 5.9*a* correspond à $c = 3$.

Compte tenu des symétries, c angles $\theta_1, \theta_2, ..., \theta_c$ suffisent à déterminer la forme d'onde.

La valeur efficace du fondamental et des harmoniques de la tension u' est donnée par :

$$U'_n = \frac{\sqrt{2}}{\pi} U \frac{4}{n} \left(\frac{1}{2} - \cos n\theta_1 + \cos n\theta_2 - \cos n\theta_3 + \cdots \pm \cos n\theta_c \right)$$

avec :

$$n = 1, 3, 5, 7...$$

▶ *Pour la modulation 3 niveaux*, on caractérise l'onde de tension u' par le nombre *p d'impulsions* par alternance. La figure 5.9*b* correspond à $p = 3$.

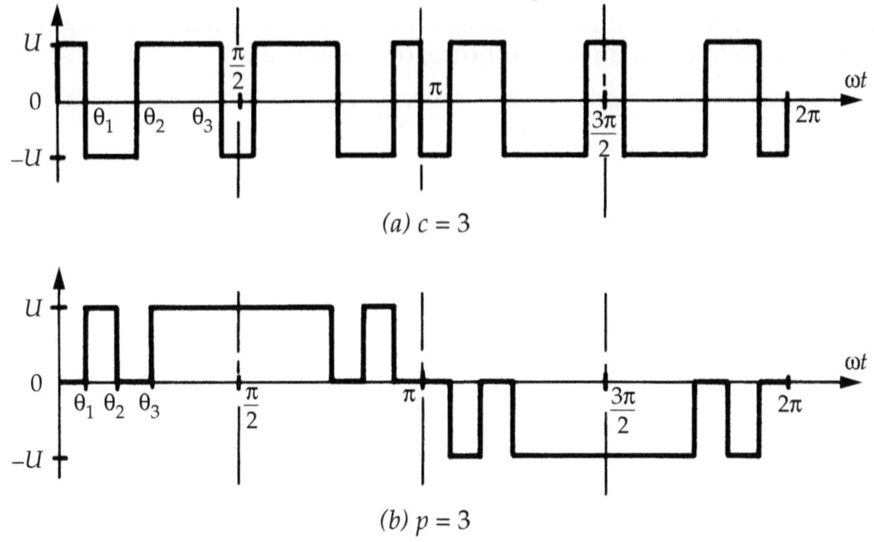

Figure 5.9

Compte tenu des symétries, p angles $\theta_1, \theta_2, ..., \theta_p$ suffisent à déterminer la forme d'onde.

La valeur efficace du fondamental et des harmoniques de la tension u' est donnée par :

$$U'_n = \frac{\sqrt{2}}{\pi} U \frac{2}{n} (\cos n\theta_1 - \cos n\theta_2 + \cos n\theta_3 + \cdots \pm \cos n\theta_p)$$

avec :

$$n = 1, 3, 5, 7...$$

▶ À c ou p donné, on a à résoudre un système de c ou p équations pour déterminer les c ou p angles de commutation donnant au système c ou p degrés de liberté.
Un degré de liberté est nécessaire pour donner au fondamental la valeur désirée. Il en reste $c - 1$ ou $p - 1$. On peut s'en servir :

• pour éliminer les $c - 1$ ou $p - 1$ premiers harmoniques impairs. Avec c ou p égal à 3 par exemple, on peut éliminer les harmoniques 3 et 5, les premiers restants sont ceux de rang 7, 9, etc.

• pour minimiser le taux d'*harmoniques pondérés*. D'ordinaire un harmonique est d'autant plus gênant qu'il est de plus basse fréquence. Si l'onduleur alimente directement un récepteur du type RL, l'impédance de celui-ci croît sensiblement comme le rang n des harmoniques ; le courant harmonique de rang n étant inversement proportionnel à n, le récepteur se comporte comme un filtre du premier ordre.
Si l'on place entre l'onduleur et la charge un filtre LC, l'affaiblissement des harmoniques est sensiblement proportionnel au carré de leur rang. Suivant qu'on a un filtre du premier ou du second ordre, on minimise :

$$\sum_{n=3}^{\infty} \left(\frac{U'_n}{n}\right)^2 \quad \text{ou} \quad \sum_{n=3}^{\infty} \left(\frac{U'_n}{n^2}\right)^2$$

• pour respecter un gabarit de limitation des harmoniques de la tension à la sortie de l'onduleur ou d'un filtre donné.

5.1.5 Réversibilité

La figure 5.3 montre que :

• pendant les intervalles où u' et i' sont de même signe, le courant d'entrée i est positif. La puissance instantanée p, égale à $U\,i$, va de l'entrée vers la sortie : la source continue alimente le récepteur alternatif ;

• pendant les intervalles où u' et i' sont de signes contraires, i et donc p sont négatifs : il y a récupération de puissance de la sortie vers l'entrée.

a) Réversibilité instantanée

La réversibilité instantanée en courant de la source continue est indispensable pour que l'onduleur puisse fonctionner en onduleur de tension.

Si la source de tension U n'est pas réversible en courant, comme c'est le cas par exemple quand elle provient du réseau industriel via un redresseur à diodes, on obtient la réversibilité en courant en dérivant à l'entrée de l'onduleur une capacité C ou un filtre LC (figure 5.10).

L'exercice 5.2 donne un exemple de dimensionnement du filtre d'entrée d'un onduleur.

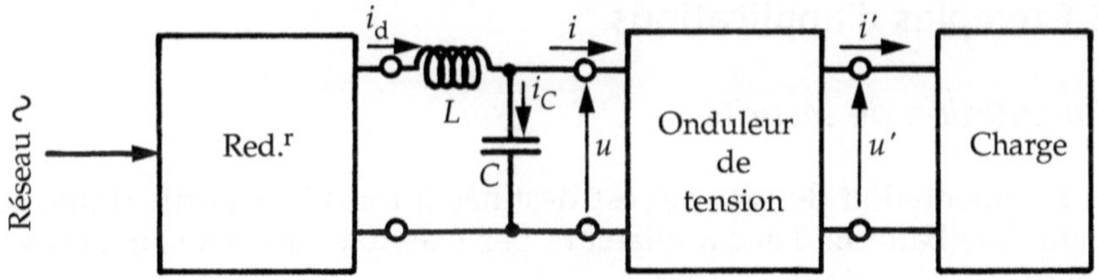

Figure 5.10

b) Réversibilité fonctionnelle

• Si la valeur absolue $|\varphi|$ du déphasage du courant à la sortie de l'onduleur est inférieure à $\pi/2$, la puissance moyenne P, donnée par

$$P = U\,I = U'_1 \frac{I'_m}{\sqrt{2}} \cos \varphi,$$

est, comme la valeur du courant d'entrée moyen, positive. L'énergie va du générateur continu au récepteur alternatif, c'est la marche en onduleur proprement dite.

• Si $|\varphi|$ est compris entre $\pi/2$ et π, P et I sont négatifs : l'énergie va de l'alternatif au continu, l'onduleur *marche en redresseur*. Cela suppose que du côté alternatif il y ait un générateur (par exemple le réseau vu à travers une inductance de liaison) et du côté continu un récepteur.

Cette réversibilité fonctionnelle (passage de $|\varphi| < \pi/2$ à $|\varphi| > \pi/2$) nécessite une source de tension continue dont le courant moyen puisse s'inverser.

• Si on veut pouvoir fonctionner seulement en redresseur ($\pi/2 < |\varphi| < \pi$), il n'est pas nécessaire d'avoir un générateur côté continu. De ce côté il peut n'y avoir qu'une charge (équivalente à une résistance R) en parallèle avec une capacité C (figure 5.11). Celle-ci assure le lissage de la tension continue et la réversibilité instantanée en courant.

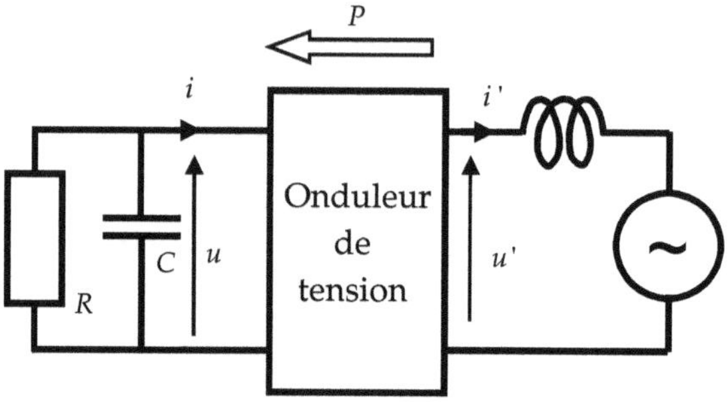

Figure 5.11

5.1.6 Exemples d'applications

a) Alimentation de sécurité

Une alimentation de sécurité est destinée à fournir, à partir d'une source continue, une batterie d'accumulateurs par exemple, une tension sinusoïdale d'amplitude et de fréquence fixes.

▶ Une telle alimentation est formée d'un onduleur à MLI suivi d'un filtre LC (figure 5.12). Ce filtre a un triple rôle :

• Sa capacité C assure, vis-à-vis de la charge alimentée, le comportement en source de tension. En particulier en cas de court-circuit de la charge, la brusque augmentation du courant fourni par C à la charge assure le déclenchement des protections ;

• Son inductance L assure, vis-à-vis de la sortie de l'onduleur, le comportement en source de courant imposé par la règle d'alternance des sources ;

• Son comportement en filtre passe-bas pour les fréquences situées nettement au-dessus de sa fréquence de résonance $1/2\pi\sqrt{LC}$ permet de diminuer très fortement dans u'_c et i' l'influence des harmoniques présents dans la tension u', de sorte qu'on peut confondre en première approximation u'_c et i' avec leurs fondamentaux.

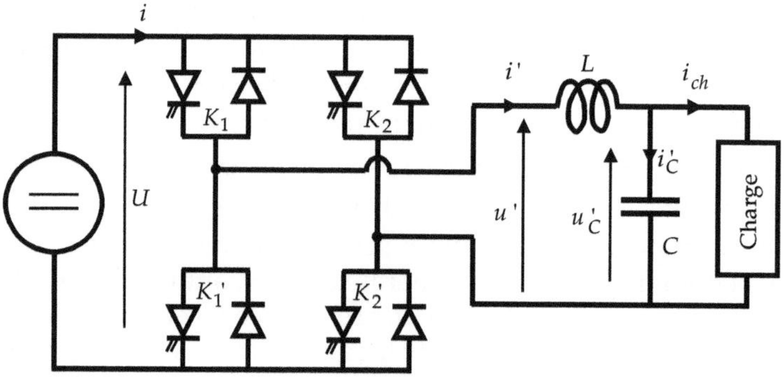

Figure 5.12

▶ Pour obtenir une tension de sortie

$$u'_c = u'_{cw} = U'_{cm} \sin \omega t$$

d'amplitude U'_{cm} et de pulsation ω imposées, il faut compenser la chute de tension due à l'inductance L. La tension u'_c est liée à la tension u' à la sortie de l'onduleur par

$$u' = u'_c + L\omega \frac{d}{d\omega t}(i_{ch} + i'_c)$$

soit en régime permanent

$$\overline{U'_1} = \overline{U'_c} + jL\omega(\overline{I_{ch}} + \overline{I'_c})$$

où $\overline{I'_c} = jC\omega\overline{U'_c}$

d'où le diagramme vectoriel de la figure 5.13.

Cette relation fixe l'amplitude qu'il faut imposer au fondamental de u' et son déphasage par rapport à u'_{cw}, ce qui permet de calculer u'_{wA} et u'_{wB}.

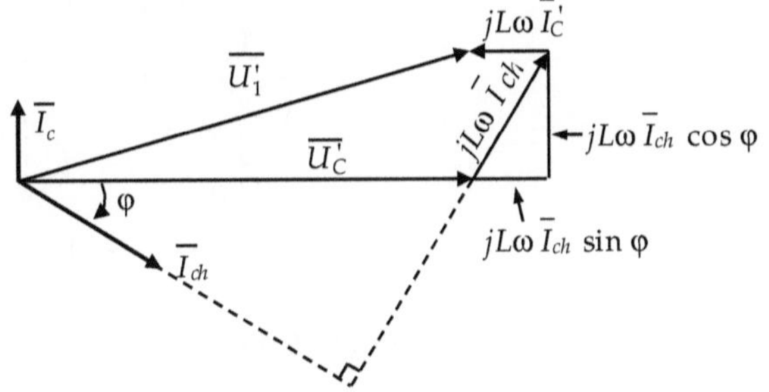

Figure 5.13

▶ On fait souvent dépendre les ondes de référence, u'_{wA} et u'_{wB}, qui servent à déterminer la tension u', d'une boucle de régulation qui asservit le courant i' à une valeur de référence i'_w qui est fonction de l'écart existant entre u'_c et sa valeur souhaitée u'_{cw} (figure 5.14).

▶ Sans que cela soit indispensable, car cela nécessite un capteur supplémentaire, on peut ajouter à la sortie du régulateur de la tension u'_c un terme égal au courant i_{ch}. Alors la sortie proprement dite du régulateur correspond à la référence i'_{cw} du courant i'_c qu'il faut faire circuler dans C pour obtenir une tension u'_c donnée.

De même, on peut ajouter à la sortie du régulateur de courant un terme égal à u'_c afin que la sortie du régulateur de courant corresponde à la référence v_{Lw} de la tension v_L qu'il faut appliquer à L pour obtenir un courant i' donné.

Ces deux additions, représentées en traits interrompus sur la figure 5.14 améliorent la qualité de la régulation.

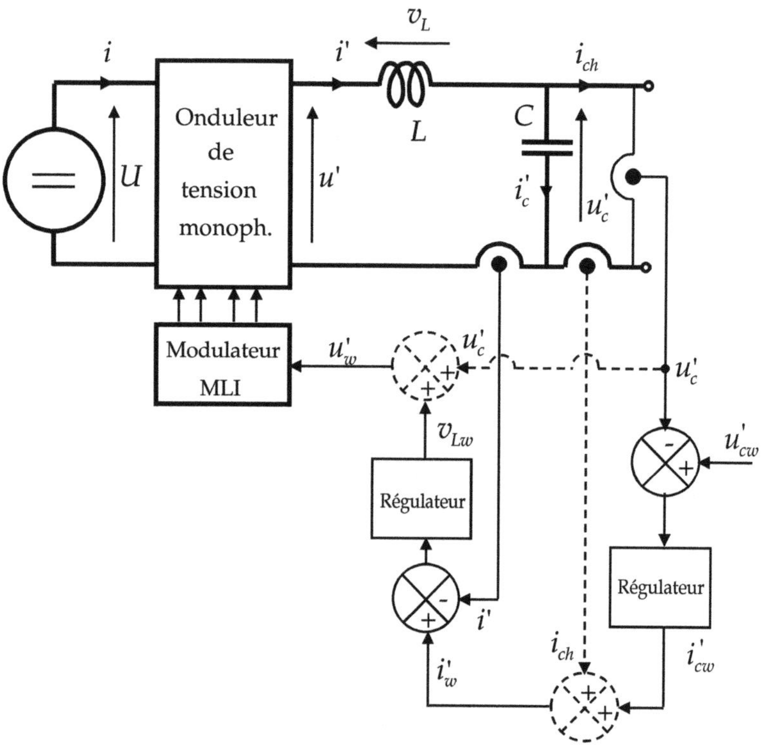

Figure 5.14

b) Onduleur monophasé connecté au réseau

Un onduleur monophasé à commande MLI permet de fournir au réseau la puissance qu'un générateur à courant continu fournit sous une tension u ou de prélever la puissance qu'un récepteur à courant continu absorbe sous cette tension (figure 5.15).

Dans le premier cas, la puissance P fournie au réseau est positive, c'est la marche en onduleur proprement dite. Dans le deuxième cas, cette puissance est négative, c'est la marche en redresseur MLI.

L'inductance de liaison L donne au réseau le caractère d'une source de courant vis-à-vis de l'onduleur. La capacité C donne au circuit connecté au côté continu le caractère d'une source de tension et sert à filtrer les harmoniques du courant i (principalement l'harmonique 2 qui est prépondérant en monophasé). La valeur de C est choisie suffisante pour limiter l'ondulation de u autour de sa valeur moyenne U de sorte qu'on puisse, en première approximation, confondre u avec U.

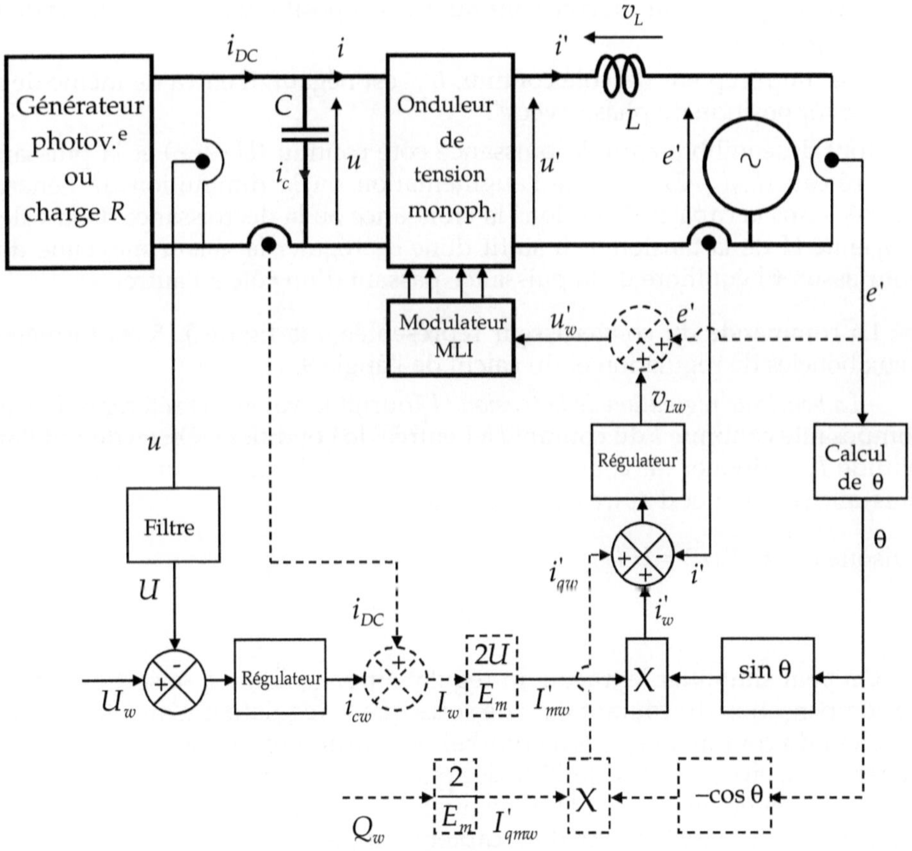

Figure 5.15

► La commande du convertisseur doit assurer l'équilibre entre la puissance fournie ou prélevée du côté continu et la puissance active P du côté réseau en veillant à ce que cette puissance soit transmise par un courant i' sinusoïdal en phase ou en opposition de phase avec e'.

Si

$$e' = E'_m \sin(\omega t + \psi) = E'_m \sin\theta$$

on doit avoir

$$i' = I'_m \sin\theta$$

avec I'_m tel que

$$E'_m I'_m / 2 = U\, I_{DC}$$

Avec un générateur du côté continu, I_{DC} est positif, il en va de même de I'_m, i' est en phase avec e'.

Avec un récepteur du côté continu, I_{DC} est négatif, il en va de même de I'_m, i' est en opposition de phase avec e'.

Tout déséquilibre entre la puissance côté continu ($U \cdot i_{DC}$) et la puissance coté réseau ($E_m I'_m/2$) entraîne l'augmentation ou la diminution de l'énergie stockée dans la capacité C et donc la croissance ou la décroissance de la valeur moyenne U de la tension u. Il suffit donc de réguler la valeur moyenne de u pour assurer l'équilibre de la puissance passant d'un côté à l'autre.

▶ La commande du convertisseur représentée à la figure 5.15 est formée de deux boucles de régulation et du calcul de l'angle θ.

– *La boucle de régulation de la tension U* fournit la valeur de référence I_w de la composante continue I du courant i à l'entrée de l'onduleur. On en déduit l'amplitude I'_m à donner au courant côté réseau en utilisant la conservation de la puissance de part et d'autre de l'onduleur.

Puisque $P = E_m I'_m/2 = U\,I$,

$$I'_{mw} = 2U\,I_w/E_m$$

On peut simplifier le travail du régulateur en ajoutant à sa sortie un terme de compensation du courant i_{DC} ; de sorte que le régulateur n'ait à fournir que la valeur du courant que C doit absorber ou fournir pour ramener U à sa valeur de référence en cas de déséquilibre des puissances. Cette compensation du courant i_{DC}, bien qu'améliorant la dynamique du réglage, n'est pas toujours utilisée car elle nécessite l'emploi d'un capteur supplémentaire.

– *La détermination de l'argument* $\theta(t)$ de la tension e' est ensuite nécessaire pour multiplier I'_{mw} par $\sin\theta(t)$ afin d'avoir le courant de référence i'_w sur lequel aligner i'.

On ne peut déduire $\theta(t)$ d'une simple mesure de e' à l'instant t. Il faut disposer d'une boucle à verrouillage de phase (PLL) ou de la connaissance d'une composante e'_q de la tension e' en quadrature avec celle-ci :

$$e'_q = E'_m \sin(\omega t + \psi - \pi/2) = E'_m \sin(\theta(t) - \pi/2)$$

Une solution simple consiste à prendre pour e'_q la valeur qu'avait e' un quart de période plus tôt, donc en $t - T/4$. Cela ne pose pas de problème dans le cas d'une commande numérique. Si e' est échantillonnée n fois par période du réseau, il suffit de conserver les $n/4$ derniers échantillons, le premier et le dernier donnent e'_q et e' d'où

$$\theta(t) = arctg\frac{e'(t)}{e'_q(t)} = artg\frac{e'(t)}{e'(t - T/4)}$$

Il existe des algorithmes spécialisés pour déterminer la valeur et le signe correct de θ.

– *La boucle de régulation du courant i'* donne la référence de la tension u'_w désirée à la sortie et donc les ondes de références u'_{wA} et u'_{wB} qui servent à déterminer la MLI.

Si on ajoute à la sortie du régulateur un terme égal à la tension e', il n'a plus à fournir que la tension v_L aux bornes de l'inductance L dont la valeur contrôle directement l'évolution du courant i', puisque v_L égale Ldi'/dt.

La dynamique de réglage du courant i' est ainsi sensiblement améliorée.

Sur la figure 5.15, la partie liée à l'addition des termes i_{DC} et e' est tracée en traits interrompus.

► Si on souhaite un échange de puissance réactive Q entre le convertisseur et le réseau, on ajoute (partie en traits interrompus de la figure 5.15) à ce courant de référence i'_w, un terme i'_{qw} égal à $-I'_{qmw}\cos(\theta)$ où $I'_{qmw} = 2Q_w/E'_m$, qui représente la composante réactive du courant i' souhaitée. Avec les conventions de signe choisies, si Q est négatif I'_{qmw} l'est aussi : la puissance réactive va du réseau à l'onduleur qui, vu du réseau, apparaît comme une charge inductive. Si Q est positif, I'_{qmw} l'est aussi, la puissance réactive va de l'onduleur au réseau, l'onduleur apparaît comme une charge capacitive.

Remarques

– Les tensions u' et e' sont liées par la relation

$$u' = e' + L\frac{di'}{dt}$$

ce qui donne, si on confond i' avec son fondamental,

$$\overline{U'_1} = \overline{E'} + jL\omega\overline{I'}$$

Si on travaille à puissance réactive nulle,

- dans la marche en onduleur, P est positif, i' en phase avec e', le diagramme vectoriel est celui de la figure 5.16 ;
- dans la marche en redresseur, P est négatif, i' en opposition de phase avec e', le diagramme est celui de la figure 5.17.

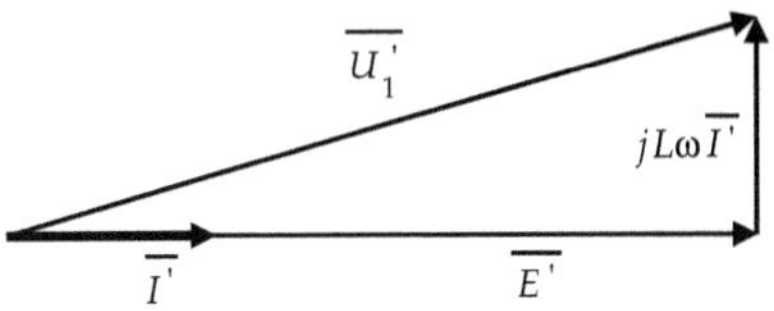

Figure 5.16

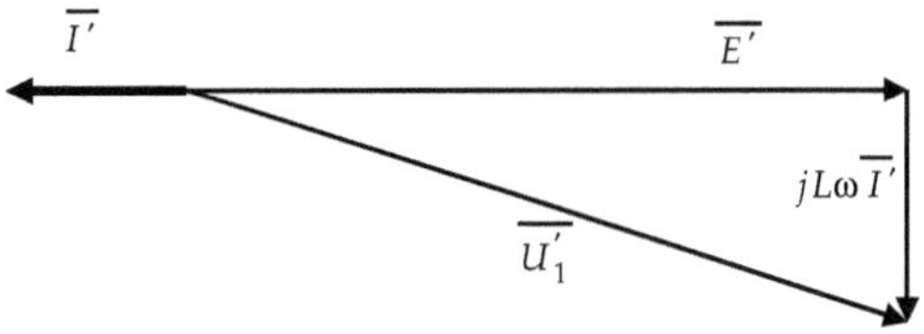

Figure 5.17

Dans les deux cas :

$$U'_1 = \sqrt{E'^2 + (L\omega I')^2}$$

U'_{1m} est supérieur à E'_m, d'autre part U'_{1m} est égal à $r \cdot U$ avec $0 < r < 1$. Donc

$$U = U_{ref} > U'_{1m} > E'_m$$

De l'alternatif vers le continu, le montage fonctionne en élévateur de tension comme le hacheur parallèle (*cf.* chapitre 4, § 4.1.2)

– Le redresseur réalisé à partir d'un onduleur de tension MLI est généralement qualifié de redresseur MLI de courant car l'inductance L donne au réseau un caractère de source de courant.

– Par rapport au redresseur classique à thyristors (chapitre 6, § 6.6 et 6.7) qui fonctionne en abaisseur, le redresseur MLI présente les avantages de générer des harmoniques de rang plus élevé donc plus faciles à filtrer et, si on le souhaite, de ne pas consommer de puissance réactive.

5.1.7 Notes sur l'onduleur en demi-pont

En formant un point milieu à l'aide de deux capacités à l'entrée d'un onduleur de tension, on peut réaliser celui-ci avec deux interrupteurs seulement (figure 5.18). Ceux-ci doivent être réversibles en courant et commandés de façon complémentaire.

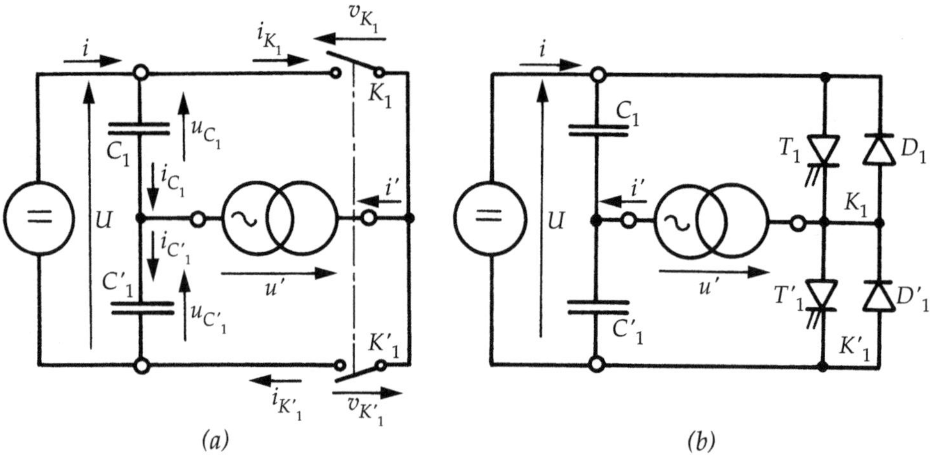

Figure 5.18

a) Relations. Formes d'ondes

► Tensions

Si la valeur C des deux capacités C_1 et C'_1 est suffisante, les tensions u_{c1} et $u_{c'1}$ sont sensiblement constantes. Pour fixer les valeurs moyennes de u_{c1} et $u_{c'1}$ à $U/2$, on ajoute en parallèle aux capacités des résistances de valeur R telle qu'elles soient parcourues par un courant bien supérieur au courant de fuite des capacités tout en veillant à limiter les pertes Joule.

Quand K_1 est fermé, $u' = u_{c1} = U/2$; $u_{K'_1} = U$

Quand K'_1 est fermé, $u' = -u_{c'1} = -U/2$; $u_{K_1} = U$

► Courants

Puisque $u_{c1} + u_{c'1} = U = C^{te}$

$du_{c1}/dt + du_{c'1}/dt = 0$

$Cdu_{c1}/dt = -Cdu_{c'1}/dt$

$i_{c1} = -i_{c'1}$

De $i' = i_{c'1} - i_{c1} = 2i_{c'1} = -2i_{c1}$ on déduit :

- quand K_1 est fermé, $i_{K1} = i' = 2i'_{c1} = 2i$ donc $i' = 2i$
- quand K'_1 est fermé, $i_{K'1} = -i' = 2i_{c1} = 2i$ donc $i' = -2i$

Cet onduleur est parfois qualifié de « doubleur de courant » car le courant de sortie est égal au double du courant d'entrée ou de son inverse.

► Formes d'ondes

La figure 5.19 montre les formes des tensions u' et v_{K1}, des courants i et i_{K1} pour une tension d'entrée continu U, un courant de sortie sinusoïdal d'amplitude I'_m déphasé de φ en arrière du fondamental de u'. On a pris un indice de modulation m égal à 7 et un coefficient de réglage en tension r de $2/3$, avec une modulation sinus-triangle et un calage optimal.

b) Caractéristiques. Emploi

► Les caractéristiques se déduisent directement de celles de l'onduleur en pont complet avec MLI à deux niveaux. À valeurs données de U et I'_m les contraintes sur les interrupteurs sont les mêmes.

À U donné, le fondamental et les harmoniques de la tension de sortie sont divisés par 2.

À I'_m donné, la valeur moyenne et les harmoniques du courant d'entrée sont divisés par 2.

Avec les mêmes semi-conducteurs, le passage de 4 à 2 divise par 2 la puissance transformable.

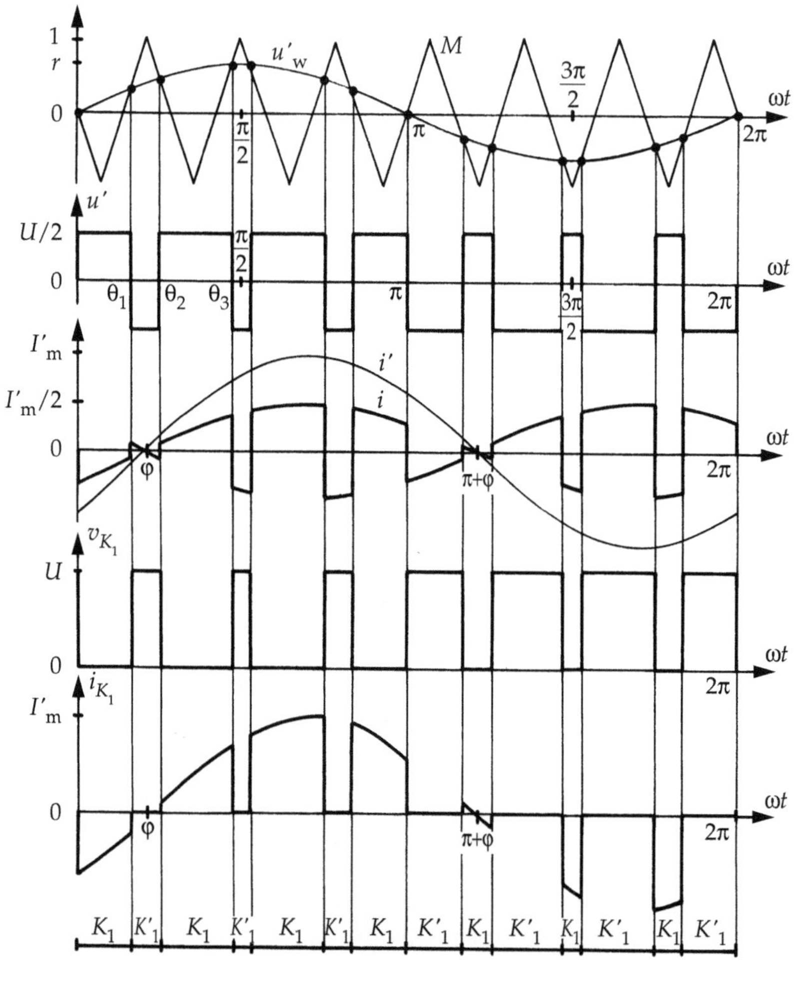

Figure 5.19

▶ Cette solution, qui réduit de moitié le nombre d'interrupteurs utilisés, ne s'emploie qu'en faible puissance car elle impose l'emploi de la MLI deux niveaux. Elle divise par deux la tension de sortie sans réduire la tension que doivent supporter les interrupteurs à l'état ouvert.

Remarque

Le passage des courants i_{c1} et i'_{c1} dans les condensateurs C_1 et C'_1 produit une variation de la tension à leurs bornes. Cette ondulation a comme amplitude $I'_m/2C\omega$.

Pour que les tensions u_{c1} et u'_{c1} s'écartent peu de leur valeur moyenne $U/2$, il faut donner à C une valeur telle que

$$\frac{I'_m}{2C\omega} \ll \frac{U}{2} \,;\, C \gg \frac{I'_m}{\omega U}$$

5.2 ONDULEUR DE TENSION TRIPHASÉ À MODULATION DE LARGEUR D'IMPULSIONS

▶ On peut réaliser un onduleur triphasé en groupant trois onduleurs monophasés de l'un ou l'autre des types vus précédemment. Il suffit de décaler d'un tiers de période les commandes des trois phases.

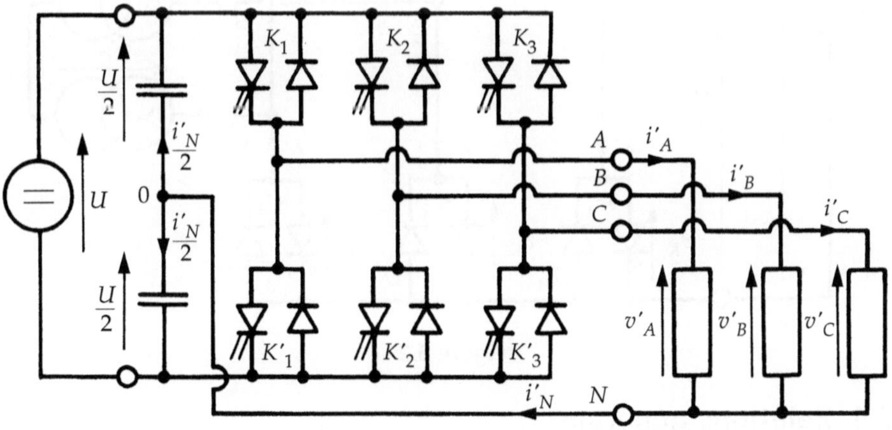

Figure 5.20

La figure 5.20 représente un onduleur triphasé formé de trois demi-ponts monophasés et utilisant un diviseur capacitif commun.

Chacune des tensions de sortie est égale tantôt à $+U/2$, tantôt à $-U/2$. Les « interrupteurs » fonctionnent comme en monophasé. La seule différence est que le courant arrivant au point milieu du diviseur est i'_N tel que :

$$i'_N = i'_A + i'_B + i'_C.$$

La présence du neutre relié à la source est nécessaire si l'on veut pouvoir monter des charges monophasées entre phase et neutre mais aussi si on veut pouvoir imposer des références indépendantes aux trois tensions ou aux trois courants de sortie.

▶ On peut supprimer la liaison entre le point neutre N de la charge et le point milieu O du diviseur capacitif, donc supprimer celui-ci. On obtient alors l'onduleur de tension en pont triphasé proprement dit représenté sur la figure 5.21. La somme des courants $i'_A + i'_B + i'_C$ est alors forcément nulle.

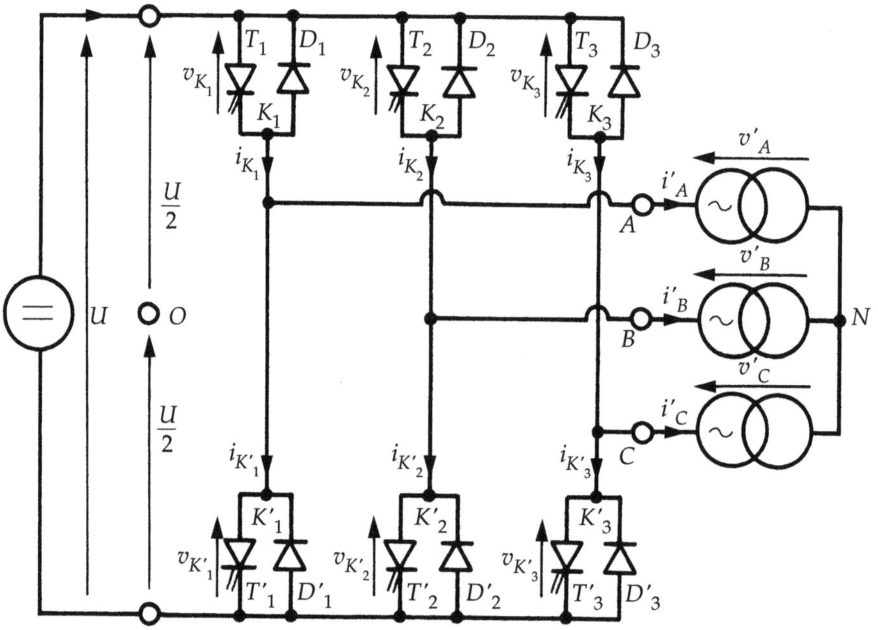

Figure 5.21

5.2.1 Relations générales

Les interrupteurs K_1 et K'_1, K_2 et K'_2, K_3 et K'_3 de chaque bras de pont doivent être dans des états complémentaires deux à deux. Il est possible d'établir des relations générales utilisables quelle que soit la commande adoptée.

a) Tensions

▶ Quels que soient les courants, les interrupteurs imposent les tensions entre les bornes de sortie A, B, C et le point milieu (fictif) O de la source de tension continue :

- $v_A - v_O$ égale $+U/2$ quand K_1 est fermé, $-U/2$ quand K_1 est ouvert donc K'_1 fermé ;
- $v_B - v_O$ égale $+U/2$ (K_2 fermé) ou $-U/2$ (K_2 ouvert) ;
- $v_C - v_O$ égale $+U/2$ (K_3 fermé) ou $-U/2$ (K_3 ouvert).

Les interrupteurs imposent donc les *tensions composées* à la sortie de l'onduleur. Ainsi pour la première de ces tensions :

- $v'_A - v'_B = (v_A - v_O) - (v_B - v_O) = U$, si K_1 fermé et K_2 ouvert ;
- $v'_A - v'_B = (v_A - v_O) - (v_B - v_O) = 0$, si K_1 et K_2 fermés ;
- $v'_A - v'_B = (v_A - v_O) - (v_B - v_O) = -U$, si K_1 ouvert et K_2 fermé ;
- $v'_A - v'_B = (v_A - v_O) - (v_B - v_O) = 0$, si K_1 et K_2 ouverts.

▶ *Si le récepteur est équilibré,* on peut passer des tensions composées aux *tensions simples* v'_A v'_B v'_C à la sortie de l'onduleur.

Quelle que soit leur forme d'onde les trois courants i'_A, i'_B et i'_C ont une somme nulle, il faut donc que les trois fondamentaux aient une somme nulle et qu'il en soit de même pour les divers harmoniques.

Puisque le récepteur est équilibré, ses trois phases présentent la même impédance pour le fondamental ainsi que pour les divers harmoniques. Les produits impédance × courant, c'est-à-dire les tensions, ont une somme nulle pour les fondamentaux ainsi que pour les systèmes harmoniques successifs. En ajoutant toutes ces sommes nulles on obtient la somme nulle des trois tensions.

À cause de l'équilibre du récepteur :

$$i'_A + i'_B + i'_C = 0 \quad \text{entraîne} \quad v'_A + v'_B + v'_C = 0\,.$$

On peut donc écrire :

$$\frac{1}{3}(v'_A - v'_B) - \frac{1}{3}(v'_C - v'_A) = \frac{2v'_A}{3} - \frac{v'_B}{3} - \frac{v'_C}{3} = v'_A$$

et de même :

$$v'_B = \frac{1}{3}[(v'_B - v'_C) - (v'_A - v'_B)]$$
$$v'_C = \frac{1}{3}[(v'_C - v'_A) - (v'_B - v'_C)]\cdot$$

▶ En remplaçant les tensions composées $v'_A - v'_B$, $v'_B - v'_C$ et $v'_C - v'_A$ par leurs expressions en fonction de $v_A - v_O$, $v_B - v_O$ et $v_C - v_O$, on obtient finalement :

$$\boxed{\begin{aligned} v'_A &= \frac{2}{3}(v_A - v_O) - \frac{1}{3}(v_B - v_O) - \frac{1}{3}(v_C - v_O) \\ v'_B &= \frac{2}{3}(v_B - v_O) - \frac{1}{3}(v_C - v_O) - \frac{1}{3}(v_A - v_O) \\ v'_C &= \frac{2}{3}(v_C - v_O) - \frac{1}{3}(v_A - v_O) - \frac{1}{3}(v_B - v_O) \end{aligned}}$$

b) Courants. Tableau résumé

► On peut déduire le courant i côté continu des courants i'_A, i'_B, i'_C côté alternatif :

$$i = i_{K_1} + i_{K_2} + i_{K_2}$$

avec :

$$i_{K_1} = i'_A \text{ quand } K_1 \text{ conduit}$$
$$i_{K_2} = i'_B \text{ quand } K_2 \text{ conduit}$$
$$i_{K_3} = i'_C \text{ quand } K_3 \text{ conduit}$$

sachant que :

$$i'_A + i'_B + i'_C = 0\,.$$

► Le tableau 5.1 donne, pour les huit configurations que peut prendre le montage par l'état fermé (F) ou ouvert (O) des trois interrupteurs K_1, K_2 et K_3 :

- les tensions de sortie entre phases $v'_A - v'_B$, $v'_B - v'_C$, $v'_C - v'_A$,
- les tensions simples de sortie v'_A, v'_B, v'_C pour un récepteur équilibré,
- les courants dans les interrupteurs i_{K_1}, i_{K_2}, i_{K_3} et le courant d'entrée i,

les tensions étant exprimées en fonction de la tension d'entrée U, les courants en fonction des courants de sortie i'_A, i'_B, i'_C.

K_1	K_2	K_3	$v'_A - v'_B$	$v'_B - v'_C$	$v'_C - v'_A$	v'_A	v'_B	v'_C	i_{K_1}	i_{K_2}	i_{K_3}	i
F	F	F	0	0	0	0	0	0	i'_A	i'_B	i'_C	0
F	O	F	U	$-U$	0	$U/3$	$-2U/3$	$U/3$	i'_A	0	i'_C	$-i'_B$
F	F	O	0	U	$-U$	$U/3$	$U/3$	$-2U/3$	i'_A	i'_B	0	$-i'_C$
F	O	O	U	0	$-U$	$2U/3$	$-U/3$	$-U/3$	i'_A	0	0	i'_A
O	F	F	$-U$	0	U	$-2U/3$	$U/3$	$U/3$	0	i'_B	i'_C	$-i'_A$
O	O	F	0	$-U$	U	$-U/3$	$-U/3$	$2U/3$	0	0	i'_C	i'_C
O	F	O	$-U$	U	0	$-U/3$	$2U/3$	$-U/3$	0	i'_B	0	i'_B
O	O	O	0	0	0	0	0	0	0	0	0	0

Tableau 5.1

5.2.2 Commande par demi-pont

On peut utiliser une onde de modulation M unique. Ses intersections avec les trois ondes de référence, une par demi-pont, donnent les instants de fermeture et d'ouverture des interrupteurs complémentaires K_1 et K'_1, K_2 et K'_2, K_3 et K'_3. Pour que les trois tensions de sortie v'_A, v'_B, v'_C aient des fondamentaux de même amplitude et déphasés de $2\pi/3$ deux à deux, on prend trois références de même amplitude déphasées de $2\pi/3$ deux à deux. Pour que les trois tensions de sortie soient identiques, à un tiers de leur période près, en modulation synchrone on adopte un *indice de modulation m multiple de 3*.

Comme pour l'onduleur de tension monophasé en pont, les tensions de sortie entre phases u'_{AB}, u'_{BC} et u'_{CA} peuvent s'exprimer en fonction des potentiels des points A, B et C comptés par rapport au point milieu fictif 0 de la source de tension U, ou par rapport au point neutre du récepteur triphasé :

$$u'_{AB} = v'_{A0} - v'_{B0} = v'_A - v'_B$$

$$u'_{BC} = v'_{B0} - v'_{C0} = v'_B - v'_C$$

$$u'_{CA} = v'_{C0} - v'_{A0} = v'_C - v'_A$$

Pour trois références imposées aux tensions simples de somme nulle aux bornes du récepteur v'_{Aw}, v'_{Bw}, v'_{Cw} on peut construire, pour la commande des demi-ponts, trois références v'_{A0w}, v'_{B0w} et v'_{C0w} en introduisant une composante homopolaire v_{N0} (une telle composante introduite dans les tensions fictives v'_{A0}, v'_{B0} et v'_{C0} n'apparaît pas dans les tensions réelles v'_A, v'_B et v'_C à la sortie de l'onduleur) (figure 5.22) :

$$v'_{A0w} = v_{N0} + v'_{Aw}$$

$$v'_{B0w} = v_{N0} + v'_{Bw}$$

$$v'_{C0w} = v_{N0} + v'_{Cw}$$

Si, comme c'est souvent le cas, on souhaite que les tensions v'_A, v'_B, v'_C soient sinusoïdales et d'amplitude $rU/2$, on aura :

$$v'_{A0w} = v_{N0} + r\frac{U}{2}\sin(\omega t + \psi)$$

$$v'_{B0w} = v_{N0} + r\frac{U}{2}\sin\left(\omega t - \frac{2\pi}{3} + \psi\right)$$

$$v'_{C0w} = v_{N0} + r\frac{U}{2}\sin\left(\omega t - \frac{4\pi}{3} + \psi\right)$$

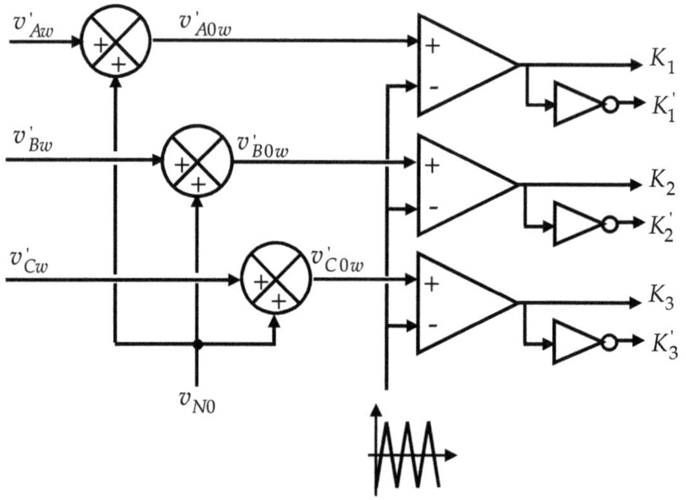

Figure 5.22

Trois solutions sont présentées ci-après correspondant aux mêmes références v'_{Aw}, v'_{Bw}, v'_{Cw} mais à trois expressions différentes de v_{N0}, elles permettent d'intervenir sur le déchet des tensions ou sur le nombre de commutations.

Dans les trois cas, on a pris une modulation synchrone avec $m = 6$.

▶ On peut d'abord commander l'onduleur comme on commanderait trois onduleurs monophasés en demi-pont, avec des *références purement sinusoïdales* (*figure* 5.23), en prenant $v_{N0} = 0$.

Le déchet de tension est alors le même que pour les onduleurs monophasés et vaut $1 - (\pi/4)$, soit environ 0,215.

▶ On peut aussi prendre (*figure* 5.24)

$$v_{N0} = \frac{1}{2}v'_{Aw}, \text{ si } v'_{Aw} \text{ est compris entre } v'_{Bw} \text{ et } v'_{Cw}$$

$$v_{N0} = \frac{1}{2}v'_{Bw}, \text{ si } v'_{Bw} \text{ est compris entre } v'_{Cw} \text{ et } v'_{Aw}$$

$$v_{N0} = \frac{1}{2}v'_{Cw}, \text{ si } v'_{Cw} \text{ est compris entre } v'_{Aw} \text{ et } v'_{Bw}$$

Avec cette solution la valeur crête des ondes de référence v'_{A0w}, v'_{B0w}, v'_{C0w} est égale à $r\frac{U}{2}\sin\frac{\pi}{3}$ ou $rU\frac{\sqrt{3}}{4}$. La valeur maximale que peut atteindre r est donc telle que $r\sqrt{3}/2 = 1$, donc $r \simeq 1,155$. Le déchet de tension est alors de $1 - (\pi/2\sqrt{3})$, soit 0,093 et la commande est dite *suboptimale*.

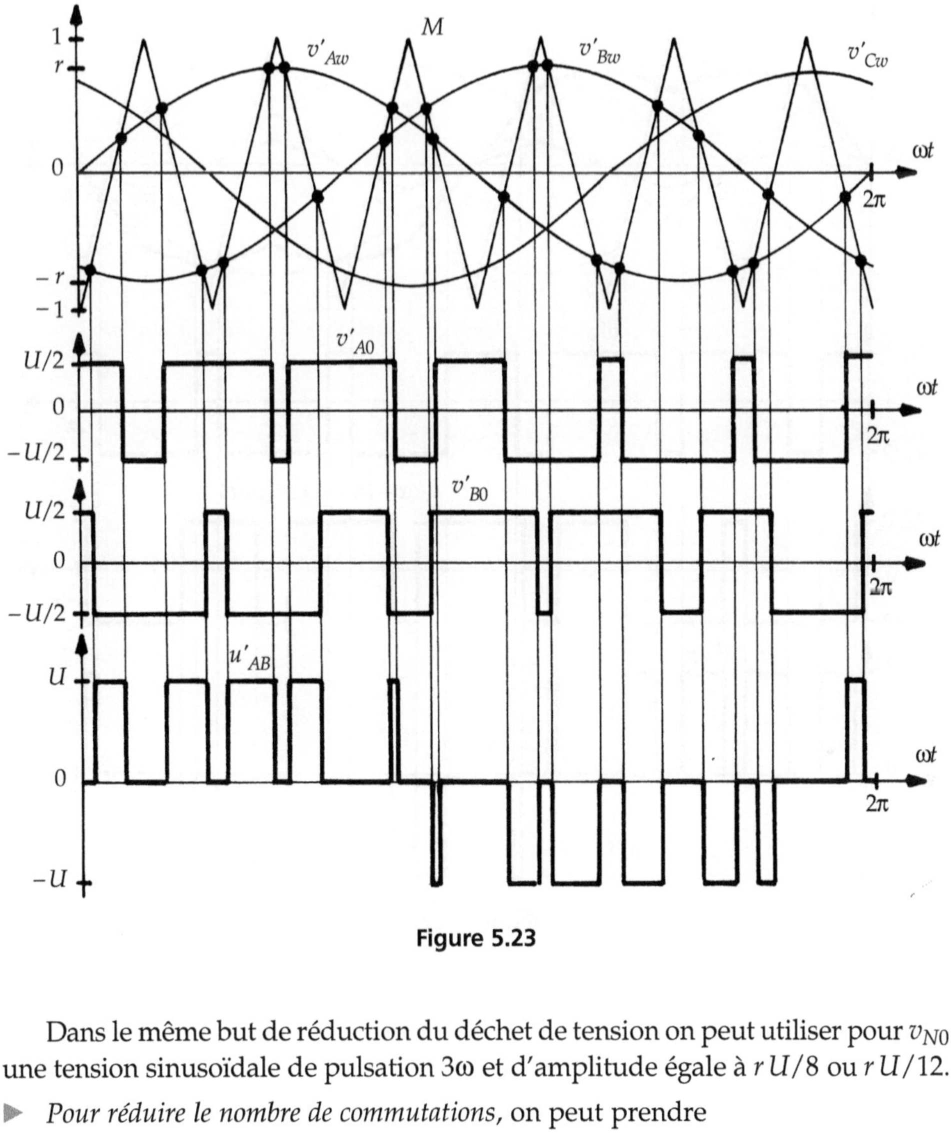

Figure 5.23

Dans le même but de réduction du déchet de tension on peut utiliser pour v_{N0} une tension sinusoïdale de pulsation 3ω et d'amplitude égale à $rU/8$ ou $rU/12$.

- *Pour réduire le nombre de commutations,* on peut prendre

$$v_{N0} = 1 - v'_{Aw}, \text{ si } v'_{Aw} \text{ est seule} > 0 \text{ ou seule} < 0$$
$$v_{N0} = 1 - v'_{Bw}, \text{ si } v'_{Bw} \text{ est seule} > 0 \text{ ou seule} < 0$$
$$v_{N0} = 1 - v'_{Cw}, \text{ si } v'_{Cw} \text{ est seule} > 0 \text{ ou seule} < 0$$

Chaque interrupteur reste dans le même état quand v'_{A0w}, v'_{B0w} ou v'_{C0w} est en butée à ± 1, soit pendant un sixième des tensions de sortie. Sur la figure 5.25 on a hachuré les intervalles où il n'y a pas de commutation sur le bras d'onduleur considéré.

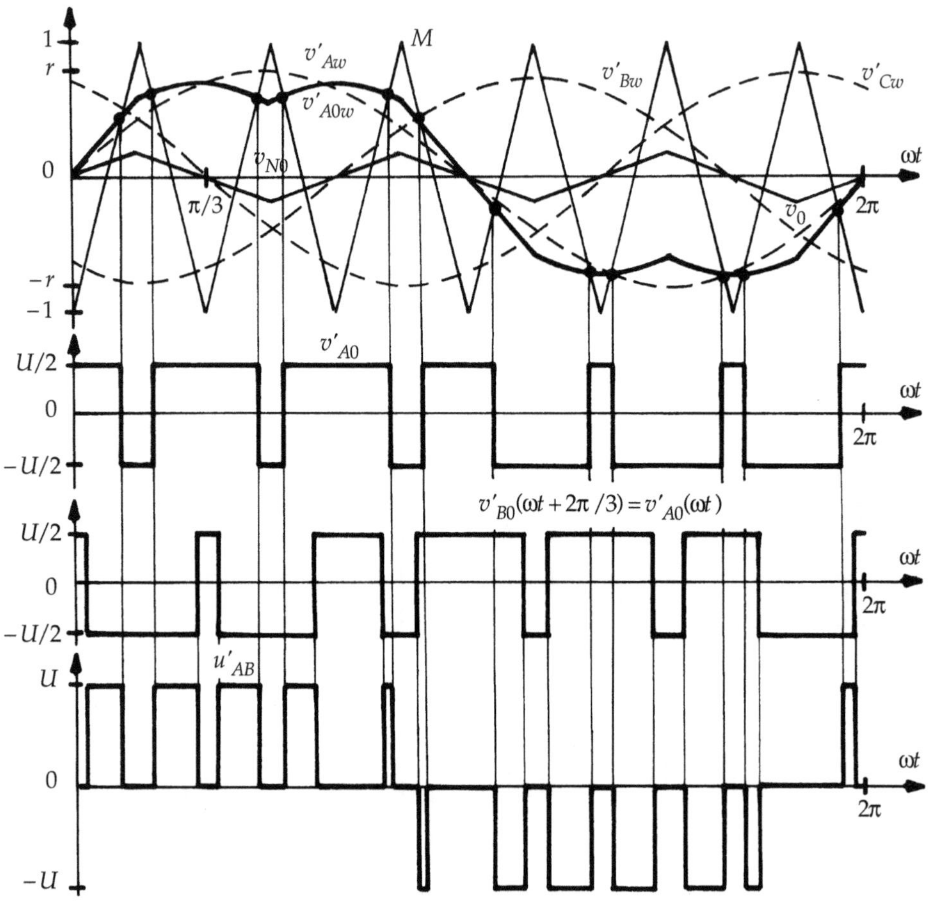

Figure 5.24

Remarques

▶ *Tensions de sortie*

Les harmoniques de rang multiple de trois présents dans les tensions v'_{A0}, v'_{B0}, v'_{C0} ne se retrouvent ni dans les tensions simples v'_A, v'_B, v'_C ni dans les tensions composées u'_{AB}, u'_{BC}, u'_{CA}. En particulier, pour une modulation synchrone avec m multiple de 3, l'harmonique de rang m, qui est le plus important des tensions v'_{A0}, v'_{B0}, v'_{C0} (voir figure 5.4) disparaît des tensions simples et composées. Pour m grand, cela reste vrai, que la modulation soit synchrone ou asynchrone : la composante de fréquence m est i_d. Les autres harmoniques plus faibles ou de rang nettement plus élevé sont faciles à filtrer.

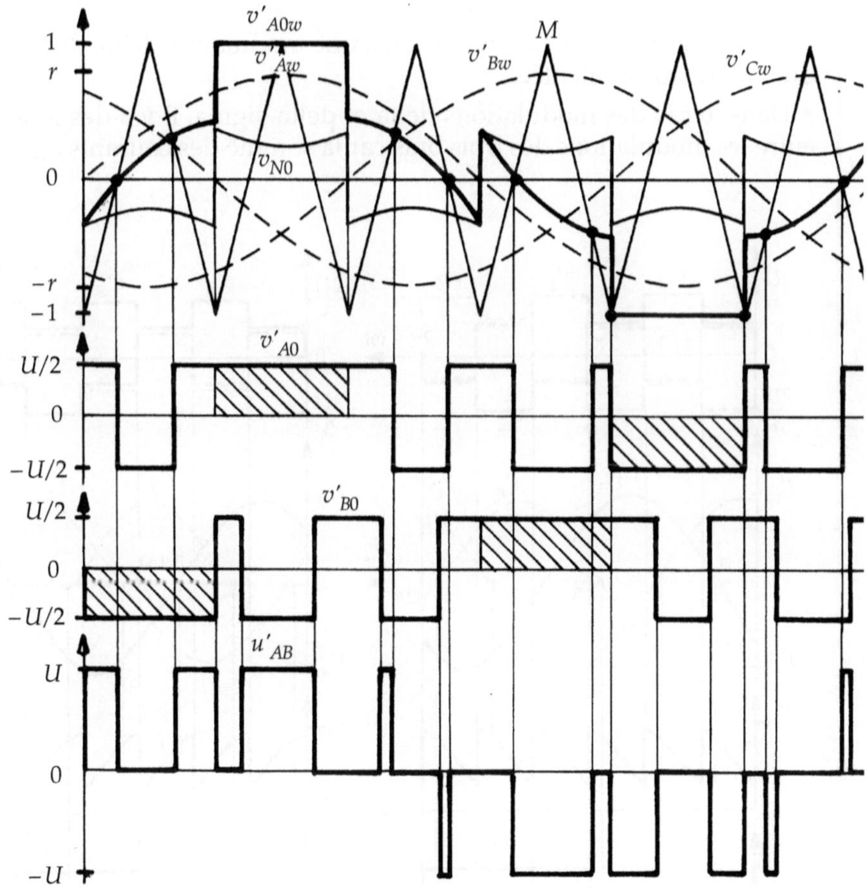

Figure 5.25

▶ *Courant d'entrée*

La valeur moyenne du courant i se déduit, comme en monophasé, de la conservation de la puissance moyenne entre la sortie et l'entrée.

Si la charge est équilibrée, de $P = U\,I = 3U'_1 \dfrac{I'_m}{\sqrt{2}} \cos \varphi$ on déduit :

$$I = \frac{3}{4} r I'_m \cos \varphi$$

Puisqu'en triphasé équilibré la puissance instantanée est constante, le courant i ne présente pas de composante à la fréquence $2f$; cela simplifie beaucoup le filtrage par rapport au monophasé. Si m est grand, la périodicité de i est égale à six fois celle des grandeurs alternatives.

▶ *Autres procédés de modulation*

On peut aussi utiliser sur chaque bras une modulation delta, delta-sigma ou une modulation calculée.

• Dans le cas des modulations delta et delta-sigma, il y a des interférences entre les modulations des trois bras car la somme des courants i'_A, i'_B et i'_C est

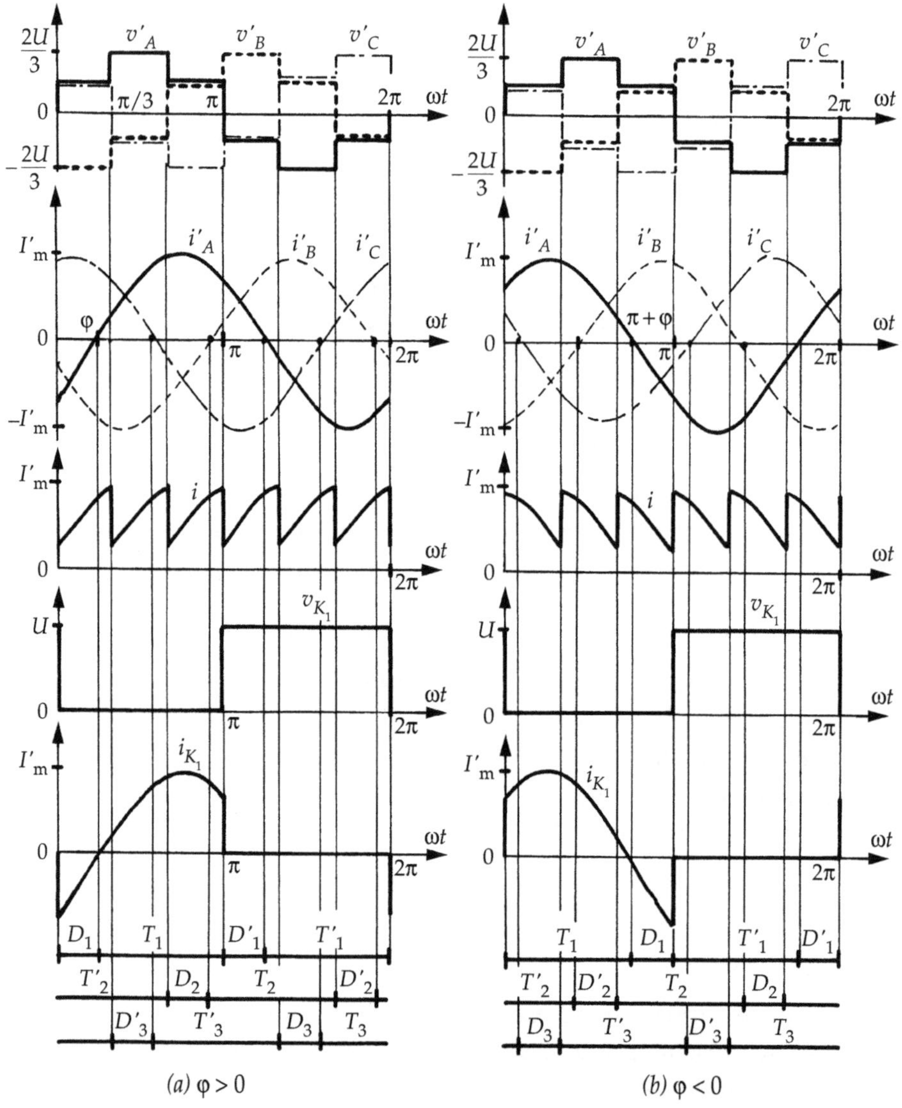

Figure 5.26

forcément nulle. Cela peut entraîner à certains moments des écarts entre un courant et sa référence supérieurs à Δ'_i ; ces écarts peuvent atteindre $2\Delta'_i$.

• Dans le cas de la modulation calculée, il est inutile d'éliminer des tensions des bras les harmoniques de pulsation 3ω, 6ω, ... $3k\omega$, car ces harmoniques formant des systèmes homopolaires s'éliminent automatiquement des tensions aux bornes des phases réceptrices.

▶ *Commande pleine onde*

Dans les applications à fréquence variable, on remplace parfois, au-delà d'une certaine fréquence, la commande MLI par la commande pleine onde. C'est le cas par exemple de certains entraînements à grande vitesse.

Les tensions v'_{A0}, v'_{B0}, v'_{C0} sont alors formées de créneaux valant $+U/2$ pendant leur alternance positive, $-U/2$ pendant leur alternance négative. La figure 5.26 donne les formes d'ondes des tensions v'_A, v'_B, v'_C et v_{K1}, des courants i et i_{K1} lorsque i'_A, i'_B, i'_C forment un système triphasé équilibré de courants sinusoïdaux.

Pour ce mode de fonctionnement, les tensions v'_A, v'_B, v'_C ont une fondamental de valeur efficace constante $\sqrt{2}U/3$. Leur développement en série contient tous les harmoniques impairs sauf ceux de rang 3 ou multiple de 3. Les harmoniques de rang impair restants ont une valeur rapportée à celle du fondamental inversement proportionnelle à leur rang.

5.2.3 Modulation vectorielle

▶ Un système de trois tensions v'_A, v'_B, v'_C de somme nulle peut être remplacé par ses composantes v'_α, v'_β à l'aide de la transformation de Clarke normalisée :

$$\begin{bmatrix} v'_\alpha \\ v'_\beta \end{bmatrix} = \sqrt{\frac{2}{3}} \begin{bmatrix} 1 & -1/2 & -1/2 \\ 0 & \sqrt{3}/2 & -\sqrt{3}/2 \end{bmatrix} \begin{bmatrix} v'_A \\ v'_B \\ v'_C \end{bmatrix} = T_{32} \begin{bmatrix} v'_A \\ v'_B \\ v'_C \end{bmatrix}$$

Si l'on considère v'_α et v'_β comme les projections d'un vecteur $\mathbf{V}'$ sur deux axes perpendiculaires, ce vecteur suffit à représenter le système formé par les trois tensions.

Si le système de tensions désirées à la sortie de l'onduleur rapportées à $U/2$ est :

$$v'_{A_w} = r\cos(\omega t + \psi) = r\cos\theta$$
$$v'_{B_w} = r\cos(\omega t + \psi - 2\pi/3) = r\cos(\theta - 2\pi/3)$$
$$v'_{C_w} = r\cos(\omega t + \psi - 4\pi/3) = r\cos(\theta - 4\pi/3)$$

ses composantes de Clarke sont :

$$v'_{\alpha w} = \sqrt{\frac{3}{2}} r \cos\theta, \quad v'_{\beta w} = \sqrt{\frac{3}{2}} r \sin\theta .$$

Dans le système d'axes $[v'_\alpha, v'_\beta]$ les tensions désirées sont représentées par le vecteur $\mathbf{V}'_w$. Son extrémité décrit un cercle de rayon $r\sqrt{3/2}$ et il tourne avec une vitesse angulaire constante égale à ω (*figure* 5. 27)

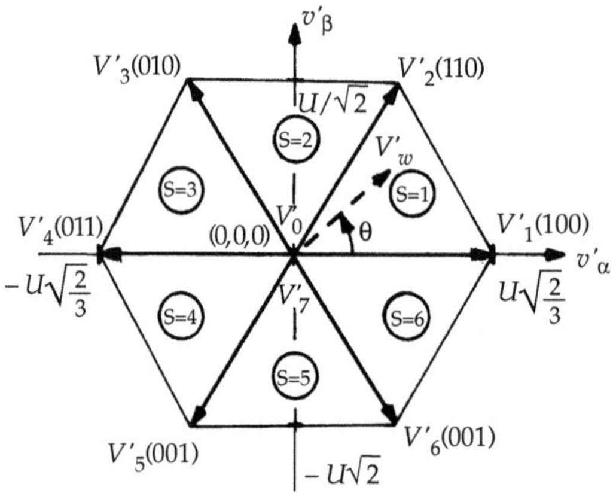

Figure 5.27

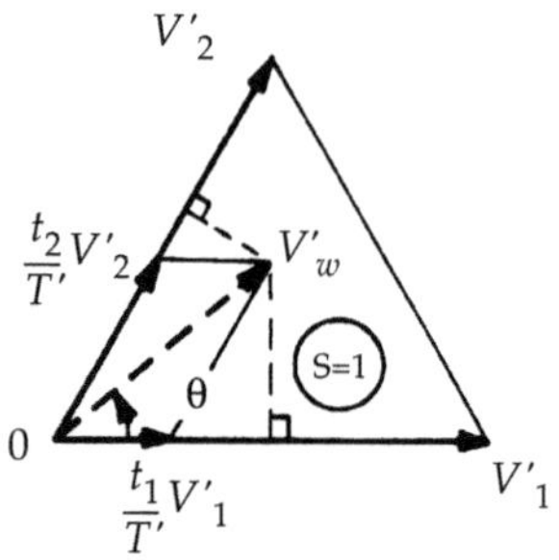

Figure 5.28

▶ L'état fermé ou ouvert des interrupteurs K_1, K_2, K_3 (les interrupteurs K'_1, K'_2, K'_3 sont complémentaires) donne à l'onduleur de la figure 5.21 les huit configurations possibles notées dans le tableau 5.1.

Les transformées de Clarke des tensions v'_A, v'_B, v'_C correspondant à ces huit configurations rapportées à $U/2$ sont représentées dans le système d'axes $[v'_\alpha, v'_\beta]$ par huit vecteur fixes :

- six non nuls, notés $\mathbf{V}'_1$, $\mathbf{V}'_2$, $\mathbf{V}'_3$, $\mathbf{V}'_4$, $\mathbf{V}'_5$, $\mathbf{V}'_6$ sur la figure 5.27, d'amplitude $U\sqrt{2/3}$
- deux, nuls, notés $\mathbf{V}'_0$ et $\mathbf{V}'_7$.

À côté de l'extrémité de chaque vecteur, on note l'état fermé (1) ou ouvert (0) des interrupteurs K_1, K_2 et K_3.

Le vecteur $\mathbf{V}'_w$ a une amplitude $r\sqrt{3/2}(U/2)$ qui ne peut dépasser $U/\sqrt{2}$ si on veut que son extrémité décrive un cercle inscrit dans l'hexagone limitant la surface des points réalisables par l'extrémité du vecteur $\mathbf{V}'_w$. Cette condition s'écrit

$$r\frac{U}{2}\sqrt{\frac{3}{2}} < \frac{U}{\sqrt{2}}, \quad \text{soit} \quad r < \frac{2}{\sqrt{3}} \simeq 1,155$$

comme pour la MLI intersective suboptimale.

▶ On peut diviser la surface de l'hexagone en six secteurs S.

Lorsque le vecteur $\mathbf{V}'_w$ est dans le secteur 1, on peut le représenter par une somme pondérée des vecteurs $\mathbf{V}'_1$ et $\mathbf{V}'_2$ (figure 5.28) :

$$\mathbf{V}'_w = (t_1/T')\cdot\mathbf{V}'_1 + (t_2/T')\cdot\mathbf{V}'_2$$

où t_1 et t_2 désignent les durées pendant lesquelles $\mathbf{V}'$ est respectivement égale à $\mathbf{V}'_1(100)$ et $\mathbf{V}'_2(110)$ au cours d'une période de modulation T'.

Les projections de $\mathbf{V}'_w$, $(t_1/T')\cdot\mathbf{V}'_1$ et $(t_2/T')\cdot\mathbf{V}'_2$ sur $\mathbf{V}_1$ et $\mathbf{V}_2$ donne

$$V'_w\cos\theta = U\sqrt{\frac{3}{2}}\left(\frac{t_1}{T'}+\frac{t_2}{T'}\cos\left(\frac{\pi}{3}\right)\right)$$

$$V'_w\cos\left(\frac{\pi}{3}-\theta\right) = U\sqrt{\frac{3}{2}}\left(\frac{t_2}{T'}+\frac{t_1}{T'}\cos\left(\frac{\pi}{3}\right)\right)$$

On en déduit

$$\frac{t_1}{T'} = \frac{2}{3}\frac{V'_w}{U\sqrt{\frac{3}{2}}}\left[2\cos\theta - \cos\left(\frac{\pi}{3}-\theta\right)\right] = \sqrt{2}\frac{V'_w}{U}\sin\left(\frac{\pi}{3}-\theta\right) = \frac{r\sqrt{3}}{2}\sin\left(\frac{\pi}{3}-\theta\right)$$

$$\frac{t_2}{T'} = \frac{2}{3}\frac{V'_w}{U\sqrt{\frac{3}{2}}}\left[2\cos\left(\frac{\pi}{3}-\theta\right) - \cos\theta\right] = \sqrt{2}\frac{V'_w}{U}\sin\theta = r\frac{\sqrt{3}}{2}\sin\theta$$

En généralisant, sur le secteur S on a

$$\mathbf{V}'_w = (t_S/T')\cdot\mathbf{V}'_S + (t_{S+1}/T')\cdot\mathbf{V}_{S+1}$$

Avec

$$\frac{t_S}{T'} = \frac{r\sqrt{3}}{2}\sin\left(S\frac{\pi}{3}-\theta\right)\ ;\ \frac{t_{S+1}}{T'} = \frac{r\sqrt{3}}{2}\sin\left[\theta-(S-1)\frac{\pi}{3}\right]$$

Comme V'_w est inférieur à $U/\sqrt{2}$, la somme $t_S/T' + t_{S+1}/T'$ est inférieure à 1. Sur chaque secteur, on peut donc réaliser « en moyenne » (à l'échelle de T') le vecteur $\mathbf{V}'_w$ en prenant pendant un temps t_S le vecteur $\mathbf{V}'_S$, un temps t_{S+1} le vecteur $\mathbf{V}'_{s+1}$ et pendant des temps t_0 et t_7 les vecteurs nuls $\mathbf{V}'_0$ et $\mathbf{V}'_7$ avec

$$t_0 + t_7 = T' - t_S - t_{s+1}$$

La position des intervalles à tension de sortie nulle constitue un degré de liberté interne à l'onduleur, au même titre que la tension v_{NO} dans la MLI intersective.

Si on situe ces intervalles en début et en fin de chaque période de modulation avec des durées égales, on retrouve la modulation suboptimale.

5.2.4 Exemples d'applications

Les onduleurs de tension triphasés sont utilisés tant dans des applications à fréquence fixe que dans des applications à fréquence variable.

Les applications à fréquence fixe sont les mêmes qu'en monophasé :

- réalisation d'alimentations de sécurité,
- connexion au réseau de générateur à courant continu,
- redressement MLI.

Les applications à fréquence variable correspondent aux entraînements à vitesse variable par moteurs synchrones ou asynchrones. Elles seront présentées au chapitre 8.

a) Alimentation de sécurité

Dans les alimentations de sécurité triphasées, on place généralement un diviseur capacitif à l'entrée de l'onduleur et on relie le point neutre côté triphasé au point milieu de ce diviseur, suivant le schéma de la figure 5.20. Cela permet l'alimentation de charges monophasées entre phase et neutre.

On régule les tensions v'_A, v'_B, v'_C de la manière indiquée à la section 5.1.6a.

b) Raccordement au réseau d'un générateur à courant continu. Redresseur MLI

Comme en monophasé, on relie le réseau aux sorties de l'onduleur par des inductances de liaison et on monte en parallèle avec ses bornes d'entrée une capacité (figure 5.29). Cette capacité peut avoir une valeur nettement plus faible qu'en monophasé en raison de l'absence dans le courant i d'une composante à deux fois la fréquence du réseau.

Le système de régulation détermine la valeur à donner aux ondes de référence v'_{A0w}, v'_{B0w}, v'_{C0w}, pour que la puissance fournie ou reçue côté continu soit transmise au réseau ou fournie par celui-ci par des courants i'_A, i'_B, i'_C en phase ou en opposition de phase avec les tensions du réseau e'_A, e'_B, e'_C.

$$e'_A = E'_m \sin(\omega t + \psi) = E'_m \sin\theta$$
$$e'_B = E'_m \sin(\omega t + \psi - 2\pi/3) = E'_m \sin(\theta - 2\pi/3)$$
$$e'_C = E'_m \sin(\omega t + \psi - 4\pi/3) = E'_m \sin(\theta - 4\pi/3)$$

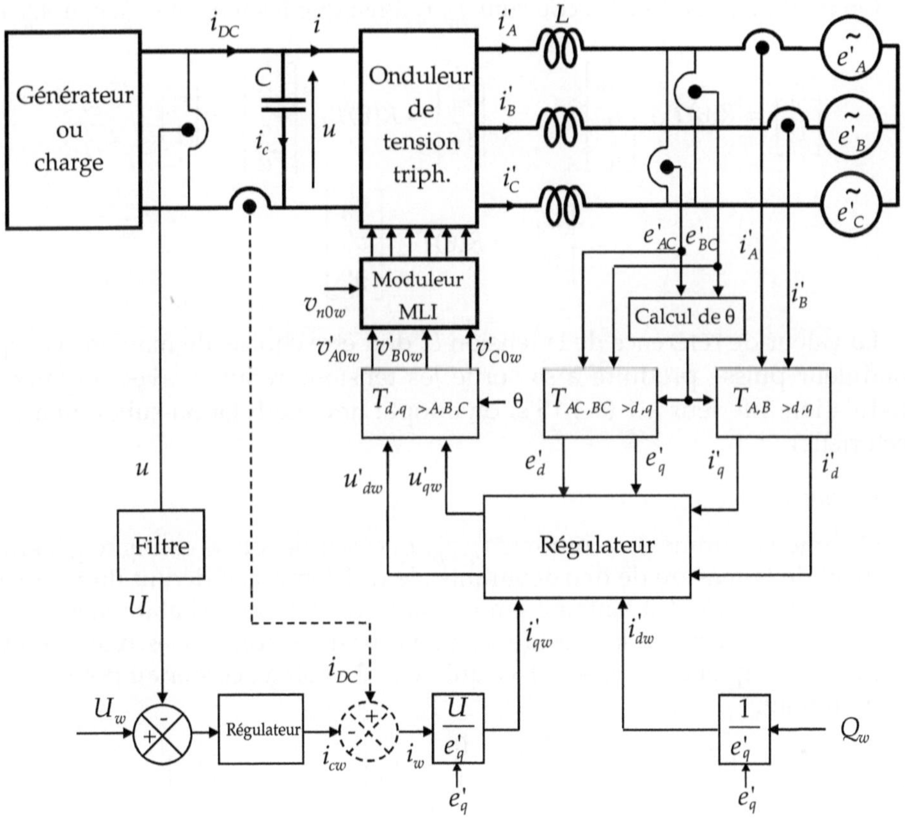

Figure 5.29

On peut également échanger de la puissance réactive Q entre le convertisseur et le réseau, ce qui conduit à un déphasage φ des courants i'_A, i'_B, i'_C en avance (pour $Q < 0$) ou en retard (pour $Q > 0$) sur les tensions e'_A, e'_B, e'_C.

D'ordinaire la commande est établie dans un repère transformé. On utilise la transformation de Clarke T_{32} (vue au § 5.2.3) et la matrice de rotation $R(\theta)$

$$T_{32} = \sqrt{\frac{2}{3}}\begin{bmatrix} 1 & -1/2 & -1/2 \\ 0 & \sqrt{3}/2 & -\sqrt{3}/2 \end{bmatrix} \qquad R(\theta) = \begin{bmatrix} \cos\theta & \sin\theta \\ \sin\theta & -\cos\theta \end{bmatrix}$$

L'angle θ peut être déterminé par la connaissance de e'_α et e'_β

$$\begin{bmatrix} e'_\alpha \\ e'_\beta \end{bmatrix} = T_{32}\begin{bmatrix} e'_A \\ e'_B \\ e'_C \end{bmatrix} \text{ donne } \begin{cases} e'_\alpha = \sqrt{\dfrac{3}{2}}E'_m \sin\theta \\ e'_\beta = -\sqrt{\dfrac{3}{2}}E'_m \cos\theta \end{cases} \text{ d'où } tg\,\theta \text{ et } \theta$$

On peut alors définir les courants i'_d, i'_q ainsi que les tensions e'_d, e'_q et u'_d, u'_q

$$\begin{bmatrix} i'_d \\ i'_q \end{bmatrix} = R(\theta)T_{32}\begin{bmatrix} i'_A \\ i'_B \\ i'_C \end{bmatrix} \qquad \begin{bmatrix} e'_d \\ e'_q \end{bmatrix} = R(\theta)T_{32}\begin{bmatrix} e'_A \\ e'_B \\ e'_C \end{bmatrix} = \begin{bmatrix} 0 \\ 1 \end{bmatrix}\sqrt{\frac{3}{2}}E'_m$$

$$\begin{bmatrix} u'_d \\ u'_q \end{bmatrix} = R(\theta)T_{32}\begin{bmatrix} v'_A \\ v'_B \\ v'_C \end{bmatrix}$$

La valeur de référence de la tension U doit être choisie de manière à ce que l'onduleur puisse produire à sa sortie les tensions requises avec un taux de modulation inférieur à 1 (à 1.15 si on adopte une modulation suboptimale ou vectorielle).

Remarque

Comme la somme des courants i'_A, i'_B, i'_C est nulle, on se contente généralement de la mesure de deux courants ; le troisième s'en déduit directement. De même e'_A, e'_B, e'_C ayant une somme nulle, on détermine habituellement ces tensions à partir de la mesure de deux tensions composées (par exemple $e'_{AC} = e'_A - e'_C$ et $e'_{BC} = e'_B - e'_C$), ce qui évite d'avoir à accéder au point neutre du réseau.

$$\begin{bmatrix} i'_d \\ i'_q \end{bmatrix} = R(\theta)T_{32}\begin{bmatrix} 1 & 0 \\ 0 & 1 \\ -1 & -1 \end{bmatrix}\begin{bmatrix} i'_A \\ i'_B \end{bmatrix} = T_{A,B\to d,q}\begin{bmatrix} i'_A \\ i'_B \end{bmatrix}$$

$$\begin{bmatrix} e'_d \\ e'_q \end{bmatrix} = R(\theta)T_{32}\begin{bmatrix} 2 & -1 \\ -1 & 2 \\ -1 & -1 \end{bmatrix}\begin{bmatrix} e'_{AC} \\ e'_{BC} \end{bmatrix} = T_{AC,AB\to d,q}\begin{bmatrix} e'_{AC} \\ e'_{BC} \end{bmatrix}$$

Lorsque e'_A, e'_B, e'_C et i'_A, i'_B, i'_C forment des systèmes triphasés sinusoïdaux équilibrés, la quantité $e'_d i'_d + e'_q i'_q$ correspond à la puissance active P égale à $(3/2)\cdot E'_m I'_m \cos\varphi$ et la quantité $e'_q i'_d - e'_d i'_q$ correspond à la puissance réactive Q égale à $(3/2)\, E'_m I'_m \sin\varphi$.

En définissant θ comme artg($e'\alpha/e'\beta$), on a $e'd = 0$ et il vient $P = i'_q e'_q$ et $Q = i'_d e'_q$.

▶ Comme pour l'onduleur monophasé, c'est la régulation de la tension continue U qui donne la valeur de référence i_w du courant i à l'entrée de l'onduleur, image à U près de la puissance P aux accès de l'onduleur ; d'où : $i'_{qw} = i_w U/e'_q$. Par ailleurs, on déduit de la puissance réactive souhaitée Q_w la valeur de i'_{dw}.

Comme en monophasé, on peut introduire une compensation du courant i_{DC} à la sortie du régulateur pour améliorer la dynamique de réponse au prix de l'ajout d'un capteur supplémentaire.

– Le régulateur de courant calcule les valeurs à donner aux composantes u'_{dw} et u'_{qw} des tensions v'_{A0w}, v'_{B0w}, v'_{C0w} ; on remonte ensuite à celles-ci :

$$\begin{bmatrix} v'_{A0w} \\ v'_{B0w} \\ v'_{C0w} \end{bmatrix} = T_{32}^{-1} R^{-1}(\theta) \begin{bmatrix} u'_{dw} \\ u'_{qw} \end{bmatrix} = \begin{bmatrix} -1 & 0 \\ -1/2 & \sqrt{3}/2 \\ -1/2 & \sqrt{3}/2 \end{bmatrix} \begin{bmatrix} \cos\theta & \sin\theta \\ \sin\theta & -\cos\theta \end{bmatrix} \begin{bmatrix} u'_{dw} \\ u'_{qw} \end{bmatrix}$$

$$= T_{d,q \to A,B,C} \begin{bmatrix} u'_{dw} \\ u'_{qw} \end{bmatrix}$$

L'intérêt de cette approche tient au fait que les régulateurs manipulent des grandeurs qui en régime permanent prennent des valeurs constantes, au lieu de manipuler des grandeurs alternatives ; cela facilite leurs synthèses.

5.2.5 Notes sur les onduleurs multiniveaux

Lorsque la tension continue U dépasse la valeur maximale de la tension que les semi-conducteurs peuvent supporter, on pourrait réaliser chaque interrupteur par la mise en série de plusieurs semi-conducteurs. Mais cela pose le problème de la répartition équilibrée de la tension entre les différents composants. On préfère recourir à des structures multiniveaux. Les figures 5.30 et 5.32 donnent deux exemples de demi-ponts trois niveaux :

- le demi-pont du type NPC (*neutral point clamped*),
- le demi-pont du type « *flying capacitor* ».

a) Le demi-pont de type NPC

En monophasé ce demi-pont (figure 5.30) nécessite quatre interrupteurs réversibles en courant K_1, K_2, K_3, K_4, deux diodes D et D' et un diviseur capacitif.

Si les tensions u_{c1} et u_{c2} s'écartent peu de $U/2$, la tension qu'ont à supporter les interrupteurs n'excède pas $U/2$.

En monophasé, le fil de retour du courant i' est relié au point milieu du diviseur.

Pour obtenir un onduleur triphasé, on groupe trois onduleurs monophasés identiques. Le fil de retour commun aux trois phases peut-être supprimé, le diviseur capacitif étant alors commun aux trois phases.

On peut rendre la tension de sortie u' égale à $+U/2$, à $-U/2$ et à zéro.

Pour obtenir $+U/2$, on ferme K_1 et K_2 : i' passe par T_1 et T_2 s'il est positif, par D_2 et D_1 s'il est négatif.

Pour obtenir $-U/2$, on ferme K_3 et K_4 : i' passe par T_3 et T_4 s'il est négatif, par D_4 et D_3 s'il est positif.

Pour obtenir zéro, on ferme K_2 et K_3 : i' passe par D et T_2 s'il est positif, par T_3 et D' s'il est négatif.

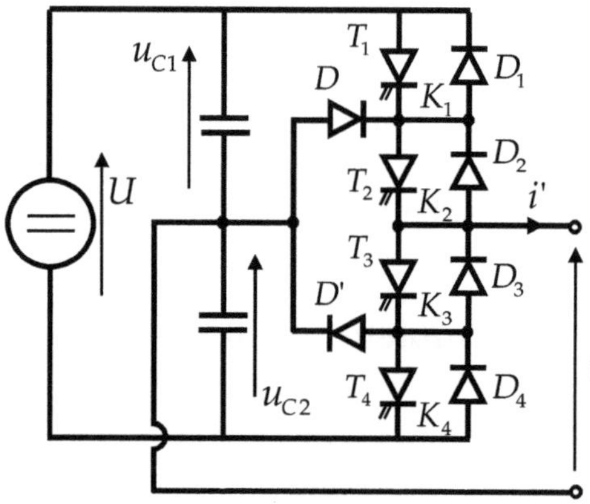

Figure 5.30

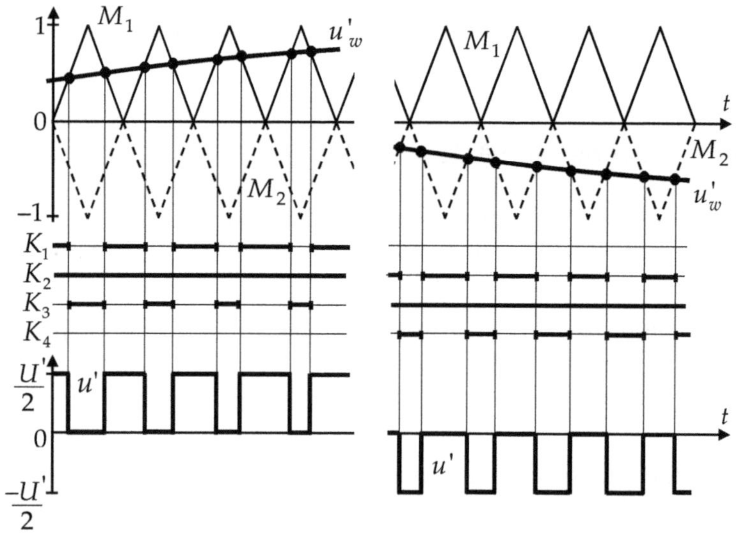

Figure 5.31

– Pour commander les interrupteurs, on compare (figure 5.31) l'onde de référence u'_w à deux ondes de modulation triangulaires de fréquence f', M_1 variant de 0 à 1, M_2 égale à $-M_1$:

- lorsque u'_w est au-dessus de M_1, on ferme K_1 et K_2,
- lorsque u'_w est entre M_1 et M_2, on ferme K_2 et K_3,
- lorsque u'_w est au-dessous de M_2, on ferme K_3 et K_4.

Remarque

En triphasé, on décale M_2 d'une demi-période par rapport à M_1. La compensation d'harmoniques entre les trois phases qui en résulte conduit à une réduction du contenu harmonique des tensions de sortie de l'onduleur.

b) Le demi-pont de type « flying capacitor »

En monophasé, ce demi-pont nécessite quatre interrupteurs réversibles en courant, K_1, K_2, K_3, K_4, une capacité C et un pont diviseur capacitif (figure 5.32). Le retour du courant de sortie i' se fait au point milieu de la source de tension U. En triphasé, ce point est fictif et le diviseur de tension n'est pas nécessaire.

La commande doit veiller à maintenir égale à $U/2$ la valeur moyenne de la tension u_c. Pour cela, il faut que le courant i_c dans C ait une valeur moyenne nulle. On obtient cela en comparant l'onde de référence u'_w à deux ondes de modulation triangulaires, allant de -1 à +1, en opposition de phase, M_1 et M_2 (figure 5.33).

Lorsque u'_w est au-dessus de M_1, on ferme K_1 et ouvre K_4 ; sinon, on ferme K_4 et on ouvre K_1. Lorsque u'_w est au-dessus de M_2, on ferme K_2 et ouvre K_3 ; sinon, on ferme K_3 et on ouvre K_2.

Pour u'_w positif, sur une période de modulation, la tension u' prend successivement :

- la valeur $u' = 0$: la conduction de K_2 et K_4 porte le point A au potentiel u_c, égal à $U/2$, par rapport à la borne – de la source. Le courant i_c est égal à $-i'$; la capacité se décharge si i' est positif, se charge si i' est négatif ;
- la valeur $u' = U/2$: la conduction de K_1 et K_2 réunit le point A à la borne + de la source. Le courant i_c est nul ;
- la valeur $u' = 0$: la conduction de K_1 et K_3 réunit la borne + de la capacité flottante à la borne + de la source et sa borne – au point A. Le courant i_c égal à i' charge la capacité si i' est positif, la décharge si i' est négatif ;

Pour u'_w négatif, sur une période de modulation on a successivement :

- $u' = 0$, conduction de K_2 et K_4 ; $i_c = -i'$;
- $u' = -U/2$, conduction de K_4 et K_3 ; le point A est réuni au moins de la source ; i_c est nul ;

- $u' = 0$, conduction de K_1 et K_3 ; $i_c = i'$;

Sur une période de l'onde de u'_w, les intervalles de charge de C équilibrent les intervalles de décharge.

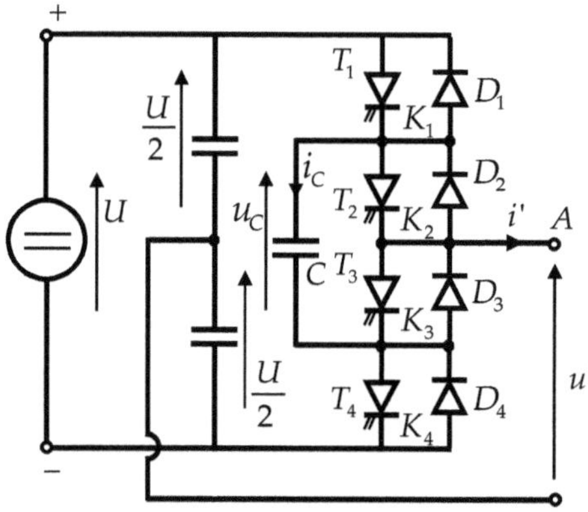

Figure 5.32

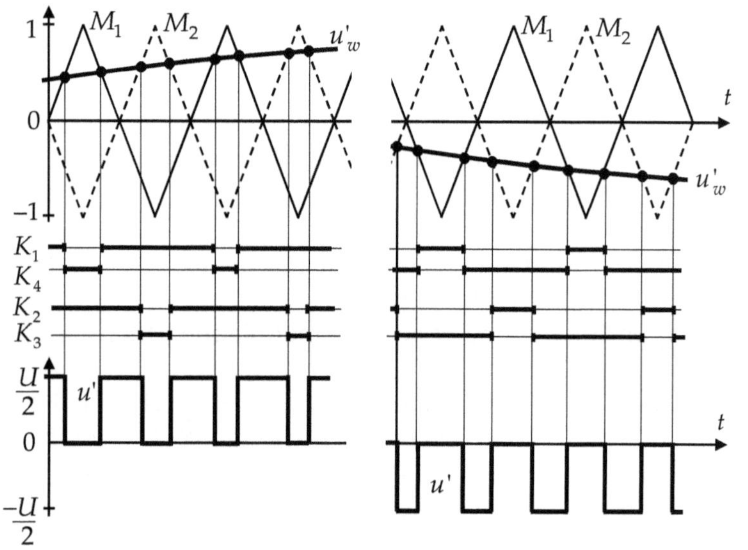

Figure 5.33

c) Généralisation

On peut généraliser les structures présentées aux figures 5.30 et 5.32. La figure 5.34 donne, pour cinq niveaux, le schéma d'un demi-pont de type « flying capacitor » et celui d'un demi-pont de type NPC. Ces deux demi-ponts permettent d'obtenir en sortie les niveaux $U/2$, $U/4$, 0, $-U/4$ et $-U/2$.

Lorsqu'il est nécessaire d'avoir des structures à nombre élevé de niveaux, comme c'est le cas des onduleurs reliés à une ligne à courant continu à haute tension (HVDC), la tendance actuelle est de passer à un autre type de convertisseur, le MMC (*Modular Multilevel Converter*) qui sera présenté au chapitre 11.

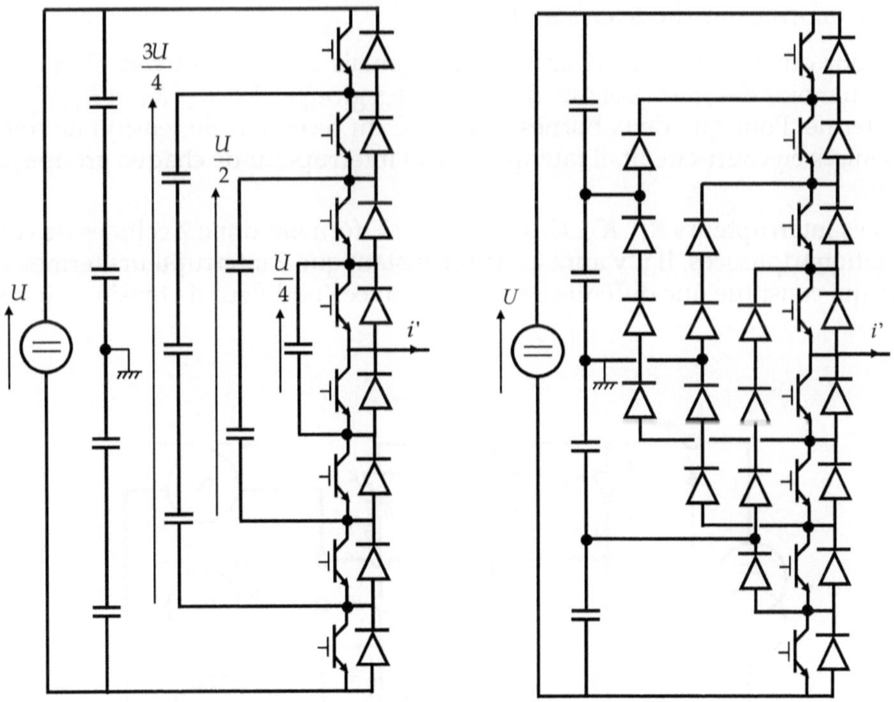

Figure 5.34

5.3 ONDULEURS DE COURANT TRIPHASÉ

Un onduleur de courant est alimenté par une source de courant continu. Il doit débiter sur un récepteur de tension alternative pour que la règle d'alternance des sources soit respectée.

Les schémas d'onduleurs de courant les plus utilisés sont :

- l'onduleur monophasé en pont à quatre interrupteurs,
- l'onduleur triphasé en pont à six interrupteurs.

Les onduleurs monophasés sont essentiellement utilisés dans les alimentations à résonance et sont étudiés dans le chapitre 10 qui est consacré à ces alimentations. Nous nous limiterons donc dans cette section à l'étude de l'onduleur triphasé.

5.3.1 Schéma. Commutations

La figure 5.35 donne le schéma de l'onduleur triphasé en pont. Les interrupteurs doivent être des interrupteurs trois segments réversibles en tension, commandables à la fermeture et à l'ouverture (GTO, Reverse Blocking IGBT, transistor avec une diode en série).

▶ Pour que la source de courant ne soit jamais en circuit ouvert, il faut que l'un au moins des interrupteurs de chacun des groupes K_1, K_2, K_3 et K'_1, K'_2, K'_3 soit fermé. Pour que deux bornes *A*, *B* ou *C* du récepteur de tension ne soient pas mises en court-circuit, il faut qu'un seul interrupteur de chaque groupe soit fermé.

Les interrupteurs K_1, K_2, K_3 et K'_1, K'_2, K'_3 forment donc 2 cellules de commutation triphasées. Il n'y aura à chaque instant que 2 interrupteurs fermés sur 6, ce qui constitue une différence essentielle avec l'onduleur de tension triphasé en pont.

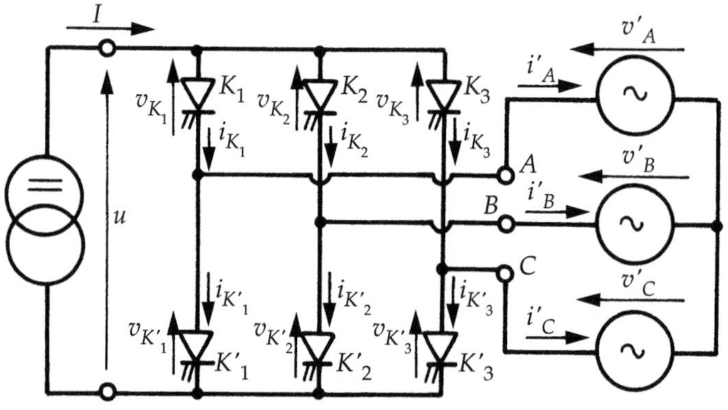

Figure 5.35

▶ Dans les onduleurs de tension, pour éviter la mise en court-circuit de la source de tension continue par la conduction simultanée des deux interrupteurs d'un demi-pont et garantir la sécurité de fonctionnement, on introduit un petit délai entre la commande de l'ouverture de l'un des interrupteurs et la commande de fermeture de l'autre.

Dans les onduleurs de courant, c'est l'inverse. Pour éviter tout risque de mise en circuit ouvert de la source de courant, il faut imposer un léger chevauchement des commandes. Il ne faut commander l'ouverture d'un interrupteur qu'après avoir commandé la fermeture de celui qui doit prendre le relais.

Remarque

Puisqu'un interrupteur trois segments réversible en tension se comporte comme une diode lorsqu'il est commandé à la fermeture, la commutation d'un interrupteur à l'autre se produit :

- soit au moment où on commande la fermeture de l'interrupteur qui doit entrer en conduction,
- soit au moment où on commande l'ouverture de celui qui doit cesser de conduire.

C'est fonction de la polarité de la tension que la source alternative applique entre les bornes de ces interrupteurs.

Pour le transfert du courant i de K_1 à K_2, par exemple :

- si la tension $v'_A - v'_B$ est négative, c'est à l'instant de la commande de l'ouverture de K_1 que la commutation a lieu,
- si la tension $v'_A - v'_B$ est positive, la commutation a lieu à l'instant de la commande de la fermeture de K_2.

Il y a donc une légère incertitude sur l'instant exact des commutations. Cet inconvénient est minime face à la sécurité qu'apporte ce chevauchement des commandes.

5.3.2 Relations générales

Comme pour l'onduleur triphasé de tension, il est commode de dresser un tableau donnant en fonction de l'état fermé ou ouvert des interrupteurs, les relations liant :

- les courants de sortie i'_A, i'_B, i'_C au courant d'entrée I,
- les tensions aux bornes des interrupteurs v_{K_1}, v_{K_2} etc. et la tension d'entrée u aux tensions de sortie v'_A, v'_B, v'_C.

Ces relations sont en effet indépendantes du mode de commande ; on les a regroupées dans le tableau 5.2

Puisque chaque cellule de commutation peut prendre trois états, l'onduleur présente neuf configurations possibles. Pour chacune d'elles il suffit d'indiquer les deux interrupteurs fermés, les autres étant ouverts.

Il est inutile d'indiquer le courant dans les interrupteurs : il est nul quand ils sont ouverts, égal à I quand il sont fermés.

Fermés		i'_A	i'_B	i'_C	v_{K_1}	v_{K_2}	v_{K_3}	$v_{K'_1}$	$v_{K'_2}$	$v_{K'_3}$	u
K_1	K'_1	0	0	0	0	$v'_A - v'_B$	$v'_A - v'_C$	0	$v'_B - v'_A$	$v'_C - v'_A$	0
K_1	K'_2	I	$-I$	0	0	$v'_A - v'_B$	$v'_A - v'_C$	$v'_A - v'_B$	0	$v'_C - v'_B$	$v'_A - v'_B$
K_1	K'_3	I	0	$-I$	0	$v'_A - v'_B$	$v'_A - v'_C$	$v'_A - v'_C$	$v'_B - v'_C$	0	$v'_A - v'_C$
K_2	K'_1	$-I$	I	0	$v'_B - v'_A$	0	$v'_B - v'_C$	0	$v'_B - v'_A$	$v'_C - v'_A$	$v'_B - v'_A$
K_2	K'_2	0	0	0	$v'_B - v'_A$	0	$v'_B - v'_C$	$v'_A - v'_B$	0	$v'_C - v'_B$	0
K_2	K'_3	0	I	$-I$	$v'_B - v'_A$	0	$v'_B - v'_C$	$v'_A - v'_C$	$v'_B - v'_C$	0	$v'_B - v'_C$
K_3	K'_1	$-I$	0	I	$v'_C - v'_A$	$v'_C - v'_B$	0	0	$v'_B - v'_A$	$v'_C - v'_A$	$v'_C - v'_A$
K_3	K'_2	0	$-I$	I	$v'_C - v'_A$	$v'_C - v'_B$	0	$v'_A - v'_B$	0	$v'_C - v'_B$	$v'_C - v'_B$
K_3	K'_3	0	0	0	$v'_C - v'_A$	$v'_C - v'_B$	0	$v'_A - v'_C$	$v'_B - v'_C$	0	0

Tableau 5.2

5.3.3 Commande à un créneau par alternance

a) Formes d'ondes

Pour le fonctionnement à un créneau par alternance, on ferme chaque interrupteur pendant un tiers de période. Pour que les courants forment un système triphasé équilibré, on décale d'une demi-période les fermetures de K_1 et K'_1, de K_2 et K'_2, de K_3 et K'_3.

On ferme donc les interrupteurs dans l'ordre suivant :

$$K_1, K'_3, K_2, K'_1, K_3, K'_2.$$

Les interrupteurs fermés déterminent six intervalles au cours de chaque période, le tableau 5.2 donne les expressions des diverses variables.

La figure 5.36 donne les formes d'ondes de v'_A et i'_A, de v'_B et i'_B, de v'_C et i'_C, de u, de v_{K_1} et i_{K_1} :

a) pour un récepteur inductif ($\varphi > 0$),

b) pour un récepteur capacitif ($\varphi < 0$).

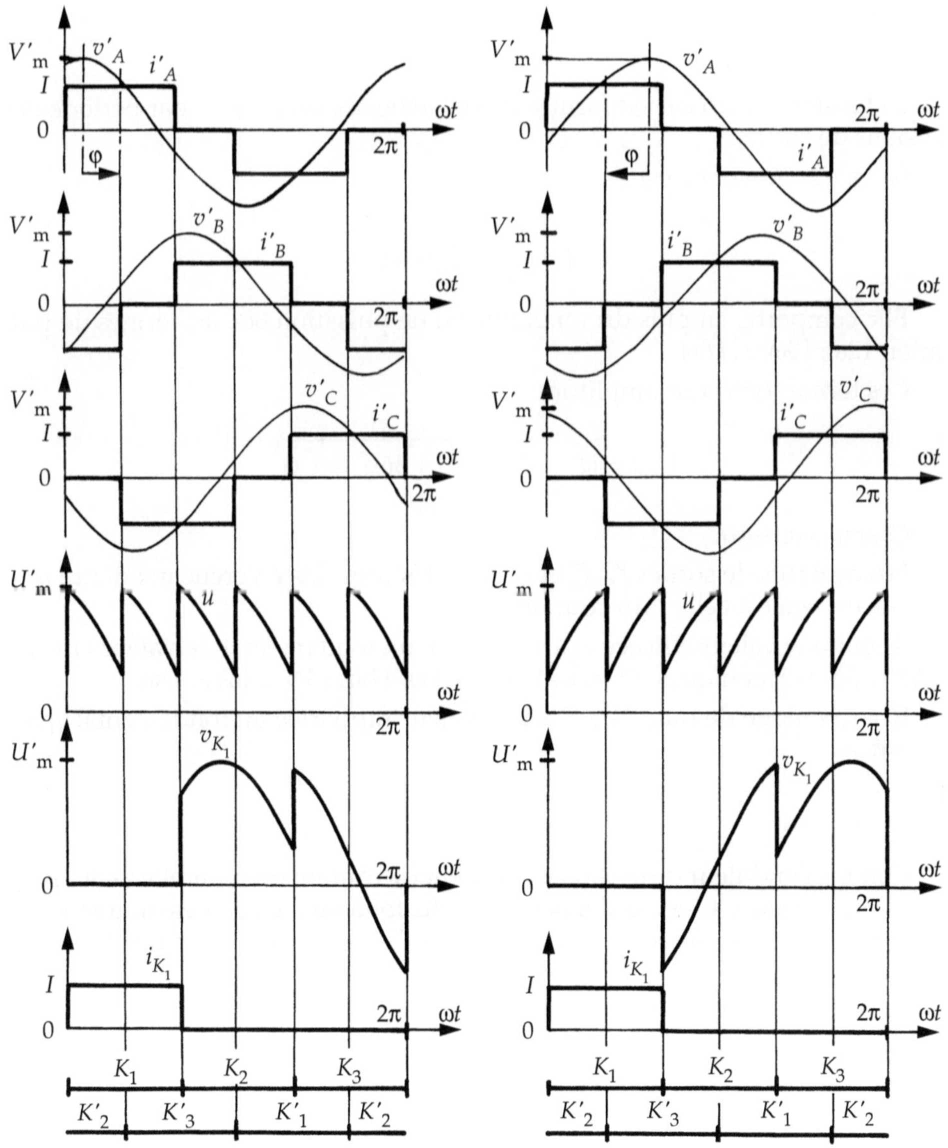

(*a*) φ > 0 (*a*) φ < 0

Figure 5.36

Pour tracer cette figure, on a supposé les tensions de sortie sinusoïdales formant un système triphasé équilibré. On a désigné par V'_m l'amplitude des tensions simples v'_A, v'_B, v'_C, par $U'_m = \sqrt{3}V'_m$ l'amplitude des tensions composées.

b) Caractéristiques

- Tension d'entrée

La tension d'entrée u est formée de six arches de sinusoïdes par période des tensions de sortie.

Sa valeur moyenne est

$$U = \frac{3\sqrt{3}}{\pi} V'_m \cos \varphi$$

Elle comporte, en plus du fondamental de pulsation 6ω, les termes de pulsation 12ω, 18ω, ... $k6\omega$.

Ces termes ont pour amplitude

$$U_{km} = U \frac{2}{36k^2 - 1} \sqrt{1 + 36k^2 \tan^2\varphi}$$

- *Courants de sortie*

Les courants de sorties i'_A, i'_B et i'_C sont des courants en créneaux dont l'amplitude est égale à celle I du courant d'entrée.

Ils ont une valeur efficace égale à $I\sqrt{2/3}$, un fondamental de valeur efficace $I\sqrt{6}/\pi$, des harmoniques de pulsation 5ω, 7ω, 11ω, 13ω ... $(6k \pm 1)\omega$.

L'harmonique de rang $6k \pm 1$ a une valeur rapportée au fondamental égale à $1/(6k \pm 1)$.

c) Réversibilité

Comme l'onduleur de tension, l'onduleur de courant est naturellement réversible en puissance. C'est le déphasage φ du fondamental I'_1 des courants par rapport aux tensions de sortie qui fixe le sens d'écoulement de la puissance P.

– Pour $|\varphi| < \pi/2$, la valeur moyenne U de la tension d'entrée u est positive. La puissance P l'est aussi

$$P = U\,I = 3\frac{V'_m}{\sqrt{2}} I'_1 \cos \varphi$$

La puissance va de la source continue au récepteur alternatif.

– Pour $|\varphi|$ compris entre $\pi/2$ et π, la tension moyenne U et la puissance P sont négatives. Cela suppose qu'il y ait un générateur côté alternatif et un récepteur côté continu. Cette réversibilité fonctionnelle (inversion de P) suppose que la source continue soit réversible en valeur moyenne de la tension.

Si $|\varphi|$ est compris entre $\pi/6$ et $\pi/2$, la tension u de valeur moyenne positive est par instants négative. Cela suppose que la source de courant présente au moins une réversibilité instantanée en tension.

5.3.4 Notes sur les sources

a) Imperfection du récepteur

Comme on l'a indiqué dés le début de cette section, les onduleurs de courant servent essentiellement à l'alimentation à fréquence variable de moteurs asynchrones de moyenne et de forte puissance.

Or le moteur asynchrone est loin d'être un récepteur de tension parfait. Pour étudier le fonctionnement de cette machine alimentée par un convertisseur, on peut la modéliser par un circuit triphasé équilibré dont chaque phase est constituée par la mise en série d'une force électromotrice sinusoïdale et d'une inductance.

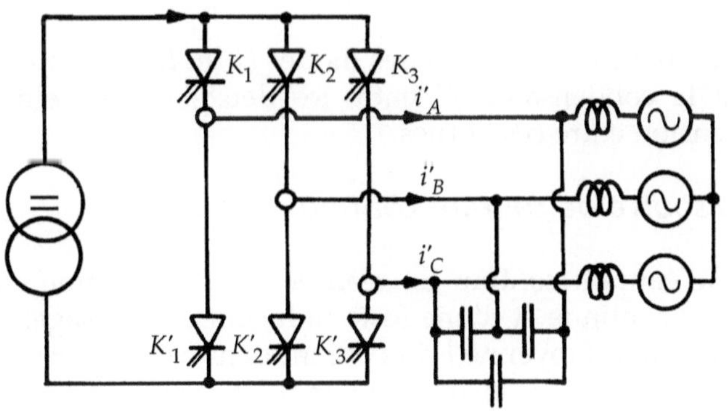

Figure 5.37

► On peut compenser le caractère inductif du récepteur que constitue le moteur asynchrone en plaçant en parallèle avec lui un filtre capacitif (*figure* 5.37).

Mais cette solution ne peut être adoptée qu'avec une commande MLI (*cf.* § 5.3.6), sinon le taux d'harmoniques élevé du courant formé de créneaux de 120° entraînerait un dimensionnement excessif des condensateurs de filtrage.

En commande à un créneau par alternance, pour éviter que les inductances du récepteur ne produisent des surtensions excessives, il convient de limiter la vitesse de variation du courant dans les phases du récepteur lors des commutations.

On peut obtenir cette limitation en dérivant aux bornes du récepteur un circuit écrêteur de surtensions qui dérive le courant lors des commutations (figure 5.38).

Ainsi, lors du transfert du courant I de la phase C à la phase A par le blocage de K_3 et la fermeture de K_1, la surtension apparaissant entre les bornes A

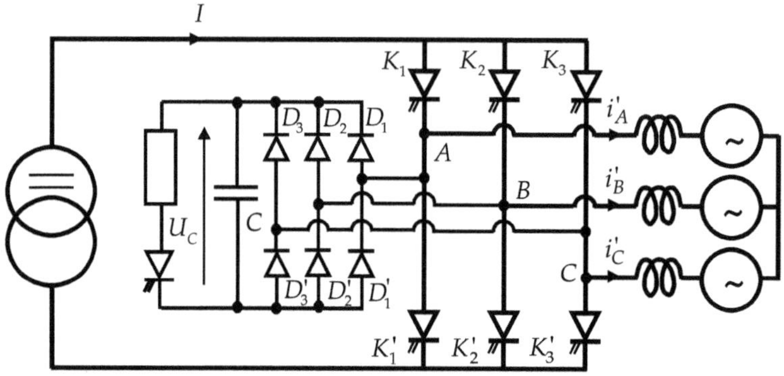

Figure 5.38

et C entraîne l'entrée en conduction des diodes D_1 et D'_3. Ces diodes branchent transitoirement le condensateur C entre les deux bornes, celui-ci freine les variations de tension entre ces bornes.

b) Note sur la source de courant continu

La source de courant continu est réalisée par l'association en série d'une source de tension continue et d'une forte inductance de lissage. Pour pouvoir intervenir sur la valeur moyenne I du courant dans cette inductance lorsque la puissance P demandée par la charge de l'onduleur varie il faut disposer d'une source de tension continue variable (figure 5.39).

L'inductance L assure la réversibilité instantanée : la tension u peut devenir instantanément négative sans que cela n'exige la réversibilité en tension de la

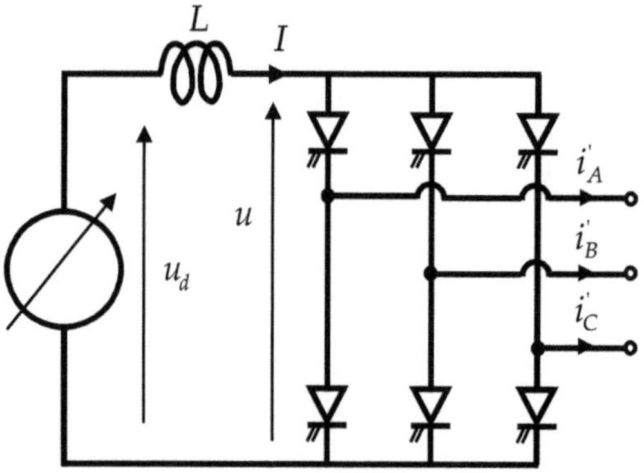

Figure 5.39

source u_d, l'inductance L reprenant la différence entre u et u_d. Par contre, la réversibilité fonctionnelle nécessite que la tension u_d puisse devenir négative car le passage de la puissance de l'alternatif vers le continu suppose que U soit négatif.

Dans le cas fréquent où on utilise un simple pont à thyristors connecté au réseau pour produire la tension u_d, (voir chapitre 6, § 6.7.1) la réversibilité fonctionnelle est assurée ; un tel montage peut délivrer une tension continue positive ou négative.

C'est là un avantage de l'onduleur de courant sur l'onduleur de tension. Celui-ci impose l'emploi d'un redresseur MLI de courant ou l'utilisation de deux ponts de thyristors montés tête-bêche (voir chapitre 8, § 8.1.2) pour obtenir la réversibilité fonctionnelle.

5.3.5 Commande MLI

Lorsqu'on utilise la commande MLI, on corrige le caractère inductif du moteur asynchrone en dérivant à ses bornes des condensateurs (figure 5.37) qui donnent au récepteur la nature d'une source de tension.

Ces condensateurs permettent de filtrer les tensions appliquées au moteur mais sont susceptibles d'entrer en résonance avec les inductances de la machine pour certains harmoniques des courants de sortie de l'onduleur. Il faut en tenir compte pour le dimensionnement des condensateurs.

Dans un onduleur de courant triphasé en pont, il faut :

- que des trois interrupteurs K_1, K_2 et K_3 il y en ait toujours un de fermé et un seul ;
- que des trois interrupteurs K'_1, K'_2 et K'_3 il y en ait toujours un de fermé et un seul.

Ces conditions, qu'on ne trouvait pas avec l'onduleur de tension en pont, imposent que l'on détermine les instants de commutation pour les trois phases à la fois.

Ceci conduit de manière naturelle à employer une approche vectorielle de la modulation.

▶ Compte tenu des règles de complémentarité, l'état fermé ou ouvert des interrupteurs peut donner à l'onduleur de courant triphasé les neuf configurations indiquées sur le tableau 5.2.

Les transformées de Clarke du système triphasé de courants i'_A, i'_B, i'_C correspondant à ces configurations donnent dans le plan (i'_α, i'_β) :

- six vecteurs fixes , $\mathbf{I}'_1$, $\mathbf{I}'_2$, $\mathbf{I}'_3$, $\mathbf{I}'_4$, $\mathbf{I}'_5$, $\mathbf{I}'_6$ de module $I\sqrt{2}$ régulièrement espacés,
- trois vecteurs nuls correspondant à la mise en court-circuit directe de la source de courant.

Sur la figure 5.40, on a indiqué à côté de ces vecteurs les deux interrupteurs fermés qui caractérisent ces états.

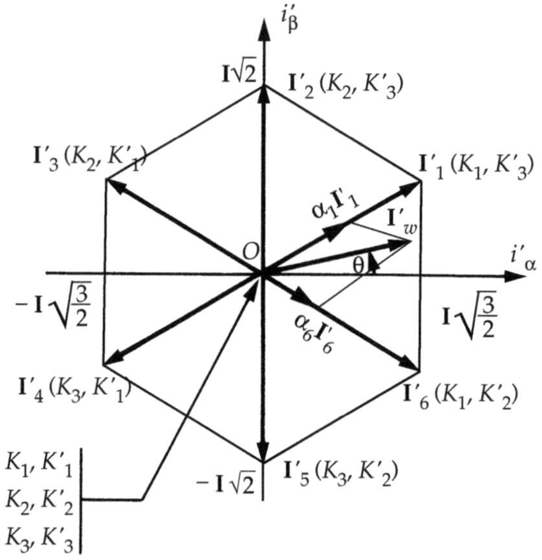

Figure 5.40

► Le système de courants désirés est représenté par le vecteur $\mathbf{I}'_w$ d'amplitude constante tournant à une vitesse angulaire égale à $\theta°$.

Durant chaque période T' de modulation on approxime $\mathbf{I}'_w$ à l'aide des deux vecteurs fixes entre lesquels il est situé et d'un vecteur nul.

Ainsi, pour la période de modulation où $\mathbf{I}'_w$ occupe la position indiquée sur la figure 5.40, on donne aux configurations des interrupteurs correspondant à $\mathbf{I}'_6$ et $\mathbf{I}'_1$ des durées $\alpha_6 T'$ et $\alpha_1 T'$ où α_6 s'obtient en projetant $\mathbf{I}'_w$ sur $\mathbf{I}'_6$ parallèlement à $\mathbf{I}'_1$ et α_1 en projetant $\mathbf{I}'_w$ sur $\mathbf{I}'_1$ parallèlement à $\mathbf{I}'_6$. On complète la période de modulation par un vecteur nul.

Comme le vecteur $\mathbf{I}'_6$ est obtenu par la fermeture de K_1 et K'_2 et le vecteur $\mathbf{I}'_1$ par la fermeture de K'_1 et K'_3, on prend pour vecteur nul celui qui correspond à la fermeture de K_1 et K'_1. On ferme donc K_1 pendant toute la période de modulation et successivement

K'_1 pour $0 < t < (1 - \alpha_1 - \alpha_6)T'$

K'_2 pour $(1 - \alpha_1 - \alpha_6)T' < t < (1 - \alpha_1)T'$

K'_3 pour $(1 - \alpha_1)T' < t < T'$

Remarques

– Il faut que le vecteur $\mathbf{I}'_w$ ait une amplitude inférieure à $I\sqrt{3/2}$ pour que la modulation soit réalisable ($\alpha_1 + \alpha_6 < 1$).

– Sous certaines conditions on peut réaliser une modulation qui n'utilise pas les vecteurs nuls (voir exercice 5.4).

EXERCICES

5.1 Courant de sortie d'un onduleur de tension débitant sur un récepteur actif

Un onduleur triphasé en pont (*cf.* figure 5.21), alimenté par une tension continue U, délivre un système équilibré de tensions v'_A, v'_B, v'_C de pulsation fondamentale ω.

v'_A égale $U/3$ pour $0 < \omega t < \pi/3$, $2\,U/3$ pour $\pi/3 < \omega t < 2\pi/3$, $U/3$ pour $2\pi/3 < \omega t < \pi$; $v'_A(\omega t + \pi) = -v'_A(\omega t)$.

Cet onduleur débite sur un moteur asynchrone dont on assimile, en première approximation, chacune des phases à une inductance L en série avec une f.é.m sinusoïdale. Les f.é.m des trois phases sont :

$$e'_A = kU \sin(\omega t - \theta)$$
$$e'_B = kU \sin(\omega t - \theta - 2\pi/3)$$
$$e'_C = kU \sin(\omega t - \theta - 4\pi/3).$$

On rapporte toutes les tensions à U, tous les courants à $U/L\omega$.

1) Établir les expressions successives du courant i'_A dans la première phase du récepteur, du courant i débité par la source continue. Tracer les formes d'ondes de i'_A et de i pour $k = 0{,}55$ et $\theta = 12°5$.

2) Calculer la valeur efficace V'_1 du fondamental des tensions de sortie, et la valeur moyenne I du courant d'entrée.

3) Tracer le diagramme vectoriel des tensions fondamentales pour une phase du récepteur ; il traduit la relation :

$$\overline{V'_1} = \overline{E'} + jL\omega\overline{I'_1}.$$

À partir de ce diagramme, calculer la valeur I'_1 du fondamental des courants de sortie et son déphasage φ'_1 en arrière de V'_1.

1) *Expressions de i'_A et de i*

Pour $0 < \omega t < \dfrac{\pi}{3}$, $i'_A = \dfrac{U}{L\omega}\left[\dfrac{\omega t}{3} + k\cos(\omega t - \theta) - \dfrac{2\pi}{9}\right]$.

Pour $\dfrac{\pi}{3} < \omega t < \dfrac{2\pi}{3}$, $i'_A = \dfrac{U}{L\omega}\left[\dfrac{2\omega t}{3} + k\cos(\omega t - \theta) - \dfrac{\pi}{3}\right]$.

Pour $\dfrac{2\pi}{3} < \omega t < \pi$, $i'_A = \dfrac{U}{L\omega}\left[\dfrac{\omega t}{3} + k\cos(\omega t - \theta) - \dfrac{\pi}{9}\right]$.

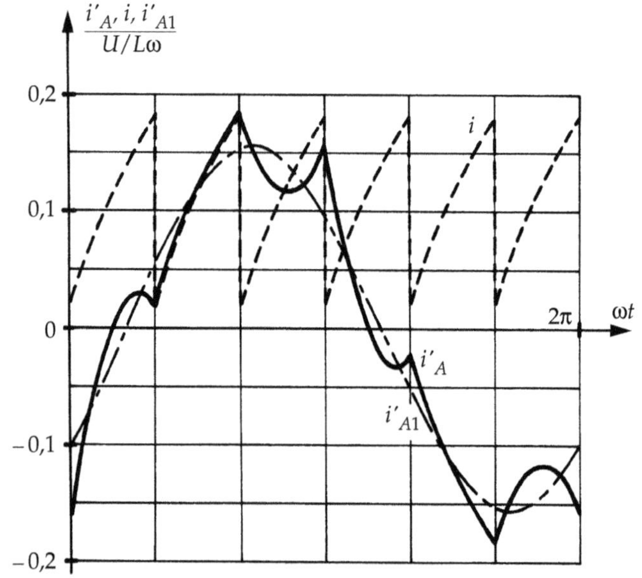

Figure 5.41

i a une fréquence égale à six fois celle des grandeurs de sortie. Pour $\pi/3 < \omega t < 2\pi/3$, $i = i'_A$.

La figure 5.41 donne les formes d'ondes de i'_A et de i pour $k = 0,55$ et $\theta = 12°5$.

2) *Valeurs de V'_1 et I*

$$V'_1 = U\sqrt{2}/\pi$$

$$I = \frac{6}{2\pi}\int_{\pi/3}^{2\pi/3} i'_A \mathrm{d}\omega t = \frac{3}{\pi}\frac{U}{L\omega}k\sin\theta.$$

3) *Valeurs de I'_1 et φ'_1*

Le diagramme vectoriel (*figure* 5.42) donne :

$$I'_1 = \frac{1}{L\omega}\sqrt{V'^2_1 + E'^2 - 2V'_1E'\cos\theta}$$

$$I'_1\cos\varphi'_1 = \frac{E'\sin\theta}{L\omega}.$$

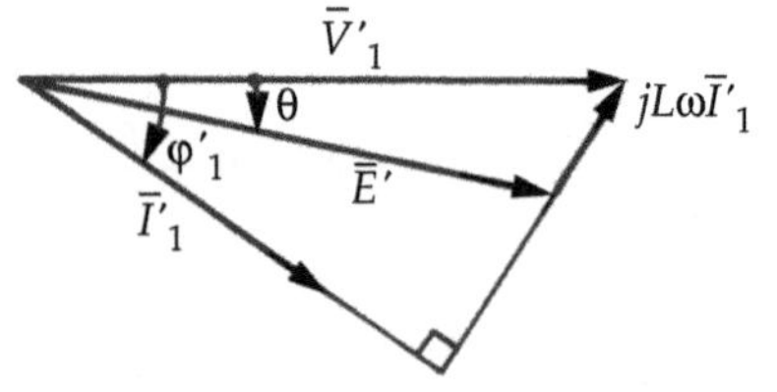

Figure 5.42

Pour $V'_1 = U\sqrt{2}/\pi$, $E' = 0,55U/\sqrt{2}$, $\theta = 12°5$, on obtient :

$$I'_1 \simeq 0,11U/L\omega, \quad \varphi'_1 \simeq 40°.$$

Sur la figure 5. 41, on a tracé en traits mixtes le fondamental i'_{A_1} du courant i'_A.

5.2 Étude simplifiée des filtres d'entrée et de sortie d'une alimentation de sécurité

On considère une alimentation de sécurité comportant un onduleur monophasé en pont à commande MLI trois niveaux avec commande des deux demi-ponts par des ondes de référence u'_{wA} et u'_{wB} en opposition de phase (§ 5.1.3). La fréquence de modulation f' est de 25 kHz. L'onduleur est monté entre un filtre d'entrée LC et un filtre de sortie $L'C'$ (figure 5.43)

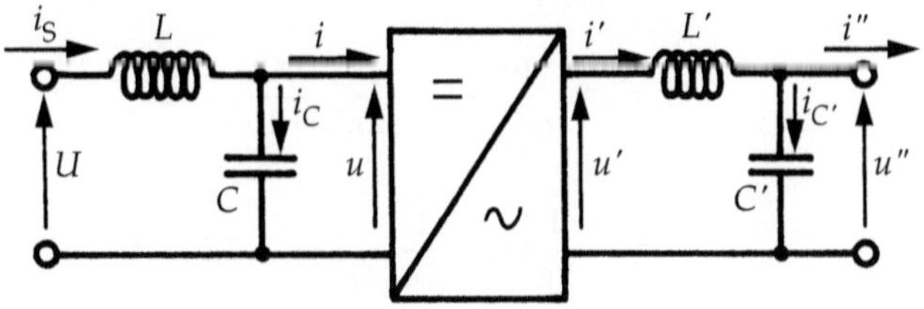

Figure 5.43

À partir de la tension continue U de 375 V, l'alimentation doit fournir une tension u'' sinusoïdale de référence f égale à 50 Hz et de valeur efficace U''_1 égale à 220 V. Son fonctionnement nominal correspond au débit d'un courant de valeur efficace I''_{nom} égale à 10 A sous un cos φ nominal valant 0,8 inductif.

1) Filtre de sortie

a) Calculer la fréquence de résonance du filtre $L'C'$ pour que les premiers harmoniques présents dans u' soient atténués par un facteur 1000 au niveau de u'' de sorte qu'on puisse considérer cette tension comme purement sinusoïdale.

b) Calculer les valeurs à donner à L' et C' pour que le fondamental du courant $i'_{C'}$ ait une valeur efficace égale à $0,1 \cdot I''_{nom}$.

c) Calculer la valeur efficace à donner au fondamental de u' et à son déphasage ψ par rapport à u''.

d) Calculer l'amplitude de l'ondulation du courant i' autour de sa composante fondamentale i'_1.

2) Filtre d'entrée

On suppose la tension d'entrée U du filtre constante, et le courant de sortie i' de l'onduleur sinusoïdal :

$i' = I'\sqrt{2}\sin(\omega t + \varphi')$

Pour calculer l'ondulation Δi_s du courant i_s et celle Δu de la tension u, on ne tient compte que de l'harmonique 2 du courant i. Calculer :

- la valeur moyenne I de i et l'amplitude I_{2m} de son terme de fréquence $2f$;
- les ondulations Δi_s et Δu.

1) *Filtre de sortie*

a) Les premiers harmoniques importants sont ceux de rang $2m \pm 1$ soit d'environ 50 kHz. À cette fréquence, l'impédance de la charge est pratiquement infinie et ne charge pas le filtre.

$$\overline{U''}_{2m\pm1} = \frac{\overline{U'}_{2m\pm1}}{1 + j^2 L'C'\omega^2_{2m\pm1}} \quad \text{d'où} \quad \frac{U''_{2m\pm1}}{U'_{2m\pm1}} = \frac{1}{(1 - L'C'\omega^2_{2m\pm1})} \approx \frac{1}{1000} ;$$

$$L'C' \approx \frac{1000}{\omega^2_{2m\pm1}} = \frac{1000}{(2\pi 50 \cdot 10^3)^2} \approx \frac{1}{10^8}$$

$$f_0 = \frac{1}{2\pi}\omega_0 = \frac{1}{2\pi}\frac{1}{\sqrt{L'C'}} \approx 1{,}5 \text{ kHz}$$

On a bien $f < f_0 < f'$

b) $C'\omega U''_1 = 0{,}1 \cdot I''_{nom}$ donc

$$C' = 15\mu F \, ; \, L' = 0{,}6 \text{ mH}$$

c) U'_1 et ψ se déduisent de U''_1, I''_1 et φ à l'aide du diagramme de la figure 5.44.

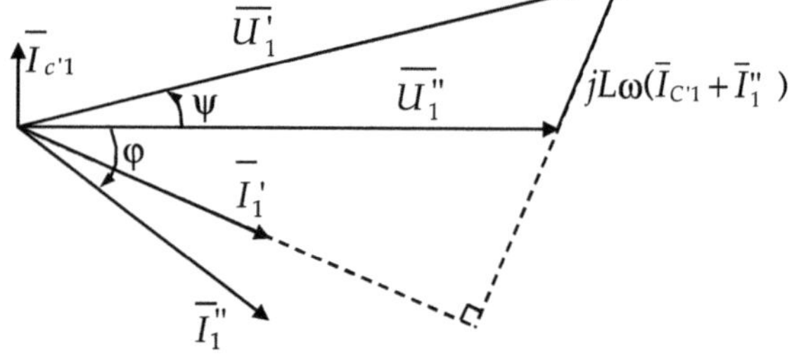

Figure 5.44

$$U'_1 = \sqrt{[U''_1 + \omega L(I''_1 \sin\varphi - I_{c'1})]^2 + (\omega L I''_1 \cos\varphi)^2}$$

$$\psi = arctg\frac{\omega L I''_1 \cos\varphi}{U''_1 + \omega L(I''_1 \sin\varphi - I_{c'1})}$$

Pour $U''_1 = 220$ V, $I''_1 \cos\varphi = 8$ A, $I''_1 \sin\varphi = 6$ A, $I_{c'1} = 1$ A, $L\omega = 0{,}188$ A, $U'_1 = 221$ V, $\psi = 0{,}4°$

d) L'ondulation $\Delta i'$ du courant i' dans l'inductance L est due à la différence entre la tension u' et son fondamental u'_1. Celui-ci est donné par la référence u'_{wA}. On peut supposer celle-ci constante pendant une période T' de modulation (figure 5.45). Pour l'alternance positive de u, de $t = t_1$ à $t = t_2$, $u' - u'_1 = U - Ur \sin\omega t$

$$\Delta i' = \frac{1}{L}U(1 - r\sin\omega t)(t_2 - t_1)$$

$$= \frac{UT'}{2L}(1 - r\sin\omega t)r\sin\omega t$$

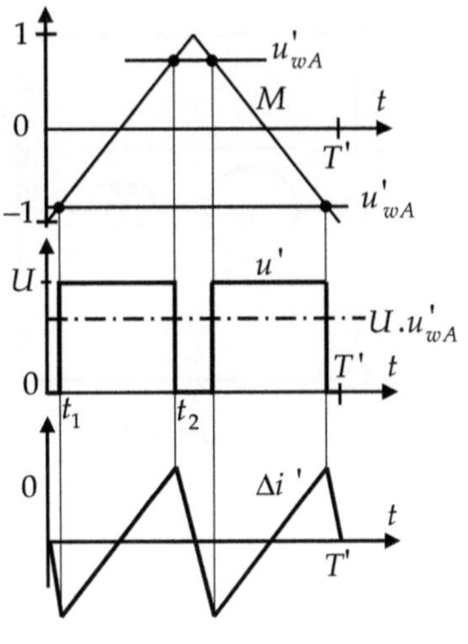

Figure 5.45

L'amplitude de l'ondulation est la même pour l'alternance négative de u. Elle est maximum pour $|r\sin\varphi| = 0{,}5$ et vaut alors

$$375 \times \frac{1}{25000}\frac{1}{0{,}6 \cdot 10^{-3}}\frac{1}{4} = 6{,}25 \text{ A}$$

2) *Filtre d'entrée*

On assimile u' à u'_1 et on utilise la conservation de la puissance.

$$p = Ui = U'_1 I' \cos\varphi' + U'_1 I' \cos(2\omega t + \varphi'), \text{ avec } U'_1 = rU/\sqrt{2}$$

$$I = \frac{rI'}{\sqrt{2}} \cos \varphi \qquad I_{2m} = \frac{rI'}{\sqrt{2}}$$

$$\Delta i_s = \frac{I_{2m}}{LC4\omega^2 - 1} \qquad \Delta u = \frac{L2\omega I_{2m}}{LC4\omega^2 - 1}$$

5.3 Modulation en delta du courant de sortie d'un onduleur de tension

Un onduleur de tension en demi-pont (*figure* 5.46) alimente un récepteur comportant, en série avec une inductance L, une f.é.m sinusoïdale :

$$e = E\sqrt{2} \sin \omega t$$

L'onde de référence est le courant i' de même pulsation que e

$$i'_{\mathrm{w}} = I'_{1\mathrm{w}}\sqrt{2}\sin(\omega t - \delta).$$

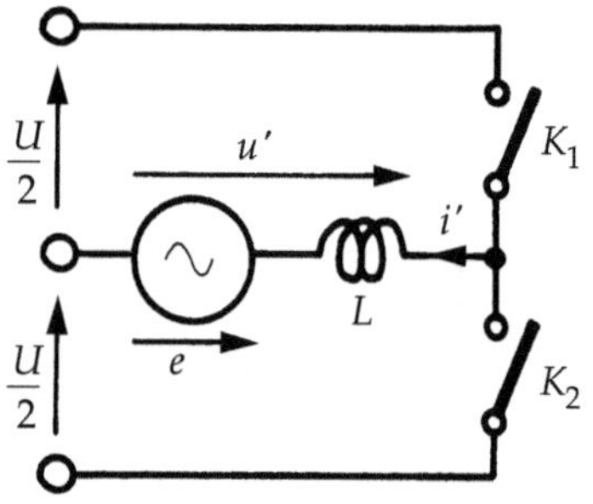

Figure 5.46

On commande les interrupteurs quand l'écart entre i' et i'_{w} atteint $\pm\Delta i'$.

a) Tracer le diagramme vectoriel liant au fondamental $I'_{1\mathrm{w}}$ du courant i' la f.é.m E et le fondamental U'_1 de la tension u'.

En déduire la relation liant U'_1 à E, $L\omega I'_{1\mathrm{w}}$ et δ.

Quelle est la valeur maximale de U'_1 au-delà de laquelle la modulation n'est plus possible.

b) Suivre les variations de courant i' pendant les deux intervalles d'une période de modulation : $t_{k-1} < t < t_k$ (K_2 fermé), $t_k < t < t_{k+1}$ (K_1 fermé). Calculer la durée de ces deux intervalles. Pour cela, comme $t_k - t_{k-1}$ et $t_{k+1} - t_k$ sont très brefs devant la période de e ou i'_{w}, on peut linéariser les équations autour de t_k, c'est-à-dire prendre :

$$\sin \omega t_k - \sin \omega(t_k + \Delta t) \simeq \omega \Delta t \cos \omega t_k$$
$$\cos \omega t_k - \cos \omega(t_k + \Delta t) \simeq -\omega t \sin \omega t_k.$$

c) Étudier les variations de la fréquence « instantanée » de modulation $1/(t_{k+1} - t_{k-1})$.

a) Le diagramme vectoriel (*figure* 5.47) donne :

$$U'_1\sqrt{2} = \sqrt{(E\sqrt{2} + L\omega I'_{1w}\sqrt{2}\sin\delta)^2 + (L\omega I'_{1w}\sqrt{2}\cos\delta)^2}\,.$$

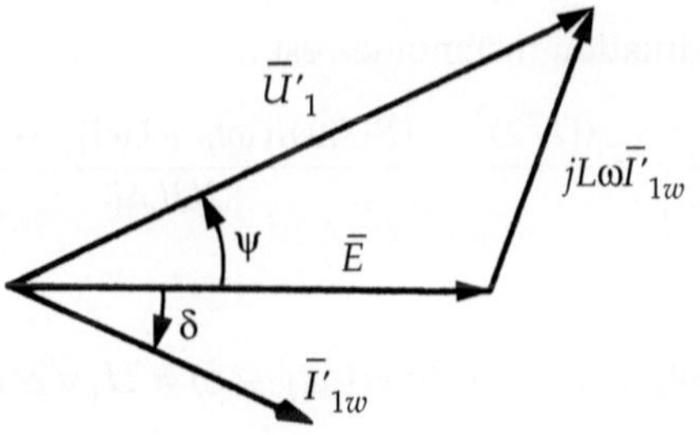

Figure 5.47

Pour que i' puisse suivre i'_w il faut que u'_1 soit compris entre les tensions $+U/2$ et $-U/2$ que l'onduleur peut fournir :

$$\sqrt{2}U'_1 < U/2\,.$$

b) Pour $t_{k-1} < t < t_k$:

$$L\frac{di'}{dt} + e = -\frac{U}{2}$$

$$i' = I'_{1w}\sqrt{2}\sin(\omega t_{k-1} - \delta) + \Delta i' - \frac{U}{2L}(t - t_{k-1}) - \frac{E\sqrt{2}}{L\omega}(\cos\omega t_{k-1} - \cos\omega t)$$

Pour $t = t_k$, i' atteint :

$$I'_{1w}\sqrt{2}\sin(\omega t_k - \delta) - \Delta i'$$

donc :

$$2\Delta i' - I'_{1w}\sqrt{2}[\sin(\omega t_k - \delta) - \sin(\omega t_{k-1} - \delta] = \frac{U}{2L}(t_k - t_{k-1}) + \frac{E\sqrt{2}}{L\omega}(\cos\omega t_{k-1} - \cos\omega t_k).$$

En linéarisant autour de $t = t_k$;

$$2\Delta i' - I'_{1w}\sqrt{2}\omega(t_k - t_{k-1})\cos(\omega t_k - \delta) = \frac{U}{2L}(t_k - t_{k-1}) + \frac{E\sqrt{2}\omega}{L\omega}(t_k - t_{k+1})\sin\omega t_k\,.$$

D'où la durée de cet intervalle :

$$t_k - t_{k-1} = \frac{2\Delta i'}{\dfrac{U}{2L} + \left[\dfrac{E\sqrt{2}}{L}\sin \omega t_k + I'_{1w}\sqrt{2}\omega \cos(\omega t_k - \delta)\right]}.$$

Pour le deuxième intervalle, un calcul analogue donne :

$$t_{k-1} - t_k = \frac{2\Delta i'}{\dfrac{U}{2L} - \left[\dfrac{E\sqrt{2}}{L}\sin \omega t_k + I'_{1w}\sqrt{2}\omega \cos(\omega t_k - \delta)\right]}.$$

c) La fréquence de modulation instantanée est :

$$f' = \frac{1}{t_{k+1} - t_{k-1}} = \frac{(U/2)^2 - [E\sqrt{2}\sin \omega t_k + L\omega I'_{1w}\sqrt{2}\cos(\omega t_k - \delta)]^2}{2UL\Delta i'}.$$

La figure 5.39 montre que :

$$E\sqrt{2}\sin \omega t_k + L\omega I'_{1w}\sqrt{2}\cos(\omega t_k - \delta) = U'_1\sqrt{2}\sin(\omega t_k + \psi).$$

Donc :

$$f' = \frac{U/2}{4L\Delta i'}\left\{1 - \left(\frac{U'_1\sqrt{2}}{U/2}\right)^2\left[\frac{1}{2} - \frac{1}{2}\cos 2(\omega t_k + \psi)\right]\right\}.$$

f' croît quand $\Delta i'$ diminue et quand U/L augmente. f' varie à la pulsation 2ω entre f'_{max} et f'_{min} :

$$f'_{max} = \frac{U/2}{4L\Delta i'},\quad f'_{min} = f'_{max}\left[1 - \left(\frac{U'_1\sqrt{2}}{U/2}\right)^2\right].$$

5.4 Modulation vectorielle d'un onduleur de courant triphasé

Un onduleur de courant en pont triphasé (*cf.* figure 5.35), alimenté par un courant continu I, est utilisé pour faire varier la pulsation ω du fondamental des courants de sortie i'_A, i'_B, i'_C mais pas leur valeur.

a) On ne considère que les six configurations données au convertisseur par l'état passant ou ouvert des interrupteurs qui, par la transformation de Clarke, donnent des vecteurs représentatifs non nuls.

Classer ces six configurations pour que les vecteurs représentatifs $\mathbf{I}'_1$, $\mathbf{I}'_2$, ..., $\mathbf{I}'_6$ se succèdent de 60 ° en 60 ° dans le sens trigonométrique.

b) On approxime le système triphasé équilibré de courants sinusoïdaux désiré à la sortie de l'aide de douze vecteurs : $\mathbf{I}'_{w1}$,$\mathbf{I}'_{w2}$, ..., $\mathbf{I}'_{w12}$ se succédant de douzième de période en douzième de période.

$\mathbf{I}'_{w1}$ et $\mathbf{I}'_{w2}$ sont placés entre $\mathbf{I}'_1$ et $\mathbf{I}'_2$ et formés de portions convenables de ces deux vecteurs. $\mathbf{I}'_{w3}$ et $\mathbf{I}'_{w4}$ sont placés entre $\mathbf{I}'_2$ et $\mathbf{I}'_3$ et formés de portions convenables de ces deux vecteurs, etc.

- Calculer la largeur des deux intervalles constituant chaque douzième de période.
- En déduire les intervalles successifs de fermeture des interrupteurs en les positionnant de manière à réduire le nombre de commutations.
- Tracer les formes d'ondes de i'_A, i'_B, i'_C pendant deux tiers de leur période.

a) K_1, K_2, K_3 d'une part, K'_1, K'_2, K'_3 d'autre part, sont complémentaires. Indiquer les deux interrupteurs fermés suffit à caractériser une configuration :

i'_A, i'_B, i'_C valent soit $+I$, soit $-I$, soit 0.

On passe aux composantes i_α, i'_β par :

$$\begin{bmatrix} i'_\alpha \\ i'_\beta \end{bmatrix} = \sqrt{\frac{2}{3}} \begin{bmatrix} 1 & -1/2 & -1/2 \\ 0 & \sqrt{3}/2 & -\sqrt{3}/2 \end{bmatrix} \begin{bmatrix} i'_A \\ i'_B \\ i'_C \end{bmatrix}$$

Tableau donnant les courants pour les six configurations utilisées :

Vecteur	Fermés	i'_A	i'_B	i'_C	i'_α	i'_β
$\mathbf{I}'_1$	K_1, K'_3	I	0	$-I$	$I\sqrt{3/2}$	$I/\sqrt{2}$
$\mathbf{I}'_2$	K_2, K'_3	0	I	$-I$	0	$I\sqrt{2}$
$\mathbf{I}'_3$	K_2, K'_1	$-I$	I	0	$-I\sqrt{3/2}$	$I/\sqrt{2}$
$\mathbf{I}'_4$	K_3, K'_1	$-I$	0	I	$-I\sqrt{3/2}$	$-I/\sqrt{2}$
$\mathbf{I}'_5$	K_3, K'_2	0	$-I$	I	0	$-I\sqrt{2}$
$\mathbf{I}'_6$	K_1, K'_2	I	$-I$	0	$I\sqrt{3/2}$	$-I/\sqrt{2}$

b) Pendant la 1re période de modulation (*figure* 5.48) on forme $\mathbf{I}'_{w1}$ en prenant $\mathbf{I}'_1$ pendant $30\,°\dfrac{\sin 45°}{\sin 45° + \sin 15°} = 22\,°$ et en prenant $\mathbf{I}'_2$ pendant 8 °.

Pendant la seconde, on forme I'_{w2} en prenant $\mathbf{I}'_1$ pendant 8 ° et $\mathbf{I}'_2$ pendant 22 °, etc.

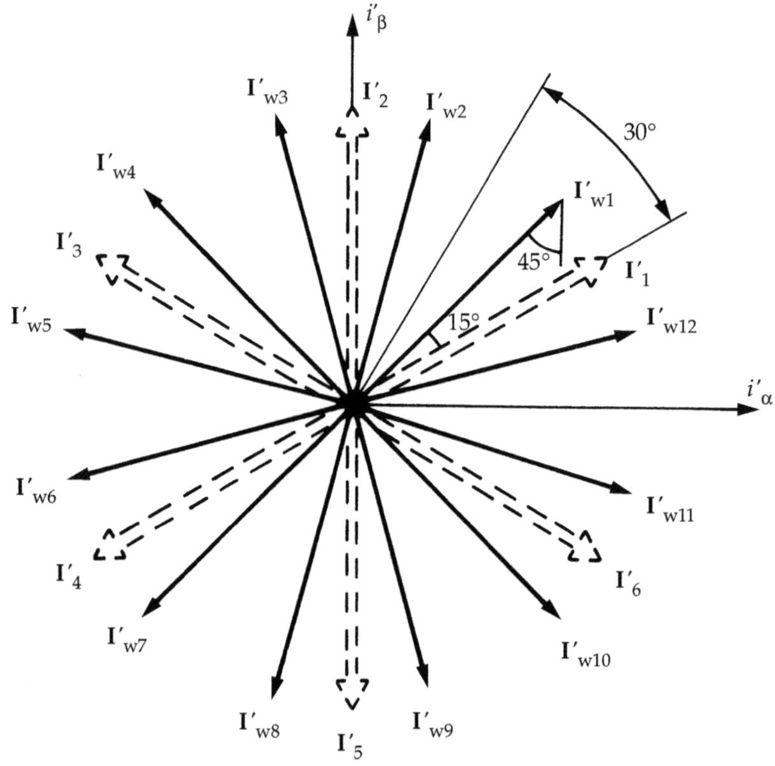

Figure 5.48

Pour réduire le nombre de commutations, on forme (*figure* 5.49) :

- $\mathbf{I}'_{w1}$ avec $\mathbf{I}'_1$ de 0 à 22 °, avec $\mathbf{I}'_2$ de 22 ° à 30 °,
- $\mathbf{I}'_{w2}$ avec $\mathbf{I}'_1$ de 30 à 38 °, avec $\mathbf{I}'_2$ de 38 ° à 60 °,
- $\mathbf{I}'_{w3}$ avec $\mathbf{I}'_2$ de 60 à 82 °, avec $\mathbf{I}'_3$ de 82 ° à 90 °,
- $\mathbf{I}'_{w4}$ avec $\mathbf{I}'_2$ de 90 à 98 °, avec $\mathbf{I}'_3$ de 98 ° à 120 °, etc.

D'où les formes d'ondes des courants i'_A, i'_B, i'_C :

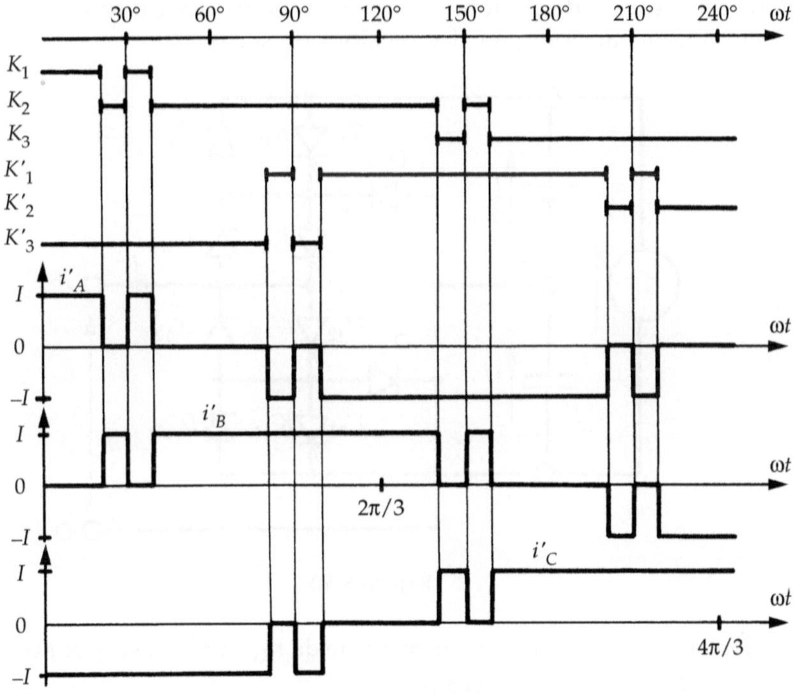

Figure 5.49

5.5 Onduleur de tension multiniveau

La figure 5.50 donne le schéma de l'onduleur monophasé en demi-pont qui permet d'obtenir en sortie trois niveaux de tension, $+U/2$, $-U/2$ et 0, et indique les notations adoptées pour son étude.

a) Quels interrupteurs faut-il fermer pour obtenir les trois niveaux de tension ? Par quels semiconducteurs passe le courant i' s'il est positif, s'il est négatif ?

b) On ferme K_{11} pour $\beta < \omega t < \pi$, K'_{11} pour $\pi + \beta < \omega t < 2\pi$, en désignant par ω la pulsation du fondamental de la tension de sortie u', égale à $v_O - v_A$.

Quelle est la valeur efficace du fondamental et des harmoniques de cette tension ?

c) On groupe trois demi-ponts pour former un onduleur triphasé sans conducteur neutre.

Rappeler les relations donnant les tensions de sortie v'_A, v'_B, v'_C en fonction des tensions $v_A - v_O$, $v_B - v_O$, $v_C - v_O$ des trois demi-ponts.

Tracer la forme d'onde de v'_A pour $\beta = \pi/6$.

Pour cette valeur de β, donner les valeurs efficaces du fondamental et des premiers harmoniques des tensions de sortie.

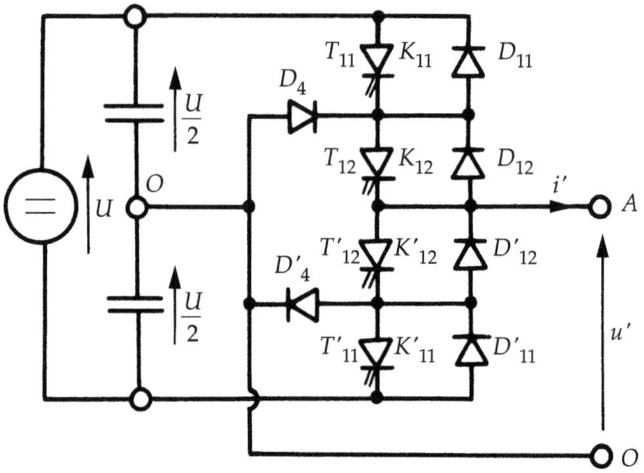

Figure 5.50

a) On peut adopter une commande complémentaire de K_{11} et K'_{12}, de K_{12} et K'_{11}.
Pour obtenir $u' = U/2$, on ferme K_{11} et K_{12}:

i' passe par T_{11} et T_{12} s'il est positif, par D_{12} et D_{11} s'il est négatif.

Pour obtenir $u' = -U/2$, on ferme K'_{12} et K'_{11}:

i' passe par T'_{12} et T'_{11} s'il est négatif, par D'_{11} et D'_{12} s'il est positif.

Pour obtenir $u' = 0$, on ferme K_{12} et K'_{12} :

i' passe par D_4 et T_{12} s'il est positif, par T'_{12} et D'_4 s'il est négatif.

b) $u' = 0$ pour $0 < \omega t < \beta$, $u' = U/2$ pour $\beta < \omega t < \pi$, $u' = 0$ pour $\pi < \omega t < \pi + \beta$.
$u' = -U/2$ pour $\pi + \beta < \omega t < 2\pi$ (*figure* 5.51).

$$U'_n = \frac{1}{n} U \frac{\sqrt{2}}{\pi} \cos n\frac{\beta}{2}, \quad \text{avec } n = 1, 3, 5, 7 \ldots$$

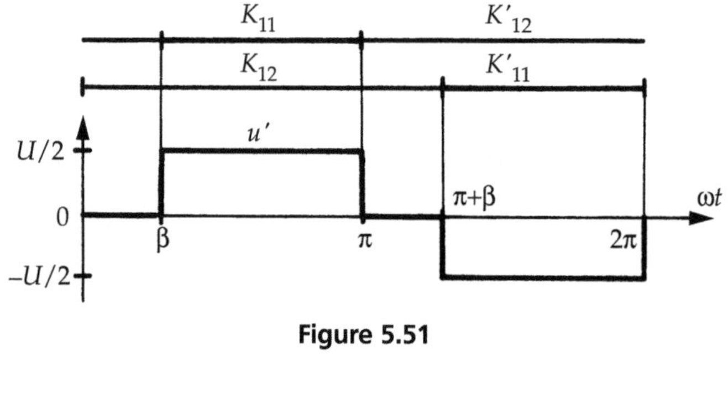

Figure 5.51

c)

$$v'_A = \frac{2}{3}(v_A - v_O) - \frac{1}{3}(v_B - v_O) - \frac{1}{3}(v_C - v_O)$$
$$v'_B = -\frac{1}{3}(v_A - v_O) + \frac{2}{3}(v_B - v_O) - \frac{1}{3}(v_C - v_O)$$
$$v'_C = -\frac{1}{3}(v_A - v_O) - \frac{1}{3}(v_B - v_O) + \frac{2}{3}(v_C - v_O)$$

d'où le tracé de la forme d'onde de v'_A pour $\beta = \pi/6$ (*figure* 5.52).

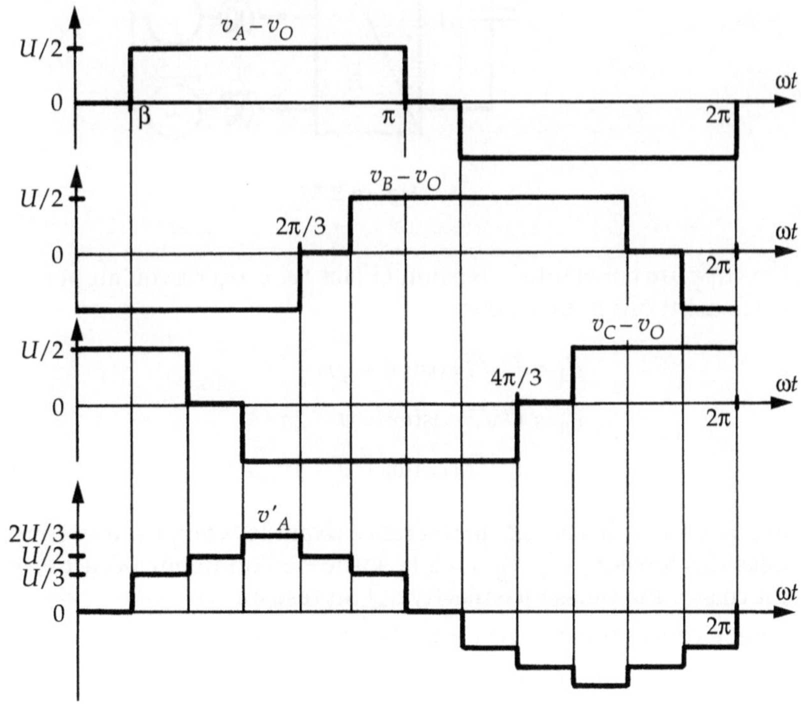

Figure 5.52

$$V'_n = \frac{1}{n}U\frac{\sqrt{2}}{\pi}\cos n\frac{\beta}{2}, \quad \text{pour } n = 1, 5, 7, 11...$$
$$V'_n = 0, \quad \text{pour } n = 3, 9, ...$$

Pour $\beta = \pi/6$, $V'_1 = 0,435U$, $V'_5 = 0,023U$, $V'_7 = 0,017U$, $V'_{11} = 0,039U$, $V'_{13} = 0,033U$, $V'_{17} = 0,007U$ ...

5.6 Emploi d'un onduleur triphasé de tension MLI en compensateur statique d'énergie réactive

On considère le montage suivant (figure 5.53)

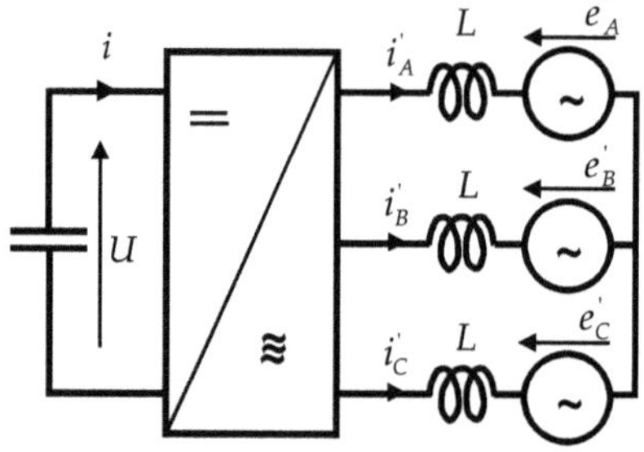

Figure 5.53

On suppose constante la tension U ; les *f.e.m.* du réseau au point de raccordement ont pour valeur

$$e'_A = E'\sqrt{2}\cos(\omega t + \psi)$$
$$e'_B = E'\sqrt{2}\cos(\omega t + \psi - 2\pi/3)$$
$$e'_C = E'\sqrt{2}\cos(\omega t + \psi - 4\pi/3)$$

a) Déterminer les ondes de référence fixant les composantes fondamentales des tensions v'_A, v'_B, v'_C à la sortie de l'onduleur pour que celui-ci fournisse une puissance réactive Q au réseau.

Quelle contrainte doit respecter la tension U ?

Quelle est la valeur moyenne du courant i ?

b) Sachant que le montage consomme de la puissance (pertes par conduction et commutation dans les semi-conducteurs, pertes dans la résistance des inductances), que faut-il faire pour maintenir la tension U à la valeur souhaitée ?

a) Les composantes fondamentales de v'_A, v'_B, v'_C doivent valoir :

$$v'_{A1} = (E'\sqrt{2} + \omega LI'\sqrt{2})\cos(\omega t + \psi)$$
$$v'_{B1} = (E'\sqrt{2} + \omega LI'\sqrt{2})\cos(\omega t + \psi - 2\pi/3)$$
$$v'_{C1} = (E'\sqrt{2} + \omega LI'\sqrt{2})\cos(\omega t + \psi - 4\pi/3)$$

avec $I' = Q/3E'$

En prenant $r = (E'\sqrt{2} + \omega LI'\sqrt{2})/U$, les ondes de référence sont

$$v'_{Aw} = r\cos(\omega t + \psi)$$
$$v'_{Bw} = r\cos(\omega t + \psi - 2\pi/3)$$
$$v'_{Cw} = r\cos(\omega t + \psi - 4\pi/3)$$

Il faut $U > E'\sqrt{2} + \omega LI'\sqrt{2}$
Puisque la puissance aux accès P est nulle $I = P/U$ doit être nul aussi.

b) Il faut donner aux courants i'_A, i'_B, i'_C une petite composante en opposition de phase avec les *f.e.m.*, donc aux tensions aux bornes des inductances une petite composante en quadrature avec les *f.e.m.*
Les références deviennent

$$v'_{Aw} = r\cos(\omega t + \psi) - r'\sin(\omega t + \psi)$$
$$v'_{Bw} = r\cos(\omega t + \psi - 2\pi/3) - r'\sin(\omega t + \psi - 2\pi/3)$$
$$v'_{Cw} = r\cos(\omega t + \psi - 4\pi/3) - r'\sin(\omega t + \psi - 4\pi/3)$$

avec $r' = \dfrac{\omega L}{U}\dfrac{p}{3E'}$, en désignant par p les pertes à compenser. Pour fixer la valeur de r', on peut la faire dépendre d'une boucle de régulation de la tension U.

Chapitre 6

Les redresseurs

Les redresseurs à diodes et à thyristors assurent une conversion alternatif-continu. Alimentés à partir du réseau monophasé ou triphasé, ils fournissent à leur sortie une tension continue de valeur fixe ou variable, soit pour alimenter directement un récepteur, soit pour alimenter un autre convertisseur.

▶ Lorsqu'on n'a pas à faire varier le rapport de transformation entre les tensions d'entrée et de sortie, on peut se contenter de *redresseurs à diodes*.

Lorsqu'on veut faire varier ce rapport, on utilise des *redresseurs à thyristors*.

Ce chapitre est donc divisé en deux parties, la plus longue étant consacrée aux redresseurs à diodes car les propriétés des redresseurs à thyristors se déduisent directement de celles des redresseurs à diodes.

▶ Nous nous limiterons à l'étude des montages où les interrupteurs sont alimentés par un système *polyphasé* équilibré de tensions sinusoïdales. En monophasé, on peut considérer deux tensions par rapport à un point milieu, réel ou fictif, de la source(1).

Tant en monophasé qu'en triphasé, le redresseur proprement dit est le plus souvent alimenté par un *transformateur* qui isole galvaniquement le côté continu

(1) Les redresseurs vraiment monophasés ont été vus au chapitre 3 pour illustrer les procédés d'étude des circuits à diodes.

du réseau alternatif. Il permet d'obtenir la tension voulue à la sortie d'un redresseur à diodes, la plage des tensions désirées à la sortie d'un redresseur à thyristors. Souvent par redresseur on entend l'ensemble formé par les interrupteurs et le transformateur d'alimentation.

Le transformateur permet la multiplication du nombre de tensions secondaires : passage de 1 à 2 en monophasé, de 3 à 6 ou 9 ou 12... en triphasé. En triphasé, pour que la réalisation du transformateur soit facile et que les courants pris au réseau soient équilibrés, on se limite à un nombre de phases multiple de 3.

Le transformateur contribue à limiter les courants de court-circuit principalement par l'intermédiaire de ses inductances de fuites.

6.1 REDRESSEURS À DIODES : INTRODUCTION

Pour comprendre comment fonctionne un redresseur à diodes, il suffit de regarder :

- les assemblages de diodes, qui constituent les sélecteurs de tension ou les commutateurs de courant, que nous appellerons *les commutateurs* ;
- la façon dont sont groupés les enroulements sièges des tensions alternatives à redresser, qui définit *le type de montage*.

6.1.1 Les commutateurs

Pour redresser q tensions alternatives $v_1, v_2, ..., v_q$ on utilise un ou deux groupes de q diodes qui peuvent être à cathodes réunies ou à anodes réunies.

a) *Les commutateurs « plus positif »*

Un commutateur « plus positif » (*figure* 6.1) est formé par un groupe de *diodes à cathodes équipotentielles ; à chaque instant, la tension de sortie u_d est égale à la plus positive des tensions d'entrée.*

En effet, pendant l'intervalle où v_1 est plus grand que $v_2, v_3, ..., v_q$ la diode D_1 conduit :

- rendant u_d égale à v_1,
- bloquant, par là, toutes les autres diodes

$$v_{D_2} = v_2 - u_d = v_2 - v_1 < 0$$
$$v_{D_3} = v_3 - u_d = v_3 - v_1 < 0, \text{ etc.}$$

Un peu après, quand v_2 sera la plus grande des q tensions, la diode D_2 sera seule passante car, rendant la tension u_d égale à v_2, elle bloquera de ce fait toutes les autres.

Ainsi, à chaque instant, la diode passante est celle qui est reliée à l'entrée la plus positive.

b) Les commutateurs « plus négatif »

Un commutateur « plus négatif » est formé par un groupe de diodes à *anodes réunies* (*figure* 6.2). Grâce au débit de la diode correspondante, *la tension de sortie est, à chaque instant, égale à la plus négative des tensions d'entrée.*

Pendant l'intervalle où v_2, par exemple, est plus négative que les $q-1$ autres tensions d'entrées, D'_2 conduit, rendant u_d égale à v_2 et bloquant ainsi les autres diodes :

$$v_{D'_1} = u_d - v_1 = v_2 - v_1 < 0$$

$$v_{D'_3} = u_d - v_3 = v_2 - v_3 < 0, \text{ etc.}$$

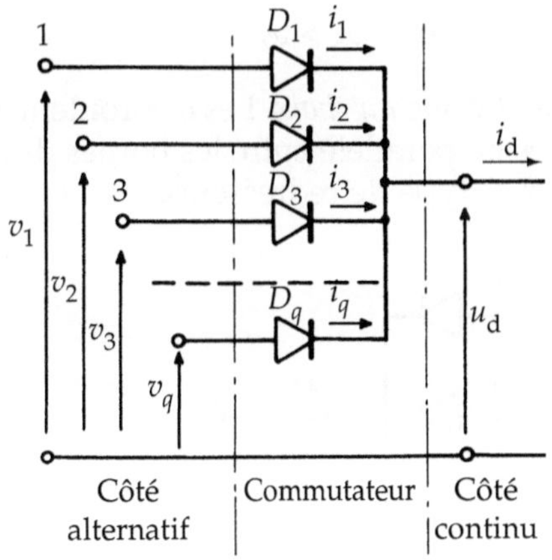

Figure 6.1

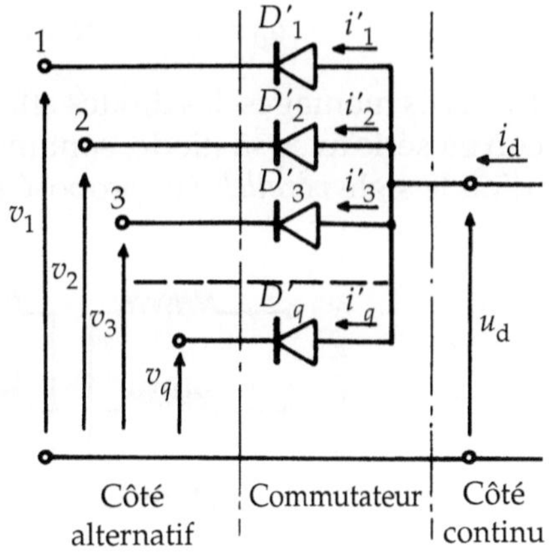

Figure 6.2

6.1.2 Les montages

Pour obtenir une tension continue, on redresse, à l'aide d'un ou deux commutateurs, un ensemble de q tensions alternatives sinusoïdales formant un système polyphasé équilibré. Ces tensions sont fournies par le réseau monophasé ou, plus souvent, par le réseau triphasé, d'ordinaire par l'intermédiaire d'un transformateur.

Les montages redresseurs diffèrent essentiellement par la façon dont sont groupés les enroulements sièges des tensions alternatives. Cela nous a conduit à distinguer trois types de redresseurs :

- les redresseurs du type parallèle (P)
- les redresseurs du type parallèle double (PD),
- les redresseurs du type série (S).

L'indication du type suivie de celle du nombre q de phases suffit à caractériser un montage.

a) Montages du type parallèle

Les q phases, sièges des q tensions à redresser, sont groupées *en étoile*. Grâce à q *diodes*, la borne M est reliée à chaque instant à la plus positive des bornes $1, 2, ..., q$. La tension redressée u_d est recueillie entre M et le point neutre N.

La figure 6.3 représente le montage P3 :

$$u_d = v_1, \quad \text{quand} \quad v_1 > v_2 \quad \text{et} \quad v_1 > v_3$$
$$u_d = v_2, \quad \text{quand} \quad v_2 > v_3 \quad \text{et} \quad v_2 > v_1$$
$$u_d = v_3, \quad \text{quand} \quad v_3 > v_1 \quad \text{et} \quad v_3 > v_2$$

Dans ces montages, les diodes effectuent donc *un choix*. Les q enroulements, chacun en série avec sa diode, sont montés en parallèle entre les bornes de sortie ; d'où le sigle *parallèle* (P) proposé pour ce type de redresseurs.

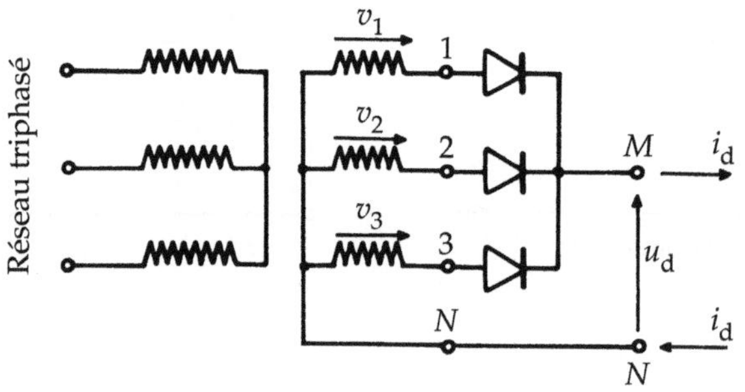

Figure 6.3

b) Montages du type parallèle double

Les q enroulements, sièges des q tensions alternatives v_1, $v_2, ..., v_q$, sont encore *en étoile*, mais on utilise $2q$ *diodes*.

Le premier groupe $D_1, D_2, ..., D_q$ forme un commutateur plus positif réunissant M à la plus positive des bornes $1, 2, ..., q$. La seconde série $D'_1, D'_2, ..., D'_q$ à anodes réunies relie N à la plus négative des q bornes.

La tension redressée u_d recueillie entre M et N, est, à chaque instant, égale à la différence entre la plus positive et la plus négative des tensions alternatives. Le montage effectue donc un *double choix* ; d'où le sigle *parallèle double* (PD)

La figure 6.4 représente le montage PD3.

Quand

$v_1 > v_3 > v_2$, D_1 et D'_2 conduisent, $u_d = v_1 - v_2$
$v_1 > v_2 > v_3$, D_1 et D'_3 conduisent, $u_d = v_1 - v_3$
$v_2 > v_1 > v_3$, D_2 et D'_3 conduisent, $u_d = v_2 - v_3$
$v_2 > v_3 > v_1$, D_2 et D'_1 conduisent, $u_d = v_2 - v_1$, etc.

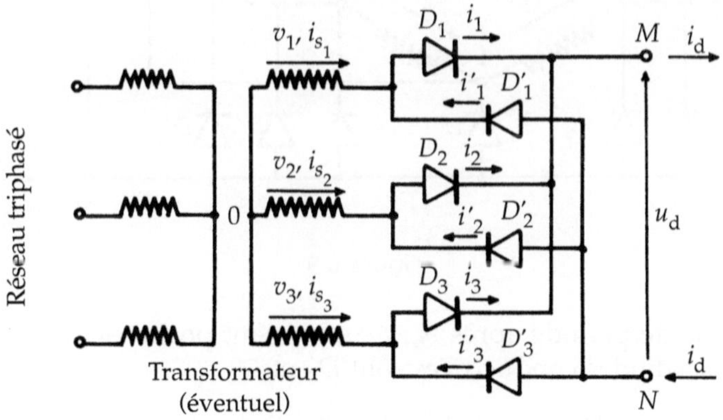

Figure 6.4

c) *Montages du type série*

Les bobinages aux bornes desquels apparaissent les tensions alternatives sont montés en *polygone* (la somme de q tensions formant un système équilibré est nulle). Il y a $2q$ *diodes*, q à cathodes réunies à la même borne M, q à anodes reliées à N.

La figure 6.5 montre les six phases secondaires d'un transformateur tri-hexaphasé groupées en polygone et les deux commutateurs qui réunissent à M et à N la plus positive et la plus négative des six bornes.

À chaque instant, trois des six tensions sont positives, les trois autres négatives.

Durant l'intervalle où v_5, v_6 et v_1 sont positives et v_2, v_3, v_4 négatives, le potentiel de la borne 5 est plus grand que celui de 4, celui de 6 plus grand que celui de 5, celui de 1 plus grand que celui de 6. Mais 2 est plus négatif que 1, 3 que 2, 4 que 3. Le sommet le plus positif est donc 1 et D_1 conduit ; le sommet le plus négatif est 4 donc D'_4 conduit. La tension redressée est alors :

$$u_d = v_5 + v_6 + v_1 = -(v_2 + v_3 + v_4).$$

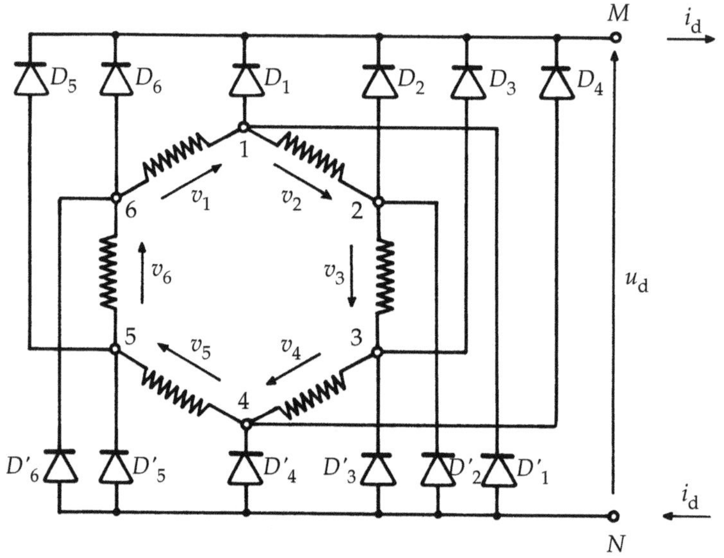

Figure 6.5

Un sixième de période après v_6, v_1 et v_2 sont positives : v_3, v_4 et v_5 sont négatives et les diodes conductrices sont D_2 et D'_5 :

$$u_d = v_6 + v_1 + v_2 = -(v_3 + v_4 + v_5), \text{ etc.}$$

Ce type de montage ne procède plus par comparaison mais par *addition*. Il met en série, entre les bornes de sortie, les enroulements sièges de tensions de même signe. D'où le sigle *série* (S) proposé.

6.1.3 Hypothèses simplificatrices

L'étude classique des redresseurs à diodes ou à thyristors considère ces convertisseurs comme montés entre une source de tension et une source de courant. On examinera à la fin du chapitre le cas des montages à diodes montés entre deux sources de tension.

Pour une étude générale d'un type de redresseur on procède généralement ainsi :

- On suppose d'abord que la source de tension et les interrupteurs sont parfaits, autrement dit on néglige toutes les causes de chute de tension en charge. Des *tensions alternatives d'entrée* on déduit la tension redressée moyenne à vide U_{d_0} et la tension inverse maximale aux bornes des interrupteurs.

- On suppose ensuite le courant redressé parfaitement constant confondant sa valeur instantanée i_d avec sa valeur moyenne I_d. Du *courant continu de sortie* on déduit le courant dans les interrupteurs, dans les enroulements secondaires puis primaires du transformateur, dans la ligne d'alimentation.

▶ À l'aide des courants ainsi déterminés, on peut calculer la *chute de tension* continue en charge ΔU_d. Cette chute de tension est due aux résistances, à la chute interne dans les composants semiconducteurs et surtout aux commutations.

> **Remarque**
>
> L'ondulation du courant à la sortie d'un redresseur dépend de la nature du récepteur branché du côté continu et cela d'autant plus que la tension redressée appliquée à celui-ci est elle-même plus ondulée.
>
> Pour les redresseurs de puissance on utilise surtout des schémas donnant une tension peu ondulée et le courant i_d est encore moins ondulé que la tension, car le récepteur présente une certaine inductance souvent accrue par l'addition d'une inductance « de lissage ». L'hypothèse de la constance du courant redressé donne pratiquement toujours des résultats d'une bonne précision pour le fonctionnement au courant nominal.
>
> Ce n'est que lorsque le récepteur est actif, c'est-à-dire présente une f.e.m., et pour les faibles valeurs moyennes du courant redressé que celui-ci est nul par intervalles. Cette conduction discontinue affecte non seulement les relations entre les courants mais aussi les relations entre les tensions établies dans l'étude générale (voir exercices 6.2 et 6.3).

6.2 REDRESSEURS À DIODES DU TYPE PARALLÈLE

6.2.1 Les montages usuels

▶ *En monophasé*, on trouve le *redresseur P2* (*figure* 6.6).

À partir du réseau monophasé, grâce à un transformateur à point milieu, on obtient deux tensions v_1 et v_2 égales mais déphasées de π, que l'on redresse avec deux diodes (on indique par un trait fort l'intervalle de conduction de chacune d'elles) :

Si $$v_1 = V_m \sin \omega t = -v_2$$

- Pour $0 < t < T/2$, $v_1 > v_2$, D_1 conduit :

$$u_d = v_1 = V_m \sin \omega t$$

$$v_{D_2} = v_2 - u_d = -2V_m \sin \omega t$$

- Pour $T/2 < t < T$, $v_2 > v_1$, D_2 conduit :

$$u_d = v_2 = -V_m \sin \omega t$$

$$v_{D_1} = v_1 - u_d = 2V_m \sin \omega t$$

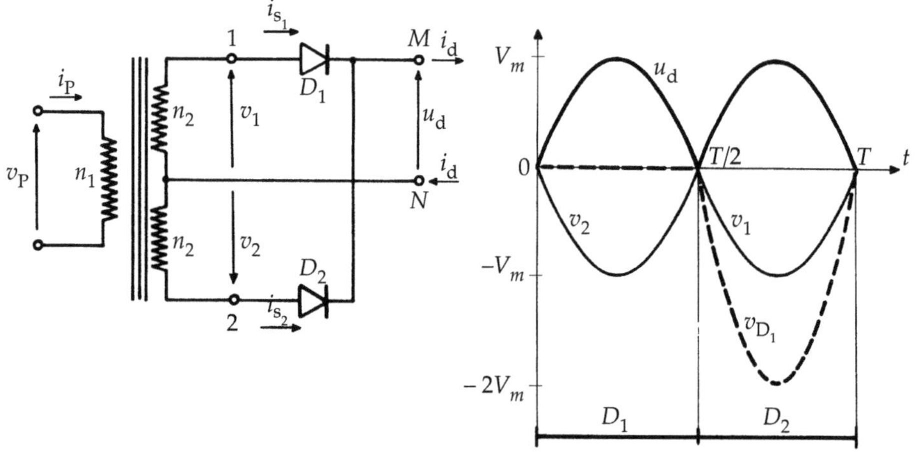

Figure 6.6

▶ En *triphasé*, on utilise le *redresseur P3* représenté dès la figure 6.3 :

$$v_1 = V_m \sin \omega t$$
$$v_2 = V_m \sin\left(\omega t - \frac{2\pi}{3}\right)$$
$$v_3 = V_m \sin\left(\omega t - \frac{4\pi}{3}\right)$$

• Pour $T/12 < t < 5T/12$, $v_1 > v_2$ et $v_1 > v_3$, D_1 conduit :

$$u_d = v_1, \quad v_{D_2} = v_2 - v_1, \quad v_{D_3} = v_3 - v_1.$$

• Pour $5T/12 < t < 9T/12$, D_2 conduit :

$$u_d = v_2, \quad v_{D_1} = v_1 - v_2, \quad v_{D_3} = v_3 - v_2.$$

• Pour $9T/12 < t < 13T/12$, D_3 conduit :

$$u_d = v_3, \quad v_{D_1} = v_1 - v_3, \quad v_{D_2} = v_2 - v_3.$$

La tension redressée (*figure* 6.7) est formée de trois sommets de sinusoïdes par période.

▶ Pour réduire l'ondulation de u_d on pourrait multiplier le nombre q de tensions à redresser ; par exemple, avec le *redresseur P6*, redresser les six tensions secondaires d'un transformateur tri-hexaphasé (*figure* 6.8).

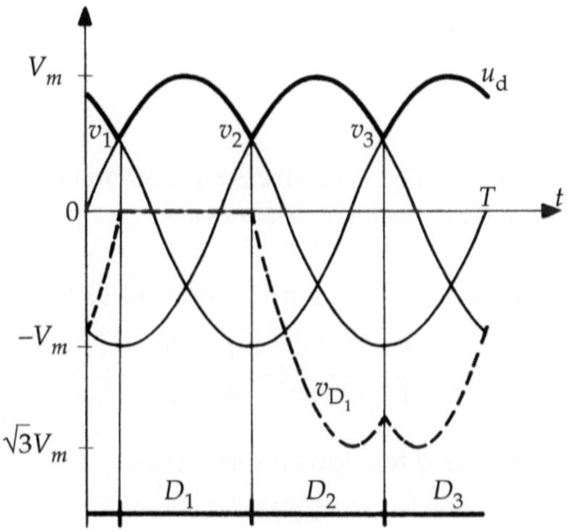

Figure 6.7

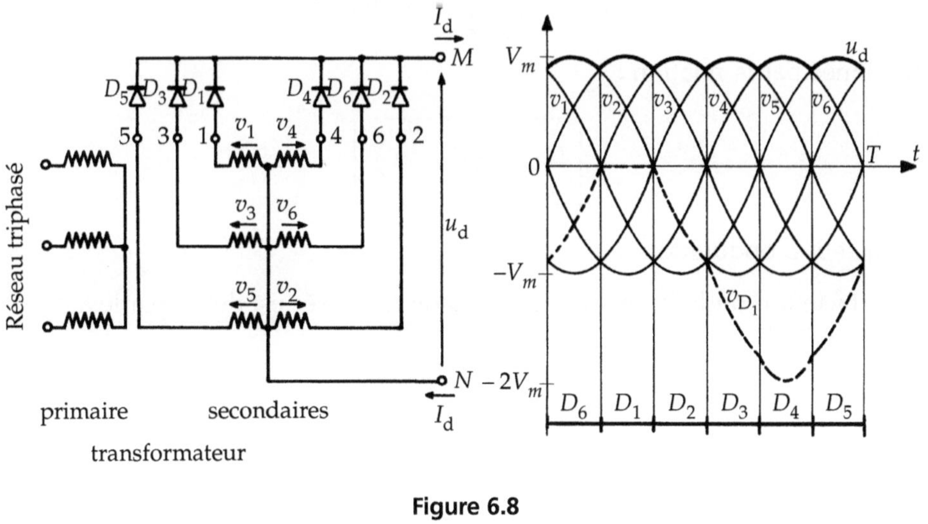

Figure 6.8

La tension u_d est successivement égale à chacune des six tensions secondaires pendant l'intervalle de durée $T/6$ où elle est la plus grande.

La tension v_{D_1} aux bornes de la diode D_1 a pour valeur :

$$v_1 - v_1 = 0, \quad \text{quand } D_1 \text{ conduit}$$
$$v_1 - v_2, \quad \text{quand } D_2 \text{ conduit}$$
$$v_1 - v_3, \quad \text{quand } D_3 \text{ conduit, etc.}$$

6.2.2 Étude des tensions

a) *Tension redressée*

D'une façon générale, quand on redresse q tensions de période T, la tension redressée u_d est formée de q *sommets de sinusoïdes* par période T. La période de u_d est donc T/q.

Cette tension est égale à $v_1 = V_m \sin \omega t$ pendant l'intervalle :

$$\frac{T}{4} - \frac{T}{2q} < t < \frac{T}{4} + \frac{T}{2q}$$

où v_1 est la plus grande des q tensions alternatives.

- **Valeur moyenne**

La valeur moyenne U_{d_0} de la tension u_d calculée par :

$$u_{d_0} = \frac{q}{T} \int_{\frac{T}{4}-\frac{T}{2q}}^{\frac{T}{4}+\frac{T}{2q}} V_m \sin \omega t \, dt$$

est donnée par la relation :

$$\boxed{U_{d_0} = \frac{q}{\pi} V_m \sin \frac{\pi}{q}}$$

- **Facteur d'ondulation**

Le facteur d'ondulation K_0 de la tension redressée est défini par le rapport :

$$K_0 = \frac{u_{d_{max}} - u_{d_{min}}}{2U_{d_0}}$$

Durant sa période $T/4 - T/2q < t < T/4 + T/2q$, u_d est maximale au milieu de cet intervalle et minimale aux deux extrémités :

$$u_{d_{max}} = V_m$$

$$u_{d_{min}} = V_m \sin\left(\frac{\pi}{2} \pm \frac{\pi}{q}\right) = V_m \cos \frac{\pi}{q}.$$

Donc :

$$\boxed{K_0 = \frac{\pi}{2q} \frac{1 - \cos\frac{\pi}{q}}{\sin\frac{\pi}{q}}}$$

Développement en série

Le développement en série de la tension u_d comprend, en plus de U_{d_0}, des termes sinusoïdaux de pulsations $q\omega$, $2q\omega$, et, d'une façon générale, $kq\omega$.

Si l'on prend pour origine des temps le passage de u_d par un maximum, c'est (*cf.* § 3.2.5)

$$u_d = U_{d_0}\left(1 + \sum_{k=1}^{\infty} \frac{-2(-1)^k}{k^2q^2 - 1}\cos kq\omega t\right)$$

ce qui donne :

pour $q = 2$ $(K_0 = 0,79)$,

$$u_d = U_{d_0}(1 + 0,67\cos 2\omega t - 0,13\cos 4\omega t + 0,057\cos 6\omega t...)$$

pour $q = 3$ $(K_0 = 0,30)$,

$$u_d = U_{d_0}(1 + 0,25\cos 3\omega t - 0,057\cos 6\omega t + 0,025\cos 9\omega t...)$$

pour $q = 6$ $(K_0 = 0,07)$,

$$u_d = U_{d_0}(1 + 0,057\cos 6\omega t - 0,014\cos 12\omega t + 0,0062\cos 18\omega t...)$$

pour $q = 12$ $(K_0 = 0,017)$,

$$u_d = U_{d_0}(1 + 0,014\cos 12\omega t - 0,0035\cos 24\omega t + 0,0015\cos 36\omega t...)$$

pour $q = 18$ $(K_0 = 0,0075)$,

$$u_d = U_{d_0}(1 + 0,0062\cos 18\omega t - 0,0015\cos 36\,\omega t + 0,0007\cos 54\,\omega t...).$$

Remarque sur l'indice de pulsation

L'ondulation de la tension redressée ne dépend que du nombre de sommets de sinusoïdes qui la composent durant chaque période T des tensions alternatives. Ce nombre est appelé *ordre*, ou *indice de pulsation* de la tension redressée.

Toutes les tensions du même indice, quel que soit le redresseur qui les donne, ont même facteur d'ondulation et même développement en série.

b) Tension inverse

La tension aux bornes d'une diode, D_1 par exemple, a pour expressions successives : $v_1 - v_1$, puis $v_1 - v_2$, puis $v_1 - v_3$, ..., puis $v_1 - v_q$.

La tension inverse maximale correspond au maximum de la plus grande de ces différences.

Si q *est pair*, la tension la plus « éloignée » de $v_1 = V_m \sin \omega t$ est :

$$v_{\frac{q}{2}+1} = -V_m \sin \omega t.$$

La différence $v_1 - v_{\frac{q}{2}+1}$, égale à $2V_m \sin \omega t$, passe par son « maximum » négatif pour $\omega t = 3\pi/2$ et vaut alors $-2V_m$. La tension inverse maximale appliquée aux diodes est donc :

$$\boxed{v_{i\,max} = 2V_m}$$

Si q est impair, les deux tensions les plus « éloignées » de v_1 sont $v_{\frac{q+1}{2}}$ et $v_{\frac{q+3}{2}}$:

$$v_1 - v_{\frac{q+1}{2}} = V_m \sin \omega t - V_m \sin\left(\omega t - \frac{q-1}{2}\frac{2\pi}{q}\right) = 2V_m \cos\frac{\pi}{2q} \sin\left(\omega t + \frac{\pi}{2q}\right)$$

$$v_1 - v_{\frac{q+3}{2}} = V_m \sin \omega t - V_m \sin\left(\omega t - \frac{q+1}{2}\frac{2\pi}{q}\right) = 2V_m \cos\frac{\pi}{2q} \sin\left(\omega t - \frac{\pi}{2q}\right).$$

La tension inverse passe par deux maxima par période, pour $\omega t = 3\pi/2 - \pi/2q$ et $\omega t = 3\pi/2 + \pi/2q$:

$$\boxed{v_{i\,max} = 2\cos\frac{\pi}{2q} V_m}$$

6.2.3 Étude des courants

a) Courant dans les diodes

Si le montage débite un courant continu I_d constant, chaque diode assure le passage de I_d pendant l'intervalle de durée T/q où elle est conductrice.

D'où les valeurs maximale, moyenne et efficace du courant dans chacune des q diodes :

$$\boxed{i_{max} = I_d, \quad i_{moy} = \frac{I_d}{q}, \quad I = \frac{I_d}{\sqrt{q}}}$$

b) Courant et facteur de puissance secondaires

▶ Le courant i_s dans un bobinage secondaire du transformateur est, comme celui dans la diode par laquelle il débite, égal à I_d pendant T/q et nul durant tout le reste de la période. La valeur efficace des courants secondaires est donc :

$$\boxed{I_s = \frac{I_d}{\sqrt{q}}}$$

► Si on néglige les chutes de tension, puisque le courant i_d est supposé constant, la puissance débitée par le secondaire du transformateur est :

$$P_d = U_{d_0} I_d .$$

Or, la puissance apparente du secondaire formé de q enroulements, sièges de tensions de valeur efficace $V = V_m / \sqrt{2}$ parcourus par des courants de valeur efficace I_S est :

$$S = qVI_s .$$

D'où le facteur de puissance secondaire :

$$f_s = \frac{P_d}{S} = \frac{U_{d_0} I_d}{qVI_S} = \frac{\frac{q}{\pi} V_m \sin \frac{\pi}{q} I_d}{q \frac{V_m}{\sqrt{2}} \frac{I_d}{\sqrt{q}}}$$

$$\boxed{f_s = \frac{\sqrt{2q}}{\pi} \sin \frac{\pi}{q}}$$

La valeur de f_s calculée pour quelques valeurs de q, soit :

q	2	3	4	6	12	18
f_s	0,637	0,675	0,637	0,55	0,40	0,332

montre que f_s est faible et diminue quand q augmente au-delà de 3.

► Or, c'est la puissance apparente qVI_s qui détermine le dimensionnement du secondaire du transformateur car :

- q donne le nombre de phases ;
- V le nombre de spires par phase ;
- I_s la section des conducteurs.

Plus f_s est faible plus, à P_d donnée, la réalisation du secondaire est coûteuse. C'est la principale raison qui limite l'intérêt des montages du type parallèle et empêche de les employer pour des valeurs élevées de q.

c) Passage du secondaire au primaire

Il n'est pas possible d'établir des relations générales donnant le courant et le facteur de puissance primaires.

On peut simplement donner les équations d'ampères-tours qui permettent, dans chaque cas, de passer des A.T. secondaires aux A.T. primaires.

▶ Relation d'ampères-tours utilisables en monophasé

On compte les ampères-tours primaires dans un sens, et en sens inverse les ampères-tours du ou des enroulements secondaires.

Si les A.T. secondaires ont une résultante de valeur moyenne non nulle, cette valeur moyenne ne peut être compensée par les A.T. primaires car le courant primaire est forcément alternatif et de valeur moyenne nulle. Cette composante non compensée sature le circuit magnétique.

Pour trouver le courant primaire, on néglige le courant magnétisant et on écrit la compensation des A.T. alternatifs :

$$\boxed{n_1 i_P = \sum n_2 i_s}$$

$\sum n_2 i_s$ désignant la somme des A.T. secondaires comptés dans le même sens, déduction faite de la valeur moyenne de cette somme s'il y en a une.

▶ Application au redresseur P2

Les A.T. secondaires $n_2 i_{s_1} - n_2 i_{s_2}$ (*cf.* figure 6.6) ont une valeur moyenne nulle, donc :

$$n_1 i_P = n_2 i_{s_1} - n_2 i_{s_2}$$

Le courant primaire i_P égal à $(n_2/n_1)I_d$ pendant une alternance, à $(-n_2/n_1)I_d$ pendant l'autre (*figure* 6.9), a pour valeur efficace :

$$I_P = \frac{n_2}{n_1} I_d$$

La tension primaire vaut :

$$V_P = \frac{n_1}{n_2} V$$

d'où le facteur de puissance primaire :

$$f_P = \frac{U_{d_0} I_d}{V_P I_P} = \frac{\frac{2}{\pi} V_m I_d}{\frac{n_1}{n_2} \frac{V_m}{\sqrt{2}} \frac{n_2}{n_1} I_d} = \frac{2\sqrt{2}}{\pi} = 0,90 .$$

Le primaire est donc dimensionné pour une puissance apparente inférieure à celle du secondaire ($f_s = 0,636$).

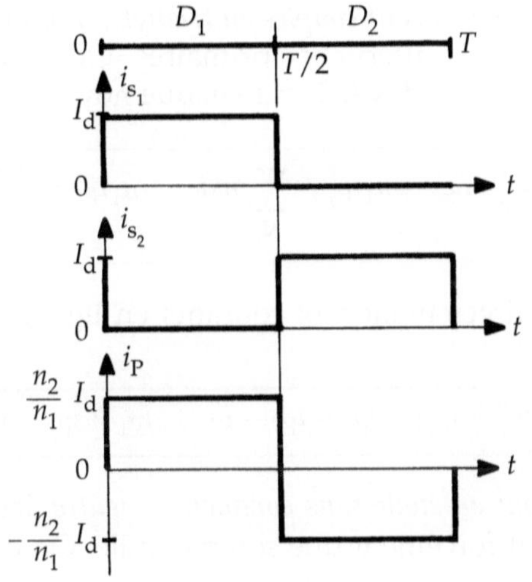

Figure 6.9

▶ Relations d'ampères-tours utilisables en triphasé

On suppose encore les enroulements réalisés dans le même sens et, pour les trois noyaux N_1, N_2 et N_3, on compte les courants dans le sens indiqué sur la figure 6.10.

Si les A.T. secondaires de chaque noyau n'ont pas une somme nulle, la valeur moyenne de cette somme ne peut être compensée.

Par $\sum_N n_2 i_s$ on désigne la somme des A.T. secondaires du noyau N, déduction faite de la valeur moyenne de cette somme si elle existe.

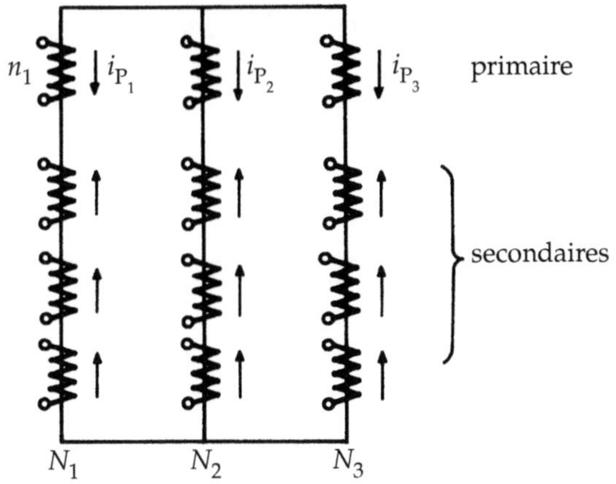

Figure 6.10

• *Si les enroulements primaires sont couplés en triangle,* aucune condition spéciale n'est imposée aux courants alternatifs primaires. On peut écrire, comme en monophasé, la compensation des A.T. sur chaque noyau :

$$n_1 i_{P_1} = \sum_{N_1} n_2 i_S, \quad n_1 i_{P_2} = \sum_{N_2} n_2 i_S, \quad n_1 i_{P_3} = \sum_{N_3} n_2 i_S$$

On passe ensuite directement aux courants en ligne, désignés ici par j_{P_1}, j_{P_2}, j_{P_3} :

$$j_{P_1} = i_{P_1} - i_{P_2}, \quad j_{P_2} = i_{P_2} - i_{P_3}, \quad j_{P_3} = i_{P_3} - i_{P_1}$$

• *Si les enroulements sont en étoile sans conducteur neutre,* les trois courants primaires i_{P_1}, i_{P_2} et i_{P_3} ont forcément une somme nulle. On dit qu'ils ne peuvent avoir de composante homopolaire, celle-ci étant définie par :

$$i_{P_0} = \frac{1}{3}(i_{P_1} + i_{P_2} + i_{P_3}).$$

Si les A.T. secondaires forment eux-mêmes un système de somme nulle, c'est-à-dire si :

$$\sum_{N_1} n_2 i_S + \sum_{N_2} n_2 i_S + \sum_{N_3} n_2 i_S = 0,$$

le couplage primaire ne s'oppose pas à la compensation des A.T. alternatifs par noyau. On déduit i_{P_1}, i_{P_2} et i_{P_3} des A.T. secondaires à l'aide des mêmes relations que celles indiquées pour un primaire en triangle.

Mais si les A.T. alternatifs secondaires ont une composante homopolaire :

$$\text{A.T.}_{H_0} = \frac{1}{3}\Big(\sum_{N_1} n_2 i_S + \sum_{N_2} n_2 i_S + \sum_{N_3} n_2 i_S\Big)$$

celle-ci ne peut être compensée par les A.T. primaires.

Ainsi, pour le premier noyau :

$$n_1 i_{P_1} = \sum_{N_1} n_2 i_S - \frac{1}{3}\Big(\sum_{N_1} n_2 i_S + \sum_{N_2} n_2 i_S + \sum_{N_3} n_2 i_S\Big)$$

et de même pour les deux autres.

On passera donc du secondaire au primaire par les relations :

$$n_1 i_{P_1} = \frac{2}{3}\sum_{N_1} n_2 i_S - \frac{1}{3}\sum_{N_2} n_2 i_S - \frac{1}{3}\sum_{N_3} n_2 i_S$$
$$n_1 i_{P_2} = \frac{2}{3}\sum_{N_2} n_2 i_S - \frac{1}{3}\sum_{N_3} n_2 i_S - \frac{1}{3}\sum_{N_1} n_2 i_S$$
$$n_1 i_{P_3} = \frac{2}{3}\sum_{N_3} n_2 i_S - \frac{1}{3}\sum_{N_1} n_2 i_S - \frac{1}{3}\sum_{N_2} n_2 i_S$$

► Application au redresseur P3

Il n'y a qu'un enroulement secondaire par noyau ; les A.T. secondaires ont une valeur moyenne non nulle. Ainsi, $n_2 i_{S_1}$ égale à $n_2 I_d$ pendant le tiers de période où D_1 conduit, et est nul pendant le reste de la période.

On prendra donc :

$$\sum_{N_1} n_2 i_S = n_2\left(i_{S_1} - \frac{I_d}{3}\right)$$
$$\sum_{N_2} n_2 i_S = n_2\left(i_{S_2} - \frac{I_d}{3}\right)$$
$$\sum_{N_3} n_2 i_S = n_2\left(i_{S_3} - \frac{I_d}{3}\right)$$

Dans ces conditions, la somme des A.T. secondaires est nulle tout au long de la période : les courants dans les bobines primaires (*figure* 6.11) ont mêmes expressions quel que soit le couplage de celles-ci. Leur valeur efficace est :

$$I_P = \frac{n_2}{n_1} I_d \sqrt{\frac{1}{T}\left(\frac{4}{9}\frac{T}{3} + \frac{1}{9}\frac{2T}{3}\right)}$$
$$I_P = \frac{\sqrt{2}}{3}\frac{n_2}{n_1} I_d$$

d'où le facteur de puissance primaire :

$$f_P = \frac{U_{d_0} I_d}{3 V_P I_P}$$

$$f_P = \frac{\frac{3}{\pi} V_m \frac{\sqrt{3}}{2} I_d}{3\frac{n_1}{n_2}\frac{V_m}{\sqrt{2}}\frac{\sqrt{2}}{3}\frac{n_2}{n_1} I_d} = 0,827\,.$$

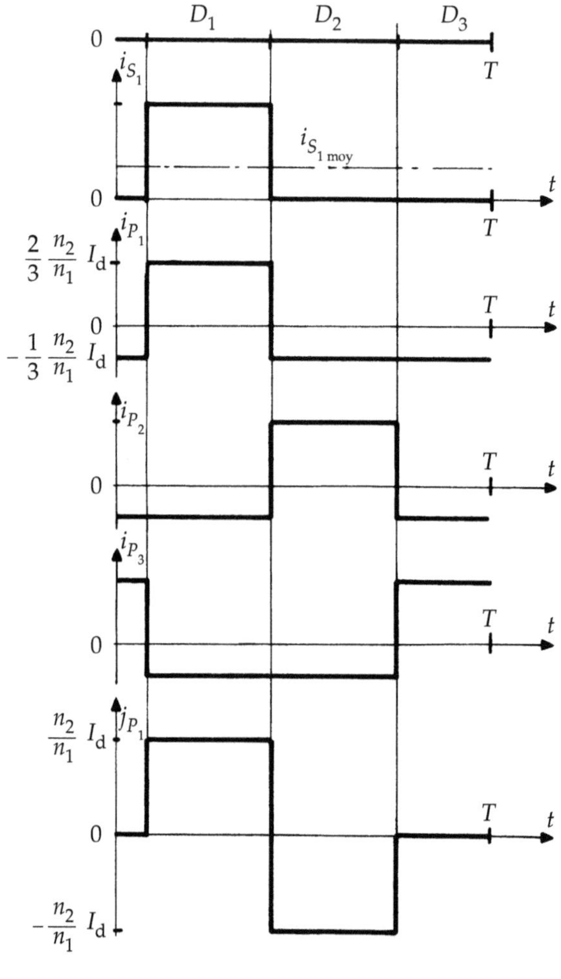

Figure 6.11

Si le primaire est triangle, les courants en ligne ont pour valeur :

$$J_P = \frac{n_2}{n_1} I_d \sqrt{\frac{2}{3}}$$

et le facteur de puissance en ligne, donné par :

$$f_L = \frac{U_{d_0} I_d}{\sqrt{3} V_P J_P}$$

est, dans ce cas, égal à f_P.

> **Remarque**
> Pour le redresseur P6, l'utilisation des relations générales donnerait :
> - primaire en triangle :
>
> $$I_P = \frac{1}{\sqrt{3}}\frac{n_2}{n_1}I_d, \qquad f_P = 0,78$$
>
> $$J_P = \sqrt{\frac{2}{3}}\frac{n_2}{n_1}I_d, \qquad f_L = 0,955$$
>
> - primaire en étoile :
>
> $$I_P = \frac{\sqrt{2}}{3}\frac{n_2}{n_1}I_d, \qquad f_P = 0,955.$$

d) Harmoniques des courants primaires

Le problème des harmoniques du ou des courants pris par un redresseur au réseau qui l'alimente est très important à cause des perturbations apportées à celui-ci par ces harmoniques. La question des harmoniques joue souvent un rôle déterminant dans le choix du montage à adopter pour une application donnée.

► Alimentation par le réseau monophasé

Le courant i_p pris au réseau par un redresseur monophasé est formé de créneaux rectangulaires :

$$i_P = \frac{n_2}{n_1}I_d, \qquad \text{pour} \quad 0 < t < T/2$$

$$i_P = -\frac{n_2}{n_1}I_d, \qquad \text{pour} \quad T/2 < t < T.$$

- Le courant i_P comprend, outre le fondamental de valeur efficace I_1, *tous les harmoniques impairs*. La valeur efficace I_h de l'harmonique de rang h est donnée par :

$$\boxed{\frac{I_h}{I_1} = \frac{1}{h}}, \qquad \text{avec } h \text{ impair.}$$

Au fondamental s'ajoutent donc les harmoniques 3, 5, 7… de valeur relative 1/3, 1/5, 1/7…

- *Le taux d'harmoniques* τ, défini par $\tau = \sqrt{I_p^2 - I_1^2}/I_1$, est égal à :

$$\tau = \sqrt{\left(\frac{1}{3}\right)^2 + \left(\frac{1}{5}\right)^2 + \left(\frac{1}{7}\right)^2 + \ldots} = \sqrt{\frac{\pi^2}{8} - 1} = 0,483$$

Alimentation par le réseau triphasé

Les harmoniques de la tension redressée u_d et donc de la puissance $u_d I_d$ à la sortie du convertisseur entraînent l'existence d'harmoniques dans la puissance à l'entrée et donc dans les courants pris au réseau. À partir de cette remarque, on montre que si un redresseur alimenté en triphasé absorbe des courants équilibrés, *le rang et la valeur relative des harmoniques de ces courants ne dépendent que de l'indice de la tension redressée* :

- Si l'indice p de la tension redressée est multiple de 3, les courants pris au réseau ne comportent, en plus du fondamental, que les harmoniques de rang h tel que :

$$h = kp \pm 1, \quad \text{k étant un entier positif.}$$

La valeur des harmoniques est alors inversement proportionnelle à leur rang. Si I_1 est la valeur du fondamental et I_h celle de l'harmonique h :

$$\boxed{\frac{I_h}{I_1} = \frac{1}{h} = \frac{1}{kp \pm 1}}$$

Pour p égal à 3, on a les harmoniques 2 et 4, 5 et 7, 8 et 10... d'importance relative 1/2 et 1/4, 1/5 et 1/7, 1/8 et 1/10, ...

Pour p égal à 6, on trouve les harmoniques 5 et 7, 11 et 13... d'importance relative 1/5 et 1/7, 1/11 et 1/13, ...

Pour p égal à 9, les premiers harmoniques sont ceux de rang 8 et 10, 17 et 19...

- *Le taux d'harmoniques* des courants en ligne est égal à 0,68 pour $p = 3$, à 0,31 pour $p = 6$, à 0,20 pour $p = 9$, à 0,15 pour $p = 12$...

La qualité des courants pris au réseau triphasé est d'autant meilleure que l'indice de la tension redressée est plus élevé.

6.2.4 Chute de tension en fonctionnement normal

Les impédances des éléments du montage redresseur et celle de son réseau d'alimentation provoquent la réduction de la tension redressée moyenne U_d au fur et à mesure que le courant continu débité I_d augmente.

La chute de tension totale est obtenue en additionnant :

- la chute due aux réactances $\Delta_1 U_d$;
- la chute due aux résistances $\Delta_2 U_d$;
- la chute due aux diodes $\Delta_3 U_d$.

Surtout pour les montages de forte puissance, ce sont les réactances qui, par le phénomène d'empiètement lors des commutations, provoquent la principale chute de tension.

a) Commutations, empiétement

Quand une diode devient passante, le courant qui la traverse ne peut passer instantanément de zéro à I_d ; de même le courant dans celle qui conduisait précédemment ne peut passer brusquement de I_d à zéro. Cela supposerait des discontinuités des courants dans les enroulements secondaires, primaires et dans la ligne d'alimentation, discontinuités rendues impossibles par les réactances de ces éléments. La *commutation* de I_d d'une voie à l'autre nécessite un certain temps.

Lorsqu'une diode entre en conduction, il y a débit simultané de celle-ci et de celle qui va se bloquer. Cet « empiétement » des intervalles passants entraîne une diminution $\Delta_1 U_d$ de la tension redressée moyenne.

On tient compte de la réactance de fuites des bobinages et de celle du réseau amont par une réactance unique $N_2\,\omega$ ramenée à chaque enroulement secondaire.

Suivons, à l'aide du schéma de la figure 6.12, la commutation du courant I_d de la phase 1 à la phase 2.

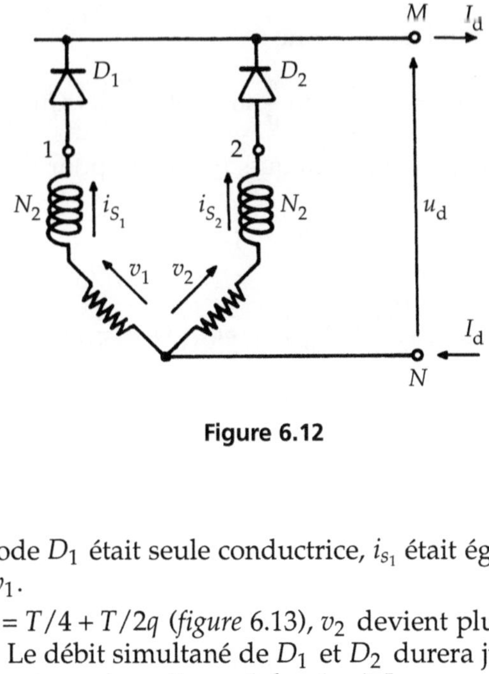

Figure 6.12

• Quand la diode D_1 était seule conductrice, i_{s_1} était égal à I_d donc constant et u_d était égal à v_1.

• À l'instant $t = T/4 + T/2q$ (*figure* 6.13), v_2 devient plus grande que v_1, D_2 devient passante. Le débit simultané de D_1 et D_2 durera jusqu'à ce que i_{S_1} soit passé de I_d à zéro, et que i_{S_2} soit passé de zéro à I_d.

• Ce transfert de I_d de la phase 1 à la phase 2 se termine pour $t = T/4 + T/2q + \mu/\omega$; μ est appelé angle de commutation ou d'empiétement. Aprés ce transfert et jusqu'à l'instant $t = T/4 + 3T/2q$ où D_3 entre en conduction, $u_d = v_2$.

▶ Pendant le débit simultané de D_1 et D_2, la tension redressée a pour expressions :

$$u_d = v_1 - N_2 \frac{di_{S_1}}{dt}$$

$$u_d = v_2 - N_2 \frac{di_{S_2}}{dt}$$

Puisque la somme $i_{S_1} + i_{S_2}$, égale à I_d, est constante :

$$\frac{di_{S_1}}{dt} + \frac{di_{S_2}}{dt} = 0, \quad \text{donc} \quad u_d = \frac{v_1 + v_2}{2}.$$

▶ *La valeur de l'angle* μ se déduit de :

$$v_1 - N_2 \frac{di_{S_1}}{dt} = v_1 + N_2 \frac{di_{S_2}}{dt} = v_2 - N_2 \frac{di_{S_2}}{dt}$$

$$\frac{di_{S_2}}{dt} = \frac{v_2 - v_1}{2N_2} = \frac{V_m}{2N_2}\left[\sin\left(\omega t - \frac{2\pi}{q}\right) - \sin \omega t\right] = -\frac{V_m}{N_2} \sin\frac{\pi}{q} \cos\left(\omega t - \frac{\pi}{q}\right).$$

Le courant i_{S_2} est donc de la forme :

$$i_{S_2} = -\frac{V_m}{N_2 \omega} \sin\frac{\pi}{q} \sin\left(\omega t - \frac{\pi}{q}\right) + \text{Cte}.$$

On trouve la constante en notant que i_{S_2} est nul pour :

$$\omega t = \frac{\pi}{2} + \frac{\pi}{q}.$$

D'où :

$$i_{S_2} = \frac{V_m}{N_2 \omega} \sin\frac{\pi}{q}\left[1 - \sin\left(\omega t - \frac{\pi}{q}\right)\right].$$

Pour obtenir la valeur de l'angle μ, on note que lorsque ωt égale $(\pi/2) + (\pi/q) + \mu$ le courant i_{S_2} atteint la valeur I_d :

$$\boxed{1 - \cos\mu = \frac{N_2 \omega I_d}{V_m \sin\frac{\pi}{q}}}$$

b) Chute de tension due à l'empiètement

La chute de tension vient de ce que durant l'intervalle $T/4 + T/2q < t < T/4 + T/2q + \mu/\omega$, la tension redressée u_d au lieu d'être égale à v_2 n'est égale qu'à $(v_1 + v_2)/2$. D'où la chute de tension moyenne :

$$\Delta_1 U_d = \frac{q}{2\pi} \int_{\frac{\pi}{2}+\frac{\pi}{q}}^{\frac{\pi}{2}+\frac{\pi}{q}+\mu} \left(v_2 - \frac{v_1 + v_2}{2} \right) \mathrm{d}\omega t$$

$$\Delta_1 U_d = \frac{q}{2\pi} V_m \sin\frac{\pi}{q}(1 - \cos\mu)$$

$$\boxed{\Delta_1 U_d = \frac{q}{2\pi} N_2 \omega I_d}$$

La chute de tension par commutation est proportionnelle au courant I_d, à la réactance $N_2\omega$ et aussi au nombre q de phases.

C'est le second inconvénient des redresseurs du type parallèle à q élevé.

La figure 6.13 montre, dans ce cas où q égale 3, les modifications de la forme d'onde de u_d, de i_{S_1}, i_{S_2} et i_{S_3} dues aux réactances.

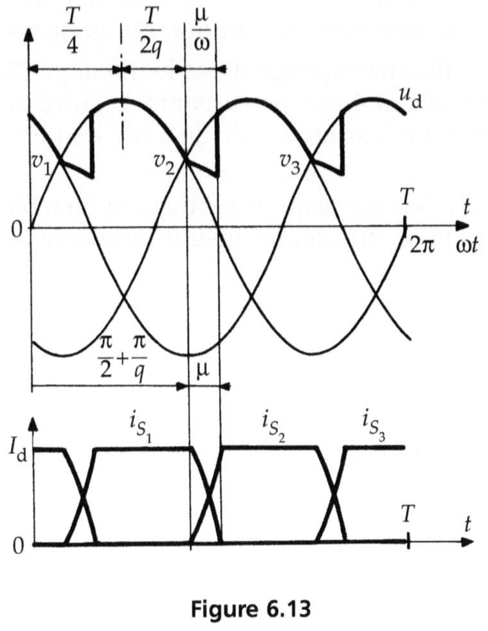

Figure 6.13

Remarques

• Les relations précédentes ne sont applicables que pour les valeurs de I_d ne rendant pas l'angle d'empiétement supérieur à $2\pi/q$ car elles correspondent au débit tantôt par une diode et tantôt par deux. Ce fonctionnement est normalement celui du montage depuis la marche à vide jusqu'à la marche en forte surcharge.

• Quand I_d devient plus fort, le débit de I_d s'effectue tantôt par deux diodes et tantôt par trois, puis par trois ou quatre,... jusqu'au fonctionnement avec sortie en court-circuit où toutes les diodes conduisent à la fois.

6.2.5 Utilisations

Le seul avantage des redresseurs du type parallèle par rapport aux redresseurs des autres types est qu'à nombre de phases donné il nécessite deux fois moins de diodes. Il en résulte la division par deux de la chute de tension dans les diodes et des pertes dans celles-ci.

En monophasé, on ne préfère le P2 au PD2 que pour les très faibles valeurs de la tension redressée quand la chute de tension dans deux diodes conductrices en série entraînerait une trop forte diminution du rendement.

En triphasé, on n'utilise pratiquement pas le montage P3 qui renvoie vers le réseau des harmoniques 2 et 4 très perturbants. D'autre part la multiplication du nombre de phases est à écarter car elle dégrade les performances.

Si on a étudié assez complètement les redresseurs du type parallèle, alors qu'ils sont peu utilisés, c'est parce qu'ils permettent d'établir de la façon la plus simple des résultats qu'on transpose ensuite aisément aux autres types de montages.

6.3 REDRESSEURS À DIODES DU TYPE PARALLÈLE DOUBLE

Les montages redressant q tensions étoilées à l'aide de $2q$ diodes étaient, et sont fréquemment encore, appelés montages en pont de Graëtz ou en pont. Nous les avons qualifiés de montages du type parallèle double pour les distinguer de ceux du type série.

6.3.1 Les montages usuels

▶ En *monophasé*, le pont à quatre diodes (*figure* 6.14) peut entrer, sous le nom de PD2, dans la catégorie des redresseurs du type parallèle double à condition de considérer le point milieu –fictif – O.

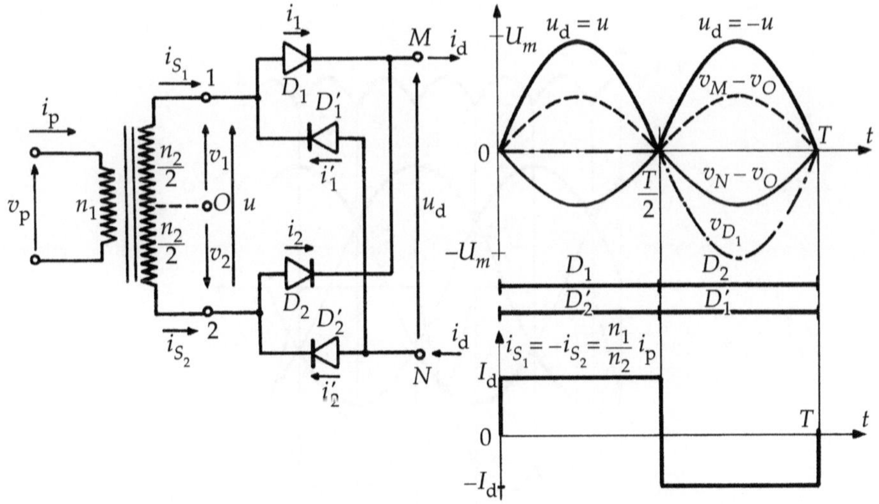

Figure 6.14

On décompose la tension

$$u = U_m \sin \omega t = 2V_m \sin \omega t \quad \text{en} \quad v_1 = u/2 \quad \text{et} \quad v_2 = -u/2.$$

Pour $0 < t < T/2$:

$v_1 > v_2$, D_1 conduit, $v_M - v_O = v_1$, $v_{D_2} = v_2 - (v_M - v_O) = v_2 - v_1 = -u$

$v_2 < v_1$, D'_2 conduit, $v_N - v_O = v_2$, $v_{D'_1} = (v_N - v_O) - v_1 = v_2 - v_1 = -u$

$$u_d = (v_M - v_O) - (v_N - v_O) = v_1 - v_2 = u.$$

Pour $T/2 < t < T$:

$v_2 > v_1$, D_2 conduit, $v_M - v_O = v_2$, $v_{D_1} = v_1 - (v_M - v_O) = v_1 - v_2 = u$

$v_1 < v_2$, D'_1 conduit, $v_N - v_O = v_1$, $v_{D'_2} = (v_N - v_O) - v_2 = v_1 - v_2 = u$

$$u_d = (v_M - v_O) - (v_N - v_O) = v_2 - v_1 = -u.$$

▶ *En triphasé*, le redresseur PD3 ou pont à six diodes, représenté dès la figure 6.4, est l'un des plus courants.

Le débit de D_1, D_2 ou D_3 (*figure* 6.15) rend la tension $v_M - v_O$ égale à la plus grande des trois tensions, v_1, v_2 ou v_3. La tension v_{D_1}, égale à $v_1 - (v_M - v_O)$, est successivement donnée par $v_1 - v_1$, par $v_1 - v_2$ et par $v_1 - v_3$.

De même, le débit de la diode correspondante de la seconde série (D'_1, D'_2, D'_3) rend $v_N - v_O$ égale à la plus négative des tensions v_1, v_2 ou v_3.

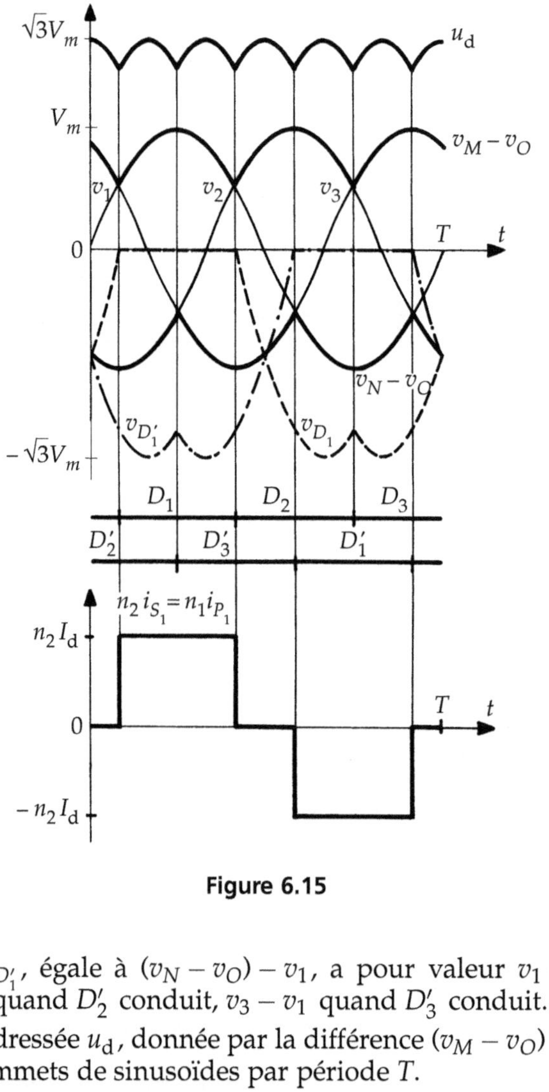

Figure 6.15

La tension $v_{D'_1}$, égale à $(v_N - v_O) - v_1$, a pour valeur $v_1 - v_1$ quand D'_1 conduit, $v_2 - v_1$ quand D'_2 conduit, $v_3 - v_1$ quand D'_3 conduit.

La tension redressée u_d, donnée par la différence $(v_M - v_O) - (v_N - v_O)$, est formée de six sommets de sinusoïdes par période T.

Remarque

Pour les redresseurs PD2 et PD3 le transformateur n'est pas multiplicateur du nombre de phases. En outre le point neutre (d'ailleurs fictif pour le premier) n'est pas utilisé par le côté continu.

Aussi, s'il n'est pas nécessaire pour obtenir le rapport alternatif-continu désiré ou pour contribuer à la limitation des courants de court-circuit, le transformateur peut être supprimé.

6.3.2 Étude des tensions

a) *Tension redressée*

▶ Valeur moyenne

La valeur moyenne U_{d_0} de la tension redressée à vide est :

$$U_{d_0} = (v_M - v_O)_{\text{moy}} - (v_N - v_O)_{\text{moy}}.$$

Or $v_M - v_O$ est la tension redressée que donne le montage du type parallèle simple redressant les mêmes tensions :

$$(v_M - v_O)_{\text{moy}} = \frac{q}{\pi} V_\text{m} \sin \frac{\pi}{q}.$$

La tension $v_N - v_O$, formée par les minima et non plus les maxima de tensions alternatives, a une valeur moyenne égale et opposée à celle donnée par le commutateur plus positif.

Donc :

$$\boxed{U_{d_0} = \frac{2q}{\pi} V_\text{m} \sin \frac{\pi}{q}}$$

Avec les mêmes tensions à redresser, en passant du type P au type PD, on double la tension redressée moyenne.

▶ Indice de pulsation et ondulation

L'indice p de la tension redressée dépend de la valeur et de la parité du nombre q de phases.

Si q est pair, à chaque tension alternative correspond une autre égale et opposée ; à v_1, v_2, ..., $v_{\frac{q}{2}}$ correspondent $v_{\frac{q}{2}+1}$, $v_{\frac{q}{2}+2}$, ..., v_q. Quand une tension passe par son maximum, celle qui lui est opposée passe par son minimum : les maxima de $v_M - v_O$ coïncident avec les minima de $v_N - v_O$.

La tension redressée u_d est formée de q *sommets de sinusoïdes* par période T.

Si q est impair, au contraire, les minima de $v_N - v_O$ se situent entre deux passages de $v_M - v_O$ par un maximum et inversement. Ainsi, $v_1, v_2, v_3, \ldots$ passent à la valeur V_m pour $t = T/4$, $t = T/4 + T/q$, $t = T/4 + 2T/q$, ... alors que $v_{\frac{q+1}{2}}$, $v_{\frac{q+3}{2}}$, $v_{\frac{q+5}{2}}$, ... passent par $-V_m$ pour $t = T/4 - T/2q$, $t = T/4 + T/2q$, $t = T/4 + 3T/2q$, ...

La tension redressée est formée de $2q$ *sommets de sinusoïdes* par période T.

On peut utiliser les relations établies pour le type parallèle en tenant compte du fait que l'indice p de la tension redressée est égal à q ou $2q$ suivant le cas.

Le facteur d'ondulation et le développement en série sont donnés par les relations :

$$K_0 = \frac{\pi}{2p}\frac{1-\cos\frac{\pi}{p}}{\sin\frac{\pi}{p}}$$

$$u_d = U_{d_0}\left[1 + \sum_{k=1}^{\infty}\frac{-2(-1)^k\cos kp\omega t}{k^2p^2-1}\right]$$

$p = q$, si q est pair

$p = 2q$, si q est impair.

b) Tension inverse

Les tensions aux bornes des diodes ont mêmes formes d'ondes et mêmes valeurs maximales que lors du fonctionnement en redresseur parallèle simple :

$$v_{i\,max} = 2V_m, \text{ si } q \text{ pair}$$

$$v_{i\,max} = 2V_m \cos\frac{\pi}{2q}, \text{ si } q \text{ impair.}$$

6.3.3 Étude des courants

a) Courant dans les diodes

Durant chaque période T, chacune des diodes $D_1, D_2, \ldots, D_q$ débite le courant continu I_d à tour de rôle. Chacun des courants $i_1, i_2, \ldots, i_q$ est donc égal à I_d pendant T/q, et est nul pendant le reste de la période.

De même le retour du courant I_d nécessite la conduction de l'une des q diodes de la série $D'_1, D'_2, \ldots, D'_q$. Chacun des courants $i'_1, i'_2, \ldots, i'_q$ égale donc I_d pendant T/q, puis est nul jusqu'à la période suivante.

Le courant dans les $2q$ diodes du montage a pour valeurs :

$$i_{moy} = i'_{moy} = \frac{I_d}{q}$$

$$i_{max} = i'_{max} = I_d$$

$$I = I' = \frac{I_d}{\sqrt{q}}.$$

b) Courant et facteur de puissance secondaires

Chaque enroulement secondaire, étant relié à deux diodes, est parcouru par un courant pendant deux intervalles de durée T/q.

Ainsi :

$$i_{S_1} = +I_d \quad \text{quand } D_1 \text{ conduit}$$

$$i_{S_1} = -I_d \quad \text{quand } D'_1 \text{ conduit.}$$

La valeur efficace des courants secondaires est donc :

$$I_S = \sqrt{\frac{1}{T}\left(I_d^2 2\frac{T}{q}\right)}$$

$$I_S = I_d\sqrt{\frac{2}{q}}$$

Le facteur de puissance secondaire, donné par :

$$f_S = \frac{U_{d_0} I_d}{qVI_S} = \frac{\frac{2q}{\pi}V_m \sin\frac{\pi}{q} I_d}{q\frac{V_m}{\sqrt{2}} I_d\sqrt{\frac{2}{q}}}$$

a pour valeur :

$$f_S = \frac{2}{\pi}\sqrt{q}\sin\frac{\pi}{q}$$

À q donné, il est $\sqrt{2}$ fois plus fort qu'avec le redresseur parallèle car la tension redressée et donc, à I_d donné, la puissance sont multipliées par 2 alors que le courant secondaire n'est multiplié que par $\sqrt{2}$.

f_S est voisin de l'unité pour q faible (0,90 pour le PD2, 0,955 pour le PD3) mais il diminue si on augmente q.

c) Courant et facteur de puissance primaires

Pour passer des A.T. secondaires au A.T. primaires on utilise les relations générales établies au paragraphe 6.2.3.

On peut noter que tous les courants secondaires étant alternatifs de valeur moyenne nulle, la somme des A.T. secondaires par noyau ne présente jamais de composante moyenne non compensée.

Application aux redresseurs usuels

- *Redresseur* PD2 (*cf.* figure 6.14) :

$$n_1 i_P = \frac{n_2}{2}(i_{S_1} - i_{S_2}) = n_2\, i_{S_1}$$

donc :

$$n_1 I_P = n_2 I_S = n_2 I_d$$

et :

$$f_P = f_S = \frac{2\sqrt{2}}{\pi} = 0,90.$$

- *Redresseur* PD3 (*cf.* figure 6.15) :

À chaque instant l'un des trois courants secondaires égale I_d, un autre $-I_d$, donc :

$$n_2 i_{S_1} + n_2 i_{S_2} + n_2 i_{S_3} = 0$$

et les courants dans les bobines primaires sont les mêmes quel que soit le couplage :

$$n_1 i_{P_1} = n_2 i_{S_1}, \quad n_1 i_{P_2} = n_2 i_{S_2}, \quad n_1 i_{P_3} = n_2 i_{S_3}$$

$$I_P = \frac{n_2}{n_1} I_S = \frac{n_2}{n_1} I_d \sqrt{\frac{2}{3}}$$

$$f_P = f_S = \frac{3}{\pi} = 0,955.$$

Si le primaire est en triangle, les courants en ligne ont pour valeur $(n_2/n_1) I_d \sqrt{2}$ et f_L est lui aussi égal à 0,955.

L'égalité des facteurs de puissance et, à n_2/n_1 près, des courants au primaire et au secondaire pour les redresseurs PD2 et PD3 est liée à la possibilité de suppression du transformateur.

d) Harmoniques des courants primaires

– Le courant primaire du redresseur PD2 étant tantôt égal à $n_2 I_d/n_1$ tantôt à $-n_2 I_d/n_1$, son développement en série comporte, comme celui du montage P2, tous les harmoniques impairs. La valeur relative de chaque harmonique est inversement proportionnelle à son rang.

– Puisque sa tension redressée a un indice de pulsation égal à 6, le montage PD3 absorbe des courants contenant les harmoniques 5 et 7, 11 et 13... dont la valeur rapportée à celle du fondamental est 1/5 et 1/7, 1/11 et 1/13...

6.3.4 Chute de tension due aux commutations

Le transfert de courant I_d d'une phase à la suivante, quand la tension de celle-ci devient la plus grande, se déroule comme pour le redresseur parallèle ; les relations donnant l'angle μ et la réduction de $v_M - v_O$ sont les mêmes.

Le même phénomène se déroule autour du point N pour faire passer l'entrée de I_d d'une borne à la suivante. L'angle μ et la diminution de $(v_O - v_N)_{moy}$ ont même valeur. D'où les relations :

$$1 - \cos\mu = \frac{N_2 \omega I_d}{V_m \sin\dfrac{\pi}{q}}$$

$$\Delta_1 U_d = \frac{q}{\pi} N_2 \omega I_d.$$

La figure 6.16 montre, pour le redresseur PD3 et un angle μ de $\pi/6$, le tracé de $v_M - v_O$, de $v_N - v_O$ et de u_d.

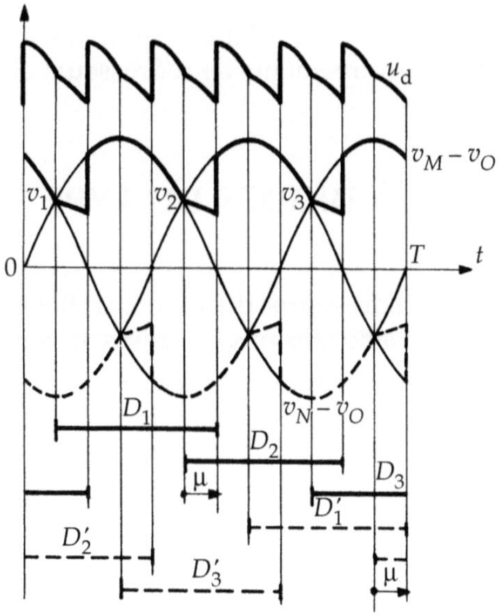

Figure 6.16

Remarques

- Les relations précédentes ne sont applicables que :

– s'il n'y a pas plus de deux diodes de la même série en conduction simultanée, donc si $\mu < 2\pi/q$,

– et si les deux diodes réunies à la même borne secondaire ne sont pas conductrices à la fois, donc si $\mu < \pi - (2\pi/q)$. Lors de ces débits simultanés, la tension u_d est nulle, or ni les relations précédentes, ni les tracés tels celui de la figure 6.16 ne rendent compte de ces intervalles à u_d nulle.

• Pour le redresseur PD3 on ne pourra utiliser les relations générales que pour μ inférieur à $\pi/3$, donc $\Delta_1 U_d$ inférieure à $0,25 U_{d_0}$.

Pour le redresseur PD2, elles ne sont pas applicables. On démontre que la chute inductive est alors donnée par :

$$\Delta_1 U_d = \frac{4}{\pi} N_2 \omega I_d .$$

6.3.5 Utilisations

Les montages PD2 en monophasé et PD3 en triphasé sont les plus couramment utilisés.

En triphasé, ce n'est que lorsqu'on veut obtenir un indice de pulsation supérieur à 6 pour avoir une tension redressée très peu ondulée et surtout pour réduire les harmoniques des courants d'entrée qu'il faut avoir recours aux montages du type série ou aux groupements de redresseurs élémentaires.

6.4 REDRESSEURS À DIODES DU TYPE SÉRIE

Les performances des redresseurs du type parallèle simple ou double se dégradent quand le nombre q de tensions soumises au redressement augmente.

Aussi, pour obtenir directement des tensions redressées à faible ondulation, nous avons proposé d'effectuer statiquement avec des semiconducteurs l'opération que réalise l'ensemble balais-collecteur des machines tournantes à courant continu.

Les montages utilisant ce principe gardent d'excellentes performances quel que soit q, mais leur étude générale est plus compliquée que celle des redresseurs du type parallèle. Aussi nous contenterons-nous d'indiquer comment ils fonctionnent et de montrer comment on établit les principales relations.

6.4.1 Étude des tensions

a) Règles de fonctionnement

Les q enroulements sièges des tensions alternatives $v_1, v_2, ..., v_q$ sont groupés en polygone (*figure* 6.17). Grâce à un commutateur plus positif formé par les diodes $D_1, D_2, ..., D_q$, la borne la plus positive est reliée à M ; le second commutateur $D'_1, D'_2, ..., D'_q$ réunit à N le sommet du polygone le plus négatif.

▶ Remarquons d'abord que, si on numérote les q tensions alternatives dans l'ordre direct :

$$v_1 = V_m \sin \omega t$$
$$v_2 = V_m \sin\left(\omega t - \frac{2\pi}{q}\right)$$
$$\dots \quad \dots\dots\dots\dots\dots\dots\dots$$
$$v_q = V_m \sin\left[\omega t - (q-1)\frac{2\pi}{q}\right]$$

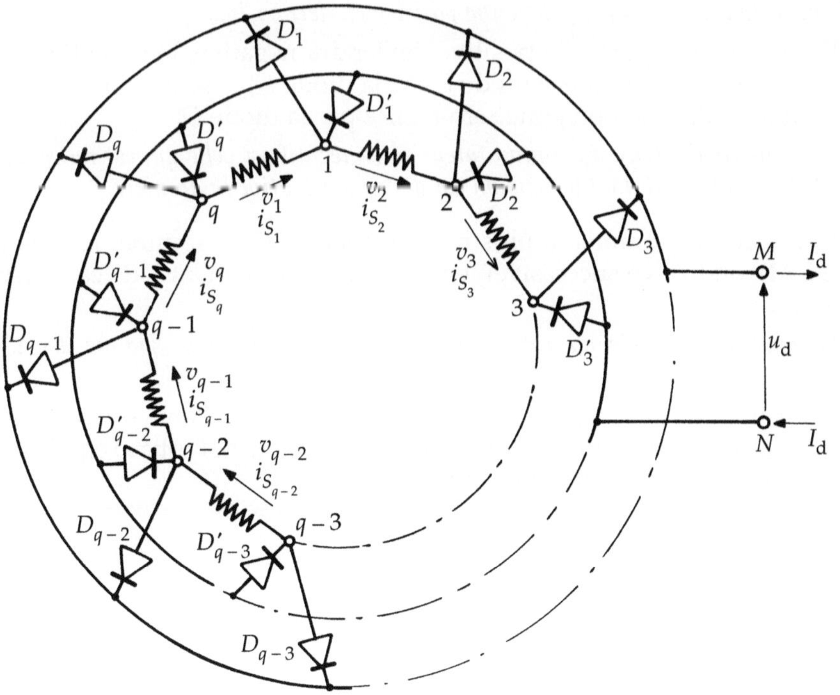

Figure 6.17

les tensions de négatives deviennent positives dans l'ordre de numérotation :

$$v_1 \text{ pour } t = 0, \qquad v_2 \text{ pour } t = T/q, \qquad v_3 \text{ pour } t = 2T/q, \text{ etc.}$$

De même, c'est dans l'ordre de numérotation que les tensions de positives deviennent négatives :

$$v_1 \text{ pour } t = T/2, \qquad v_2 \text{ pour } t = T/2 + T/q, \qquad v_3 \text{ pour } t = T/2 + 2T/q. \text{ etc.}$$

▶ Pendant l'intervalle où :

- v_i, v_{i+1}, v_{i+2}, ..., v_q et v_1 sont positives,
- v_2, v_3, v_4, ...v_{i-2} et v_{i-1} négatives,

par ordre de potentiel croissant on trouve les bornes $i-1$, i, $i+1$, $i+2$, ..., q et 1. Si on continue à suivre le polygone, le potentiel décroît de 1 à 2, puis de 2 à 3, ..., puis de $i-2$ à $i-1$.

La borne 1 est alors la plus positive, la borne $i-1$ la plus négative ; les diodes passantes sont D_1 et D'_{i-1}.

Dès que la tension v_2 deviendra positive, le sommet 2 sera plus positif que le sommet 1 ; la diode D_2 deviendra conductrice à la place de D_1.

La diode conductrice de la première série est celle qui est réunie à l'extrémité de l'enroulement dont la tension est devenue positive en dernier lieu.

De même, dès que v_i de positive deviendra négative, le potentiel du sommet i sera plus négatif que celui de $i-1$, la diode D'_{i-1} se bloquera et le retour du courant I_d dans le polygone sera réalisé par la diode D'_i.

La diode conductrice du commutateur plus négatif est celle qui est reliée à l'extrémité de l'enroulement dont la tension est devenue négative la dernière.

▶ Pour aller du sommet le plus négatif (relié à N) au sommet le plus positif (relié à M), on trouve successivement tous les enroulements sièges de tensions positives.

La tension redressée u_d est, à chaque instant, égale à la somme des tensions positives.

On peut aussi aller de N à M en rencontrant, mais à l'envers, toutes les tensions négatives. La somme des tensions d'un système polyphasé équilibré étant nulle, cela conduit à la même valeur de u_d.

b) Exemples

▶ Le plus simple des montages du type série est le *redresseur S3* qui redresse les trois tensions engendrées dans des enroulements en triangle (*figure* 6.18).

- Pour $0 < t < T/6$, v_3 et v_1 sont positifs, D'_2 et D_1 conduisent :

$$u_d = v_3 + v_1, \qquad v_{D1} = 0$$

- Pour $T/6 < t < T/3$, v_1 est positif, D_1 et D'_3 conduisent :

$$u_d = v_1, \qquad v_{D1} = 0$$

- Pour $T/3 < t < T/2$, v_1 et v_2 sont positifs, D_2 et D'_3 conduisent :

$$u_d = v_1 + v_2, \qquad v_{D1} = -v_2, \text{ etc.}$$

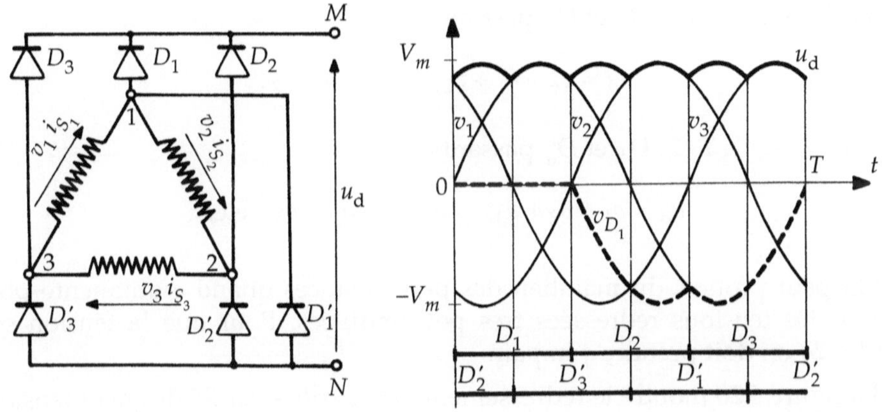

Figure 6.18

La tension redressée u_d, somme à chaque instant des tensions positives, est formée de six sommets de sinusoïdes par période T.

▶ Dès la figure 6.5, nous avons représenté le *redresseur S6*. La tension u_d n'est que d'ordre 6 car les changements de diode passante s'opèrent simultanément pour les deux séries (*figure* 6.19).

- Pour $0 < t < T/6$, D_1 et D'_4 passants :

$$u_d = v_5 + v_6 + v_1, \qquad v_{D_1} = 0.$$

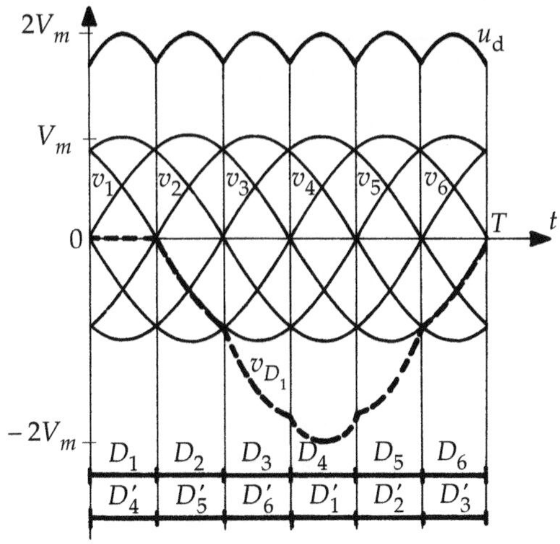

Figure 6.19

- Pour $T/6 < t < T/3$, D_2 et D'_5 passants :

$$u_d = v_6 + v_1 + v_2, \qquad v_{D_1} = -v_2.$$

- Pour $T/3 < t < T/2$, D_3 et D'_6 passants :

$$u_d = v_1 + v_2 + v_3, \quad v_{D_1} = -v_2 - v_3, \text{ etc.}$$

▶ On peut profiter du maintien des performances quand q augmente pour obtenir des tensions redressées très peu ondulées. Pour que la tension soit d'ordre $2q$ on doit prendre q impair.

La figure 6.20 montre le redressement par le *redresseur S9* des neuf tensions secondaires d'un transformateur triphasé-ennéaphasé :

$$u_{d\,max} = 2,879\,V_m, \qquad u_{d\,min} = 2,830\,V_m.$$

c) *Tension redressée*

La tension redressée étant, à chaque instant, égale à la somme des tensions positives, sa valeur moyenne U_{d_0} est donnée par la valeur positive moyenne de chacune d'elles, V_m/π, multipliée par le nombre q de tensions alternatives :

$$\boxed{U_{d_0} = \frac{q}{\pi} V_m}$$

L'indice p de la tension redressée donne son facteur d'ondulation et l'expression de son développement en série :

$$\boxed{\begin{array}{lll} p = q, & \text{si} & q \text{ pair} \\ p = 2q, & \text{si} & q \text{ impair.} \end{array}}$$

d) *Tension inverse*

La tension aux bornes d'une diode a pour expressions successives les diverses sommes (ou leurs inverses) des tensions polyphasées se présentant dans l'ordre de succession des phases. Elle est minimale quand la somme de plus grande amplitude est minimale.

Or la tension u_d est égale à la somme des tensions positives et sa valeur maximale est donnée par la valeur maximale que peut présenter la somme des tensions alternatives.

La tension inverse maximale est donc égale à la valeur maximale de la tension redressée.

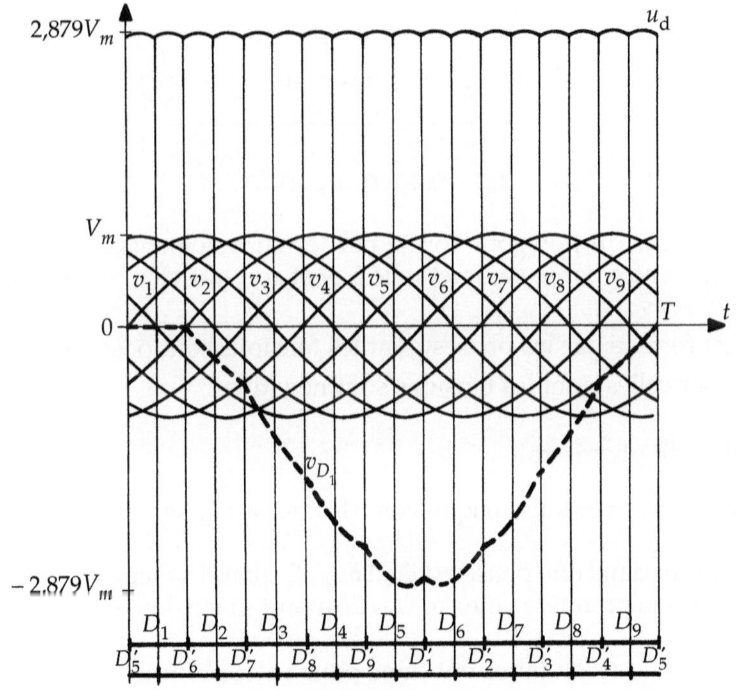

Figure 6.20

Suivant la parité du nombre q de phases, cela donne :

$$v_{\text{i max}} = \frac{V_\text{m}}{\sin \pi/q} \quad \text{si} \quad q \text{ est pair}$$

$$v_{\text{i max}} = \frac{V_\text{m}}{2\sin \pi/2q} \quad \text{si} \quad q \text{ est impair.}$$

Égale à 1,05 U_{d_0} pour $q = 3$, $v_{\text{i max}}$ est d'autant plus voisine de U_{d_0} que p est plus grand.

6.4.2 Étude des courants

a) Courant dans les semiconducteurs

Chaque diode écoule le courant redressé supposé constant I_d, pendant T/q. D'où les diverses valeurs du courant dans chacune des $2q$ diodes :

$$i_{\text{moy}} = \frac{I_d}{q}, \qquad i_{\text{max}} = I_d, \qquad I = \frac{I_d}{\sqrt{q}}$$

b) Courant et facteur de puissance secondaires

À l'intérieur du polygone formé par les enroulements secondaires, le courant I_d, qui rentre par le sommet relié à N et sort par celui relié à M, se partage entre *deux voies* :

- l'une est formée par les phases dont les tensions sont positives,
- l'autre par celles dont les tensions sont négatives.

Nombre de phases pair

Il y a $q/2$ phases dans chaque voie ; le courant I_d se partage en deux parties égales.

Le courant dans une phase est égal à $I_d/2$ quand sa tension est positive (elle est alors dans la première voie), à $-I_d/2$ quand sa tension est négative (seconde voie).

Les courants secondaires ont donc pour valeur efficace :

$$I_S = \frac{I_d}{2}$$

Le facteur de puissance secondaire est :

$$f_S = \frac{U_{d_0} I_d}{qVI_S} = \frac{\frac{q}{\pi} V_m I_d}{q \frac{V_m}{\sqrt{2}} \frac{I_d}{2}} = \frac{2\sqrt{2}}{\pi}$$

$$f_S = 0{,}90$$

Nombre de phases impair

Il y a $(q+1)/2$ phases dans une voie, $(q-1)/2$ dans l'autre. Le courant I_d se partageant dans le rapport inverse du nombre d'enroulements que compte chaque voie, il y a, pendant chaque intervalle :

$$\frac{q+1}{2} \text{ phases parcourues par } \frac{q-1}{2q}|I_d|$$

$$\frac{q-1}{2} \text{ phases parcourues par } \frac{q+1}{2q}|I_d|.$$

Par période T, il y a $2q$ intervalles de durée $T/2q$, q où il y a plus de tensions positives que de tensions négatives, et q où c'est l'inverse.

D'où la valeur efficace des courants secondaires :

$$I_S = \sqrt{\frac{1}{T}\left[(q+1)\frac{T}{2q}\left(\frac{q-1}{2q}I_d\right)^2 + (q-1)\frac{T}{2q}\left(\frac{q+1}{2q}I_d\right)^2\right]}$$

$$\boxed{I_S = \frac{I_d}{2}\frac{\sqrt{q^2-1}}{q}}$$

et le facteur de puissance secondaire :

$$f_S = \frac{\frac{q}{\pi}V_m I_d}{q\frac{V_m}{\sqrt{2}}\frac{I_d}{2}\frac{\sqrt{q^2-1}}{q}} = \frac{2\sqrt{2}}{\pi}\frac{q}{\sqrt{q^2-1}}$$

$$\boxed{f_S = 0,90\frac{q}{\sqrt{q^2-1}}}.$$

f_S est égal à 0,955 pour $q = 3$ et tend vers 0,90 quand q tend vers l'infini. Le facteur de puissance secondaire conserve donc toujours une valeur élevée.

La figure 6.21 montre le tracé de la forme d'onde de i_{S_1} pour trois puis neuf phases secondaires. On a indiqué les bornes d'entrée et de sortie du courant I_d dans le polygone pendant chaque intervalle.

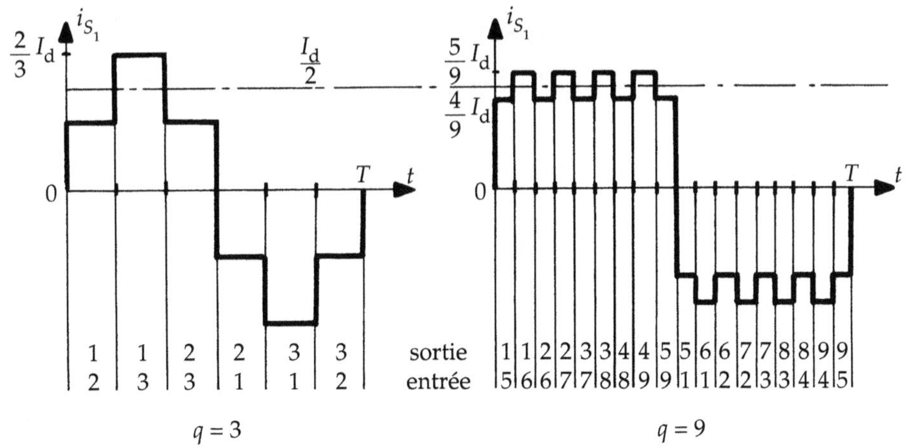

Figure 6.21

c) Courant et facteur de puissance primaires

On déduit les courants primaires des courants secondaires à l'aide des relations d'ampères-tours établies au paragraphe 6.2.3.

Les A.T. par noyau ne peuvent avoir de composante continue puisque tous les courants secondaires ont une valeur moyenne nulle.

Pour le *redresseur S3*, il y a compensation des A.T. par noyau :

$$n_1 i_{P_1} = n_2 i_{S_1}$$
$$n_1 i_{P_2} = n_2 i_{S_2}$$
$$n_1 i_{P_3} = n_2 i_{S_3}$$

Donc :

$$I_P = \frac{n_2}{n_1} I_S = \frac{n_2}{n_1} \frac{I_d}{2} \frac{\sqrt{8}}{3}$$

$$f_P = f_S = 0,955$$

Si le primaire est en triangle $J_P = \sqrt{3} I_P$ et $f_L = f_P$.

Pour les montages à q élevé, la composition des A.T. secondaires dus aux diverses bobines montées sur le même noyau conduit à des résultantes très voisines de la sinusoïde. Le taux d'harmoniques primaires est faible et le facteur de puissance primaire très peu inférieur à un.

Ainsi pour le *redresseur S9* :

- si le primaire est en triangle, $f_P = 0,975$, $f_L = 0,99$;
- si le primaire est en étoile, $f_P = 0,99$.

Les harmoniques des courants pris au réseau alternatif se déduisent toujours de l'indice de la tension redressée :

harmoniques 5 et 7, 11 et 13, ... pour le redresseur S3 ;

harmoniques 17 et 19, 35 et 37, ... pour le redresseur S9.

6.4.3 Chute de tension due aux commutations

Quand la diode D_2, par exemple, devient passante parce que la tension v_2 de négative devient positive, la diode D_1 ne peut se bloquer instantanément. Cela correspondrait, en effet, au brusque passage de la phase 2 d'une voie dans l'autre donc à l'inversion instantanée du courant i_{S_2}.

▶ Nombre de phases pair

La figure 6.22 montre les trois étapes de la commutation de l'enroulement 2 dans le cas où q est pair ; le courant est égal alors à $I_d/2$ dans chaque voie.

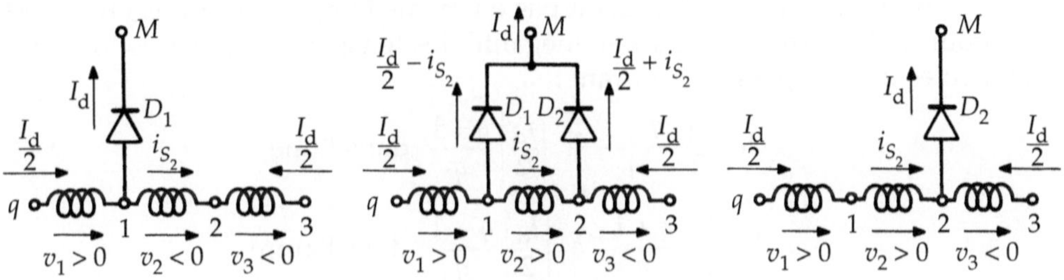

Figure 6.22

Pendant le débit simultané de D_1 et D_2 :

– l'enroulement 2, siège de v_2, est court-circuité ;

– sous l'effet de v_2, le courant i_{S_2} dans cette phase s'inverse.

La diode D_1 se bloque quand i_{S_2} est passé de $-I_d/2$ à $+I_d/2$, donc le courant dans D_2 de zéro à I_d.

• L'inversion du courant dans la phase en court-circuit, sous l'effet de la tension dans celle-ci, nécessite un temps d'empiétement correspondant à un angle μ tel que :

$$\boxed{1 - \cos\mu = \frac{N_2 \omega I_d}{V_m}}$$

• Pendant cet intervalle, la somme des tensions positives est amputée de la tension dans la phase en commutation. D'où une réduction de la tension redressée moyenne :

$$\boxed{\Delta_1 U_d = \frac{q}{2\pi} N_2 \omega I_d}$$

• Les changements de diode passante de la seconde série s'effectuent en même temps que ceux de la première série. Le court-circuit de l'enroulement 2 quand v_2 devient positive coïncide avec celui de l'enroulement $(q/2) + 2$ quand $v_{\frac{q}{2}+2}$ devient négative.

Il y a toujours le même nombre de phases dans chaque voie et la tension totale trouvée en allant de N à M par les deux trajets est la même. Il n'y a pas de courant de circulation et les enroulements non court-circuités sont toujours parcourus par $\pm I_d/2$.

Nombre de phases impair

• Le courant dans l'enroulement en commutation doit passer seulement de $(-I_d/2)[(q-1)/q]$ à $(+I_d/2)[(q-1)/q]$, ou inversement, d'où une réduction de l'angle de commutation :

$$\boxed{1 - \cos\mu = \frac{N_2 \omega I_d}{V_m}\left(1 - \frac{1}{q}\right)}$$

• Les commutations ne se déroulent pas en même temps autour de la borne M et autour de la borne N. D'où une inégalité des tensions comptées le long des deux voies qui fait passer le courant :

$$\text{de } \left|\frac{I_d}{2}\right| \frac{q-1}{q} \text{ à } \left|\frac{I_d}{2}\right| \frac{q+1}{q} \text{ dans l'une}$$

$$\text{de } \left|\frac{I_d}{2}\right| \frac{q+1}{q} \text{ à } \left|\frac{I_d}{2}\right| \frac{q-1}{q} \text{ dans l'autre}$$

durant chacun des $2q$ changements de diode passante.

• La réduction de l'angle μ entraîne celle de la chute de tension inductive.

$$\boxed{\Delta_1 U_d = \frac{q}{2\pi} N_2 \omega I_d \left(1 - \frac{1}{q}\right)}$$

À valeur donnée de $N_2\omega I_d$, quand le nombre de phases augmente, $\Delta_1 U_d$ croît également. Mais la tension U_{d_0} étant proportionnelle à q, la chute inductive relative n'est pas augmentée. L'inconvénient du redressement parallèle simple ou double, qui donnait un rapport $\Delta_1 U_d / U_{d_0}$ croissant avec q, disparaît avec le redressement série.

6.4.4 Utilisations

Le montage S3 a exactement les mêmes performances que le PD3 mais son onde de tension redressée u_d est décalée de $T/12$ (comparaison des figures 6.19 et 6.15), ce qui entraîne l'inversion du signe des harmoniques 5 et 7, 17 et 19... des courants pris au réseau triphasé. On utilise ce décalage dans les groupements en série ou en parallèle d'un PD3 et d'un S3.

En triphasé, le montage S9 est le seul donnant directement et avec de bonnes performances une tension redressée quasi constante et des courants primaires quasi sinusoïdaux.

L'intérêt du redressement série quand q impair est supérieur à trois le rend préférable aux autres quand on utilise un ensemble *alternateur-redresseur à diodes* pour produire du continu. Les montages S5, S7... permettent de réduire l'ondulation de la tension redressée et celle du couple électromagnétique de la machine.

6.5 LES GROUPEMENTS DE REDRESSEURS À DIODES

On peut grouper en série ou en parallèle des redresseurs pour ajouter leurs tensions ou leurs courants redressés. D'ordinaire les montages groupés sont alimentés par la même source alternative, parfois les primaires de leurs transformateurs sont même confondus.

6.5.1 Groupement en série

La mise en série de deux montages redresseurs ne soulève pas de difficulté particulière. Il suffit que les deux montages soient aptes à débiter le même courant redressé.

D'ordinaire, on met en série des redresseurs fournissant des ondes de tension redressée décalées pour que la tension redressée totale soit moins ondulée que les tensions partielles.

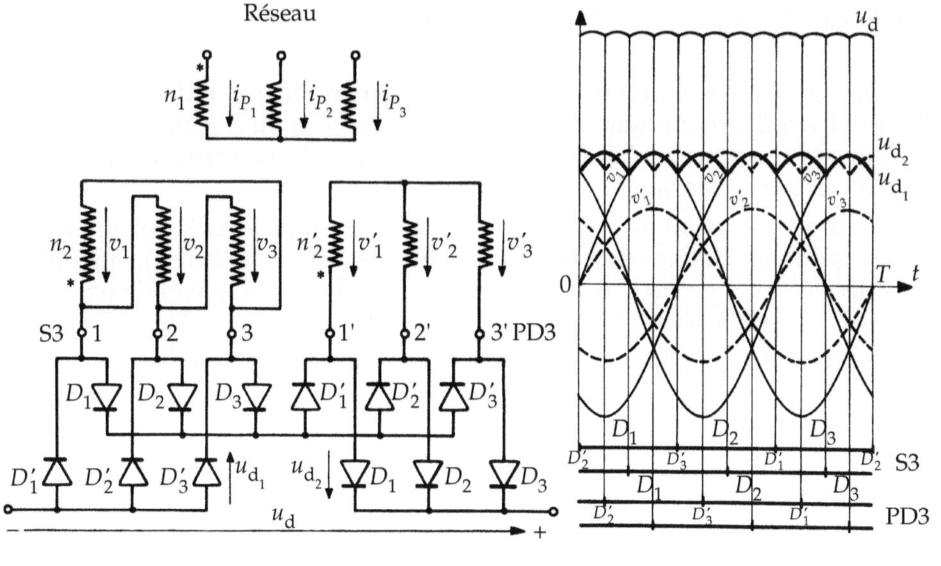

Figure 6.23

▶ Exemple : mise en série d'un PD3 et d'un S3 alimentés par le même transformateur

Le transformateur triphasé (*figure* 6.23) porte sur chaque noyau un primaire et deux secondaires, l'un de n_2 tours, l'autre de n'_2 tours. Les enroulements de n_2 tours sont couplés en triangle, ceux de n'_2 tours en étoile.

Pour que les tensions redressées partielles aient même valeur moyenne, il faut que :

$$\frac{3}{\pi}V_{\mathrm{m}} = \frac{6}{\pi}V'_{\mathrm{m}}\frac{\sqrt{3}}{2}$$

$$V_{\mathrm{m}} = \sqrt{3}V'_{\mathrm{m}} \quad \text{ou} \quad n_2 = \sqrt{3}\,n'_2.$$

On obtient ainsi deux ondes de tension redressée d'ordre 6, identiques au décalage de $T/12$ près. La tension totale est d'ordre 12.

Remarque

Quand un même primaire alimente plusieurs secondaires absorbant des A.T. de formes d'ondes différentes, le courant primaire se rapproche de la sinusoïde et le facteur de puissance primaire est très voisin de l'unité.

Dans l'exemple précédent, alors que $f_{\mathrm{S}} = f'_{\mathrm{S}} = 0,955$ (montages S3 et PD3), $f_{\mathrm{P}} = 0,99$ et le développement en série du courant primaire (*cf.* exercice 3.3) ne comprend plus les harmoniques 5 et 7, 17 et 19, ...

6.5.2 Groupement en parallèle. Exemple

Pour qu'on puisse grouper en parallèle deux montages redresseurs, il faut qu'ils délivrent la même tension redressée à vide. Pour qu'il se partagent convenablement le courant total, il faut qu'à leurs pleines charges respectives ils aient la même chute de tension.

On profite souvent de la mise en parallèle pour améliorer la tension redressée en groupant deux redresseurs donnant des ondes de tension identiques mais décalées. On prend la moyenne grâce à une bobine à noyau de fer à point milieu appelée « bobine interphase ».

Par exemple, quand on ne peut utiliser le redresseur PD3 ou le redresseur S3 à cause de l'importance relative trop grande qu'aurait la chute de tension dans deux diodes en série, on met en parallèle deux redresseurs P3 à ondes décalées (*figure* 6.24). C'est le montage double étoile.

Les six phases secondaires d'un transformateur tri-hexaphasé sont groupées en deux étoiles triphasées (d'où le nom de montage « double étoile »), et les deux points neutres sont reliés par une bobine interphase.

▶ *Fonctionnement normal*

En fonctionnement normal, chacun des redresseurs, MR^{r}1 et MR^{r}2, débite la moitié $I_{\mathrm{d}}/2$ du courant redressé total. Les diodes débitent donc $I_{\mathrm{d}}/2$ pendant $T/3$.

• Les *tensions* redressées u_{d_1} et u_{d_2}, délivrées par les deux groupes de trois phases secondaires et de trois diodes, sont d'ordre 3 mais elles sont décalées de $2\pi/6$ (*figure* 6.25*a*).

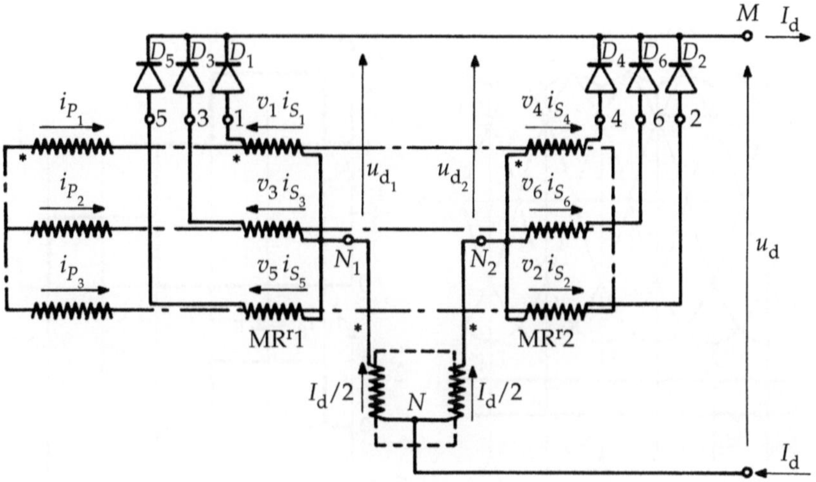

Figure 6.24

La tension aux bornes de la bobine à point milieu :

$$v_{N_2} - v_{N_1} = u_{d_1} - u_{d_2}$$

est alternative ; sa fréquence et égale à trois fois celle des tensions du réseau.

Cette bobine jouant le rôle de diviseur de tension :

$$v_{N_2} - v_N = v_N - v_{N_1} = \frac{1}{2}(v_{N_2} - v_{N_1}) = \frac{1}{2}(u_{d_1} - u_{d_2})$$

d'où l'expression de la tension redressée :

$$u_d = u_{d_1} + (v_{N_1} - v_N) = u_{d_1} - \frac{1}{2}(u_{d_1} - u_{d_2}) = \frac{u_{d_1} + u_{d_2}}{2}$$

$$u_d = u_{d_2} + (v_{N_2} - v_N) = u_{d_2} + \frac{1}{2}(u_{d_1} - u_{d_2}) = \frac{u_{d_1} + u_{d_2}}{2}$$

La tension redressée u_d, moyenne de u_{d_1} et de u_{d_2}, est une tension d'ordre 6. Sa valeur moyenne est, comme celle de u_{d_1} ou de u_{d_2}, égale à :

$$\frac{3}{\pi} V_m \frac{\sqrt{3}}{2} = 0,827\ V_m.$$

- Le *courant* dans chaque enroulement secondaire a pour valeur $(I_d/2)/\sqrt{3}$, d'où le facteur de puissance secondaire :

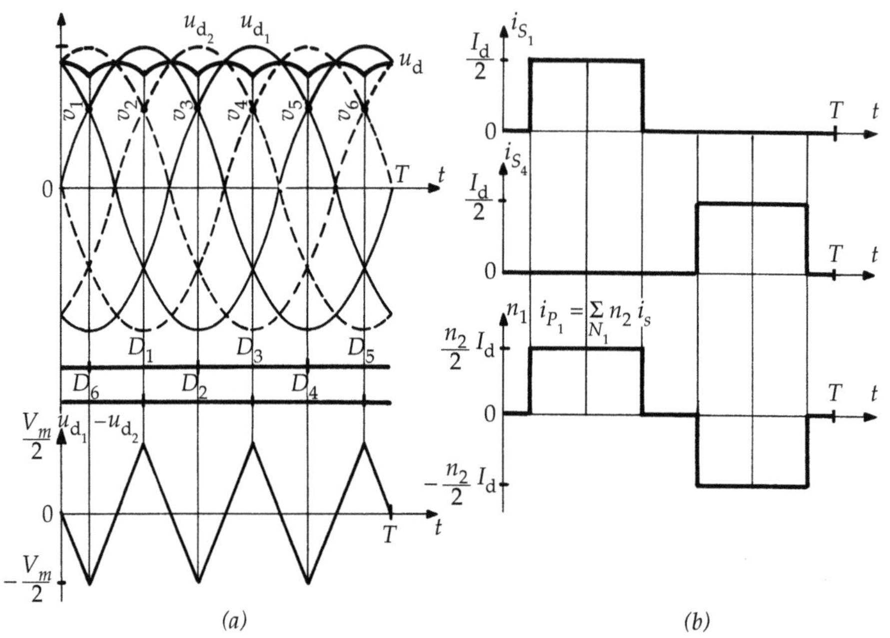

Figure 6.25

$$f_S = \frac{U_{d_0} I_d}{6VI_S} = \frac{\frac{3}{\pi} V_m \frac{\sqrt{3}}{2} I_d}{6 \frac{V_m}{\sqrt{2}} \frac{1}{\sqrt{3}} \frac{I_d}{2}} = \frac{3}{\pi\sqrt{2}} = 0,675$$

comme pour tout redresseur P3.

Mais, les A.T. secondaires par noyau étant alternatifs, la saturation d'un redresseur P3 unique disparaît. La compensation des A.T. par noyau, applicable quel que soit le couplage des bobines primaires (*figure* 6.25*b*), donne :

$$I_P = \frac{n_2}{n_1} \frac{I_d}{2} \sqrt{\frac{2}{3}}$$

et

$$f_P = \frac{\frac{3}{\pi} V_m \frac{\sqrt{3}}{2} I_d}{3 \frac{n_1}{n_2} \frac{V_m}{\sqrt{2}} \frac{n_2}{n_1} \frac{I_d}{2} \sqrt{\frac{2}{3}}} = \frac{3}{\pi} = 0,955\,.$$

Le facteur de puissance primaire est donc excellent.

• La *chute de tension* redressée moyenne est celle de chacun des redresseurs mis en parallèle.

En particulier, la chute inductive a pour valeur :

$$\Delta_1 U_d = \frac{3}{2\pi} N_2 \omega \frac{I_d}{2}.$$

▶ *Intensité critique*

La bobine interphase ne peut jouer son rôle de diviseur de tension que si elle est parcourue par un courant alternatif j. Ce courant, dû à la différence u_{d_1} u_{d_2}, se ferme suivant le trajet $N_2MN_1NN_2$, s'ajoutant à $I_d/2$ dans un montage redresseur élémentaire, s'en retranchant dans l'autre (*figure* 6.26*a*).

Le courant alternatif j a une valeur faible devant les valeurs normales de $I_d/2$, ce qui explique que l'on n'en ait pas tenu compte lors de l'étude des courants. Mais ce courant j passe dans le sens imperméable de l'un ou l'autre des montages redresseurs mis en parallèle. Ce passage n'est possible que si j se superpose à un courant $I_d/2$ plus grand passant dans le sens direct, le courant réel $I_d/2 - j$ étant alors positif.

Au-dessous d'une certaine valeur de I_d, appelée intensité critique $I_{d,\,crit}$, le courant j ne peut pas circuler librement tout au long de la période et l'inductance $2L$ du diviseur n'assure plus en permanence la moyenne des tensions u_{d_1} et u_{d_2}.

À la limite, si I_d est nul, le courant j est lui aussi toujours nul, ainsi que la tension $2L(dj/dt)$ aux bornes de la bobine. C'est comme si N_1, N et N_2 étaient

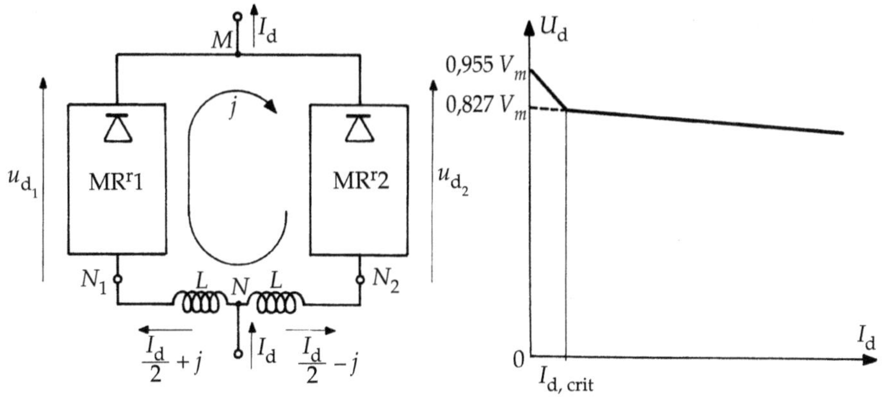

(*a*) (*b*)

Figure 6.26

directement réunis et le montage se comporte comme un redresseur du type parallèle à six phases. En particulier la tension redressée à vide est :

$$U_{d_0} = \frac{6}{\pi} V_m \sin\frac{\pi}{6} = 0{,}955\ V_m$$

d'où l'allure de la caractéristique de tension du groupement « double étoile » (figure 6.26*b*), qui part de 0,955 V_m et ne se confond avec celle prévue en négligeant ce phénomène que pour I_d supérieur à $I_{d,\,crit}$.

6.6 REDRESSEURS À THYRISTORS DU TYPE PARALLÈLE

Les redresseurs à thyristors utilisent les mêmes schémas que les redresseurs à diodes. D'ailleurs leur étude fait souvent référence aux résultats obtenus avec ces derniers ([1]).

En remplaçant les diodes par « des interrupteurs » à électrode de déblocage, on peut retarder l'entrée en conduction de ces derniers ; on dit qu'on fonctionne en *commutation retardée.*

On caractérise le retard par l'angle α : les thyristors sont débloqués avec un retard en temps α/ω par rapport à l'instant où la diode correspondante entrait en conduction.

Comme pour les redresseurs à diodes, nous commençons par l'étude des montages du type parallèle afin de faciliter celle des montages du type parallèle double ou série [(2)].

6.6.1 Fonctionnement. Étude des tensions

a) Forme d'onde et sens de la tension redressée

La diode D_1, réunie à la phase dont la tension est $v_1 = V_m \sin\omega t$, était conductrice pour :

$$\frac{\pi}{2} - \frac{\pi}{q} < \omega t < \frac{\pi}{2} + \frac{\pi}{q}.$$

(1) Pour distinguer les grandeurs qui diffèrent quand on passe des montages à diodes à ceux à thyristors, on les affectera dans le second cas de l'accent prime.

(2) On a regroupé à la fin de l'étude des types parallèle double et série les notes sur les domaines d'utilisation des divers redresseurs à thyristors.

Le thyristor Th_1, qui la remplace, est passant pour :

$$\frac{\pi}{2} - \frac{\pi}{q} + \alpha < \omega t < \frac{\pi}{2} + \frac{\pi}{q} + \alpha.$$

De même le thyristor Th_2 conduit durant l'intervalle :

$$\frac{\pi}{2} + \frac{\pi}{q} + \alpha < \omega t < \frac{\pi}{2} + \frac{3\pi}{q} + \alpha, \quad \text{etc.}$$

La figure 6.27 montre, pour diverses valeurs de l'angle α, la forme d'onde de la tension redressée u'_{d} à la sortie d'un montage P3.

Deux cas sont à considérer :

- $\alpha < \pi/2$: *marche en redresseur* (*figure* 6.27*a* et *b*)

La tension u'_{d} est formée de q portions de sinusoïdes et non plus de q sommets par période T des tensions alternatives. Au fur et à mesure que α croît, la tension redressée moyenne U'_{d_0} diminue mais reste positive. Le montage fonctionne en redresseur à rapport de transformation alternatif-continu variable.

- $\alpha > \pi/2$: *marche en onduleur* (*figure* 6.27*c* et *d*)

Lorsque α est supérieur à $\pi/2$, la tension redressée moyenne U'_{d_0} s'inverse : la borne N devient le « plus », la borne M le « moins ». La tension $-U'_{\mathrm{d}_0}$ augmente au fur et à mesure que α se rapproche de π.

Le courant i_{d} garde forcément le même sens, il ne peut que sortir par le point de jonction des cathodes. La puissance fournie au côté continu $(u'_{\mathrm{d}} i_{\mathrm{d}})_{\mathrm{moy}}$ est inversée ; elle est maintenant négative.

Entre M et N, il n'y a donc plus un récepteur mais un générateur : l'énergie passe du côté continu au côté alternatif. Le montage fonctionne en redresseur inversé ou en *onduleur*.

Remarques

- Dans la marche en onduleur, le réseau alternatif reçoit de la puissance active mais continue à fournir de la puissance réactive. Surtout, il continue à imposer la forme d'onde et la fréquence des tensions alternatives. On dit que le montage fonctionne en onduleur *non autonome*.
- Si du côté continu il y a toujours un récepteur, le redresseur permet de faire varier U'_{d_0} de U_{d_0} à zéro ; il ne peut l'inverser.

b) Valeur de la tension redressée

La tension redressée u'_{d} est formée, par période T, de q portions de sinusoïdes.

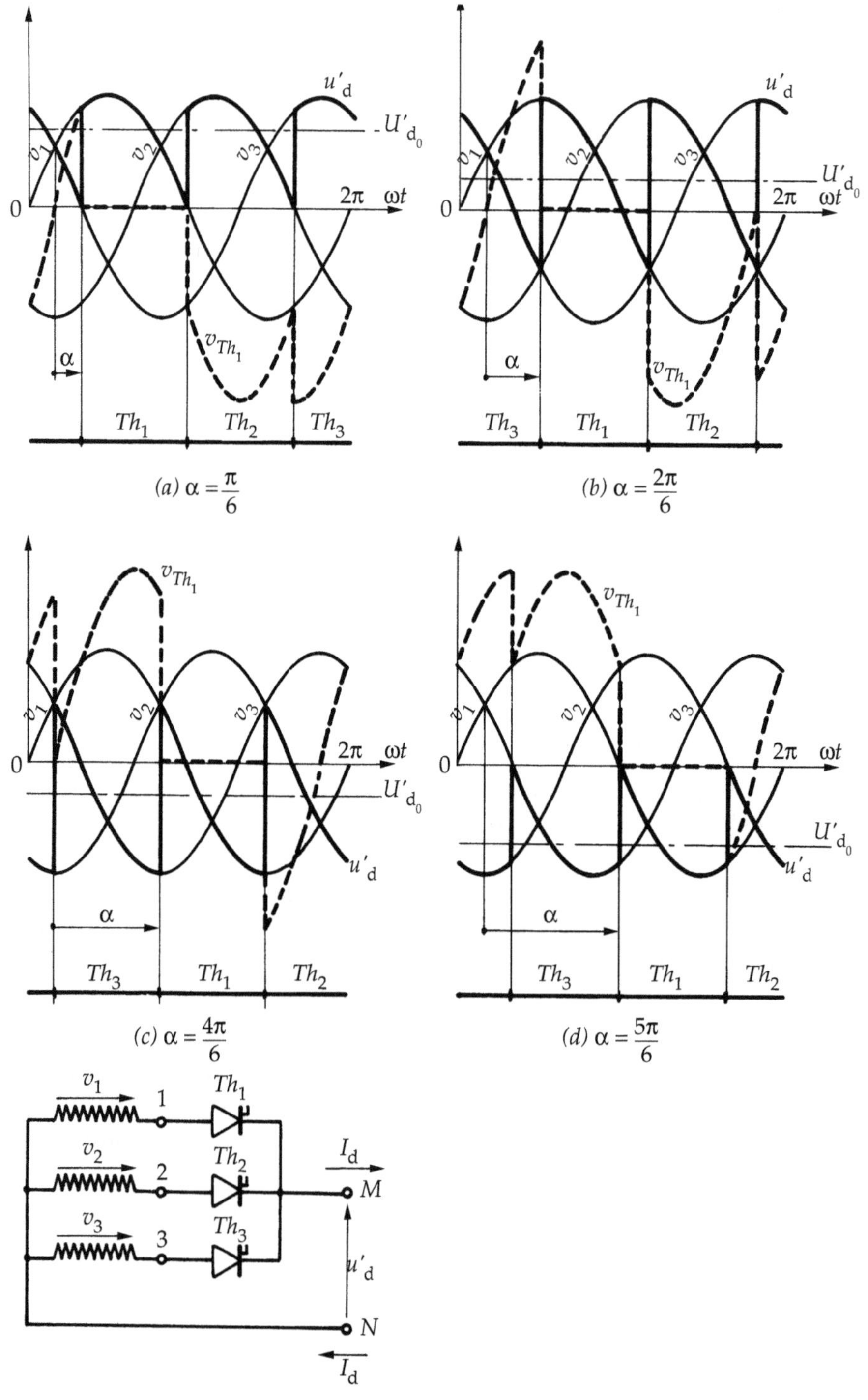
u'_d
U'_{d_0}
v_1
v_2
v_3
0
2π ωt
v_{Th_1}
α
Th_1
Th_2
Th_3
(a) $\alpha = \frac{\pi}{6}$
(b) $\alpha = \frac{2\pi}{6}$
(c) $\alpha = \frac{4\pi}{6}$
(d) $\alpha = \frac{5\pi}{6}$
1
2
3
I_d
M
N

Figure 6.27

Ainsi, pour $(\pi/2) - (\pi/q) + \alpha < \omega t < (\pi/2) + (\pi/q) + \alpha$ (*figure* 6.28),

$$u'_{\mathrm{d}} = V_{\mathrm{m}} \sin \omega t.$$

D'où sa valeur moyenne

$$U'_{\mathrm{d_0}} = \frac{q}{2\pi} \int_{\frac{\pi}{2}-\frac{\pi}{q}+\alpha}^{\frac{\pi}{2}+\frac{\pi}{q}+\alpha} V_{\mathrm{m}} \sin \omega t \, \mathrm{d}\omega t$$

$$U'_{\mathrm{d_0}} = \frac{q}{\pi} V_{\mathrm{m}} \sin \frac{\pi}{q} \cos \alpha$$

$$\boxed{U'_{\mathrm{d_0}} = U_{\mathrm{d_0}} \cos \alpha}$$

La tension redressée moyenne est égale à celle obtenue sans retard à l'amorçage (montage à diodes) multipliée par le cosinus de l'angle de retard.

En faisant varier α de 0 à π, on peut, théoriquement, faire passer $U'_{\mathrm{d_0}}$ de $U_{\mathrm{d_0}}$ à $-U_{\mathrm{d_0}}$.

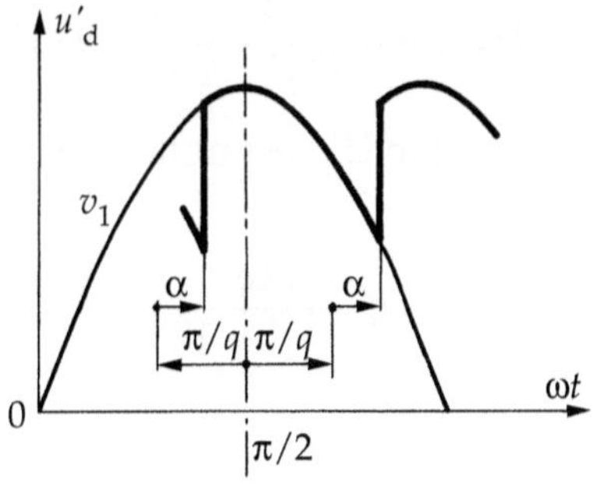

Figure 6.28

c) Ondulation et harmoniques de la tension redressée

Plus $|\cos \alpha|$ est faible plus la tension u'_{d} a une valeur moyenne faible et plus les variations autour de cette moyenne sont élevées .

► *Le facteur d'ondulation* K'_0 est toujours donné par :

$$K'_0 = \frac{u'_{\mathrm{d\,max}} - u'_{\mathrm{d\,min}}}{2U'_{\mathrm{d_0}}}$$

Si l'on adopte l'hypothèse de la conduction continue,

$$u'_{\text{d max}} = V_{\text{m}} \qquad \text{pour} \quad 0 < \alpha < \frac{\pi}{q}$$

$$u'_{\text{d max}} = V_{\text{m}} \cos\left(\alpha - \frac{\pi}{q}\right) \qquad \text{pour} \quad \frac{\pi}{q} < \alpha < \frac{\pi}{2}$$

$$u'_{\text{d min}} = V_{\text{m}} \cos\left(\alpha + \frac{\pi}{q}\right) \qquad \text{pour} \quad 0 < \alpha < \frac{\pi}{2}$$

K'_0 croît de K_0 (redresseur à diodes) à l'infini quand α va de 0 à $\pi/2$. Pour la marche en onduleur la courbe $K'_0 = f(\alpha)$ est symétrique, par rapport à la droite $\alpha = \pi/2$, de celle trouvée en redresseur.

▶ *Les harmoniques* du développement en série de u'_{d} ont une amplitude qui croît au fur et à mesure que $|\cos\alpha|$ diminue.

L'amplitude du terme de pulsation $kq\omega$, qui était :

$$U_{kq_{\text{max}}} = U_{\text{d}_0} \frac{2}{k^2q^2 - 1}$$

avec le redresseur à diodes, devient :

$$U'_{kq_{\text{max}}} = U_{\text{d}_0} \cos\alpha \frac{2}{k^2q^2 - 1} \sqrt{1 + k^2q^2 \tan^2\alpha}$$

Quand $\cos\alpha$ est nul, alors que U'_{d_0} est nulle, la valeur des harmoniques est maximale et atteint :

$$U_{\text{d}_0} \frac{2kq}{k^2q^2 - 1}.$$

d) Tension aux bornes des thyristors

La tension aux bornes des semiconducteurs est toujours donnée par les mêmes relations. Ainsi :

$$v_{Th_1} = v_1 - u'_{\text{d}}$$

donc :

$$v_{Th_1} = v_1 - v_1 = 0 \qquad \text{quand } Th_1 \text{ conduit}$$

$$v_{Th_1} = v_1 - v_2 \qquad \text{quand } Th_2 \text{ conduit}$$

$$v_{Th_1} = v_1 - v_3 \qquad \text{quand } Th_3 \text{ conduit, etc.}$$

Mais les intervalles de conduction sont décalés de α/ω.

• *La tension inverse maximale* qui peut apparaître aux bornes des thyristors est la même que pour le même montage utilisant des diodes (*cf.* figure 6.27*a* et *b*) :

$$v_{\mathrm{i\,max}} = 2V_{\mathrm{m}}, \qquad \text{si } q \text{ est pair}$$
$$v_{\mathrm{i\,max}} = 2V_{\mathrm{m}} \cos \frac{\pi}{2q}, \qquad \text{si } q \text{ est impair.}$$

Toutefois pour les valeurs élevées de α les maxima de tension inverse ne sont plus atteints (*cf.* figure 6.27*c* et *d*).

• La tension aux bornes d'un thyristor bloqué devient positive à partir de l'instant où la diode correspondante s'amorçait. Cette *tension directe* prend, quand α est suffisant, une valeur maximale égale au maximum que peut prendre la tension inverse (*cf.* figure 6.27*c* et *d*) :

$$v_{\mathrm{d\,max}} = v_{\mathrm{i\,max}}$$

Il faut utiliser des thyristors « symétriques » pour qu'ils puissent bloquer cette tension directe sans amorçage intempestif.

• Plus l'angle α est voisin de π, plus est faible la tension directe aux bornes des thyristors au moment où ils doivent entrer en conduction (*cf.* figure 6.28*d*).

Ainsi, pour Th_1, juste avant son déblocage :

$$v_{Th_1} = v_1 - v_q = V_{\mathrm{m}} \left[\sin \omega t - \sin \left(\omega t + \frac{2\pi}{q} \right) \right]$$
$$v_{Th_1} = -2V_{\mathrm{m}} \sin \frac{q}{\pi} \cos \left(\omega t + \frac{\pi}{q} \right)$$

L'impulsion de déblocage envoyée, pour $\omega t = (\pi/2) - (\pi/q) + \alpha$, trouve le thyristor avec une tension aux bornes de $2V_{\mathrm{m}} \sin \pi/q \sin \alpha$.

Cette tension est positive tant que α est inférieur à π. Pour α supérieur à π, elle serait négative et le thyristor ne pourrait s'amorcer.

Pour être assuré que l'impulsion envoyée sur la gâchette d'un thyristor trouve bien celui-ci avec une tension anodique positive, il faut laisser une marge suffisante entre α_{max} et π.

• La figure 6.27*d* montre aussi la seconde raison qui nécessite cette marge. Quand un thyristor est bloqué par l'entrée en conduction du suivant, la tension à ses bornes devient négative, mais elle le reste d'autant moins longtemps que α est plus voisin de π.

La tension négative qui apparaît aux bornes d'un thyristor à la fin de son intervalle de conduction est appelée tension de blocage, et le temps pendant lequel elle reste négative est le *temps de blocage*.

Quand Th_2 conduit :

$$v_{Th_1} = v_1 - v_2 = 2V_{\mathrm{m}} \sin \frac{\pi}{q} \cos \left(\omega t - \frac{\pi}{q} \right)$$

Le débit de Th_2 débute pour $\omega t = (\pi/2) + (\pi/q) + \alpha$, donc la tension de blocage vaut :

$$v_B = 2V_m \sin\frac{\pi}{q}\sin\alpha$$

et le temps de blocage :

$$t_B = \frac{1}{\omega}\left[\left(\frac{3\pi}{2} + \frac{\pi}{q}\right) - \left(\frac{\pi}{2} + \frac{\pi}{q} + \alpha\right)\right] = \frac{\pi - \alpha}{\omega}.$$

Pour α égal à π, le temps de blocage serait nul. Or, il doit au minimum être égal au temps de recouvrement des thyristors, c'est-à-dire au temps nécessaire pour que ceux-ci puissent retrouver, après une phase de conduction, leur pouvoir de bloquer des tensions directes.

Pour ces deux raisons, il faut prévoir un *angle de garde* β, en désignant ainsi l'écart minimal entre α_{max} et π.

$$\beta = \pi - \alpha_{max}.$$

On verra d'ailleurs que la commutation conduit à accroître β nécessaire.

6.6.2 Étude des courants. Diagramme des puissances

Comme pour les redresseurs à diodes, nous supposerons que le courant redressé i_d est constant et donc égal à sa valeur moyenne I_d.

► *À valeur donnée de I_d tous les courants ont la même valeur que pour le même redresseur équipé de diodes.*

Chaque thyristor débite I_d pendant T/q, d'où les diverses valeurs du courant dans les thyristors :

$$i'_{moy} = \frac{I_d}{q}, \qquad i'_{max} = I_d, \qquad I' = \frac{I_d}{\sqrt{q}}.$$

Chaque phase secondaire étant parcourue par I_d pendant T/q, les courants secondaires ont encore pour valeur efficace :

$$I'_S = \frac{I_d}{\sqrt{q}}.$$

Les ampères-tours dus aux divers enroulements secondaires ont même valeur que pour α nul ; ils présentent entre eux les mêmes déphasages. Les courants primaires auront donc même forme d'onde et même valeur :

$$I'_P = I_P, \qquad J'_P = J_P.$$

Les harmoniques des courants primaires restent aussi les mêmes.

Puisque, à égalité des tensions alternatives et du courant redressé, la puissance active débitée (ou absorbée) est $U'_{d_0}I_d$ ou $U_{d_0}I_d \cos\alpha$ et non plus $U_{d_0}I_d$, *tous les facteurs de puissance sont multipliés par* $|\cos\alpha|$:

$$f'_S = f_S|\cos\alpha|, \quad f'_P = f_P|\cos\alpha|, \quad f'_L = f_L|\cos\alpha|.$$

Pour la même raison les pertes sont les mêmes, alors qu'elles sont rapportées à $U_{d_0}I_d\cos\alpha$ et non plus à $U_{d_0}I_d$; le *rendement* du montage diminue au fur et à mesure que $|\cos\alpha|$ s'écarte de l'unité.

▶ *Un redresseur à thyristors consomme de la puissance réactive.*

À courant redressé donné, les harmoniques du courant pris au réseau sont les mêmes que pour le même montage à diodes ; le fondamental est aussi le même mais il est déphasé d'un angle φ_1, égal à α, en arrière de la tension.

On peut écrire la puissance apparente S, égale à $V_P I_L$ ou à $3V_P I_L$, suivant que le redresseur est alimenté en monophasé ou en triphasé, sous la forme :

$$S = V_P\sqrt{I_1^2 + \Sigma I_h^2} \quad \text{ou} \quad S = 3V_P\sqrt{I_1^2 + \Sigma I_h^2}$$

en désignant par I_1 le fondamental et par $(\Sigma I_h^2)^{1/2}$ la somme quadratique des harmoniques (*cf.* § 3.2.4).

Donc :

$$S = \sqrt{S_1^2 + D^2}$$

avec :

- S_1 égale à (3) $V_P I_1$, puissance apparente correspondant au fondamental,
- D, égale à (3) $V_P(\Sigma I_h^2)^{1/2}$, puissance déformante.

On peut décomposer S_1 à son tour en écrivant :

$$S_1 = \sqrt{P^2 + Q_1^2}$$

avec :

- $P = (3)\, V_P I_1 \cos\varphi_1$, puissance active, égale à $U_{d_0}I_d\cos\alpha$,
- $Q_1 = (3)\, V_P I_1 \sin\varphi_1$, puissance réactive.

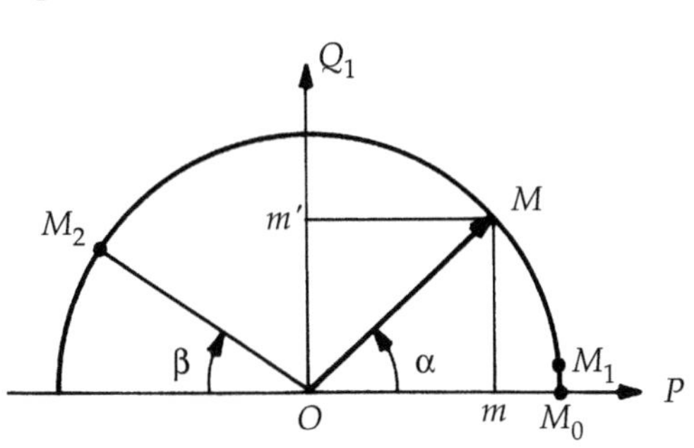

Figure 6.29

On peut représenter P, Q_1 et S_1 sur un diagramme. À tension d'alimentation et à courant redressé constants, lorsque α varie l'extrémité M du vecteur dont les projections donnent P et Q_1 décrit un demi-cercle de rayon S_1 égal à $U_{d_0}I_d$ (*figure* 6.29)

On lit S_1 en OM, P en Om, Q_1 en Om'. Quand α va de α_{min} à $\pi - \beta$, le point M va de M_1 à M_2. Le point M_0 correspond au fonctionnement du montage à diodes.

6.6.3 Chute de tension due à l'empiètement

À partir de l'instant $t = (\pi/2 + \pi/q + \alpha)/\omega$ où on débloque le thyristor Th_2 (*figure* 6.30), Th_1 et Th_2 débitent simultanément. La tension redressée est donnée par :

$$u'_d = v_1 - N_2\frac{di_{S_1}}{dt}, \qquad u'_d = v_2 - N_2\frac{di_{S_2}}{dt}.$$

Puisqu'on admet que $i_{S_1} + i_{S_2}$ est constant et égal à I_d.

$$u'_d = \frac{v_1 + v_2}{2}, \qquad \frac{di_{S_2}}{dt} = \frac{v_2 - v_1}{2N_2}$$

- De cette seconde relation, on déduit l'angle d'empiétement :

$$\frac{di_{S_2}}{dt} = -\frac{V_m}{N_2}\sin\frac{\pi}{q}\cos\left(\omega t - \frac{\pi}{q}\right)$$

$$i_{S_2} = -\frac{V_m}{N_2\omega}\sin\frac{\pi}{q}\sin\left(\omega t - \frac{\pi}{q}\right) + \text{Cte}.$$

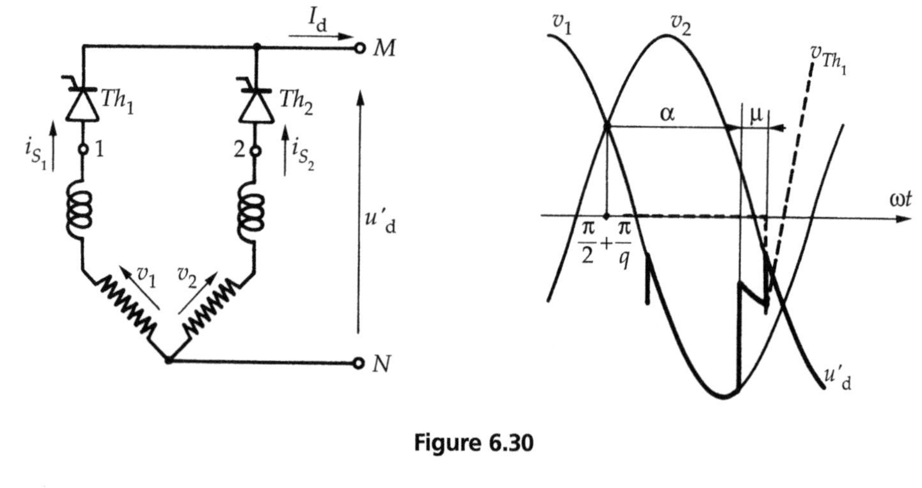

Figure 6.30

On remarque que $i_{S_2} = 0$ pour $\omega t = (\pi/2) + (\pi/q) + \alpha$; ce qui donne la valeur de la constante. En reportant, l'expression de i_{S_2} devient :

$$i_{S_2} = \frac{V_m}{N_2\omega} \sin\frac{\pi}{q}\left[\cos\alpha - \sin\left(\omega t - \frac{\pi}{q}\right)\right]$$

La fin de l'intervalle de commutation est obtenue, pour $\omega t = (\pi/2) + (\pi/q) + \alpha + \mu$, lorsque i_{S_2} atteint la valeur I_d :

$$I_d = \frac{V_m}{N_2\omega} \sin\frac{\pi}{q}[\cos\alpha - \cos(\alpha + \mu)].$$

L'angle μ est donc donné par :

$$\cos\alpha - \cos(\alpha + \mu) = \frac{N_2\omega I_d}{V_m \sin\frac{\pi}{q}}.$$

• La chute de tension $\Delta_1 U'_d$ est due au fait que, durant le chevauchement des débits de Th_1 et Th_2, u'_d égale $(v_1 + v_2)/2$ au lieu de v_2 et qu'il y a q réductions semblables par période :

$$\Delta_1 U'_d = \frac{q}{2\pi}\int_{\frac{\pi}{2}+\frac{\pi}{q}+\alpha}^{\frac{\pi}{2}+\frac{\pi}{q}+\alpha+\mu} \left(v_2 - \frac{v_1 + v_2}{2}\right) d\,\omega t$$

$$\Delta_1 U'_d = \frac{q}{2\pi} V_m \sin\frac{\pi}{q}[\cos\alpha - \cos(\alpha + \mu)]$$

ou, en remplaçant $\cos\alpha - \cos(\alpha + \mu)$ par sa valeur :

$$\Delta_1 U'_d = \frac{q}{2\pi} N_2\omega I_d.$$

comme pour un montage à diodes.

Puisque, à I_d donné, la chute de tension est indépendante de α, les caractéristiques $U'_d(I_d)$ tracées pour divers α sont parallèles (*figure* 6.31).

Remarques

• La chute de tension en charge d'un redresseur à thyristors est d'ordinaire moins gênante, du moins dans la marche en redresseur, que celle d'un redresseur à diodes. Par action sur l'angle α on peut régler la tension U'_d et donc en particulier la maintenir constante.

• C'est dans le fonctionnement en onduleur que la chute de tension due à la réactance $N_2\omega$, est la plus gênante. En effet, l'intervalle de commutation μ/ω vient réduire le temps de blocage des thyristors (cf. figure 6.30). Plus $N_2\omega I_d$ est grand, plus il faut accroître l'angle de garde et, par là, limiter la plage des tensions négatives possibles.

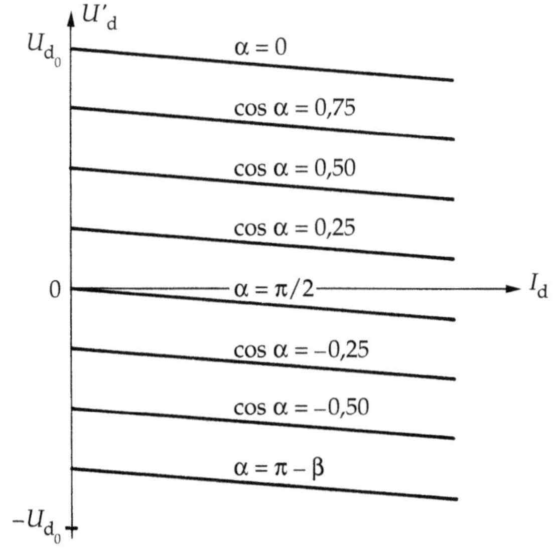

Figure 6.31

6.6.4 Précautions à prendre dans la marche en onduleur

Lors de la marche en onduleur, donc avec un générateur du côté continu, la perte du contrôle des entrées en conduction des thyristors est beaucoup plus grave que lors de la marche en redresseur. *La commande doit être énergique et sûre.*

a) Conséquences d'un défaut de blocage

Si les thyristors n'ont pas recouvré leur pouvoir de blocage lorsque la tension à leurs bornes de négative devient positive, ils entrent en conduction et l'angle α devient voisin de zéro : on passe du fonctionnement en onduleur au fonctionnement en redresseur, la tension U'_d de négative devient positive, ce qui équivaut à un court-cicuit.

Dans la marche en onduleur normale (*figure* 6.32*a*), à courant nominal, avec un $\cos\alpha$ de $-0{,}5$ par exemple, on avait :

$$U'_{d_0} = -0,5U_{d_0}, \quad \Delta U'_d = 0,05U_{d_0} \quad \text{donc } U'_d = -0,55U_{d_0}$$
$$RI_{d\,nom} = 0,02U_{d_0}, \quad \text{donc } E = 0,57U_{d_0}$$

en désignant par E et R la f.é.m. et la résistance interne du générateur. Si on ne bloque plus les thyristors, on fonctionne à α nul (figure 6.32*b*). U'_{d_0} devient égale à $+U_{d_0}$ et, si le régime permanent avait le temps de s'établir, le courant serait tel que :

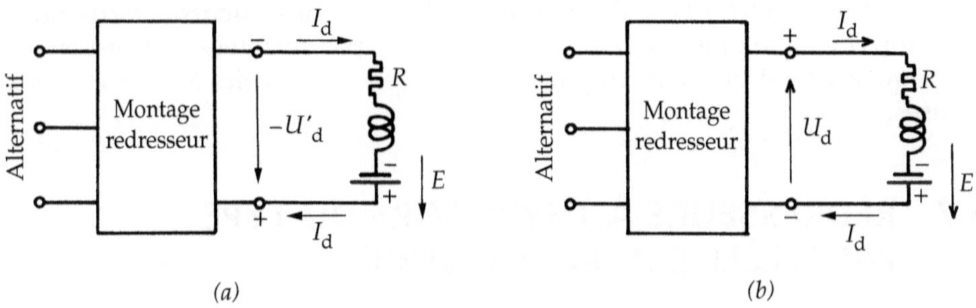

Figure 6.32

$$\Delta U'_d + RI_d = U_{d_0} + E = 1,57U_{d_0}$$

Pour le courant nominal, cette chute de tension totale était de 0,07 U_{d_0} ; si on admet la proportionnalité de la chute de tension et du courant, celui-ci passerait de $I_{d\,nom}$ à $22,5I_{d\,nom}$.

b) Conséquences d'un défaut de déblocage

Inversement, si on ne débloque pas un thyristor par une impulsion de gâchette, on perd le contrôle de l'onduleur.

Reprenons l'exemple du P3 et supposons qu'à l'instant $t = t_2$ (*figure* 6.33) l'impulsion envoyée à Th_2 soit inopérante ; Th_1 continue à conduire. Pour $t = t_3$, quand Th_3 reçoit son impulsion, la tension à ses bornes, $v_3 - u'_d$, est égale à $v_3 - v_1$ donc négative ; ce thyristor reste bloqué et Th_1 continue à conduire. L'impulsion que reçoit ce dernier, pour $t = T + t_1$, est inutile puisqu'il conduit déjà. On ne peut reprendre la marche normale qu'à l'instant $t = T + t_2$ si la commande de Th_2 est redevenue efficace.

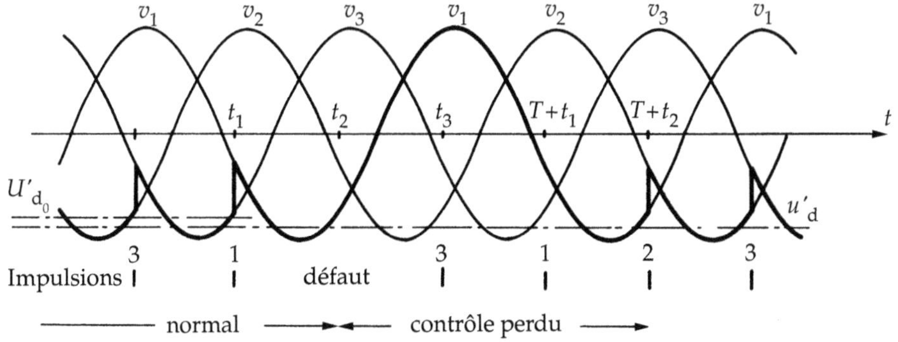

Figure 6.33

Mais entre t_2 et $T + t_2$, la différence $v_1 - E$ a pris des valeurs si fortes que le thyristor Th_1 est le plus souvent mis hors service par surintensité. C'est en tout cas ce qui arrive si plusieurs impulsions successives envoyées à Th_2 sont défectueuses.

6.7 REDRESSEURS À THYRISTORS DU TYPE PARALLÈLE DOUBLE OU SÉRIE

Les redresseurs du type parallèle double ou du type série nécessitent $2q$ semiconducteurs groupés en deux commutateurs.

On peut :

- soit remplacer toutes les diodes par des thyristors. On obtient alors les redresseurs « tout thyristors » ;
- soit ne substituer des thyristors qu'aux diodes d'un seul commutateur. Ces redresseurs à q diodes et q thyristors sont appelés « redresseurs mixtes ».

6.7.1 Redresseurs tout thyristors du type parallèle double

Si les deux commutateurs sont à thyristors, les mêmes raisonnements que pour les redresseurs du type parallèle conduisent à des résultats analogues.

▶ Tensions

Le commutateur plus positif délivre, à vide, une tension redressée $v_M - v_0$, formée de q portions de sinusoïdes, qui a pour valeur moyenne :

$$\frac{q}{\pi} V_m \sin \frac{\pi}{q} \cos \alpha .$$

Le commutateur plus négatif donne une tension redressée $v_N - v_0$, formée également de q portions de sinusoïdes, ayant pour valeur moyenne :

$$-\frac{q}{\pi} V_m \sin \frac{\pi}{q} \cos \alpha .$$

La tension redressée totale $u'_d = v_M - v_N$ est formée de q portions de sinusoïdes si q est pair, de $2q$ portions si q est impair. Sa valeur moyenne est toujours donnée par :

$$U'_{d_0} = \frac{2q}{\pi} V_m \sin \frac{\pi}{q} \cos \alpha$$

$$\boxed{U'_{d_0} = U_{d_0} \cos \alpha}$$

Si les tensions alternatives à redresser sont les mêmes, la tension aux bornes des thyristors a même forme d'onde et même valeur inverse maximale qu'en redressement parallèle.

La tension directe maximale à bloquer dans la marche en onduleur est encore égale à la tension inverse maximale.

▶ Courants

À courant redressé I_d donné, les courants dans les thyristors, dans les enroulements secondaires et primaires, et dans la ligne d'alimentation sont les mêmes que lorsqu'il n'y avait pas de retard à l'amorçage. Les ondes de tous ces courants sont simplements décalées de α.

Les facteurs de puissance s'obtiennent en multipliant par $|\cos\alpha|$ les valeurs trouvées pour les redresseurs à diodes. Le diagramme des puissances reste celui de la figure 6.29.

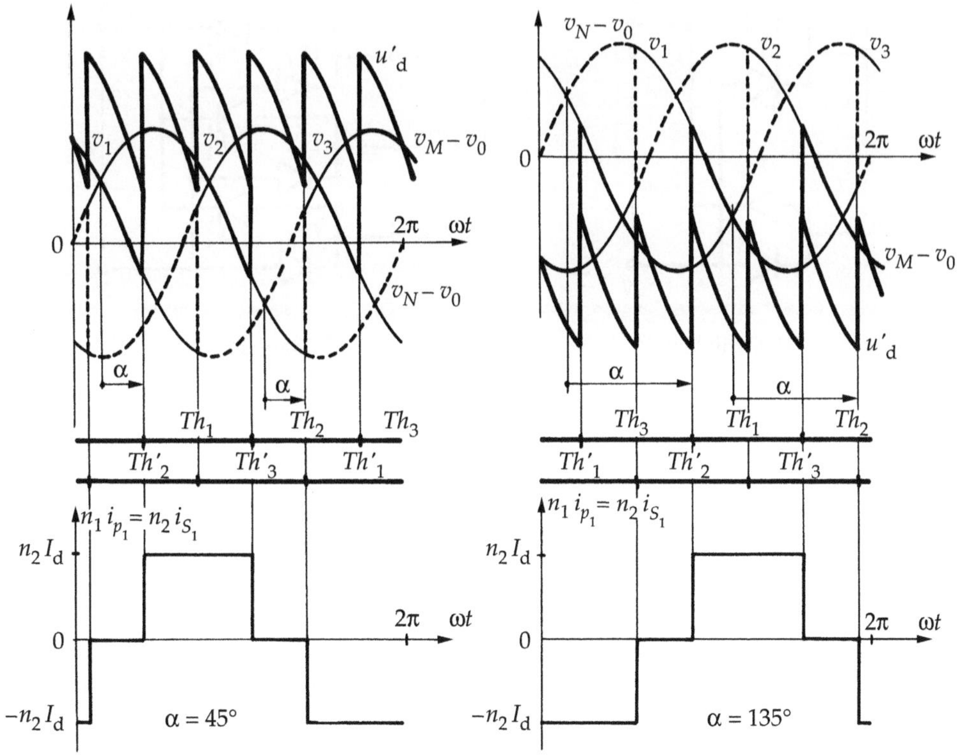

Figure 6.34

▶ Chute de tension

La figure 6.34 montre, pour le redresseur PD3 et deux valeurs de l'angle α, le tracé des tensions redressées partielles et totales. On a également représenté les ondes de courant de la première phase du secondaire et du primaire.

La chute de tension due aux commutations est donnée en fonction de I_d par la relation établie lorsque la commutation n'était pas retardée.

6.7.2 Redresseurs mixtes du type parallèle double

On remplace seulement une série de diodes, celles du commutateur plus positif d'ordinaire, par des thyristors.

La figure 6.35 donne le schéma des redresseurs PD2 mixte et PD3 mixte.

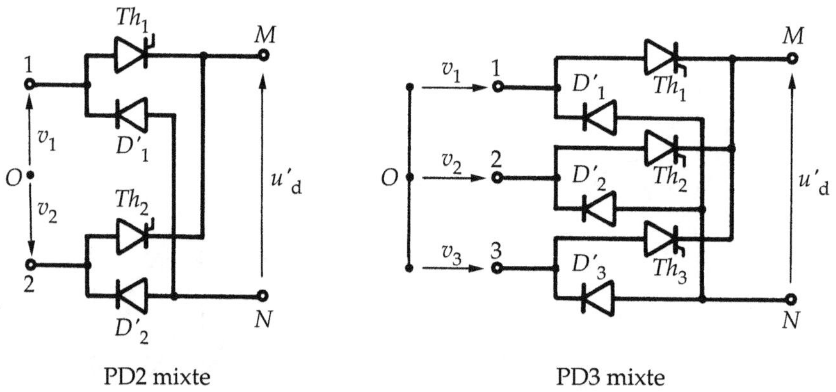

Figure 6.35

a) Tension redressée

La tension redressée u'_d est la différence entre les tensions $v_M - v_O$ et $v_N - v_O$. La première, donnée par le commutateur plus positif à thyristors, est formée de q portions de sinusoïdes par période T. La seconde, issue du commutateur plus négatif à diodes, est formée de q sommets négatifs de sinusoïdes par période.

Que q soit pair ou impair, la tension redressée u'_d est d'indice q. Sa valeur moyenne est donnée par :

$$U'_{d_0} = (v_M - v_0)_{moy} - (v_N - v_0)_{moy}$$
$$U'_{d_0} = \frac{q}{\pi} V_m \sin\frac{\pi}{q}\cos\alpha + \frac{q}{\pi} V_m \sin\frac{\pi}{q}$$
$$U'_{d_0} = \frac{2q}{\pi} V_m \sin\frac{\pi}{q}\left(\frac{1+\cos\alpha}{2}\right).$$

Donc :

$$\boxed{U'_{d_0} = U_{d_0}\frac{1+\cos\alpha}{2}}$$

En faisant varier α de 0 à π on peut faire varier U'_{d_0} de son maximum U_{d_0} à zéro ; on ne peut plus l'inverser. Un redresseur mixte ne permet pas la marche en onduleur, *il n'est pas réversible.*

La forme d'onde de la tension redressée peut présenter deux allures différentes :

• Tant que les intervalles de conduction de deux semiconducteurs réunis à la même borne secondaire ne se chevauchent pas, c'est-à-dire tant que α est infé-

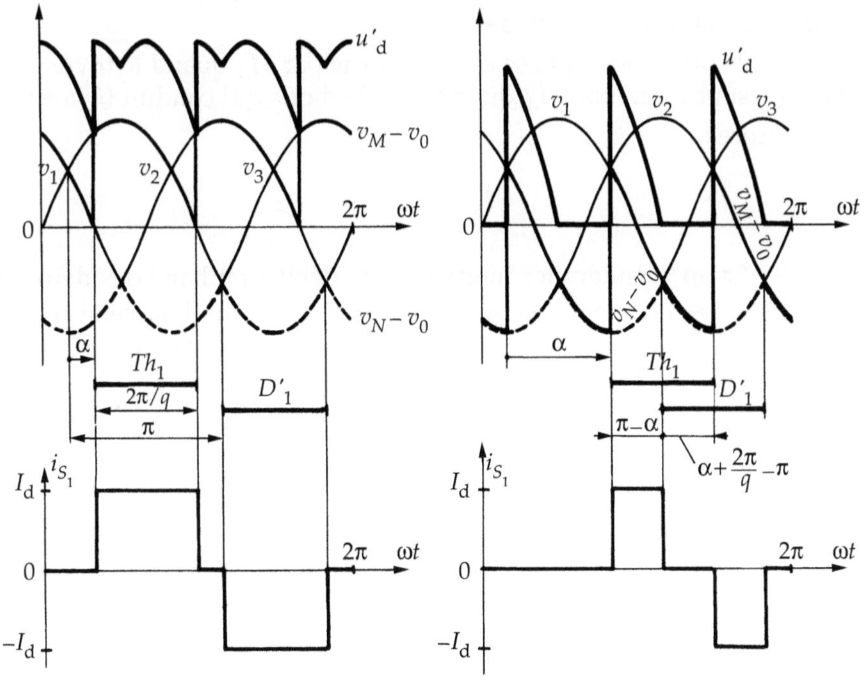

(a) α = 30° (b) α = 120°

Figure 6.36

rieur à $\pi - (2\pi/q)$, u'_d est formée de deux portions de sinusoïdes pour chacune de ses périodes T/q (*figure* 6.36*a*).

• Pour $\alpha > \pi - (2\pi/q)$, il y a des intervalles où les deux semiconducteurs reliés à la même phase débitent simultanément ; les bornes *M* et *N* sont alors au même potentiel. La tension u'_d présente des segments à valeur nulle (*figure* 6.36*b*). Pour le redresseur PD3 mixte on a l'une ou l'autre de ces formes d'ondes suivant que α est inférieur ou supérieur à $\pi/3$. Pour le PD2 mixte on a toujours le deuxième mode de fonctionnement. Quel que soit q, même s'il est impair, l'indice de pulsation p est égal à q.

La tension aux bornes des thyristors a même forme d'onde et mêmes valeurs extrêmes que pour un redresseur tout thyristors (*cf.* figure 6.27), celle aux bornes des diodes est la même que pour un redresseur du type parallèle (*cf.* figure 6.15).

b) Courants. Diagramme des puissances

► Chaque semiconducteur débite le courant redressé, supposé constant , I_d pendant T/q.

► Pour les courants secondaires, il faut distinguer les deux cas rencontrés lors de l'examen de la forme d'onde de u'_d.

• Si $\alpha < \pi - (2\pi/q)$, chaque phase est parcourue par $+I_d$ quand le thyristor correspondant est passant, par $-I_d$ quand c'est la diode qui conduit (*figure* 6.36*a*).

On a encore :

$$I'_S = I_d\sqrt{\frac{2}{q}}$$

• Si $\alpha > \pi - (2\pi/q)$, pendant les intervalles de débit simultané des deux semiconducteurs reliés à la même phase secondaire, le courant dans celle-ci est nul. Le courant continu I_d se referme par ces semiconducteurs et le récepteur – supposé infiniment inductif – sans que le côté alternatif intervienne.

L'intervalle à courant secondaire nul réduit à $\pi - \alpha$ l'angle de passage du courant I_d dans les enroulements dans un sens puis dans l'autre (*figure* 6.36*b*). D'où la valeur efficace des courants :

$$I'_S = I_d\sqrt{1 - \frac{\alpha}{\pi}}$$

La réduction des courants secondaires quand α tend vers π s'accompagne de celle des courants primaires et en ligne.

► En ce qui concerne le *fondamental* du courant pris au réseau, on peut considérer le montage comme la somme d'un redresseur à diodes fournissant $(U_{d_0}/2)I_d$ et d'un redresseur à thyristors fournissant $(U_{d_0}/2)I_d \cos\alpha$ et fonc-

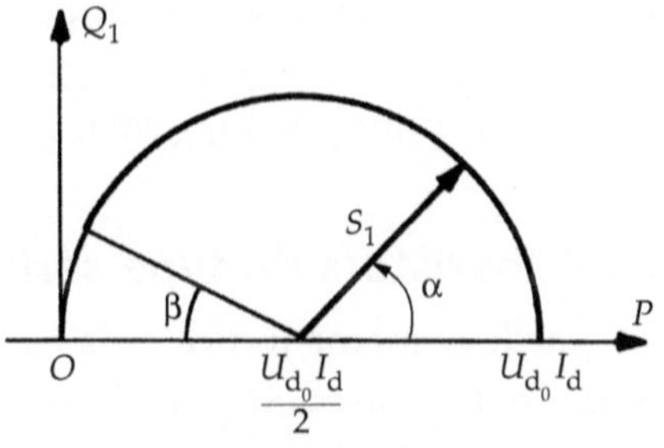

Figure 6.37

tionnant avec un angle de retard α égal au déphasage φ_1 du courant en ligne correspondant. D'où le *diagramme des puissances* (*figure* 6.37) qui montre la réduction de la puissance réactive Q_1 par rapport à celle qu'absorbe un redresseur tout thyristors, ainsi que la non-réversibilité.

▶ Les *harmoniques* du courant pris au réseau sont encore directement liés à l'indice de la tension redressée.

Pour les montages d'indice p pair, le rang des harmoniques présents reste le même, $h = kp \pm 1$, seule varie leur amplitude relative.

Pour le montage d'indice p impair, dès que α s'écarte de zéro, l'indice de la tension redressée passe de $2p$ à p et dans les courants pris au réseau on trouve tous les harmoniques de rang h égal à $kp \pm 1$.

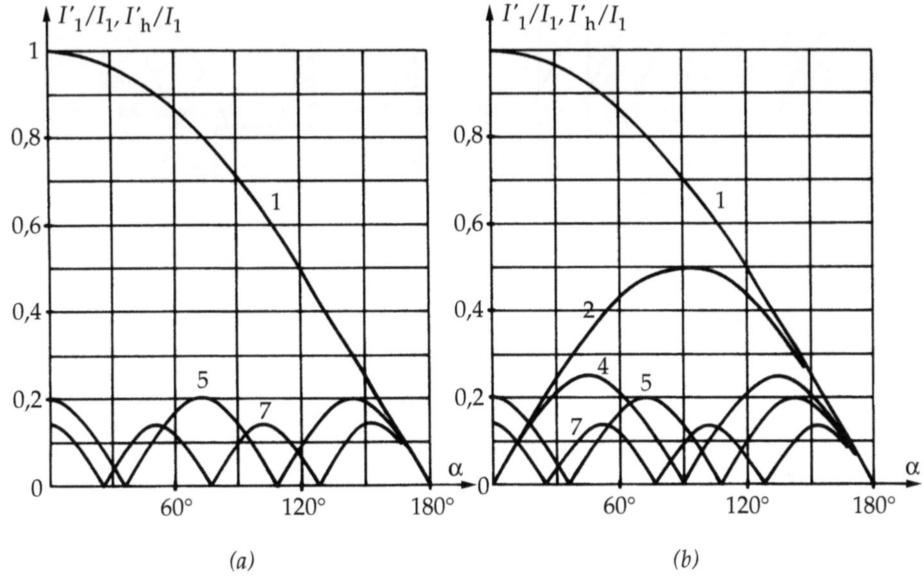

Figure 6.38

La figure 6.38 montre les variations en fonction de α des valeurs du fondamental et des premiers harmoniques rapportés à celle I_1 du fondamental à α nul, pour $p = 6$ (*figure* 6.38*a*) puis pour $p = 3$ (*figure* 6.38*b*).

6.7.3 Redresseurs tout thyristors du type série

• La tension redressée u'_d garde le même indice qu'avec le redresseur à diodes, q ou $2q$ suivant que le nombre de phases est pair ou impair.

La tension U'_d est donc formée de q ou $2q$ portions identiques de sinusoïdes par période T. Sa valeur moyenne est :

$$U'_{d_0} = \frac{q}{\pi} V_m \cos\alpha$$

donc :

$$\boxed{U'_{d_0} = U_{d_0} \cos\alpha}$$

• La tension inverse maximale, dans la marche en redresseur, et la tension directe à bloquer maximale, dans la marche en onduleur, ont la même valeur que la tension inverse maximale calculée pour le même schéma utilisant des diodes.

• À courant I_d donné, le courant dans les thyristors a la même valeur quel que soit l'angle α. Il en est de même des courants dans les enroulements secondaires, primaires et dans la ligne d'alimentation.

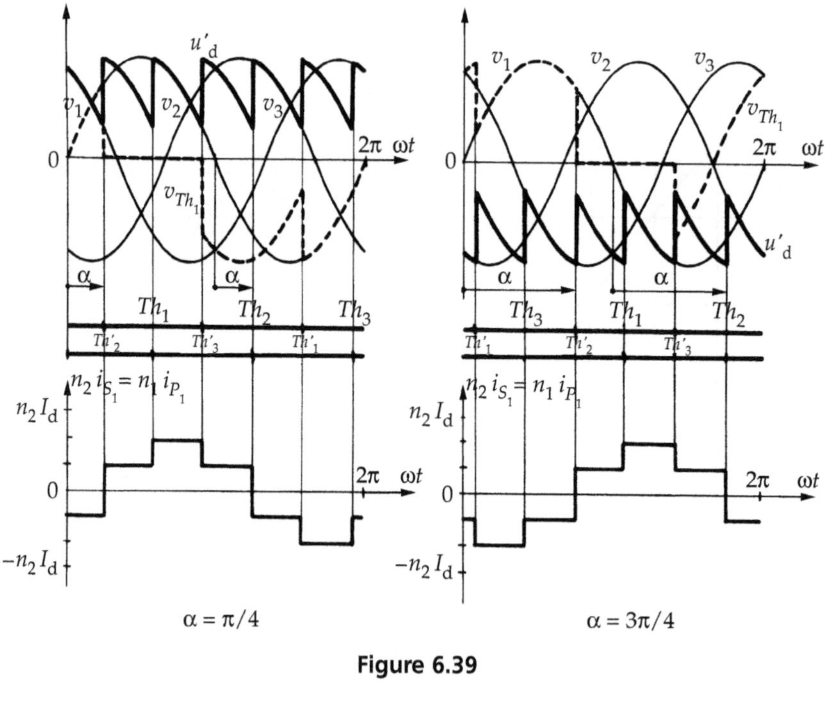

Figure 6.39

Les facteurs de puissance sont proportionnels à $|\cos\alpha|$.

Le diagramme des puissances est celui de la figure 6.32.

La figure 6.39 montre, pour le redresseur S3 et deux valeurs de l'angle α, le tracé de la forme de la tension redressée et des courants.

6.7.4 Redresseurs mixtes du type série

a) Tension redressée

Si l'on remplace une seule série de diodes par des thyristors, on ne peut plus inverser la tension redressée mais seulement la faire varier entre son maximum et zéro :

$$U'_{d_0} = \frac{q}{\pi} V_m \frac{1+\cos\alpha}{2}$$

$$\boxed{U'_{d_0} - U_{d_0} \frac{1+\cos\alpha}{2}}$$

La tension redressée est d'indice q, que le nombre de phases soit pair ou impair.

On retrouve donc les mêmes effets du retard à l'amorçage des thyristors que pour les redresseurs mixtes du type PD. Les autres remarques formulées au paragraphe 6.7.2.*a* sont d'ailleurs aussi applicables.

b) Courants et facteurs de puissance. Diagramme des puissances

– Chacun des $2q$ semiconducteurs, diodes ou thyristors, écoule le courant redressé, supposé constant et égal à I_d, pendant T/q.

– Comme pour les redresseurs mixtes du type parallèle double, le courant dans les enroulements secondaires diminue quand l'angle α augmente.

Mais l'origine de cette réduction est différente ; elle vient de ce que l'entrée de I_d dans le polygone et sa sortie se font par des sommets de moins en moins diamétralement opposés quand α augmente. Les deux voies sont de plus en plus inégales et il y a de plus en plus de phases dans celle qui, de ce fait, est parcourue par une fraction de plus en plus faible de I_d.

La réduction des courants est la même pour les montages PD3 mixte et S3 mixte. Mais, ici encore, seul le redressement série ne voit pas cette intéressante propriété s'atténuer quand le nombre de phases augmente.

Le diagramme des puissances est encore celui de la figure 6.37.

6.7.5 Comparaison et choix des redresseurs à thyristors

Les caractéristiques d'un redresseur tout thyristors se déduisent de celles du redresseur à diodes ayant le même schéma de la même façon quel que soit ce schéma. Aussi la comparaison faite pour les redresseurs à diodes reste valable. Toutefois on hésite plus à utiliser beaucoup de thyristors que beaucoup de diodes.

Les redresseurs mixtes ne sont pas réversibles en tension ; ils permettent de réduire la consommation de puissance réactive. En triphasé, si q est impair, ils introduisent de nouveaux harmoniques dans les courants d'entrée et dans les tensions de sortie.

► *En monophasé,* on n'utilise pratiquement que le PD2 tout thyristors si la réversibilité est nécessaire, le PD2 mixte si elle ne l'est pas.

En forte puissance (traction ferroviaire), afin de réduire la consommation de puissance réactive, on utilise le pont à quatre thyristors PD2 en décalant la commande des deux demi-ponts. On met d'ailleurs souvent en série plusieurs ponts avec commande successive du décalage de chaque demi-pont.

► *En triphasé,* le montage PD3 ou S3 tout thyristors correspond à la grande majorité des applications. Ce n'est que pour les très basses tensions qu'on a parfois recours au groupement en parallèle de deux P3 avec bobine interphase.

Même si la réversibilité en tension n'est pas nécessaire, le montage PD3 ou S3 mixte a des performances si mauvaises que l'on utilise le redresseur à six thyristors.

Si on a besoin d'un indice de pulsation égal à 12 pour réduire les harmoniques, on utilise le groupement en série ou en parallèle d'un PD3 et d'un S3 tout thyristors. On utilise le même groupement mais avec deux redresseurs mixtes si on veut réduire la consommation de réactif tout en conservant un indice de pulsation égal à 6.

6.7.6 Commande des redresseurs à thyristors

a) Détermination des instants de commande

Ce sont les intersections de l'onde de référence avec les ondes de modulation qui déterminent les instants de déblocage des thyristors. Les ondes de modulation sont synchronisées sur les tensions alternatives à redresser.

On considère le cas du montage très fréquemment utilisé redressant à l'aide de six thyristors les tensions v_1, v_2, v_3 (*figure* 6.40*a*) :

$$v_1 = V_m \sin \omega t, \quad v_2 = V_m \sin\left(\omega t - \frac{2\pi}{3}\right), \quad v_3 = V_m \sin\left(\omega t - \frac{4\pi}{3}\right).$$

▶ On détermine d'abord l'intervalle d'amorçage possible de chaque thyristor. Le thyristor Th_1, dont l'amorçage doit entraîner le blocage de Th_3, peut être amorcé depuis $\omega t = \pi/6$, où v_1 devient plus grande que v_3, jusqu'à $\omega t = 7\pi/6$, où v_1 cesse d'être plus grande que v_3.

La figure 4.40*b* montre les intervalles possibles d'amorçage des six thyristors. Ils ont tous une largeur angulaire de π et sont décalés deux à deux de $2\pi/6$.

– L'onde de référence, la même pour les six thyristors, représente la valeur moyenne de la tension redressée désirée U'_{dw} rapportée à U_{d_0}.

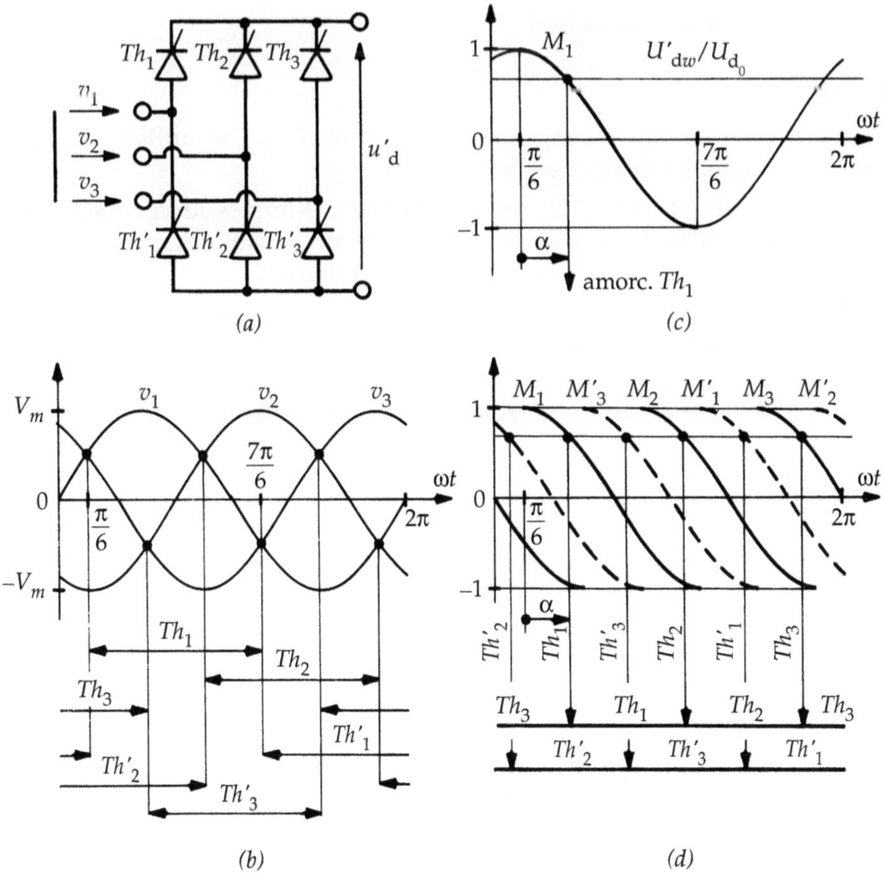

Figure 6.40

Il y a une onde de modulation pour chaque thyristor. C'est une sinusoïde de même pulsation ω que les tensions d'alimentation. L'onde de modulation d'un thyristor va de +1 à −1 durant l'intervalle où celui-ci peut être amorcé.

L'intersection de l'onde de référence avec la partie décroissante de l'onde de modulation d'un thyristor fixe l'instant où on commande son amorçage.

Pour Th_1, par exemple, l'onde de modulation M_1 va de +1 à −1 quand ωt va de $\pi/6$ à $7\pi/6$ (*figure* 6.40*c*). L'angle de retard à l'amorçage α est donc tel que :

$$\cos\alpha = U'_{\text{dw}}/U_{\text{d}_0}$$

Si U'_{dw} est constante, l'angle α est le même pour tous les thyristors, leurs ondes de modulation étant déphasées deux à deux de $2\pi/6$.

Puisque $U'_{\text{d}_0} = U_{\text{d}_0}\cos\alpha$, on a donc $U'_{\text{d}_0} = U'_{\text{dw}}$.

La figure 6.40*d* montre la partie utile (descendante) des six ondes de modulations M_1, M'_3, M_2, M'_1, M_3 et M'_2, les instants de commande des six thyristors et leurs intervalles de conduction.

Remarques

• Pour un redresseur d'indice de pulsation égal à p, on utilise p ondes de modulation déphasées entre elles de $2\pi/p$.

Lorsque la référence $U'_{\text{dw}}/U_{\text{d}_0}$ varie, la valeur des angles successifs de retard varie. Les p ondes de modulation effectuent un échantillonnage de la référence p fois par période des tensions d'alimentation.

• Pour les redresseurs mixtes, $U'_{\text{d}_0} = U_{\text{d}_0}(1+\cos\alpha)/2$. On prend des ondes de modulation de la forme :

$$M = \frac{1}{2} + \frac{1}{2}\cos\omega(t - t_0), \text{ et non plus } M = \cos\omega(t - t_0),$$

en désignant par t_0 le début de la demi-période où le thyristor considéré peut être amorcé. L'intersection avec la référence donne alors :

$$\frac{1}{2} + \frac{1}{2}\cos\alpha = \frac{U'_{\text{dw}}}{U_{\text{d}_0}}, \quad \text{donc} \quad U'_{\text{d}_0} = U'_{\text{dw}}.$$

b) Largeur des signaux de déblocage

La durée de l'impulsion de courant à appliquer à la gâchette d'un thyristor pour en assurer l'entrée en conduction, lorsque sa tension anode-cathode est positive, peut être très brève, 2 à 10 µs suivant le calibre du thyristor, ce qui, à 50 Hz, correspond à une largeur angulaire très nettement inférieure à un degré. Le signal de commande peut être constitué d'un créneau rectangulaire ou d'un train d'impulsions.

La commande par signaux brefs ne peut convenir à tous les redresseurs pour deux raisons :

• Pour qu'un thyristor puisse devenir effectivement passant lorsqu'on le débloque, il est nécessaire qu'il constitue la seule liaison à établir dans un circuit par ailleurs fermé.

• Lors du débit sur un récepteur actif, c'est-à-dire présentant une f.c.é.m, pour α faible des signaux brefs risquent de provoquer le brusque arrêt du fonctionnement au-dessous d'une certaine valeur du courant redressé débité.

▶ Récepteur passif ; possibilité de signaux brefs

Lorsqu'on débite sur un récepteur passif, pour α compris entre 0 et $\pi - \beta$, la tension anode-cathode aux bornes du thyristor est toujours positive au moment où on veut le débloquer.

– Dans les redresseurs du type *parallèle*, le courant débité par le thyristor rendu conducteur se referme par la charge et le conducteur neutre. Des signaux brefs suffisent.

– Il en est de même dans le cas des *redresseurs mixtes*. Le retour du courant débité par le thyristor débloqué s'effectue par une diode du commutateur plus négatif.

– Les *redresseurs tout thyristors à nombre pair de phases*, qu'ils soient du type parallèle double ou du type série, nécessitent le déblocage simultané des deux thyristors correspondant aux deux tensions directement en opposition. Pour éviter un défaut de coïncidence, ces deux thyristors sont commandés par le même générateur d'impulsions, à transformateur de sortie à deux secondaires par exemple.

▶ Récepteur passif ; redresseurs tout thyristors à q impair

Dans les redresseurs tout thyristors du type parallèle double ou série comptant un nombre q impair de phases, les thyristors sont débloqués individuellement tous les $T/2q$. L'entrée en conduction d'un thyristor suppose qu'un thyristor de l'autre série soit déjà passant.

Pour pouvoir mettre en route le montage et permettre son fonctionnement en conduction discontinue, il faut avoir recours à l'une ou l'autre des solutions suivantes :

• *Élargissement des signaux*. On porte de $\Delta\theta$ à $\Delta\theta + \pi/q$ la largeur des signaux de déblocage. Quand on débloque un thyristor on est assuré que le circuit de gâchette du thyristor de l'autre série est encore alimenté, donc que si ce semi-conducteur n'est pas passant, il s'amorçera en même temps que le premier.

• *Impulsion de confirmation*. Quand on envoie un signal bref pour amorcer un thyristor, on envoie en même temps ce signal au thyristor normalement entré en conduction $T/2q$ auparavant. Si ce dernier est déjà conducteur, cette « impulsion de confirmation » est inutile, sinon elle permet l'amorçage des deux thyristors en même temps. Ce procédé nécessite des transformateurs d'application des signaux à deux secondaires.

Récepteur actif

Lorsque le récepteur présente une f.c.é.m (*cf.* exercice 4.2, par exemple), pour les fortes valeurs relatives de celle-ci, on ne peut plus amorcer à α voisin de 0. Pour éviter une brusque annulation de I_d quand, voulant augmenter U'_d, on diminue α, il faut *augmenter de π/q la largeur des signaux de commande.*

Alors, si le thyristor ne devient pas conducteur au début du signal de déblocage, sa gâchette est encore alimentée quand, un peu plus tard, sa tension anode-cathode devient positive.

> **Remarque**
>
> Il est souvent commode d'utiliser comme signaux de commande des trains d'impulsions dont la fin est fixe ; on agit sur leur début qui donne α.
>
> Pour les redresseurs P, les redresseurs PD et S mixtes ou tout thyristors à q pair, quand α va de 0 à $\pi - \beta$, la largeur va de $\pi + \pi/q + \Delta\theta - \beta$ à $\pi/q + \Delta\theta$.
>
> Pour les redresseurs PD et S tout thyristors à q impair, la largeur varie de $\pi + 3\pi/2q + \Delta\theta - \beta$ à $3\pi/2q + \Delta\theta$.

6.8 NOTES SUR LES REDRESSEURS À DIODES DÉBITANT SUR UNE « SOURCE DE TENSION »

Pour de nombreuses applications où on a besoin d'une tension redressée, on se contente d'un redresseur à diodes débitant sur une capacité. On branche le récepteur aux bornes de celle-ci.

La capacité peut-être considérée comme une source de tension. Le réseau alimentant le redresseur étant lui aussi considéré comme une source de tension, on demande au convertisseur de relier deux sources de tension. Ce n'est pas possible même avec des diodes si ces deux sources sont parfaites. On doit utiliser l'imperfection des sources ou, si cette imperfection est insuffisante, l'augmenter.

Ce mode de conversion conduit à une valeur moyenne de la tension redressée variable avec le débit. Ce n'est pas gênant lorsque le redresseur alimente un autre convertisseur, hacheur ou onduleur, pour lequel la constance de la tension continue d'alimentation n'est pas indispensable.

6.8.1 Redresseur alimenté en monophasé

On a vu (chapitre 2, § 3.1.2*d* et 3.1.2*e*) le fonctionnement du redresseur monophasé simple alternance débitant sur une capacité. Le montage n'est utilisable qu'en très, très faible puissance car il injecte une composante continue dans le réseau alternatif.

▶ Montage de base

En monophasé, on utilise un pont à quatre diodes redressant la tension sinusoïdale u, débitant sur la capacité C aux bornes de laquelle la tension u' alimente un récepteur (*figure* 6.41). Ce montage ne peut fonctionner que parce que la tension u' varie, autrement dit que la source de tension à la sortie est imparfaite.

Pour $t = t_1$, quand la tension u devient supérieure à u', les diodes D_1 et D'_2 entrent en conduction rendant u' égal à u (*figure* 6.41). Cette conduction dure jusqu'à l'instant $t = t_2$ où le courant i' s'annule. Ensuite u' décroît car la capacité se décharge dans le récepteur. Pour $t = t_1 + T/2$ la tension $-u$ devient supérieure à u', les diodes D_2 et D'_1 entrent en conduction ...

La valeur moyenne de la tension u' de sortie du redresseur dépend beaucoup de celle du courant i_R fourni à la charge. Quand i_R est constamment nul, i' l'est également, la capacité reste chargée à la valeur de crête U_m de la tension u. Au fur et à mesure que i_R augmente, la décharge de C, pendant les intervalles où les diodes sont bloquées, est plus rapide ; la durée des intervalles de charge augmente : la valeur moyenne de u' diminue.

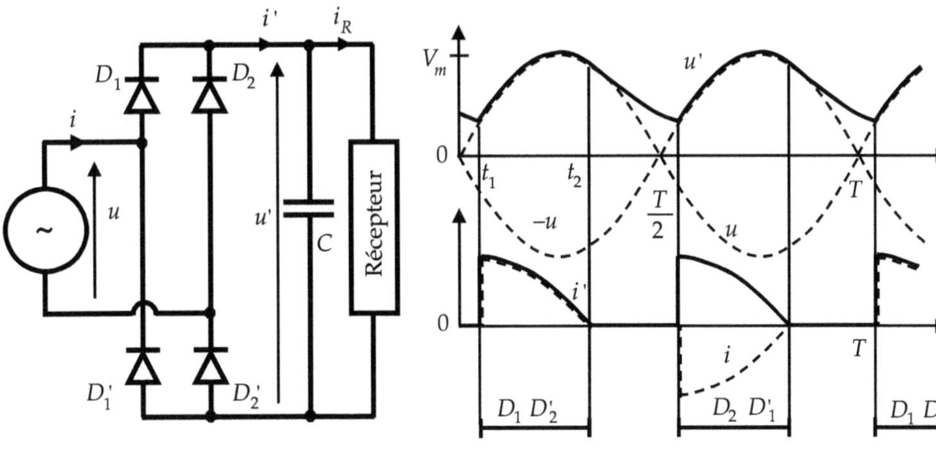

Figure 6.41

Si pour réduire l'ondulation de la tension aux bornes de la capacité C on augmente la valeur de celle-ci, le courant i' est pris au réseau pendant des intervalles plus brefs mais son amplitude augmente.

▶ Changement de la nature de la source de sortie

Afin de donner à la capacité une valeur suffisante pour que la tension u' à ses bornes ait une ondulation négligeable, sans contredire à la règle d'alternance des sources, il faut transformer la source d'entrée ou celle de sortie en source de courant.

On peut pour cela ajouter une inductance L' entre le pont de diodes et la capacité (figure 6.42).

À vide (i_R nul), la tension u' est encore constamment égale à U_m. Mais au fur et à mesure que i_R croît, la durée de conduction de diode augmente. Quand cette durée atteint $T/2$, la tension u_d est formée de deux semi-sinusoïdes complètes ; sa valeur moyenne égale $(2/\pi)U_m$. La valeur moyenne de la tension de sortie u', égale à celle de u_d puisque $L'di/dt$ a une valeur moyenne nulle, est constante dès que le débit est suffisant.

Pour une étude simplifiée, on néglige l'ondulation du courant i' et on retrouve les résultats établis lors de l'étude classique des redresseurs (*cf.* § 6.2).

▶ Changement de la nature de la source d'entrée

Quand on donne à la capacité C une valeur telle que les fluctuations de la tension de sortie u' soient minimes, on peut remplacer l'inductance L' à la sortie par une inductance L à l'entrée (figure 6.43). Comme L' à la sortie, l'inductance L élargit les intervalles de débit du pont et supprime les à-coups des courants i et i', la source de tension d'entrée étant devenue une source de courant.

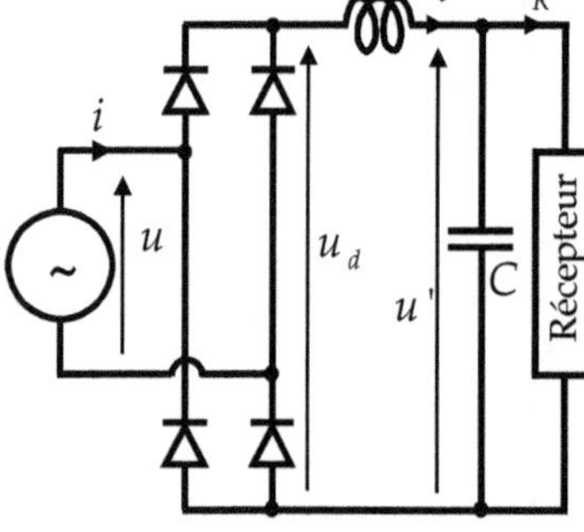

Figure 6.42

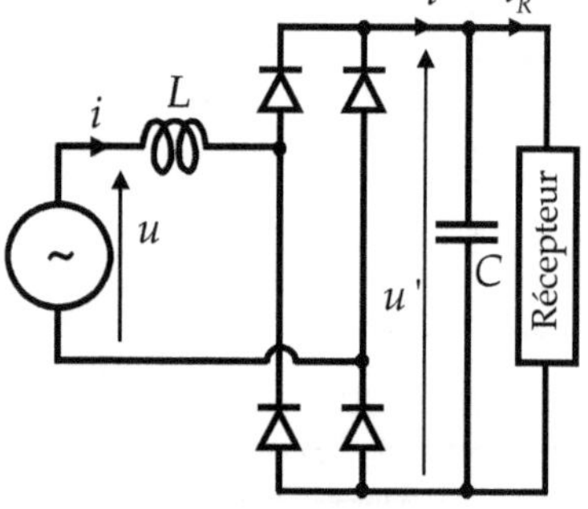

Figure 6.43

La tension de sortie à vide est encore constamment égale à U'_m. Mais, dès que i_R est suffisant pour assurer la conduction continue, la valeur moyenne de u' devient égale à $(2/\pi)U_m$.

Pour une étude simplifiée, on suppose qu'en conduction continue la tension u' est constante et le courant i sinusoïdal.

6.8.2 Redresseur alimenté en triphasé

► En triphasé, on utilise le schéma en pont sans addition d'inductance (figure 6.44*a*) si la valeur de la capacité est assez réduite pour que les variations de la tension u' à ses bornes n'entraînent pas des pointes de courant excessives.

► Pour $t = t_1$ (*figure* 6.44b), la tension composée $v_1 - v_2$ devient plus grande que u', les diodes D_1 et D'_2 entrent en conduction ; elles restent passantes jusqu'à l'instant $t = t_2$ où le courant i' s'annule. De $t = t_2$ à $t = t_1 + T/6$, i' est nul, la capacité alimente seule le récepteur, la tension u' diminue. Pour $t = t_1 + T/6$, la tension composée $v_1 - v_3$ devient plus grande que u', D_1 et D'_3 entrent en conduction...

La valeur moyenne de la tension de sortie u' passe de l'amplitude U_m des tensions composées d'entrée, quand le courant débité i'_R est nul, à $(3/\pi)U_m$, quand la conduction est continue.

► Pour réduire l'ondulation de la tension u' on peut ajouter, comme en monophasé, une inductance L' entre le pont redresseur et la capacité. Le filtrage de la tension u' est beaucoup plus aisé qu'en monophasé puisque son premier harmonique a une pulsation égale à 6ω.

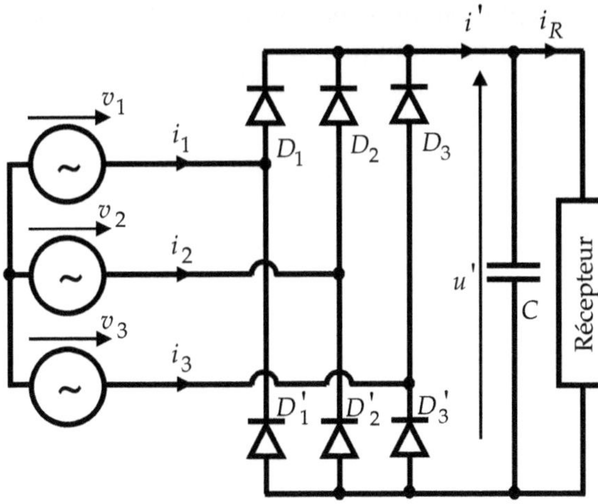

Figure 6.44a

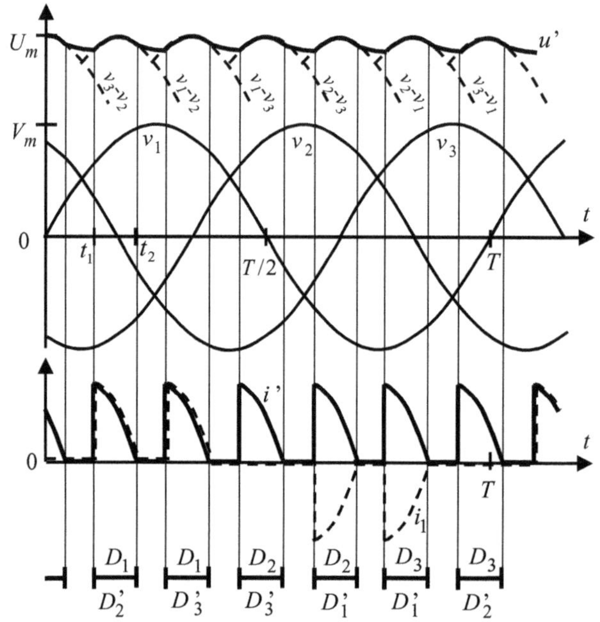

Figure 6.44b

▶ Pour réduire les harmoniques des courants pris au réseau, on peut ajouter une inductance L entre les bornes de la source des tensions v_1, v_2, v_3 et chacune des bornes d'entrée du pont redresseur. Le filtrage des courants i_1, i_2, i_3 est facile car, leurs alternances négatives reproduisant au signe près leurs alternances positives, ils ne peuvent contenir d'harmoniques de rang pair. D'autre part ils ne peuvent comporter d'harmoniques de rang 3 ou multiple de 3 car ces harmoniques forment des systèmes homopolaires. Finalement ne restent que les harmoniques 5 et 7, 11 et 13...

L'inductance du réseau vu de l'entrée du redresseur est parfois suffisante. Si le redresseur est alimenté à travers un transformateur, les inductances de fuites de celui-ci peuvent jouer le rôle d'inductances de filtrage.

EXERCICES

6.1 Application des règles de fonctionnement des commutateurs

Un pont à six diodes redresse les trois tensions v_1, v_2 et v_3 fournies par le secondaire en étoile d'un transformateur triphasé (redresseur PD3).

Que deviennent la forme d'onde et la valeur moyenne de la tension redressée u_d :

a) si on supprime une diode,

b) si on supprime deux diodes réunies à la même borne secondaire,

c) si on supprime deux diodes, une de chaque série, reliées à des bornes différentes.

(On supposera le récepteur résistant et inductif.)

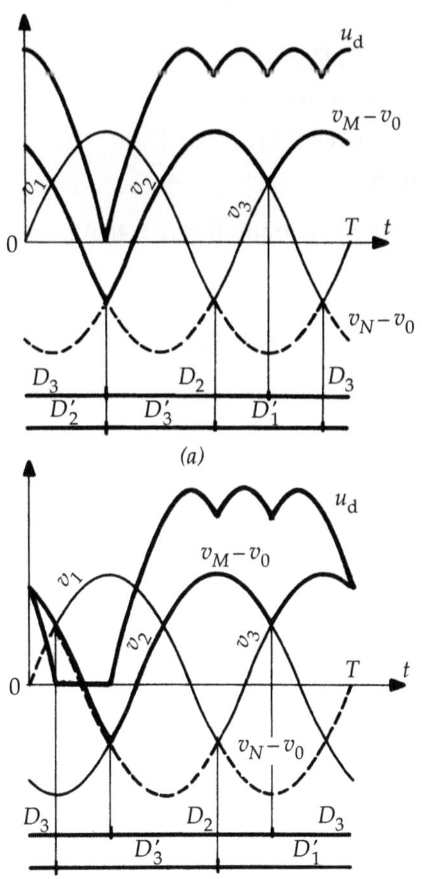

Figure 6.45

a) Diode D_1 supprimée :

$$U_{d_0} = \frac{5}{2}\frac{\sqrt{3}}{\pi}V_m \quad \text{(au lieu de } 3\frac{\sqrt{3}}{\pi}V_m\text{)}$$

b) Diodes D_1 et D'_1 supprimées :

$$U_{d_0} = 2\frac{\sqrt{3}}{\pi}V_m.$$

c) Diodes D_1 et D'_2 supprimées :

$$U_{d_0} = 2\frac{\sqrt{3}}{\pi}V_m.$$

6.2 Débit sur f.c.é.m. Conduction discontinue

Un redresseur à trois diodes P3 redresse un système triphasé équilibré de tensions sinusoïdales d'amplitude égale à V_m. Il débite sur un récepteur de f.c.é.m E et de résistance R. On néglige les impédances internes du montage et du réseau d'alimentation, ainsi que la chute de tension directe des diodes.

Calculer, en fonction du rapport $K = E/V_m$:

- la valeur moyenne U_{d_0} de la tension redressée,
- la valeur moyenne I_d du courant redressé i_d,
- la valeur efficace $I_{d\,eff}$ de ce courant.

Il faut distinguer le fonctionnement en conduction continue (*figure* 6.46*a*) et celui en conduction discontinue (*figure* 6.46*b*).

– *Conduction continue* (0< K< 0,5)

$$U_{d_0} = \frac{3}{\pi}\frac{\sqrt{3}}{2}V_m = 0,827V_m$$

$$I_d = \frac{V_m}{R}(0,827 - K)$$

$$I_{d\,eff} = \frac{V_m}{R}\sqrt{\frac{1}{2} + K^2 + \frac{3\sqrt{3}}{\pi}\left(\frac{1}{8} - K\right)}$$

– *Conduction discontinue* (0,5< K< 1)

$$U_{d_0} = V_m\left(\frac{3}{\pi}\sin\theta_0 + K - 3K\frac{\theta_0}{\pi}\right)$$

$$I_d = \frac{V_m}{R}\left(\frac{3}{\pi}\sin\theta_0 - 3K\frac{\theta_0}{\pi}\right)$$

$$I_{d\,eff} = \frac{V_m}{R}\sqrt{\frac{3\theta_0}{\pi}\left(\frac{1}{2} + K^2\right) + \frac{3}{4\pi}\sin 2\theta_0 - \frac{6K}{\pi}\sin\theta_0}$$

avec $\cos\theta_0 = K$.

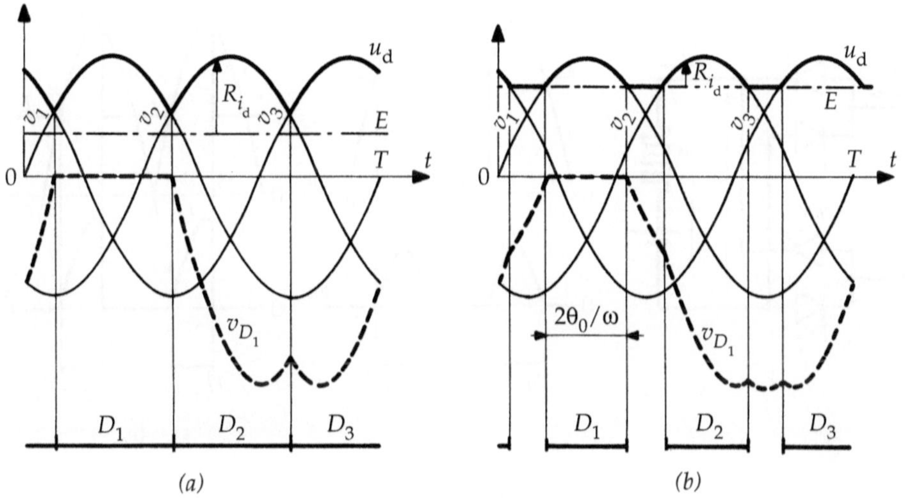

Figure 6.46

Quand K augmente, I_d et $I_{d\,eff}$ diminuent, mais l'ondulation de i_d et donc son facteur de forme f_F (quotient de $I_{d\,eff}$ par I_d) augmentent.

Le courant dans les diodes et dans les enroulements secondaires a

- pour valeur moyenne $I_d/3$,
- pour valeur efficace $I_{d\,eff}/\sqrt{3}$ ou $f_F I_d/\sqrt{3}$;

au fur et à mesure que K augmente, le courant redressé moyen que le montage peut débiter diminue.

Quand la conduction est discontinue, la forme d'onde de la tension aux bornes des diodes varie avec K :

$$v_{i\,max} = \sqrt{3}V_m, \quad \text{pour} \quad K < 0{,}732$$

$$v_{i\,max} = 2V_m, \quad \text{pour} \quad K = 1.$$

6.3 Débit d'un pont mixte sur un récepteur *R, E*

On utilise un pont monophasé mixte à deux diodes et deux thyristors pour charger une batterie d'accumulateurs de 48 V dont la résistance interne est de 1,2 Ω. On veut charger avec un courant moyen I_d de 10 A.

a) En fin de charge, la f.é.m E de la batterie est de 60 V. Quelle doit être la valeur efficace U de la tension secondaire du transformateur ? Quel est alors le courant efficace secondaire I ?

b) En début de charge, la f.é.m. E est de 40 V. Quel doit être le retard à l'amorçage α des thyristors ? Quel est alors le courant efficace secondaire I ?

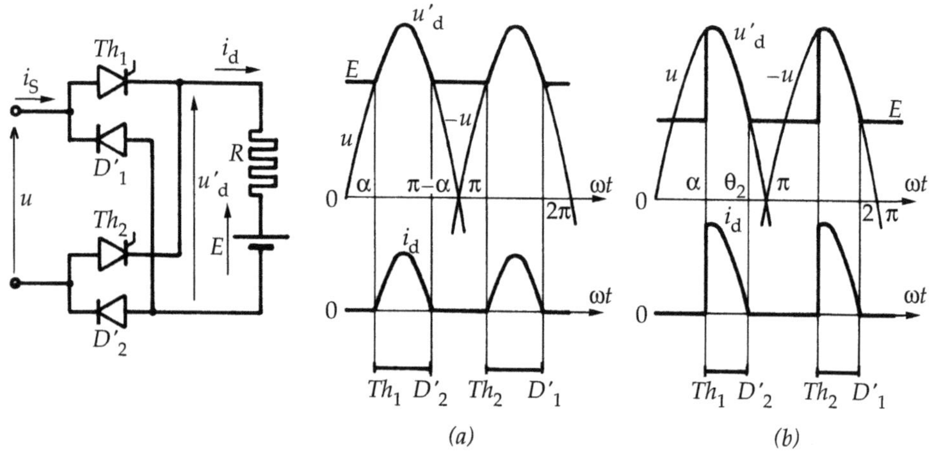

Figure 6.47

a) Fonctionnement à tension redressée maximale (figure 6.47a)

$$\frac{\pi}{2}RI_\mathrm{d} = U_m \cos\alpha - E\left(\frac{\pi}{2} - \alpha\right), \text{ avec } U_m \sin\alpha = E.$$

D'où :

$$\alpha = 40\,°2, \quad U = 65{,}8 \text{ V}, \quad I = 15{,}1 \text{ A}.$$

b) Fonctionnement en début de charge (figure 6.47b)

$$E + RI_\mathrm{d} = \frac{1}{\pi}[E(\alpha + \pi - \theta_2) + U_m(\cos\alpha - \cos\theta_2)], \text{ avec } U_m \sin\theta_2 = E.$$

D'où :

$$\alpha = 91\,°, \; I = 17{,}5 \text{ A}.$$

Chapitre 7

Les gradateurs

Les gradateurs sont les convertisseurs *alternatif-alternatif* servant à commander le débit d'une source alternative dans un récepteur alternatif sans changer de fréquence.

Ils permettent d'assurer la liaison constante entre la source et la charge puis de l'interrompre ; c'est la marche en *interrupteur*. Ils permettent aussi de rendre intermittente cette liaison et, par là, de régler l'intensité du courant que la source débite dans le récepteur ; c'est le fonctionnement en *gradateur*.

7.1 MARCHE EN INTERRUPTEUR

7.1.1 Principe

La figure 7.1 donne le schéma de base. Il est formé de deux thyristors, *Th* et *Th'*, ouvrant ou fermant la liaison source-récepteur.

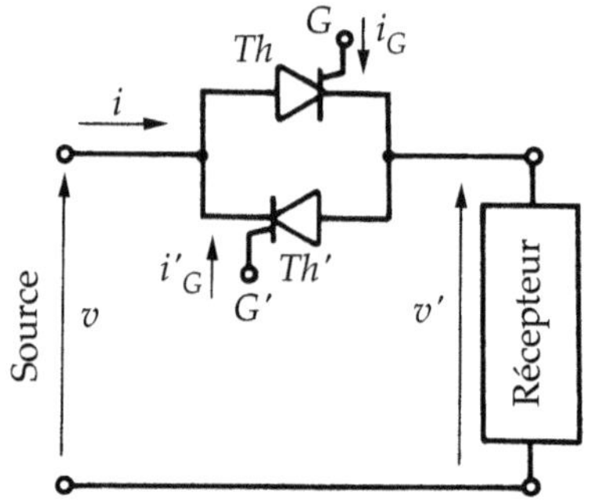

Figure 7.1

À partir de l'instant où on veut fermer l'interrupteur, on envoie en permanence des signaux de déblocage sur les gâchettes des deux thyristors. À cet instant, *Th* conduit si v est positif ; c'est *Th'* qui conduit si v est négatif. Quand le courant i change de signe, il passe d'un thyristor à l'autre. Si on néglige la chute de tension directe des thyristors, la tension v' aux bornes de la charge est égale à v.

Pour ouvrir l'interrupteur, on cesse d'envoyer des signaux de déblocage aux deux thyristors. Celui qui conduit continuera d'écouler le courant i jusqu'à ce que celui-ci s'annule, puis i reste nul.

7.1.2 Avantages et inconvénients

Les avantages de l'« interrupteur statique » sont évidents :

- pas de risque de rebondissement,
- établissement du courant à un instant précis,
- ouverture avec un retard égal au maximum à une demi-période,
- ouverture sans rupture de courant, donc sans surtension,
- possibilité de cadences de fonctionnement très rapides : on peut ne laisser passer le courant que pendant quelques alternances, ce qui est très intéressant pour le soudage par points par exemple.

Mais cet «interrupteur » :

- est plus fragile en cas de surcharge qu'un interrupteur électromécanique,
- il ne présente pas de coupure « visible »,
- il produit une chute de tension « au contact » beaucoup plus élevée.

Ce sont surtout l'absence de surtension de rupture et la possibilité de cycles ouverture-fermeture rapides et « calibrés » qui conduisent le plus souvent à adopter ces interrupteurs statiques.

7.1.3 Variantes unipolaires. Triacs

a) Triac

Le triac, ou thyristor bidirectionnel, groupe en un seul composant les deux thyristors montés tête-bêche (*cf.* § 2.1.2). L'unicité de l'électrode de commande facilite beaucoup la réalisation des interrupteurs en faible et moyenne puissance.

b) Autres montages monophasés

► Pour les plus fortes puissances, lorsque la tension v est suffisante pour rendre acceptable la chute de tension dans deux semiconducteurs passants en série, on peut utiliser le schéma de la figure 7.2 à deux diodes et deux thyristors.

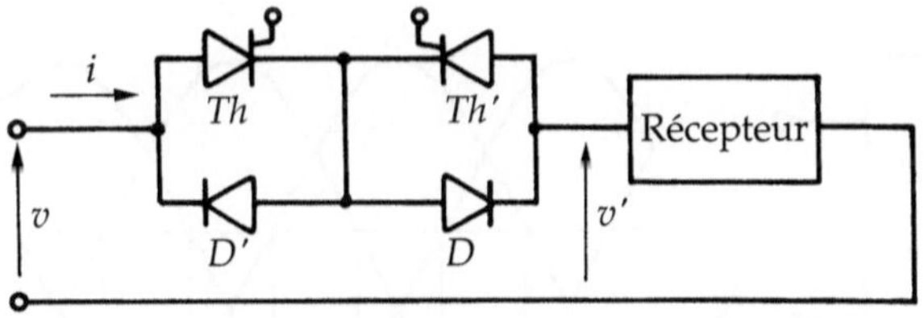

Figure 7.2

L'alternance positive du courant i passe par le thyristor Th et la diode D, l'alternance négative par Th' et D'.

Ce montage présente l'avantage de réunir les cathodes des deux thyristors, ce qui facilite leur commande et, dans la marche en interrupteur, permet d'appliquer le même signal de commande aux deux gâchettes.

► En haute tension, on peut réaliser un interrupteur « indirect » ou à transformateur intermédiaire (*figure* 7.3) en montant les deux thyristors à connexions croisées au secondaire d'un transformateur abaisseur.

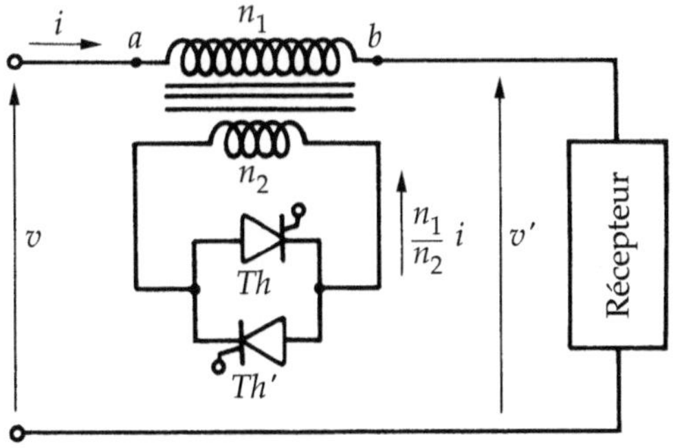

Figure 7.3

Quand les thyristors sont passants, les ampères-tours secondaires du transformateur compensent les ampères-tours primaires. Entre les points a et b on ne trouve que l'impédance du transformateur avec secondaire en court-circuit ; elle est négligeable devant celle du récepteur et v' diffère très peu de v.

Quand les thyristors sont bloqués, l'impédance en série avec la charge est l'impédance magnétisante du transformateur. Le récepteur n'est parcouru que par le courant magnétisant, la tension $v_a - v_b$ diffère peu de v et v' de 0.

7.1.4 Interrupteurs tripolaires

En triphasé il n'est pas nécessaire d'utiliser trois interrupteurs unipolaires tels ceux que nous venons de voir. On peut se contenter d'un thyristor et d'une diode par phase (*figure* 7.4).

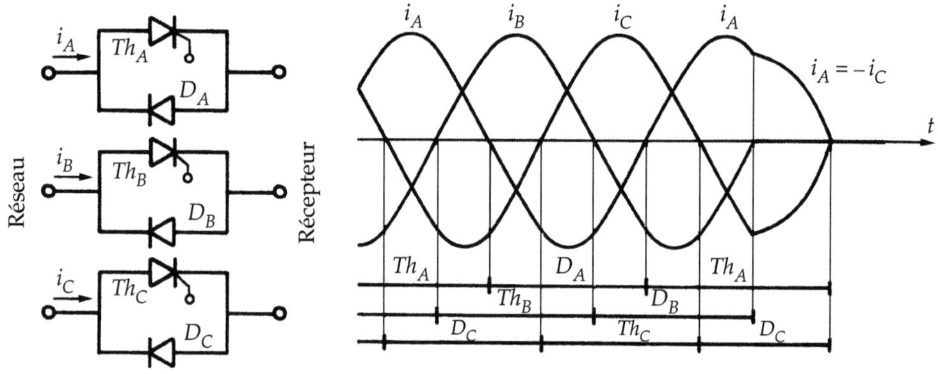

Figure 7.4

Les thyristors commandent l'aller des courants i_A, i_B, i_C, les diodes assurent leur retour. Lorsqu'on supprime l'envoi des signaux de déblocage, la coupure se termine lorsque s'annule le courant dans le thyristor débloqué en dernier lieu.

7.2 MARCHE EN GRADATEUR MONOPHASÉ

Le montage de la figure 7.1 et ses variantes unipolaires permettent aussi de régler la valeur efficace I qu'une source de tension alternative donnée débite dans un récepteur donné. Ce fonctionnement en gradateur – on dit parfois en modérateur – ne diffère de celui en interrupteur que par le mode d'action sur les gâchettes : au lieu d'appliquer ou de supprimer les signaux de déblocage, on déphase ces signaux. On agit ainsi sur la durée des intervalles où, pendant chaque alternance de la tension d'entrée, les semiconducteurs relient la source au récepteur.

Les gradateurs étudiés dans ce chapitre sont parfois appelés *gradateurs à commande par la phase* pour les distinguer des gradateurs à commande par trains d'ondes. Ceux-ci relèvent de la marche en interrupteurs : pour agir sur la valeur « moyenne » du courant, on ferme l'interrupteur pendant un certain nombre de périodes, puis on l'ouvre, puis on le ferme...

7.2.1 Cas d'un récepteur purement résistant

Supposons d'abord que le récepteur de la figure 7.1 soit une résistance pure R. Si, au lieu de débloquer le thyristor Th dès le début de l'alternance positive de la tension v, on n'envoie l'impulsion de courant sur sa gâchette qu'à l'instant $t = \psi/\omega$, Th ne sera conducteur que pour $\psi < \omega t < \pi$ (*figure* 7.5).

En déphasant de même l'impulsion de gâchette de Th', on amputera de la même façon le début de l'alternance négative du courant i. On peut donc, par action sur ψ, régler le temps de conduction des thyristors et, par là, la valeur efficace I du courant alternatif i.

Si on néglige la chute de tension dans le thyristor conducteur,

$$i = \frac{V_m \sin \omega t}{R} \quad \text{pour} \quad \psi < \omega t < \pi \ \text{ et } \ \pi + \psi < \omega t < 2\pi$$

$i = 0$ pendant le reste de la période.

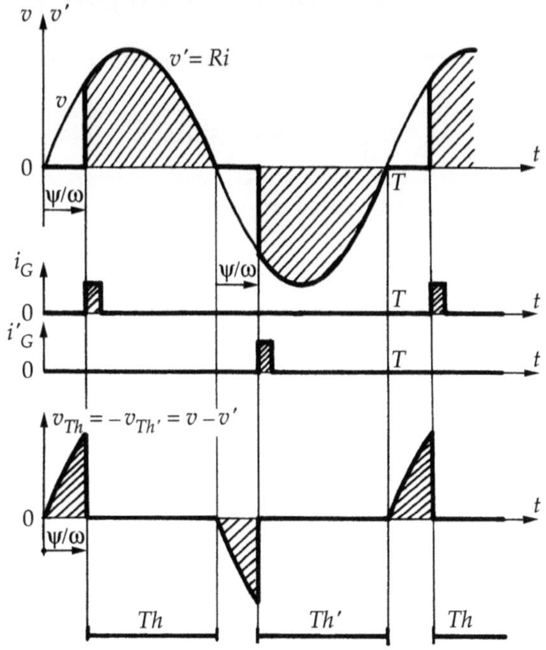

Figure 7.5

D'où la valeur efficace I :

$$I^2 = \frac{1}{\pi}\int_{\psi}^{\pi} \frac{V_m^2}{R^2}\sin^2 \omega t \, \mathrm{d}\omega t = \frac{V_m^2}{R^2}\left[\frac{\omega t}{2\pi} - \frac{\sin 2\omega t}{4\pi}\right]_{\psi}^{\pi}$$

$$I^2 = \frac{V_m^2}{R^2}\left(\frac{1}{2} - \frac{\psi}{2\pi} + \frac{\sin 2\psi}{4\pi}\right)$$

ou, en mettant en évidence la valeur V/R qu'aurait I si on reliait directement la source au récepteur :

$$I = \frac{V}{R}\sqrt{1 - \frac{\psi}{\pi} + \frac{\sin 2\psi}{2\pi}}$$

En faisant varier l'angle ψ de 0 à π , on fait varier I de son maximum V/R à 0.

7.2.2 Cas d'un récepteur résistant et inductif

L'argument φ du récepteur réduit la variation de l'angle ψ qui assure le passage de I de son maximum à 0.

a) Fonctionnement à ψ compris entre π et φ (figure 7.6)

Le thyristor Th est débloqué pour $t = t_0$, tel que $\omega t_0 = \psi$. À partir de cet instant :

$$L\frac{\mathrm{d}i}{\mathrm{d}t} + Ri = V_m \sin \omega t$$

en désignant par R et L les constantes du récepteur.

Le courant i a pour expression :

$$i = i_f + i_l = \frac{V_m}{Z}\sin(\omega t - \varphi) - \frac{V_m}{Z}\sin(\psi - \varphi)e^{-\frac{R}{L}\left(t - \frac{\psi}{\omega}\right)}$$

avec :

$$Z = \sqrt{R^2 + L^2\omega^2} \quad \text{et} \quad \tan \varphi = \frac{L\omega}{R}.$$

Le terme i_l est négatif puisque ψ est plus grand que φ. Le courant i s'annule donc et le thyristor se bloque pour $t = t_1$ tel que :

$$\omega t_1 < \pi + \varphi < \pi + \psi.$$

À l'instant $t = (T/2) + t_0$, le thyristor Th', ayant à ses bornes une tension $-v$ positive, reçoit un courant de gâchette. Il devient conducteur et écoule une alternance négative de i identique, au signe près, à son alternance positive.

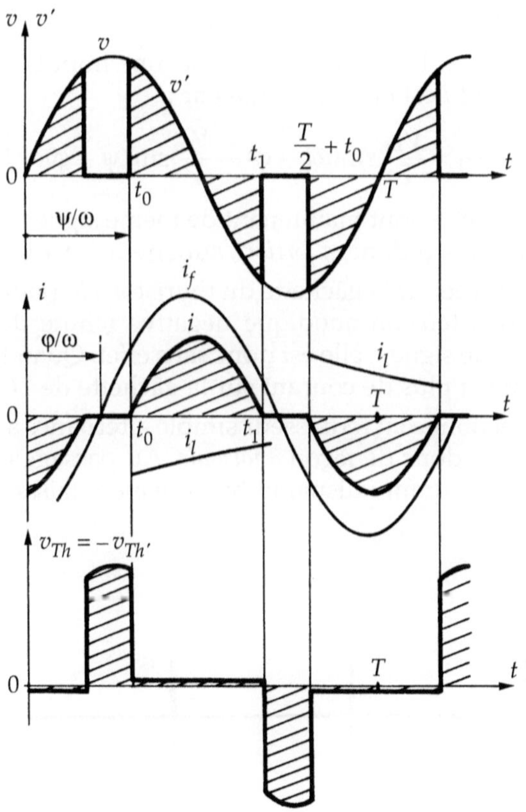

Figure 7.6

La figure 7.6 montre la détermination de la forme d'onde de v', i et v_{Th}. Lors du tracé de l'onde de cette dernière tension on a volontairement exagéré la chute de tension dans le thyristor passant.

Pour $\psi \geqslant \pi$, les thyristors sont toujours bloqués, puisqu'on envoie un signal de déblocage sur leur gâchette quand leur tension anodique est négative. Pour $\psi = \varphi$, le terme exponentiel du courant i disparaît ; le courant est sinusoïdal et identique à celui qu'on aurait en réunissant directement la source au récepteur.

Ainsi, en faisant varier l'angle ψ de π à φ, on fait croître le courant efficace I de 0 à son maximum V/Z.

b) Fonctionnement à ψ inférieur à φ

Lorsque l'angle ψ devient inférieur à φ, le fonctionnement dépend de la nature des signaux appliqués aux gâchettes.

▶ *Cas d'impulsions de courte durée (figure 7.7)*

Si le thyristor Th est le premier à recevoir une impulsion utile, il entre en conduction. Le courant i est encore donné par :

$$i = i_{\mathrm{f}} + i_{\mathrm{l}} = \frac{V_{\mathrm{m}}}{Z}\sin(\omega t - \varphi) - \frac{V_{\mathrm{m}}}{Z}\sin(\psi - \varphi)\mathrm{e}^{-\frac{R}{L}\left(t - \frac{\psi}{\omega}\right)}$$

Mais les termes i_{f} et i_{l} sont maintenant de même signe ; le courant s'annule pour ωt_1 supérieur à $\pi + \varphi$ donc, *a fortiori*, supérieur à $\pi + \psi$.

L'impulsion envoyée sur la gâchette du thyristor Th' pour $\omega t = \pi + \psi$ trouve ce thyristor avec une tension anodique négative (chute de tension dans Th conducteur changée de signe) ; elle est donc sans effet. Quand $v_{Th'}$ devient positive pour $t = t_1$, il n'y a plus de courant sur la gâchette de Th'.

Le montage fonctionne en redresseur simple alternance avec un courant de sortie unidirectionnel, donc de façon *anormale*. Au passage de ψ par la valeur φ, une alternance du courant i disparaît brusquement faisant passer I de V/Z à $V/Z\sqrt{2}$.

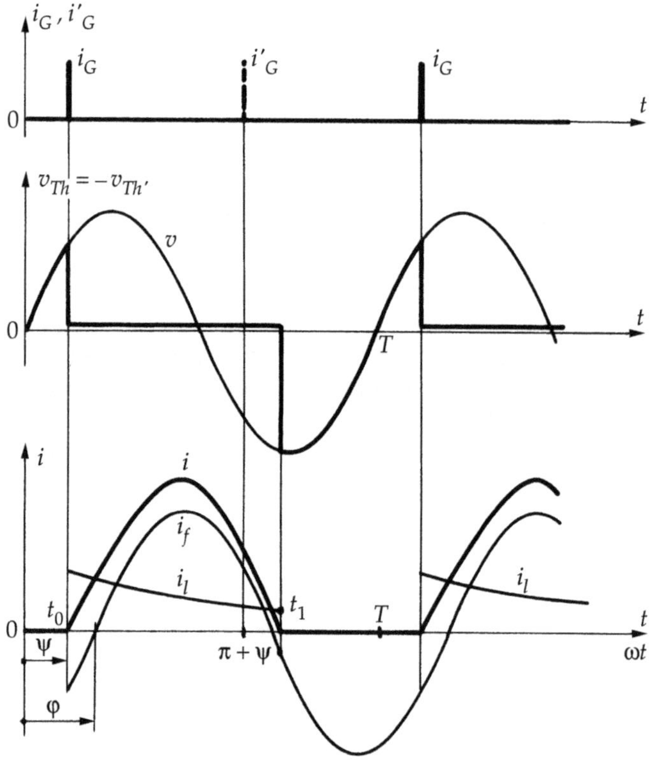

Figure 7.7

▶ *Cas de signaux de largeur suffisante* (*figure* 7.8)

Supposons à nouveau que le thyristor *Th* entre le premier en conduction ; il reste passant jusqu'à l'instant $t = t_1$ comme précédemment.

Pour $t = t_1$, la tension aux bornes du thyristor *Th'* devient positive et sa gâchette alimentée depuis $t = (\pi + \psi)/\omega$ reçoit encore un courant de déblocage. Ce thyristor entre donc en conduction.

Le terme i_l de l'expression du courant i garde la même expression que lorsque *Th* était passant.

Il en sera de même pour $t = t_2$ lorsque *Th* redeviendra conducteur. Au bout de quelques périodes, le terme i_l a disparu, et le courant i se confond avec la sinusoïde représentant i_f.

Le passage de l'angle ψ à une valeur inférieure à φ est maintenant sans inconvénient. La valeur efficace I du courant reste égale à V/Z ; le gradateur fonctionne en interrupteur fermé en permanence, comme pour ψ égal à φ.

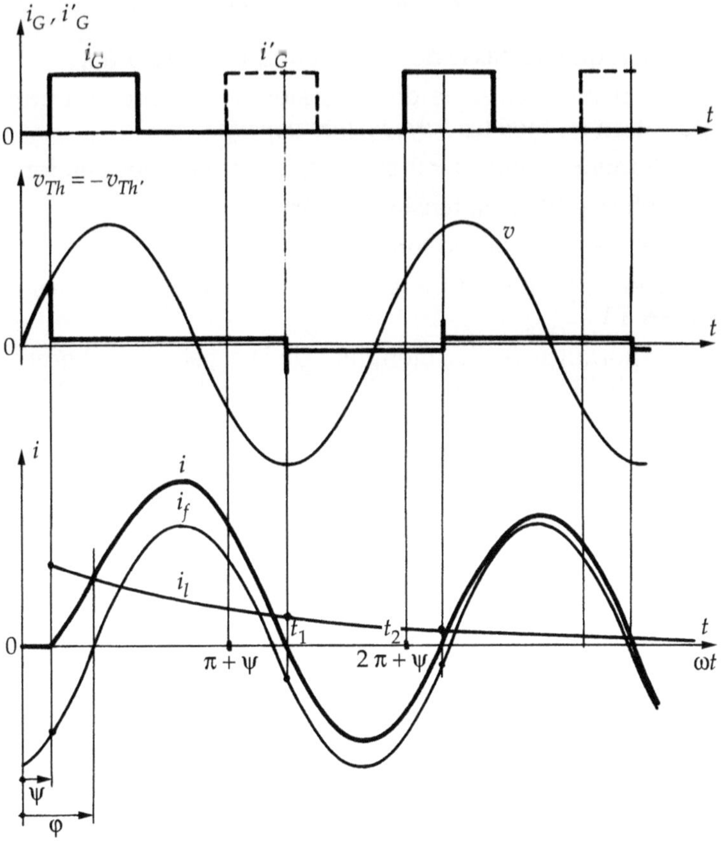

Figure 7.8

On retrouve la condition indiquée dans la marche en interrupteur. Surtout si φ varie, comme c'est le cas lorsque le récepteur est un moteur, pour être assuré de ne pas passer brutalement au fonctionnement en redresseur, il faut donner aux signaux de gâchette une largeur suffisante.

7.2.3 Caractéristiques

Pour un récepteur résistant ($\varphi = 0$) ou résistant et inductif ($0 < \varphi < \pi/2$), l'angle $\omega t_1 = \theta_1$ de fin de conduction du thyristor *Th* est donné par :

$$\sin(\theta_1 - \varphi) = \sin(\psi - \varphi)e^{-(\theta_1-\psi)/Q}, \quad \text{avec} \quad Q = L\omega/R.$$

▶ *La valeur efficace V' de la tension v'* aux bornes du récepteur est :

$$V' = V\sqrt{\frac{\theta_1 - \psi}{\pi} - \frac{\sin 2\theta_1 - \sin 2\psi}{2\pi}}.$$

On vérifie bien qu'elle passe de V à 0 quand ψ va de φ à π.

– Le développement en série de la tension v' comprend, outre le fondamental de pulsation ω, tous les *harmoniques impairs*.

La figure 7.9 montre, pour $\varphi = 0$ et $\varphi = \pi/4$, les variations en fonction de ψ :

- de la valeur efficace V' de la tension de sortie,
- de la valeur efficace V'_1 de son fondamental,
- de celles V'_3, V'_5, V'_7 de ses trois premiers harmoniques, toutes ces valeurs étant rapportées à V.

On note l'importance des harmoniques de la tension aux bornes du récepteur, notamment de l'harmonique 3 qui, pour les faibles valeurs de V', est supérieur au fondamental.

▶ Le fondamental et les harmoniques du *courant* se déduisent directement de ceux de la tension v' :

$$I_1 = \frac{V'_1}{\sqrt{R^2 + L^2\omega^2}} = \frac{V'_1}{R\sqrt{1+Q^2}}, \quad I_3 = \frac{V'_3}{R\sqrt{1+9Q^2}}, \quad I_5 = \frac{V'_5}{R\sqrt{1+25Q^2}}, \text{ etc.}$$

En moyenne, plus le récepteur est inductif plus l'importance des harmoniques du courant diminue.

▶ Le gradateur consomme, à la fréquence fondamentale, de la *puissance réactive* Q_1, même si le récepteur n'est que résistant car, comme dans un redresseur, on retarde l'entrée en conduction des thyristors.

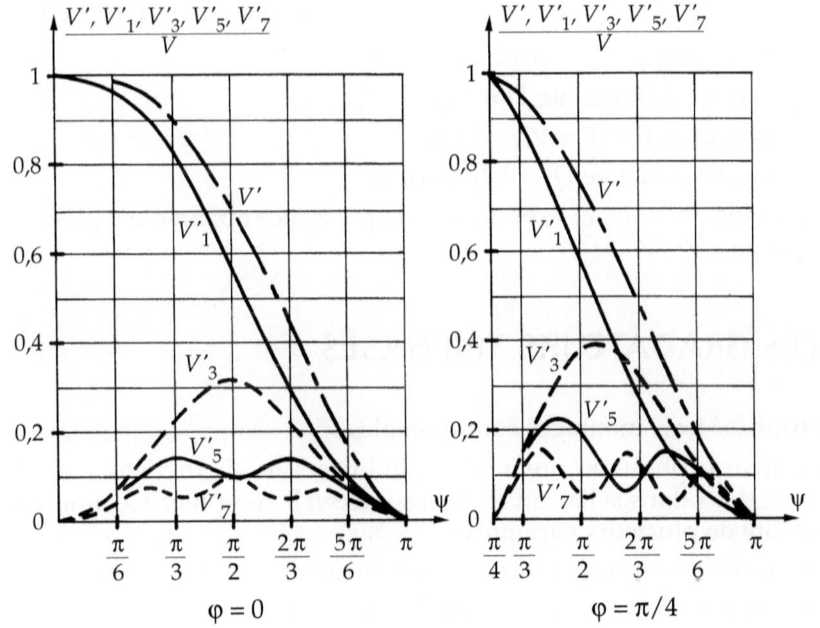

Figure 7.9

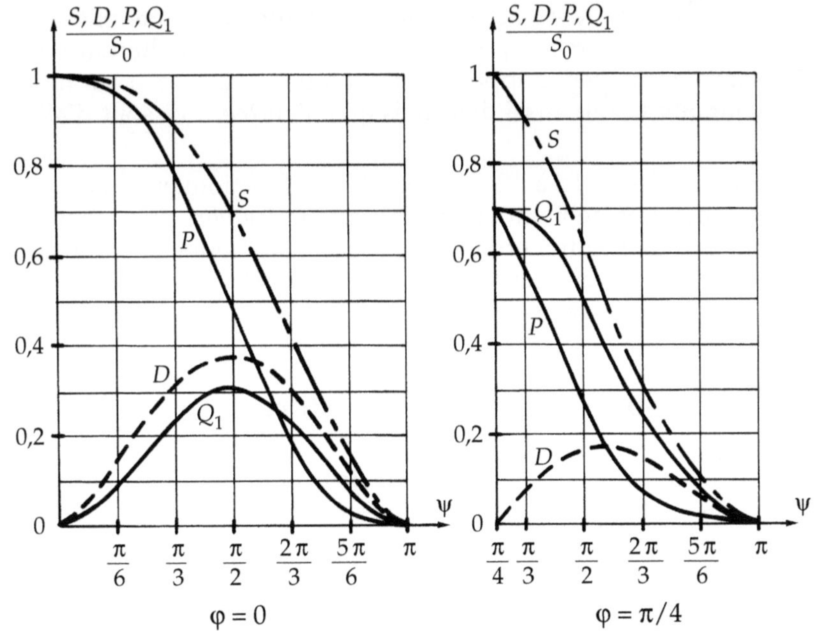

Figure 7.10

La figure 7.10 montre, pour $\varphi = 0$ et $\varphi = \pi/4$, les variations en fonction de ψ :

- de la puissance apparente prise au réseau $S = VI$,
- de la puissance déformante $D = V\sqrt{I^2 - I_1^2}$,
- de la puissance active $P = VI_1 \cos\varphi_1$,
- de la puissance réactive $Q_1 = VI_1 \sin\varphi_1$,

toutes ces puissances étant rapportées à la puissance apparente à pleine ouverture S_0, égale à V^2/Z.

7.3 LES GRADATEURS TRIPHASÉS

En triphasé trois montages sont possibles :

- le gradateur triphasé proprement dit, qui nécessite six thyristors montés par groupes de deux dans la liaison entre la source et le récepteur. Ce montage offre la possibilité de plusieurs variantes ;
- le groupement de trois gradateurs monophasés ;
- le gradateur mixte à trois thyristors et trois diodes.

La détermination des caractéristiques des gradateurs triphasés donne lieu à des calculs assez longs car, comme vient de le montrer l'examen du simple montage monophasé, les gradateurs sont des convertisseurs semicommandés ne respectant pas la règle de l'alternance des sources. Si, côté entrée on peut admettre que le réseau se comporte en source de tension alternative sinusoïdale, côté sortie on ne peut supposer qu'il y a une source de courant sinusoïdaux ; les courants y sont aussi déformés qu'à l'entrée... ce sont d'ailleurs les mêmes.

Nous nous limiterons ici à l'étude détaillée du fonctionnement du gradateur triphasé tout thyristor débitant sur un récepteur *équilibré* purement résistant. Pour ce montage, nous indiquerons les caractéristiques lors du débit sur charge résistante puis sur charge résistante et inductive. Pour les autres montages, nous montrerons simplement ce qui les caractérise.

7.3.1 Le gradateur triphasé tout thyristors

Le gradateur triphasé normal est formé de trois groupes de deux thyristors, Th_A et Th'_A, Th_B et Th'_B, Th_C et Th'_C, montés entre les trois bornes de la source et celles du récepteur (*figure* 7.11).

On désigne par v_A, v_B, v_C les tensions simples d'alimentation sinusoïdales, de pulsation ω, comptées par rapport au point neutre de la source,

$$v_A = V_m \sin\theta, \quad v_B = V_m \sin(\theta - 2\pi/3), \quad v_C = V_m \sin(\theta - 4\pi/3)$$

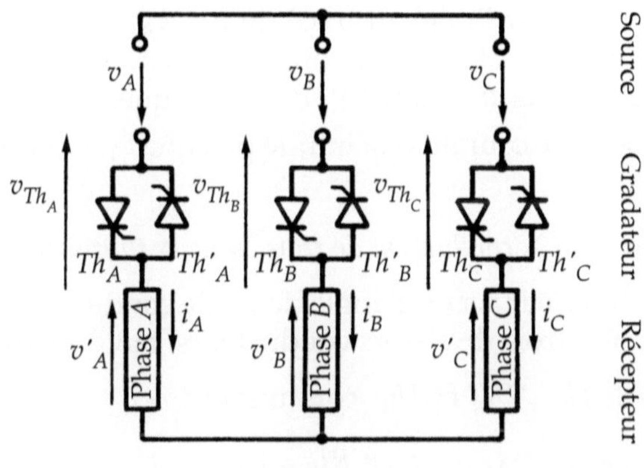

Figure 7.11

Les phases du récepteur sont parcourues par des courants i_A, i_B et i_C ; v'_A, v'_B et v'_C désignent les tensions aux bornes de ces phases, v_{Th_A}, v_{Th_B} et v_{Th_C} les tensions aux bornes des trois groupes de thyristors.

Les thyristors sont débloqués à des intervalles égaux de un sixième de période dans l'ordre suivant : Th_A, Th'_C, Th_B, Th'_A, Th_C, Th'_B. On repère le retard au déblocage par l'angle ψ ; le thyristor Th_A reçoit son impulsion de commande pour $\theta = \psi$.

Pour tracer les formes d'ondes et calculer les caractéristiques, *il suffit d'étudier un sixième de la période.*

En effet, les courants dans les trois phases sont identiques à $2\pi/3$ près. De plus l'alternance négative de chaque courant reproduit, au signe près, son alternance positive.

On peut donc déduire i_A, tout au long de la période, des expressions de i_A, i_B et i_C, pendant un sixième de celle-ci :

$$i_A(\theta) = i_A(\theta), \quad i_A(\theta + \pi/3) = -i_B(\theta), \quad i_A(\theta + 2\pi/3) = i_C(\theta)$$
$$i_A(\theta + \pi) = -i_A(\theta), \quad i_A(\theta + 4\pi/3) = i_B(\theta)$$
$$i_A(\theta + 5\pi/3) = -i_C(\theta).$$

On a les mêmes relations entre les valeurs des tensions v'_A, v'_B, v'_C aux bornes du récepteur et des tensions v_{Th_A}, v_{Th_B}, v_{Th_C} aux bornes des groupes de thyristors.

a) Débit sur un récepteur purement résistant

Si le récepteur est formé de trois résistances R égales, lorsque ψ croît de 0 à $5\pi/6$ trois modes de fonctionnement se succèdent. On a tracé (*figure* 7.12) un exemple de formes d'ondes pour chacun d'eux.

Pour simplifier on s'est limité au tracé de v'_A, v'_B, v'_C pour $\psi < \theta < \psi + \pi/3$ qui permet de déterminer v'_A tout au long de la période. De même la tension v_{Th_C} permet de déterminer v_{Th_A} quand Th_A est bloqué.

Le tracé des ondes de courants est inutile puisque i_A, par exemple, est à $1/R$ près donné par v'_A

▶ *1*[er] *mode : $0 < \psi < \pi/3$, conduction de trois ou deux thyristors*

Lorsque ψ est inférieur à $\pi/3$, l'angle de fin de conduction de Th_C est supérieur à ψ. Il y a tantôt trois thyristors conducteurs, tantôt deux.

- pour $\psi < \theta < \pi/3$, Th_A, Th'_B et Th_C conduisent :

$$v'_A = Ri_A = v_A, \qquad v'_B = Ri_B = v_B, \qquad v'_C = Ri_C = v_C$$

$$v_{Th_A} = v_{Th_B} = v_{Th_C} = 0.$$

- Pour $\pi/3 < \theta < \psi + \pi/3$, Th_A et Th'_B conduisent :

$$v'_A = -v'_B = \frac{1}{2}(v_A - v_B), \qquad i_A = -i_B = v'_A/R, \qquad v'_C = i_C = 0$$

$$v_{Th_A} = v_{Th_B} = 0, \quad v_{Th_C} = \frac{3}{2}v_C < 0$$

Ce fonctionnement cesse quand ψ atteint $\pi/3$ car, au-delà, Th_C s'éteint avant le déblocage de Th_A.

▶ *2*[e] *mode : $\pi/3 < \psi < \pi/2$; toujours deux thyristors passants*

Quand ψ varie de $\pi/3$ à $\pi/2$, l'intervalle de débit des thyristors reste constant et égal à un tiers de période mais il se décale progressivement.

Pour $\psi < \theta < \pi/3 + \psi$, Th_A et Th'_B sont conducteurs :

$$v'_A = -v'_B = \frac{1}{2}(v_A - v_B), \qquad i_A = -i_B = v'_A/R, \qquad v'_C = Ri_C = 0$$

$$v_{Th_A} = v_{Th_B} = 0, \qquad v_{Th_C} = \frac{3}{2}v_C < 0.$$

Ce fonctionnement cesse pour $\psi = \pi/2$, quand l'angle de fin de conduction de Th'_B, égal à $\psi + \pi/3$, dépasse $5\pi/6$. Alors, $v_A - v_B$ donc i_A et i_B s'annulent avant le déblocage de Th'_C.

▶ *3*[e] *mode : $\pi/2 < \psi < 5\pi/6$; conduction de deux ou zéro thyristors*

L'existence d'intervalles de conduction après des intervalles où tous les courants sont nuls nécessite le déblocage de deux thyristors à la fois.

Pour cela il faut :

- soit commander les thyristors par des signaux d'une largeur supérieure à $\pi/3$;

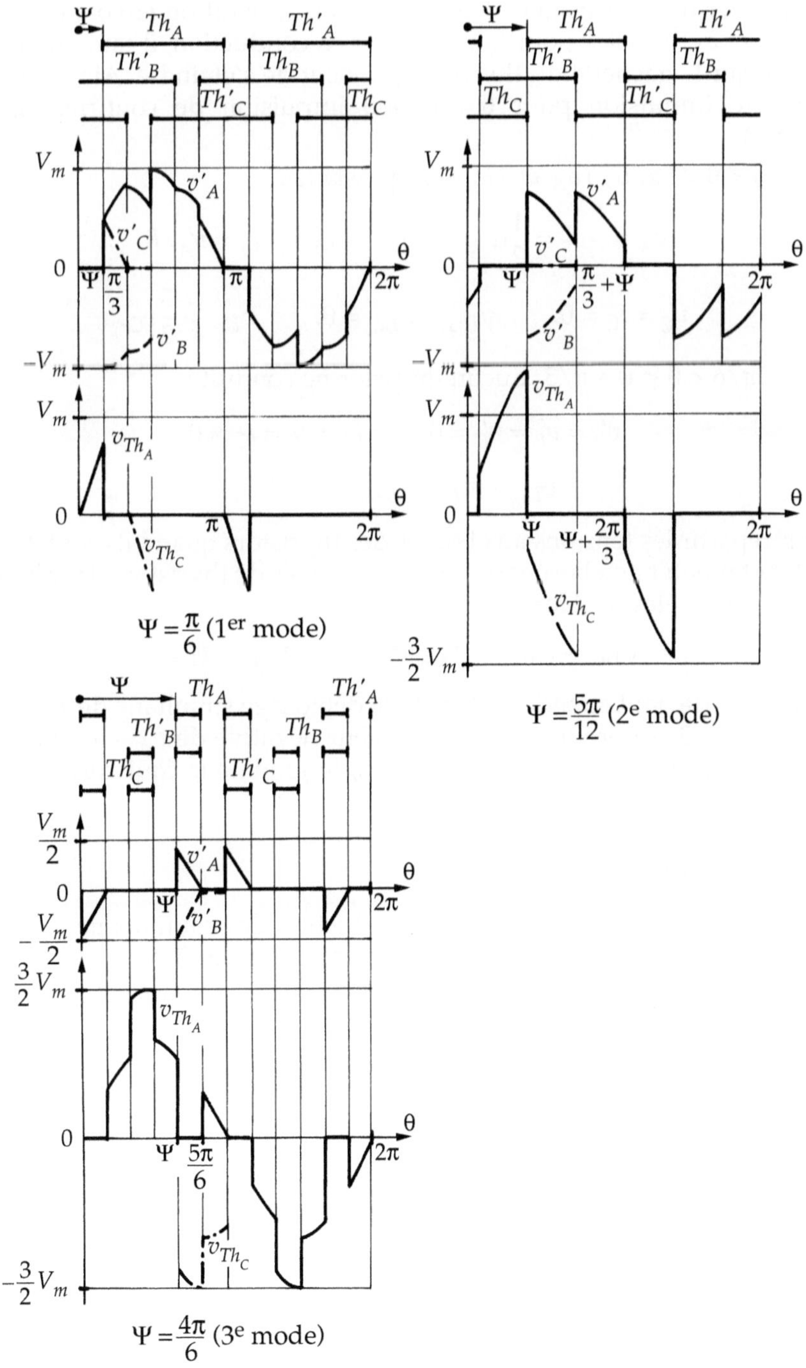

Figure 7.12

• soit envoyer des impulsions de confirmation. Quand on envoie le signal de déblocage à un thyristor pour faire débuter sa conduction, il faut envoyer une impulsion sur la gâchette du thyristor qui vient de s'éteindre. Ainsi Th_A reçoit sa première impulsion pour $\theta = \psi$, son impulsion de confirmation pour $\theta = \psi + \pi/3$.

Pour $\psi < \theta < 5\pi/6$, Th_A et Th'_B sont passants :

$$v'_A = -v'_B = \frac{1}{2}(v_A - v_B), \qquad i_A = -i_B = v'_A/R$$

$$v'_C = i_C = 0, \qquad v_{Th_A} = v_{Th_B} = 0, \qquad v_{Th_C} = \frac{3}{2}v_C.$$

▶ Pour $5\pi/6 < \theta < \psi + \pi/3$, aucun thyristor ne conduit :

$$v'_A = v'_B = v'_C = 0, \qquad i_A = i_B = i_C = 0$$

$$v_{Th_A} - v_{Th_C} = v_A - v_C > 0.$$

Pour répartir les tensions aux bornes des thyristors quand ils sont tous bloqués, il faut monter aux bornes des trois ensembles de thyristors des résistances égales de valeur élevée. Alors :

$$v_{Th_A} = v_A, \qquad v_{Th_B} = v_B, \qquad v_{Th_C} = v_C.$$

Quand ψ devient supérieur à $5\pi/6$, le déblocage simultané de Th_A et Th'_C, pour $\theta = \psi + \pi/3$, se produit pour une valeur négative de $v_A - v_C$. Les thyristors ne peuvent plus entrer en conduction, le gradateur équivaut à un interrupteur toujours ouvert.

b) Caractéristiques

Dès que le récepteur est inductif, la réduction des courants ne commence, comme en monophasé, que lorsque ψ devient supérieur à φ.

• Les tensions v'_A, v'_B, v'_C ont une *valeur efficace* V' qui varie de V à 0 quand ψ va de φ à $5\pi/6$.

• Leur *développement en série* ne peut comporter en plus du fondamental, que des harmoniques impairs. De plus, la somme instantanée $v'_A + v'_B + v'_C$ étant nulle, il n'y a pas d'harmonique de rang 3 ou multiple de 3.

On ne trouve donc dans le développement en série que les termes de pulsations ω, 5ω, 7ω, 11ω, 13ω, etc. ou, d'une façon générale de pulsation :

$$n\omega = (6k \pm 1)\omega.$$

La figure 7.13 montre, pour $\varphi = 0$ et $\varphi = \pi/4$, les variations en fonction de ψ des valeurs efficaces des tensions V', de leur fondamental V'_1 et de leurs deux premiers harmoniques V'_5 et V'_7; toutes ces valeurs sont rapportées à la tension V du réseau.

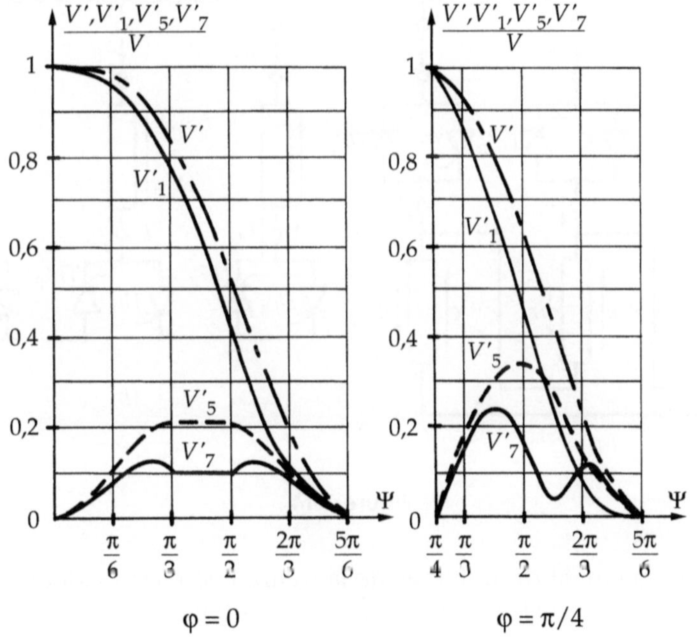

Figure 7.13

• On passe de la valeur de l'harmonique de tension à celle de l'*harmonique de courant* de même pulsation $n\omega$ par :

$$I_n = \frac{V'_n}{R\sqrt{1 + n^2 Q^2}}$$

• Le gradateur consomme de la *puissance réactive,* $3VI_1 \sin \varphi_1$, car, à cause du retard à l'amorçage ψ, le fondamental des tensions v'_A, v'_B, v'_C est déphasé en arrière des tensions v_A, v_B, v_C correspondantes. De plus, si le récepteur est inductif, le fondamental du courant est déphasé en arrière de celui de la tension aux bornes du récepteur.

c) Variantes

▶ On peut, sans changer le fonctionnement du gradateur, remplacer le récepteur en étoile par le *récepteur en triangle* équivalent (*figure* 7.14*a*).

Si les phases de la charge ont le même argument et un module triple, pour une même valeur de l'angle ψ on trouve les mêmes courants en ligne et les mêmes tensions aux bornes des thyristors ; les harmoniques et les diverses puissances restent les mêmes.

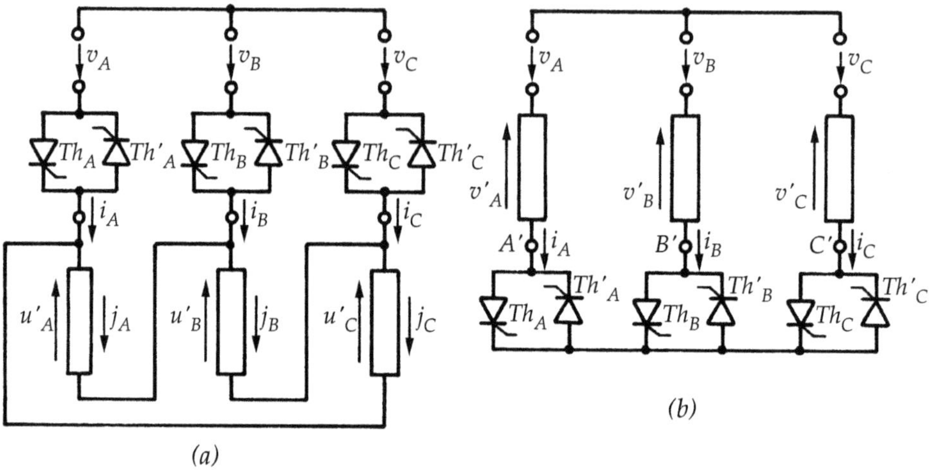

Figure 7.14

▶ Le fonctionnement du montage de la figure 7.11 n'est évidemment en rien modifié si on place *le gradateur en aval du récepteur* (*figure* 7.14*b*) et non plus entre celui-ci et la source.

Ce déplacement suppose que le récepteur soit en étoile et que ses six bornes soient sorties.

Il peut présenter des avantages pratiques liés au fait que tous les thyristors ont un point commun. En particulier, ce changement facilite beaucoup la commande si au lieu de six thyristors on utilise trois triacs.

d) Thyristors en triangle

Mais si le récepteur est en étoile à six bornes sorties, il est souvent préférable d'employer *le groupement en triangle des trois groupes de thyristors* (*figure* 7.15).

Le fonctionnement du montage est le même que celui de la figure 7.11 ; à récepteur donné, les courants dans les phases et les tensions à leurs bornes ont mêmes formes d'ondes et mêmes valeurs. Mais la valeur du courant dans les thyristors est réduite et les conditions imposées aux signaux de commande simplifiées.

▶ Pour montrer que le *fonctionnement est le même,* il suffit d'examiner les connexions établies entre les bornes A', B' et C' par les thyristors des montages des figures 7.14*b* et 7.15 durant l'intervalle ψ, $\psi + \pi/3$.

• la conduction de Th_A, Th'_B et Th_C établit les mêmes connexions entre les bornes A', B' et C' que le débit de Th_{AB} et Th'_{BC}

$$v'_A = v_A, \quad v'_B = v_B, \quad v'_C = v_C, \quad i_A > 0, \quad i_B < 0, \quad i_C > 0,$$

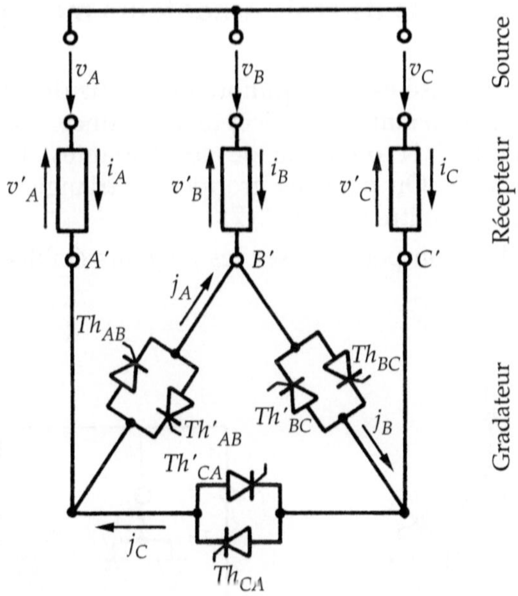

Figure 7.15

• la conduction de Th_A et Th'_B produit les mêmes effets que celle de Th_{AB}

$$v'_A = -v'_B = \frac{v_A - v_B}{2}, \qquad i_A = -i_B > 0, \qquad v'_C = i_C = 0.$$

À valeur données de ψ et de φ, les grandeurs relatives à la source et à la charge, courants i_A, i_B, i_C et tensions v'_A, v'_B, v'_C, sont les mêmes.

▶ C'est *pour les thyristors* eux-mêmes que le groupement en triangle est intéressant :

• pour le 1er mode, il y a débit de un ou deux thyristors (au lieu de deux ou trois) ;

• pour le 2e mode, il y a toujours un thyristor passant (au lieu de deux) ;

• pour le 3e mode, il y a un thyristor conducteur ou zéro (au lieu de deux ou zéro).

La valeur moyenne du courant dans les thyristors est divisée par deux.

Cet avantage n'est que partiellement atténué par un petit inconvénient : la tension inverse maximale que peuvent avoir à supporter les thyristors passe de 1,5 V_m à $\sqrt{3}V_m$.

7.3.2 Les groupements de trois gradateurs monophasés

Si le récepteur triphasé est déséquilibré ou risque de l'être (ce qui est évidemment le cas de l'alimentation de récepteurs distincts), on ne peut utiliser le montage de la figure 7.11 ou l'une de ses variantes. Il faut utiliser trois ensembles monophasés. On peut les grouper en triangle (figure 7.16) ou en étoile avec conducteur neutre (figure 7.17).

Pour chaque phase on peut utiliser les résultats établis pour le gradateur monophasé.

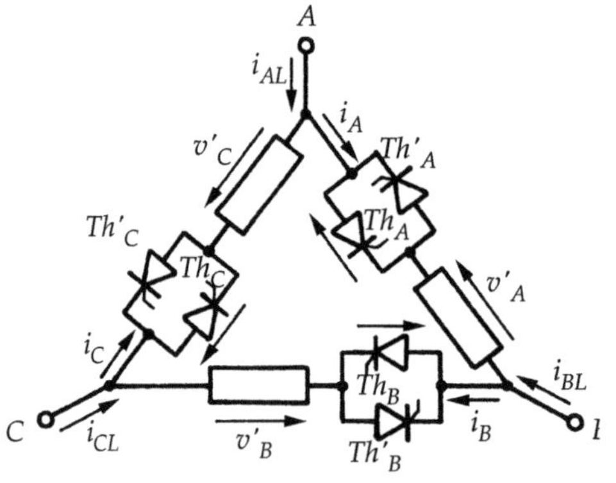

Figure 7.16

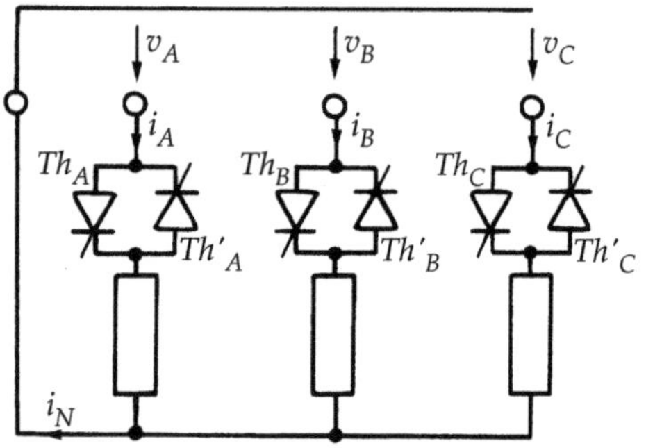

Figure 7.17

Dans le *groupement en triangle*, si le *récepteur est équilibré*, les harmoniques de rang 3 et multiple de 3 en phase dans les trois phases disparaissent des courants en ligne i_{AL}, i_{BL} et i_{CL}. Il ne reste que les harmoniques 5, 7, 11... La comparaison des caractéristiques des figures 7.9 et 7.13 montre que l'importance relative des harmoniques 5 et 7 est moins grande pour le gradateur monophasé que pour le gradateur triphasé de la figure 7.11. Le groupement en triangle est donc meilleur en ce qui concerne les courants pris au réseau.

Dans le *groupement en étoile*, même si le récepteur est équilibré, il passe un courant important dans le conducteur neutre, comme le montre l'exercice 7.2.

7.3.3 Le gradateur triphasé mixte

En triphasé on peut, dans chacun des groupes de semiconducteurs montés entre la source et le récepteur, n'utiliser qu'un thyristor en remplaçant l'autre par une diode (*figure* 7.18). L'absence de conducteur neutre rend forcément nulle la valeur moyenne des courants dans les phases réceptrices et celle des tensions à leurs bornes.

Si on désigne par v_A, v_B, v_C les tensions de la source telles que :

$$v_A = V_m \sin\theta,\quad v_B = V_m \sin(\theta - 2\pi/3),\quad v_C = V_m \sin(\theta - 4\pi/3)$$

le thyristor Th_A est déclenché pour $\theta = \psi$, le thyristor Th_B pour $\theta = \psi + 2\pi/3$ et le thyristor Th_C pour $\theta = \psi + 4\pi/3$.

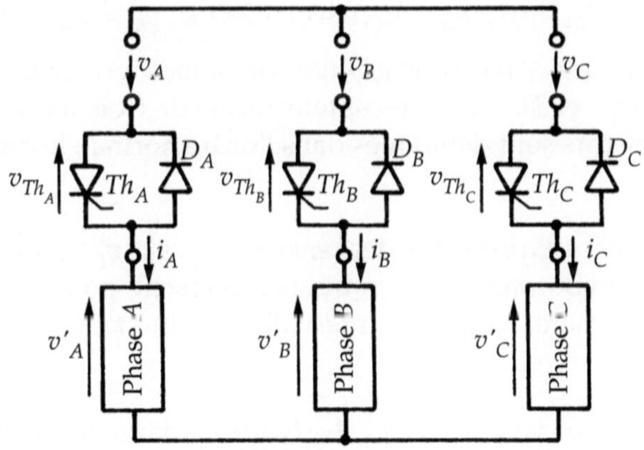

Figure 7.18

Si la charge est résistante et inductive de module Z et d'argument φ à la pulsation des tensions d'alimentation, pour faire varier la valeur efficace des courants i_A, i_B, i_C de son maximum V/Z à zéro, il faut que l'angle ψ croisse de φ à $7\pi/6$.

Les trois courants sont identiques à un tiers de période prés, mais leur alternance négative différe de leur alternance positive : s'ils sont exempts de composante continue et d'harmoniques de rang 3 ou multiple de 3, ils contiennent tous les autres harmoniques et notamment un important harmonique 2.

C'est cet harmonique 2 qui fait écarter l'emploi de ce montage dès qu'il s'agit d'une application de quelque puissance.

Remarque

On ne peut utiliser pour le fonctionnement en gradateur le montage de la figure 7.18 en y ajoutant un conducteur neutre. Dès qu'on retarderait le déblocage des thyristors, chaque phase fonctionnerait en redresseur.

EXERCICES

7.1 Gradateur triphasé tout thyristors débitant sur inductances pures. Statocompensateur.

Les tensions simples v_A, v_B, v_C du réseau triphasé, telles que :

$$v_A = V_m \sin\theta, \quad v_B = V_m \sin(\theta - 2\pi/3), v_C = V_m \sin(\theta - 4\pi/3),$$

sont appliquées par trois groupes de deux thyristors, Th_A et Th'_A, Th_B et Th'_B, Th_C et Th'_C, à un récepteur formé de trois inductances L égales. Les thyristors sont débloqués dans l'ordre normal, le premier Th_A pour $\theta = \psi$.

a) Donner les expressions des tensions v'_A, v'_B, v'_C aux bornes du récepteur et des courants i_A, i_B, i_C qui le traversent, pour les deux modes de fonctionnement, durant l'intervalle ψ, $\psi + \pi/3$. Tracer les formes d'ondes de v'_A et i_A.

b) Calculer les valeur V'_1, V'_5, I_1, I_5 du fondamental et du premier harmonique des tensions v'_A, v'_B, v'_C et des courants i_A, i_B, i_C, ainsi que la valeur de la puissance réactive absorbée Q_1. On rapportera les tensions à la valeur efficace V des tensions de pulsation ω du réseau, les courants à $V/L\omega$ et la puissance réactive à $3V^2/L\omega$.

Pour quelle valeur de ψ le courant harmonique 5 est-il maximal et quelle est la valeur de ce maximum ?

c) On groupe le montage précédent avec une batterie de condensateurs pour former un statocompensateur (*figure* 7.19) devant créer une puissance réactive variant de 0,5 Q_{nom} à Q_{nom}.

Calculer, en fonction de Q_{nom}, V et ω, les valeurs à donner à C et à L.

d) Le réseau, vu de l'endroit ou on branche le statocompensateur, est assimilé à une source de tensions simples V en série avec une inductance par phase constante l.

Sachant que Q_{nom} égale 5 % de la « puissance de court-circuit » P_{cc} du réseau à cet endroit ($P_{cc} = 3V^2/l\omega$), quelle est la valeur maximale du courant harmonique 5 injecté dans le réseau par le statocompensateur ?

Que peut-on faire pour la réduire ?

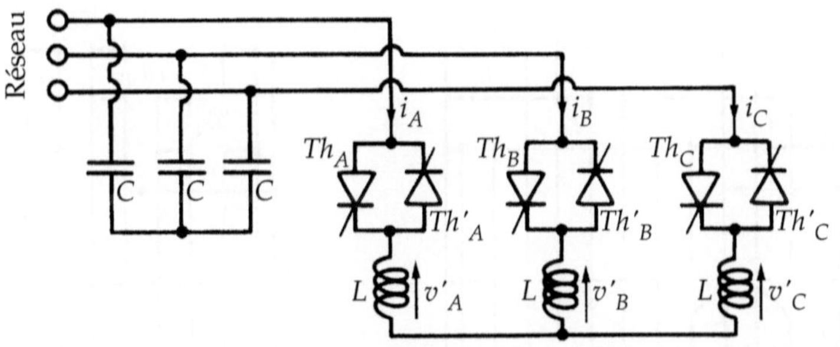

Figure 7.19

a) Fonctionnement du gradateur

Comme la charge est purement inductive, la réduction des courants ne commence que pour ψ égal à $\pi/2$.

1er mode : $\pi/2 < \psi < 2\pi/3$: conduction de trois ou deux thyristors (*figure* 7.20a)

- pour $\psi < \theta < 4\pi/3 - \psi$, Th_A, Th'_B, et Th_C conduisent :

$$v'_A = v_A, \quad v'_B = v_B, \quad v'_C = v_C$$

$$i_A = V_m[-\cos\theta + \cos\psi]/L\omega$$
$$i_B = V_m[-\cos(\theta - 2\pi/3) - 2\cos\psi]/L\omega$$
$$i_C = V_m[-\cos(\theta - 4\pi/3) + \cos\psi]/L\omega$$

- pour $4\pi/3 - \psi < \theta < \psi + \pi/3$, Th_A et Th'_B conduisent :

$$v'_A = -v'_B = (v_A - v_B)/2, \quad v'_C = 0, \quad i_C = 0$$

$$i_A = -i_B = \frac{V_m}{L\omega}\left[-\frac{\sqrt{3}}{2}\cos\left(\theta + \frac{\pi}{6}\right) + \frac{3}{2}\cos\psi\right]$$

2e mode : $2\pi/3 < \psi < 5\pi/6$; conduction de deux ou zéro thyristors (*figure* 7.20*b*).

- Pour $\psi < \theta < 5\pi/3 - \psi$, Th_A et Th'_B conduisent :

$$v'_A = -v'_B = (v_A - v_B)/2, \quad v'_C = 0, \quad i_C = 0$$

$$i_A = -i_B = \frac{V_m}{L\omega}\left[-\frac{\sqrt{3}}{2}\cos\left(\theta + \frac{\pi}{6}\right) + \frac{3}{2}\cos\left(\psi + \frac{\pi}{6}\right)\right]$$

- Pour $5\pi/3 - \psi < \theta < \psi + \pi/3$, tous les thyristors sont bloqués :

$$v'_A = v'_B = v'_C = 0, \quad i_A = i_B = i_C = 0.$$

On a tracé (*figure* 7.22) les formes d'ondes de v'_A et i_A pour $\psi = \pi/2 + \pi/12$ (1er mode) et pour $\psi = \pi/2 + 3\pi/12$ (2e mode), en remarquant que

$$v'_A(\theta + \pi/3) = -v'_B(\theta), \quad v'_A(\theta + 2\pi/3) = v'_C(\theta), \quad v'_A(\theta + \pi) = -v'_A(\theta)$$

et que les mêmes relations s'appliquent à i_A, i_B et i_C.

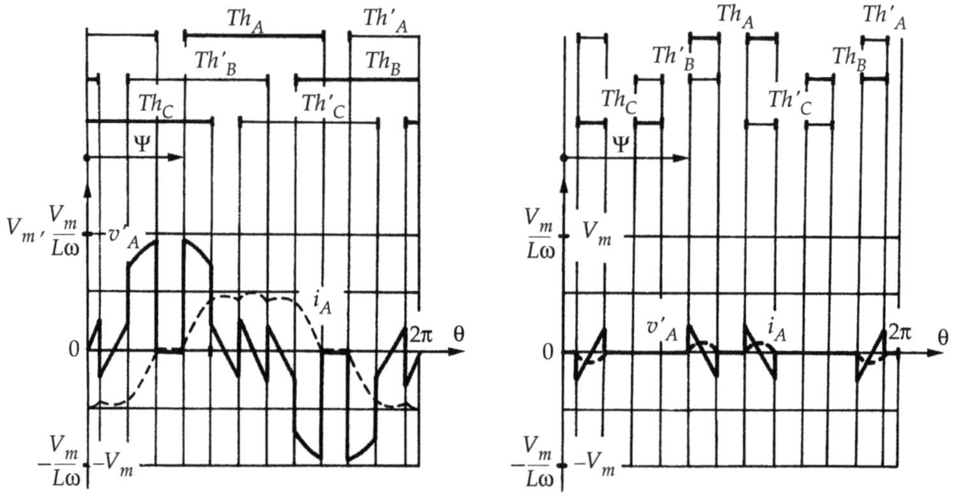

(a) $\Psi = 7\pi/12$ (b) $\Psi = 9\pi/12$

Figure 7.20

b) Caractéristiques du gradateur

1

1er mode :

$$\frac{V_1'}{V} = \frac{I_1}{V/L\omega} = \frac{Q_1}{3V^2/L\omega} = \frac{3}{2\pi}\left(\frac{5\pi}{3} - 2\psi + \sin 2\psi\right)$$

$$\frac{V_5'}{V} = 5\frac{I_5}{V/L\omega} = \frac{3}{\pi}\left(\frac{\sin 6\psi}{6} - \frac{\sin 4\psi}{4}\right).$$

2e mode :

$$\frac{V_1'}{V} = \frac{I_1}{V/L\omega} = \frac{Q_1}{3V^2/L\omega} = \frac{3}{2\pi}\left[\frac{5\pi}{3} - 2\psi + \sin 2\left(\psi - \frac{\pi}{3}\right)\right]$$

$$\frac{V_5'}{V} = 5\frac{I_5}{V/L\omega} = \frac{3}{\pi}\left[\frac{1}{4}\sin 4\left(\psi - \frac{\pi}{3}\right) + \frac{1}{6}\sin 6\psi\right].$$

I_5 est maximal pour $\psi = 108\,°$ (1er mode) et vaut alors 0,0789 $V/L\omega$. D'où les caractéristiques de la figure 7.21.

c) Statocompensateur

$$Q_{\text{nom}} = 3C\omega V^2, \quad Q_{\text{nom}}/2 = \frac{3V^2}{L\omega}.$$

Donc : $C = Q_{\text{nom}}/3\omega V^2$, $L = 6V^2/\omega Q_{\text{nom}}$.

d) L'harmonique 5 injecté dans le réseau a pour valeur maximale :

$$I_{L5} = I_5\frac{1/C5\omega}{|l5\omega - 1/C5\omega|} = 4I_5 = 0,316\frac{V}{L\omega}.$$

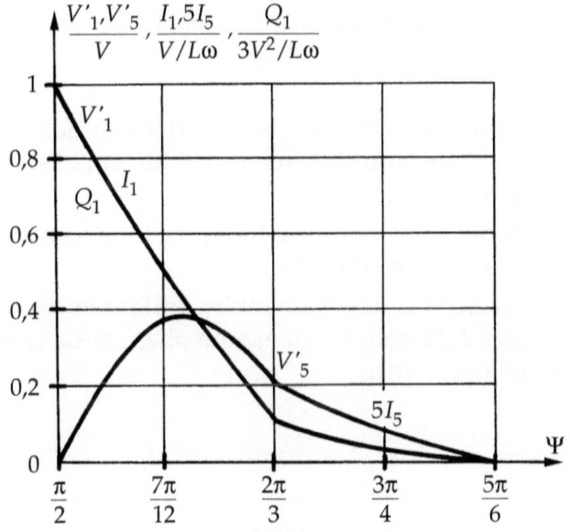

Figure 7.21

L'harmonique 5 est accru car 5ω est trop proche de la pulsation de résonance de l et C en parallèle :

$$\frac{1}{\sqrt{lC}} = 4,47\omega$$

Pour éliminer les harmoniques 5 et 7 des courants en ligne, on peut diviser chaque capacité C en deux capacités C_5 et C_7 en parallèle, telles que $C_5 + C_7 = C$, et mettre en série avec chacune une inductance l_5 et l_7 telle que :

$$l_5 C_5 (5\omega)^2 = 1, \quad l_7 C_7 (7\omega)^2 = 1$$

L'impédance de l_5 et C_5 en série est nulle pour l'harmonique 5 ; celle de l_7 et C_7 en série est nulle pour l'harmonique 7 : il n'y a plus d'harmoniques 5 et 7 dans les courants pris au réseau.

7.2 Trois gradateurs monophasés en étoile avec conducteur neutre

Trois gradateurs monophasés en série avec trois résistances pures R sont groupés en étoile. Le point neutre de la charge est relié à celui de la source (*figure* 7.17).

On désigne par v_A, v_B, v_C les tensions simples de la source, avec

$$v_A = V_m \sin\theta, \quad v_B = V_m \sin(\theta - 2\pi/3), \quad v_C = V_m \sin(\theta - 4\pi/3)$$

par i_A, i_B, i_C les courants dans les trois phases, par i_N, égal à $i_A + i_B + i_C$, le courant dans le conducteur neutre.

Les six thyristors sont débloqués de sixième de période en sixième de période dans l'ordre normal : Th_A, Th'_C, Th_B, Th'_A, Th_C, Th'_B, le premier pour $\theta = \psi$.

On distingue trois régimes de courant dans le neutre suivant que le nombre de thyristors simultanément conducteurs est de trois ou deux, de deux ou un, de un ou zéro.

• Pour chacun des trois régimes, indiquer les expressions de i_N et tracer un exemple de forme d'onde.

• Tracer les caractéristiques donnant les variations, en fonction de ψ, de la valeur efficace I du courant dans une phase et de celle I_N du courant dans le conducteur neutre.

▶ Fontionnement

• *Premier régime* ($0 < \psi < \pi/3$) ; conduction de trois ou deux thyristors (*figure* 7.22*a*) :

– pour $\psi < \theta < \pi/3$, Th_A, Th'_B et Th_C conduisent :

$$i_N = i_A + i_B + i_C = 0$$

– pour $\pi/3 < \theta < \psi + \pi/3$, Th_A et Th'_B conduisent :

$$i_C = 0, \quad i_N = i_A + i_B = -\frac{V_m}{R}\sin\left(\theta - \frac{4\pi}{3}\right)$$

• *Deuxième régime* ($\pi/3 < \psi < 2\pi/3$) : conduction de deux ou un thyristor (*figure* 7.22*b*)

– pour $\psi < \theta < 2\pi/3$, Th_A et Th'_B conduisent :

$$i_N = i_A + i_B = -\frac{V_m}{R}\sin\left(\theta - \frac{4\pi}{3}\right)$$

– pour $2\pi/3 < \theta < \psi + \pi/3$, Th_A conduit seul : $i_N = i_A = \dfrac{V_m}{R}\sin\theta$.

• *Troisième régime* ($2\pi/3 < \psi < \pi$): conduction de un ou zéro thyristor (*figure* 7.22*c*)

– pour $\psi < \theta < \pi$, Th_A conduit :

$$i_N = \frac{V_m}{R}\sin\theta$$

– pour $\pi < \theta < \psi + \pi/3$, aucun thyristor ne conduit :

$$i_N = 0.$$

▶ Caractéristiques (*figure* 7.23)

Valeur efficace du courant dans le conducteur neutre :

$$\text{pour le 1}^{\text{er}}\text{ régime,} \qquad I_N = \frac{V}{R}\sqrt{\frac{3}{\pi}\left(\psi - \frac{1}{2}\sin 2\psi\right)}$$

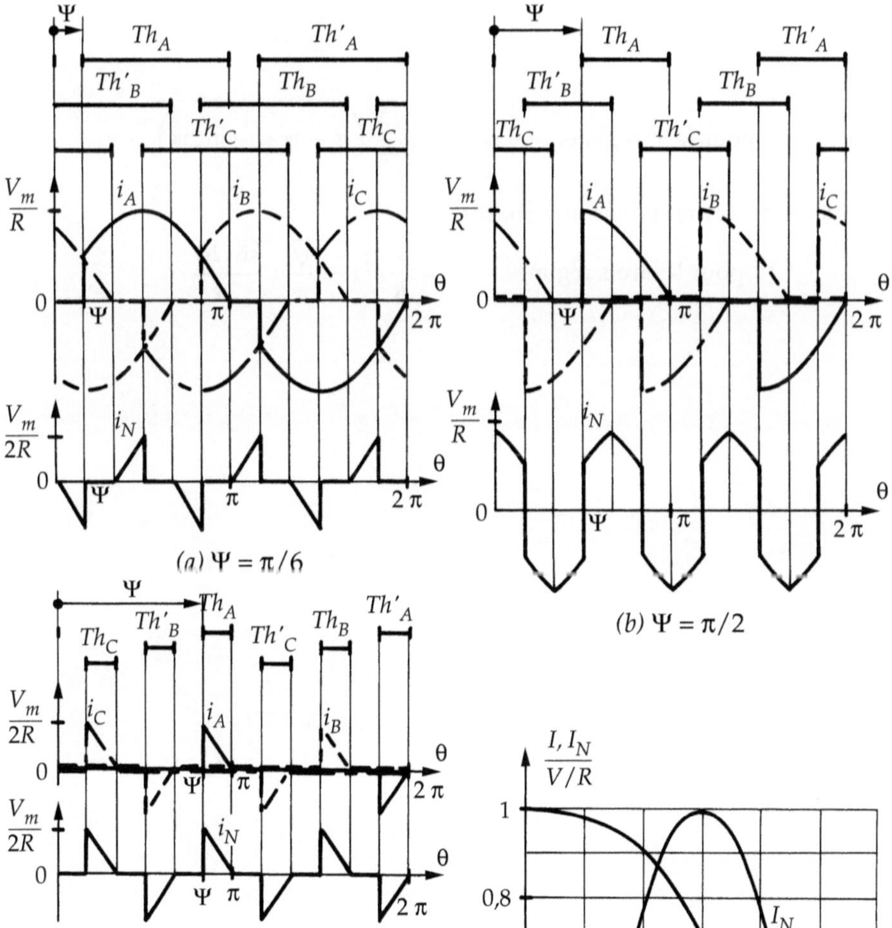

(a) Ψ = π/6

(b) Ψ = π/2

(c) Ψ = 5π/6

Figure 7.22

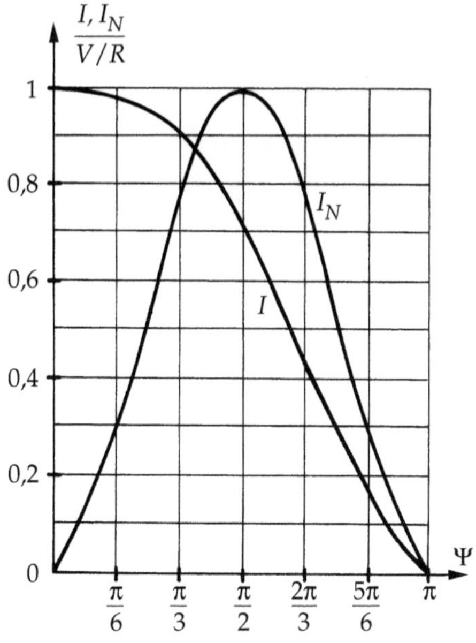

Figure 7.23

pour le 2e régime, $$I_N = \frac{V}{R}\sqrt{1 - \frac{3\sqrt{3}}{\pi}\cos^2\psi}$$

pour le 3e régime, $$I_N = \frac{V}{R}\sqrt{\frac{3}{\pi}\left(\pi - \psi + \frac{1}{2}\sin 2\psi\right)}.$$

Valeur efficace du courant dans une phase :

pour les trois régimes, $$I = \frac{V}{R}\sqrt{1 - \frac{\psi}{\pi} + \frac{\sin 2\psi}{2\pi}}.$$

Chapitre 8

Les variateurs de vitesse

8.1 VARIATEURS POUR MOTEURS À COURANT CONTINU

Le moteur à courant continu a longtemps été considéré comme le moteur le mieux adapté au fonctionnement à vitesse variable, parce qu'il suffit d'agir sur la tension d'alimentation de l'induit pour régler la vitesse de rotation ou le couple électromagnétique.

À l'époque où les seuls semiconducteurs de puissance disponibles étaient les diodes et les thyristors, l'association d'un montage redresseur commandé ou semicommandé et d'une machine à courant continu constituait la solution type dans le domaine de la variation de vitesse.

À l'heure actuelle, les IGBT permettent de réaliser des onduleurs à commande MLI fiables, compacts, d'un coût raisonnable. Aussi, dans pratiquement tous les domaines d'application, les variateurs de vitesse avec moteur à courant alternatif remplacent les variateurs à moteur à courant continu. En raison de son système collecteur-balais le moteur à courant continu est plus fragile que les moteurs à courant alternatif, il nécessite plus d'entretien et est mal adapté aux conditions d'ambiance hostile.

Dans les équipements récents, on limite le plus souvent l'emploi des variateurs à moteur à courant continu à des applications de faible puissance et de performances dynamiques élevées. Cependant, en raison de leur durée de vie, de nombreux variateurs à moteur à courant continu sont encore en service, ce qui justifie leur étude.

8.1.1 Le moteur à courant continu

Dans un moteur à courant continu,

– le stator porte un système d'excitation, enroulement inducteur ou aimants permanents, qui crée le flux ϕ.

– le rotor porte un enroulement, l'induit, qui est alimenté par un système collecteur-balais. L'induit auquel on applique la tension U_d absorbe un courant I_d. Il transforme, aux pertes près, la puissance $U_d I_d$ ainsi reçue en puissance mécanique développant un couple électromagnétique C sous une vitesse angulaire Ω.

a) Expressions de la vitesse et du couple

▶ La rotation de l'induit dans le flux inducteur y génère une f.e.m. E

$$E = k\phi\Omega$$

k étant un coefficient qui dépend des caractéristiques de construction de la machine et Ω la vitesse exprimée en radian/seconde.

La f.e.m. est liée à la tension U_d et au courant I_d par

$$U_d = RI_d + e_B + L\frac{\mathrm{d}I_d}{\mathrm{d}t} + E = RI_d + e_B + L\frac{\mathrm{d}I_d}{\mathrm{d}t} + k\phi\Omega$$

en désignant par R et L la résistance et l'inductance propre de l'induit, par e_B la chute de tension aux contacts balais-collecteur.

En régime permanent, I_d est constant, d'où l'expression de la vitesse N en tours par seconde.

$$\boxed{N = \frac{\Omega}{2\pi} = \frac{U_d - (RI_d + e_B)}{2\pi k\phi}}$$

On voit que, sauf aux très basses vitesses où la chute de tension $RI_d + e_B$ ne peut être négligée devant U_d, la vitesse est sensiblement proportionnelle à la tension d'alimentation et inversement proportionnelle au flux.

Pour inverser le sens de rotation, il faut inverser soit U_d, soit ϕ.

▶ Le couple électromagnétique C est le quotient de la puissance transformée EI_d par la vitesse angulaire de rotation Ω :

$$C = EI_d/\Omega$$

Le couple, donné par

$$\boxed{C = k\phi I_d}$$

est donc proportionnel au flux inducteur ϕ et au courant I_d absorbé par l'induit. Pour inverser le couple, il faut inverser le flux ϕ ou le courant I_d.

▶ Si la machine au lieu de fournir de la puissance mécanique en reçoit, elle fonctionne en génératrice transformant la puissance reçue en puissance électrique envoyée à la source de tension U_d. Cela suppose que cette source soit elle aussi réversible.

Ce fonctionnement permet le freinage électrique de la machine par récupération ; le couple électromagnétique est alors un couple de freinage ; dans l'expression de la vitesse, la chute ohmique $RI_d + e_B$ s'ajoute à U_d pour donner la f.e.m. E.

b) Modes de fonctionnement

▶ Les relations $C = k\phi I_d$ et $N \simeq U_d/2\pi k\phi$ montrent que pour faire varier la vitesse on a intérêt à agir sur la tension U_d en maintenant le flux ϕ constant, de manière à obtenir une relation linéaire entre le courant d'induit I_d et le couple électromagnétique C. Ce fonctionnement à ϕ constant est dit « *à couple constant* » car, quelle que soit la vitesse, le moteur peut développer son couple nominal C_{nom} sans dépasser la valeur nominale du courant d'induit $I_{d\,nom}$.

Une fois atteinte la valeur maximale de la tension U_d que peut donner la source alimentant l'induit, on peut, du moins avec les machines excitées par un enroulement inducteur, augmenter la vitesse en diminuant le flux. On travaille alors dans la zone dite « *à puissance constante* », car la puissance que le moteur peut développer à courant I_d donné est, aux pertes près, égale à $U_{d\,max} I_d$ donc constante. Ce fonctionnement, où le couple que le moteur peut développer à I_d donné décroît avec la vitesse, ne se rencontre en pratique que de manière exceptionnelle, sauf en traction électrique.

▶ Sur la figure 8.1 on a tracé en traits pleins les courbes donnant la vitesse N en fonction du courant I_d (ou du couple C) pour diverses valeurs de U_d lors du fonctionnement à flux constant.

– Si le convertisseur qui fournit la tension U_d à l'induit n'est réversible ni en tension, ni en courant, seul le premier quadrant du plan $C - N$ est accessible : la machine ne peut marcher qu'en moteur et dans un seul sens de rotation.

– Si le convertisseur est non réversible en tension mais réversible en courant, la machine peut fonctionner en moteur ou en génératrice et donc assurer le freinage par récupération, dans un sens de rotation (quadrants 1 et 2).

– Si le convertisseur est réversible en tension mais pas en courant, la machine peut fonctionner en moteur dans un sens de rotation, en génératrice en sens inverse (quadrants 1 et 4).

– Si le convertisseur est réversible en tension et en courant, la machine peut fonctionner en moteur ou en génératrice dans les deux sens de rotation.

c) Réglage du point de fonctionnement

Le fonctionnement en régime établi correspond au point d'intersection de la caractéristique $N(C)$ du moteur avec celle $N(C_R)$ donnant le couple résistant C_R de la charge entraînée (tracé en traits mixtes sur la figure 8.1).

▶ Le caractère quasi-horizontal des courbes $N(I_d)$ à U_d constant fait, comme on l'a déjà signalé au chapitre 4, § 4.1.6*a*, qu'une faible variation de la tension U_d à N constant entraîne une variation importante du courant I_d. Pour éviter que I_d ne risque de prendre une valeur excessive, on fait généralement dépendre la valeur de U_d d'une boucle de régulation qui asservit le courant I_d dans l'induit à une valeur de référence $I_{d\,\text{réf}}$ (*figure* 8.2*a*). Avec cette boucle de régulation la caractéristique $N(C)$ ou $N(I_d)$ du moteur devient une verticale (en traits interrompus sur la figure 8.1). En faisant varier $I_{d\,\text{réf}}$ on peut déplacer le point de fonctionnement du moteur.

▶ Pour faire varier la vitesse, on fait généralement dépendre $I_{d\,\text{réf}}$ d'une boucle de régulation de vitesse qui asservit la vitesse du moteur à la valeur de référence souhaitée (figure 8.2*b*), ce qui nécessite la présence d'un capteur de vitesse.

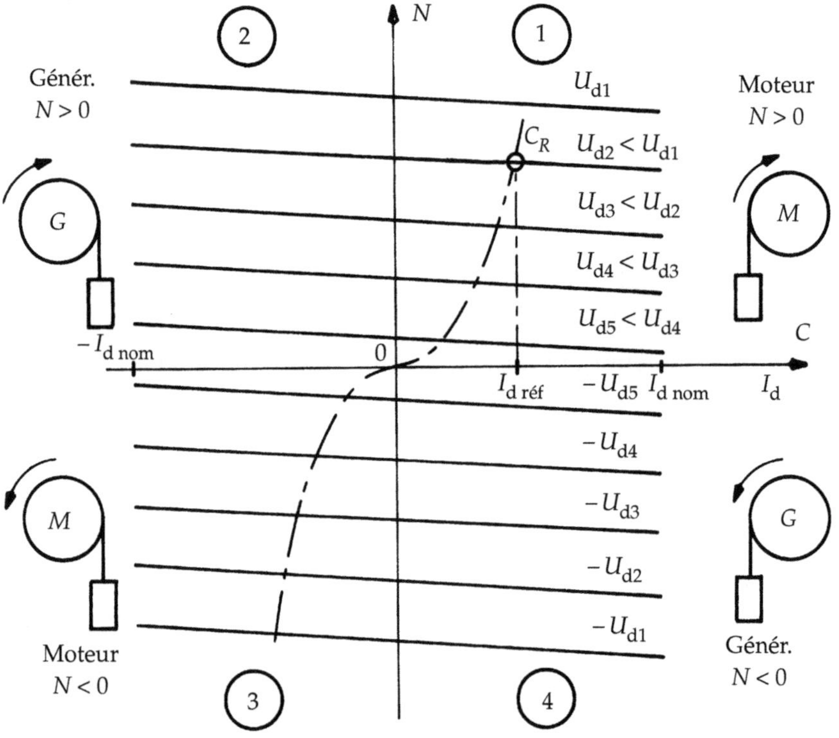

Figure 8.1

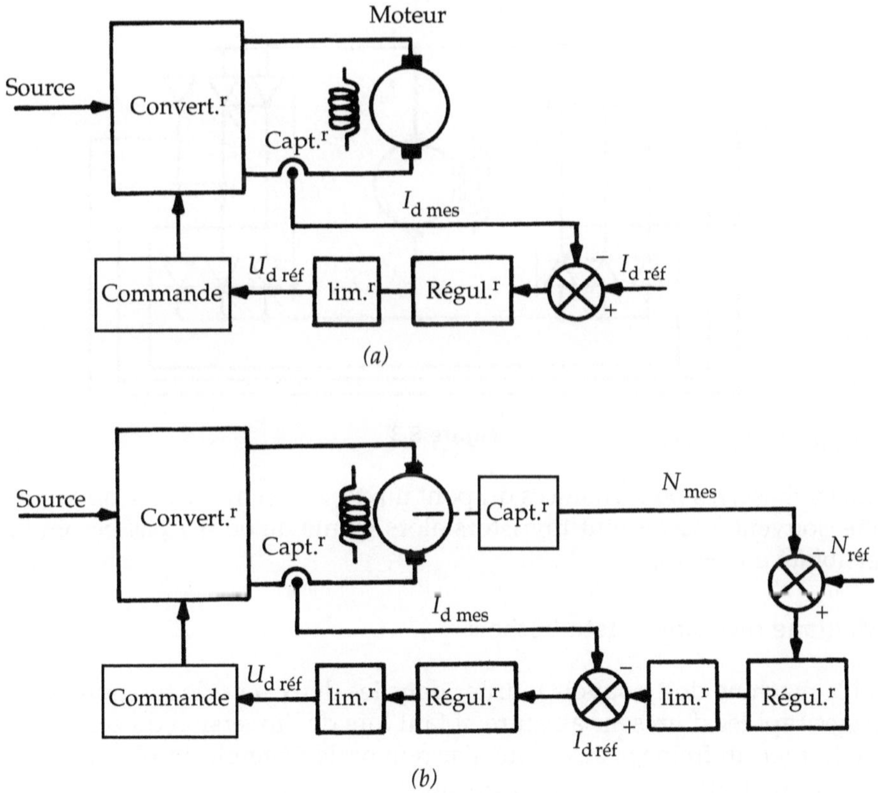

Figure 8.2

Les limiteurs placés à la sortie des régulateurs servent l'un à maintenir $I_{d\,\text{réf}}$ entre deux limites $+I_{d\,\max}$ et $-I_{d\,\max}$, l'autre à maintenir $U_{d\,\text{réf}}$ entre les valeurs maximum et minimum de la tension que peut fournir le convertisseur.

8.1.2 Convertisseurs utilisés

a) Variateurs à redresseurs

Dans pratiquement toutes les applications industrielles, la source d'énergie électrique utilisée est le réseau alternatif de distribution. Pour obtenir la tension continue variable appliquée à l'induit du moteur, le plus simple est d'utiliser un redresseur.

▶ Emploi d'un redresseur seul

Si la machine n'a à être alimentée que pour un fonctionnement dans le quadrant 1, on peut employer un redresseur en pont mixte.

C'est ce qu'on fait d'ordinaire en monophasé.

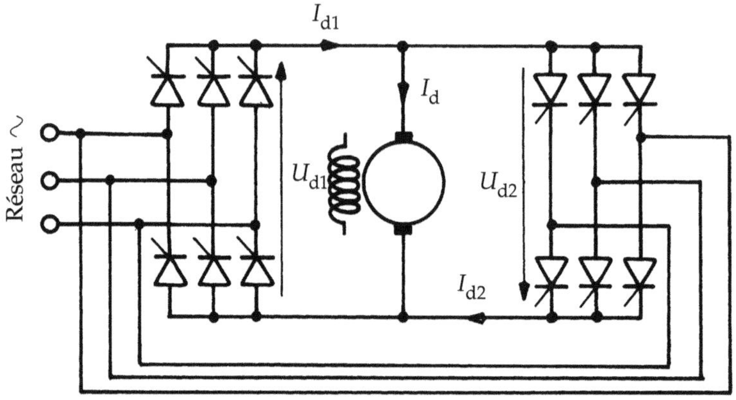

Figure 8.3

En triphasé, les performances du pont mixte sont si mauvaises qu'on utilise le plus souvent le pont tout thyristors alors même qu'on n'a pas besoin de sa réversibilité en tension.

Montage réversible « tête-bêche »

Si la machine doit pouvoir tourner dans les deux sens de rotation avec des passages rapides d'un sens à l'autre, il faut lors de l'inversion du sens de rotation effectuer un freinage électrique par renvoi de l'énergie au réseau (passage du quadrant 1 au quadrant 2 ou du quadrant 3 au quadrant 4). Comme un redresseur tout thyristors n'est réversible qu'en tension, pour obtenir la réversibilité en courant nécessaire, la solution la plus efficace est de monter aux bornes de l'induit deux redresseurs tout thyristors montés en tête-bêche (*figure* 8.3) : l'un fournit au moteur le courant I_d positif, l'autre le courant I_d négatif.

Pour éviter de créer des courts-circuits entre les phases du réseau, la solution habituelle consiste à ne faire travailler qu'un pont à la fois en n'envoyant des impulsions de gâchette qu'aux thyristors du pont pouvant fournir le courant I_d de polarité souhaitée.

Pour inverser le sens du courant dans le moteur, on doit d'abord amener le courant I_d à zéro ce qui entraîne le blocage du pont qui était en service. On supprime alors les signaux de gâchette sur les thyristors de ce pont. Ce n'est qu'ensuite qu'on débloque l'autre pont. Il en résulte un temps mort durant lequel I_d est nul qui ne dépasse pas quelques millisecondes.

Inversion du courant d'induit

Lorsque les inversions du sens de rotation sont peu fréquentes, on peut n'utiliser qu'un seul redresseur et, à l'aide d'un contacteur bipolaire, inverser ses connexions avec l'induit du moteur après annulation du courant (*figure* 8.4).

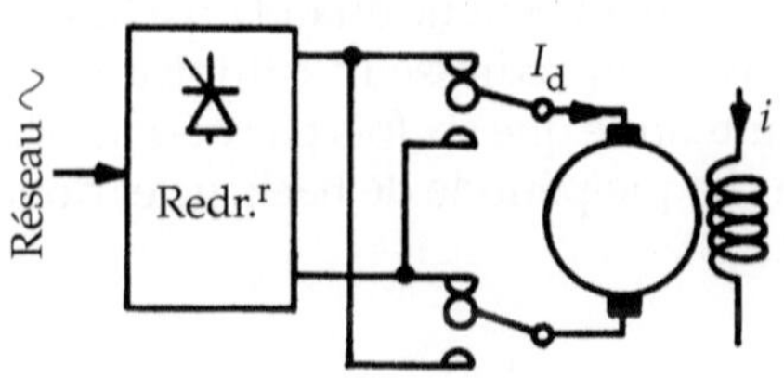

Figure 8.4

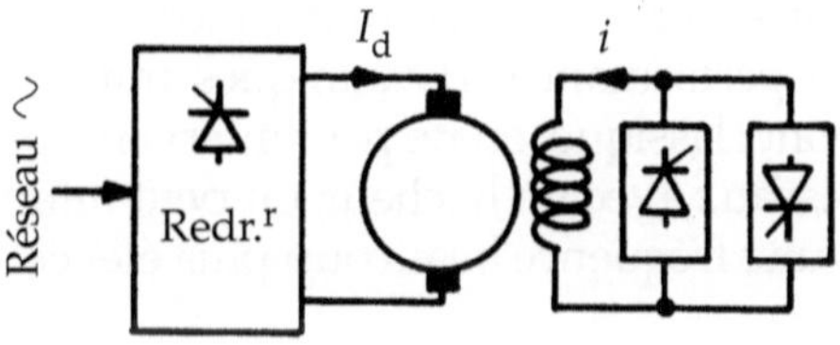

Figure 8.5

Cela permet au redresseur de jouer tantôt le rôle du pont « tête », tantôt celui du pont « bêche ». Ce procédé entraîne une augmentation sensible du temps mort nécessaire à l'inversion du couple.

▶ Inversion du courant inducteur

On peut également obtenir un fonctionnement dans les quatre quadrants du plan couple-vitesse avec un seul redresseur en inversant le flux ϕ après annulation du courant I_d dans l'induit (figure 8.5). L'inversion du courant d'excitation est d'ordinaire obtenue par deux petits redresseurs montés tête-bêche et alimentant l'enroulement inducteur dans un sens ou dans l'autre.

Cette solution simple et économique n'est utilisable que lorsqu'on accepte un temps mort d'inversion du couple assez élevé (0,5 seconde à quelques secondes) car, à cause de la constante de temps de l'inducteur, l'inversion de *i* ne peut être très rapide.

b) Variateurs à hacheurs

Pour obtenir la tension continue variable appliquée à l'induit U_d on utilise un hacheur lorsque l'équipement est alimenté en courant continu, batterie d'accumulateurs ou caténaire à courant continu en traction électrique.

On emploie :

• le hacheur série lorsque le moteur ne doit travailler que dans le quadrant 1 ;

• le hacheur à deux interrupteurs réversible en courant quand il doit travailler dans les quadrants 1 et 2 ;

• le hacheur en pont réversible en courant et en tension du côté continu pour le fonctionnement dans les quatre quadrants.

La marche dans les quadrants 2 et 3 nécessite que la source alimentant le hacheur soit réversible en courant.

On a vu au chapitre 4 que, grâce à une commande adaptée, le passage d'un quadrant à un autre ne posait aucun problème.

À noter que dans certains cas on utilise aussi un hacheur dans des équipements alimentés en alternatif : on trouve alors en cascade un redresseur, un filtre, le hacheur. C'est en particulier la solution adoptée pour les entraînements de petite puissance avec des groupes moteur-charge de très faible inertie quand on a besoin de performances dynamiques importantes : avec un redresseur à thyristors en pont classique, on ne peut intervenir par la commande que six fois par période du réseau ; avec un hacheur, on peut intervenir à chaque période de hachage et donc à une fréquence beaucoup plus élevée.

8.2 VARIATEURS POUR MOTEURS SYNCHRONES

8.2.1 Le moteur synchrone

Dans un moteur synchrone triphasé,

• *le stator* porte un enroulement triphasé à $2p$ pôles. Les bobinages des trois phases, repérées par les indices A, B et C, sont identiques mais décalés deux à deux de $2\pi/3p$. Les trois phases sont d'ordinaire connectées en étoile avec neutre isolé. Le stator constitue *l'induit*, c'est-à-dire l'enroulement où le flux créé par l'inducteur génère les forces électromotrices.

• *le rotor* constitue *l'inducteur*. Grâce à un enroulement alimenté en courant continu ou à des aimants permanents, il crée $2p$ pôles successivement Nord et Sud.

Lorsque la machine fonctionne en moteur, la source qui alimente l'induit fournit l'énergie électrique qui est transformée en énergie mécanique. Lorsqu'elle fonctionne en génératrice, la machine renvoie vers la source l'énergie électrique produite à partir de l'énergie mécanique prise à la charge qu'elle freine.

a) Expression du couple. Équations de l'induit

► On choisit de déterminer la position angulaire du rotor par rapport au stator par l'angle θ_M tel que le flux φ_A créé par le rotor à travers le bobinage de la phase A du stator soit nul pour $\theta_M = 0$, maximum pour $\theta_M = \pi/2p$. On a donc [1]

$$\varphi_A = \phi_m \sin p\theta_M$$

Les flux à travers les phases B et C, dont les enroulements sont décalés de $2\pi/3p$ et $4\pi/3p$ par rapport à celui de la phase A, ont pour expression

$$\varphi_B = \phi_m \sin p(\theta_M - 2\pi/3p)$$

$$\varphi_C = \phi_m \sin p(\theta_M - 4\pi/3p)$$

[1] Pour simplifier on suppose que toutes les grandeurs alternatives sont sinusoïdales, que l'inductance des phases du stator est constante. On notera aussi que, contrairement à l'étude classique de la machine synchrone, on n'a pas fait coïncider l'origine de la position du rotor avec le maximum de flux à travers la première phase mais avec le maximum de f.e.m. engendrée dans cette phase par le flux ; cela revient à ajouter $\pi/2$ à toutes les fonctions sinusoïdales de θ_M.

Si le rotor tourne, les variations des flux à travers les enroulements de l'induit engendrent dans ceux-ci les forces électromotrices

$$e'_A = p\dot{\theta}_M \phi_m \cos p\theta_M$$

$$e'_B = p\dot{\theta}_M \phi_m \cos(p\theta_M - 2\pi/3)$$

$$e'_C = p\dot{\theta}_M \phi_m \cos(p\theta_M - 4\pi/3)$$

▶ La puissance transformée par la machine de la forme électrique à la forme mécanique (ou inversement) est le produit du couple électromagnétique C par la vitesse de rotation en radians par seconde $\dot{\theta}_M$. Elle est égale au produit des f.e.m que le système d'excitation engendre dans l'induit par les courants i'_A, i'_B, i'_C qui y circulent.

$$C\dot{\theta}_M = e'_A i'_A + e'_B i'_B + e'_C i'_C$$

D'où l'expression du couple

$$C = p\phi_m \left[i'_A \cos p\theta_M + i'_B \cos(p\theta_M - 2\pi/3) + i'_C \cos(p\theta_M - 4\pi/3)\right]$$

Pour obtenir un couple constant, il suffit d'imposer aux courants i'_A, i'_B, i'_C d'être, à un déphasage Ψ près, isomorphes des forces électromotrices e'_A, e'_B, e'_C :

$$i'_A = I'_m \cos(p\theta_M + \Psi)$$

$$i'_B = I'_m \cos(p\theta_M + \Psi - 2\pi/3)$$

$$i'_C = I'_m \cos(p\theta_M + \Psi - 4\pi/3)$$

et l'expression du *couple* devient

$$\boxed{C = \frac{3}{2} p\, \phi_m I'_m \cos \Psi}$$

À amplitudes des courants et du flux données, le couple est donc proportionnel à cos Ψ ; il est maximum pour Ψ nul. Si Ψ est compris entre $\pi/2$ et $3\pi/2$, C est négatif, c'est la marche en génératrice.

▶ Si on désigne par R et L la résistance et l'inductance des phases statoriques, les *tensions* v'_A, v'_B, v'_C aux bornes de celles-ci sont liées aux f.e.m. et aux courants par

$$v'_A = Ri'_A + L\frac{\mathrm{d}i'_A}{\mathrm{d}t} + e'_A$$

$$v'_B = Ri'_B + L\frac{\mathrm{d}i'_B}{\mathrm{d}t} + e'_B$$

$$v'_C = Ri'_C + L\frac{\mathrm{d}i'_C}{\mathrm{d}t} + e'_C$$

En régime permanent, la vitesse angulaire de rotation Ω est constante, donc

$$\theta_M = \Omega t$$

La pulsation ω des f.e.m., courants et tensions statoriques, telle que $\omega t = p\theta_M$, est donc

$$\omega = p\Omega$$

Les équations des tensions peuvent se mettre sous forme vectorielle

$$\boxed{\overline{V}' = R\overline{I}' + jL\omega\overline{I}' + \overline{E}'}$$

Le nom de machine synchrone vient du fait qu'en régime permanent vitesse angulaire de rotation Ω et pulsation ω des grandeurs électriques statoriques sont rigoureusement proportionnelles.

b) Réglage du point de fonctionnement

► Lorsque qu'on alimente la machine synchrone par le réseau, celui-ci impose la fréquence des tensions et courants statoriques et donc la vitesse de rotation de la machine. La puissance active fournie par le réseau (ou renvoyée à celui-ci) est imposée par la puissance que le système mécanique accouplé au rotor absorbe (ou fournit). On règle la puissance réactive échangée avec le réseau en agissant sur le courant d'excitation.

► Lorsqu'elle est utilisée dans un variateur de vitesse, la machine synchrone est alimentée par un convertisseur d'électronique de puissance. On utilise celui-ci pour asservir l'évolution temporelle des courants statoriques à la position du rotor de manière à ce que cette évolution permette d'obtenir un couple constant ou s'en rapprochant le plus possible. D'autre part, on règle l'amplitude des courants en fonction du couple souhaité.

On arrive ainsi au schéma de régulation de la figure 8.6 qui présente de fortes analogies avec celui de la figure 8.2*b* et permet d'obtenir des performances dynamiques similaires.

Différentes solutions permettent la réalisation d'un tel schéma ; elles diffèrent les unes des autres par :

- le type de convertisseur utilisé qui dépend surtout de la puissance de la machine,
- la loi de calcul des courants de référence en fonction du couple souhaité et de la position du rotor,
- la manière dont la régulation des courants est assurée.

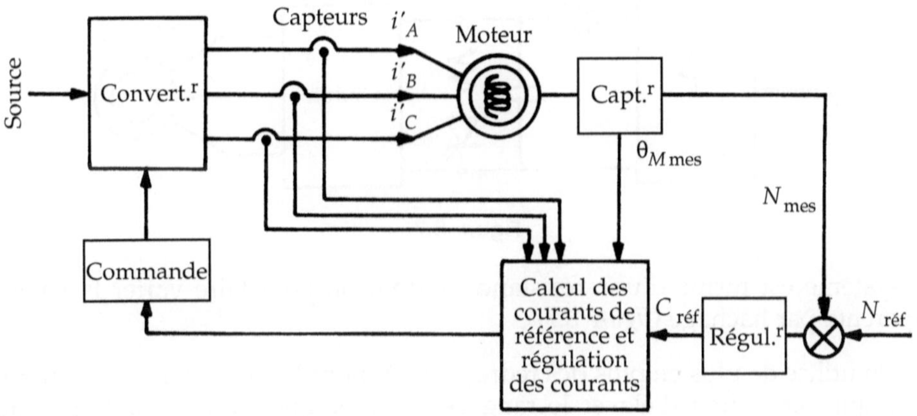

Figure 8.6

8.2.2 Variateurs à onduleurs de tension fonctionnant en MLI

On utilise l'association d'un onduleur de tension à commande MLI et d'une machine synchrone, le plus souvent à aimants permanents, dans les domaines d'application exigeant des performances dynamiques très élevées : usinage de précision, production automatique, robotique, aéronautique et spatial, par exemple. Cette association est également la plus utilisée pour la motorisation de véhicules électriques ou hybrides. En effet la machine synchrone a un couple massique important et un excellent rendement.

Dans certaines applications, les puissances mises en jeu peuvent aller jusqu'à plusieurs mégawatts.

a) Obtention de la réversibilité

L'onduleur de tension est naturellement réversible en tension et en courant de son côté alternatif. Il permet la marche du moteur dans les quatre quadrants du plan couple-vitesse pour autant que la source qui l'alimente soit réversible en courant.

Si l'onduleur est alimenté par une batterie d'accumulateurs, celle-ci constitue une source réversible en courant et la marche dans les quatre quadrants ne pose aucun problème.

Mais, dans la plupart des applications industrielles, la tension continue à l'entrée de l'onduleur est obtenue à partir du réseau par redressement et filtrage.

▶ Si on utilise un redresseur à diodes qui est non réversible en courant, il faut placer à l'entrée de l'onduleur un système de dissipation qui permet d'absorber l'énergie renvoyée par l'onduleur lors de la marche dans les quadrants 2 et 4.

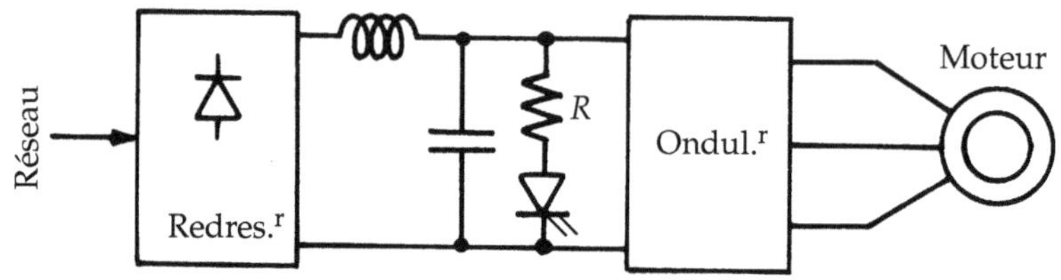

Figure 8.7

Ce système est formé d'une résistance R dont on peut faire varier la valeur apparente par hachage (*figure* 8.7).

▶ On utilise de plus en plus des redresseurs à modulation de largeur d'impulsions qui permettent d'élever le rang des harmoniques des courants pris au réseau et de travailler à cos φ égal à 1 (voir chapitre 5). L'emploi d'un redresseur de courant qui a la structure d'un onduleur de tension conduit (*figure* 8.8) à une structure entièrement symétrique.

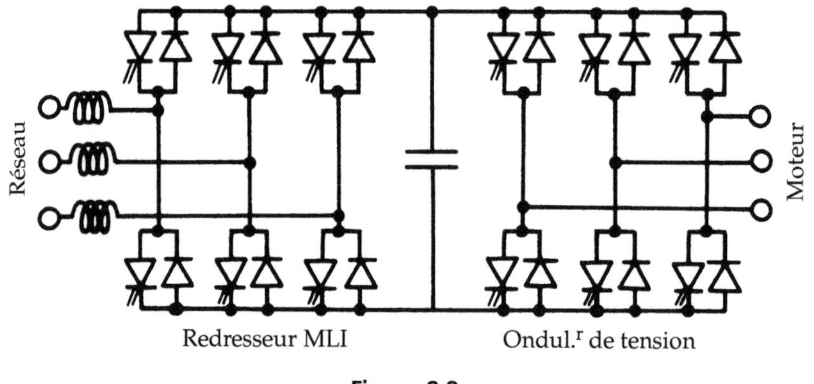

Figure 8.8

b) Commande vectorielle

L'onduleur de tension à commande MLI impose les tensions v'_A, v'_B, v'_C aux bornes des enroulements de l'induit ; les courants qui en résultent découlent des équations de la machine (§ 8.2.1a). L'emploi de cet onduleur se prête naturellement à la commande vectorielle qui consiste (*figure* 8.9) :

- à imposer aux courants i'_A, i'_B, i'_C de varier cosinusoïdalement en fonction de la position du rotor,
- à déphaser ces courants par rapport aux f.e.m. e'_A, e'_B, e'_C d'un angle Ψ égal à 0 ou π, suivant que la machine fonctionne en moteur ou en génératrice, de manière à obtenir le maximum de couple à amplitude des courants donnée.

En fonction du couple $C_{réf}$ que l'on veut obtenir, on cherche donc à imposer aux courants d'évoluer ainsi

$$i'_{A\,réf} = \frac{2}{3p\phi_m} C_{réf} \cos p\theta_M$$

$$i'_{B\,réf} = \frac{2}{3p\phi_m} C_{réf} \cos(p\theta_M - 2\pi/3)$$

$$i'_{C\,réf} = \frac{2}{3p\phi_m} C_{réf} \cos(p\theta_M - 4\pi/3)$$

Le passage, dans ces relations, de $C_{réf}$ d'une valeur positive (marche en moteur) à une valeur négative (marche en génératrice) équivaut à un passage de $\psi = 0$ à $\psi = \pi$.

Régulation dans le référentiel ABC

La régulation dans le référentiel ABC est fréquemment adoptée dans les entraînements de faible puissance car son implantation est très simple :

- la génération de $i'_{A\,réf}$, $i'_{B\,réf}$, $i'_{C\,réf}$ se fait en multipliant le couple de référence fourni par le régulateur de vitesse respectivement par $\cos p\theta_M / 1{,}5p\phi_m$, $\cos(p\theta_M - 2\pi/3)/1{,}5p\phi_m$ et $\cos(p\theta_M - 4\pi/3)/1{,}5p\phi_m$. À noter qu'il existe des circuits intégrés spécialisés effectuant cette opération.

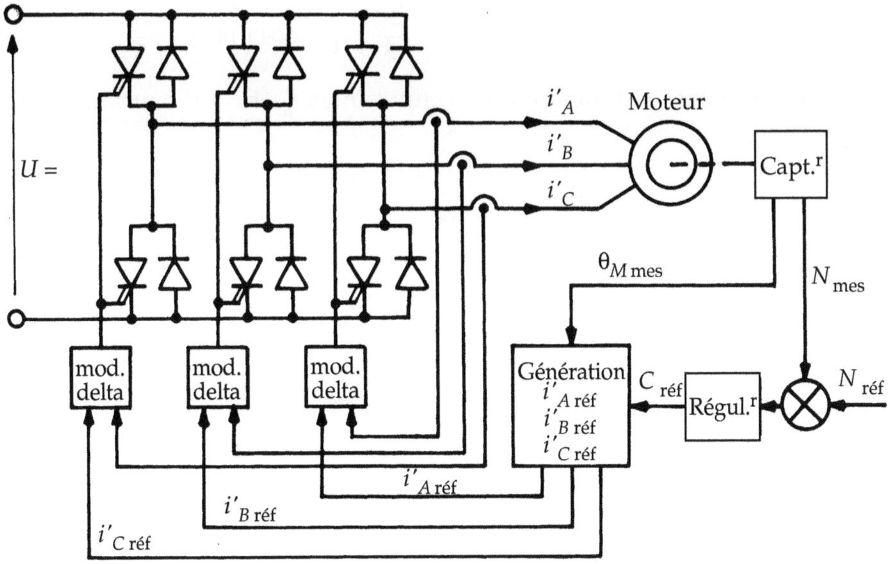

Figure 8.9

- l'asservissement des courants à leurs valeurs de référence s'effectue à l'aide de trois bascules à hystérésis qui font fonctionner l'onduleur en modulation delta.

On obtient ainsi d'excellentes performances dynamiques en matière de suivi des courants de référence. Le fonctionnement à fréquence variable de l'onduleur découlant de la modulation en delta ne présente guère d'inconvénients puisqu'il s'agit de variateurs de faible puissance.

> **Remarque**
>
> Si on veut utiliser une modulation à fréquence fixe en comparant à une porteuse des tensions de référence fournies par les régulateurs des courants, la synthèse de ces derniers est délicate car ils doivent assurer le suivi de consignes variant sinusoïdalement avec la position du rotor.

Régulation dans le référentiel de Park

– La connexion en étoile à neutre isolé des enroulements statoriques rendant nulle la somme des trois courants i'_A, i'_B, i'_C, la transformation de Park leur fait correspondre deux composantes i'_d et i'_q, respectivement appelées composantes d'axe direct et d'axe en quadrature

$$i'_d = \sqrt{\frac{2}{3}}\left[-\sin(p\theta_M)i'_A - \sin\left(p\theta_M - \frac{2\pi}{3}\right)i'_B - \sin\left(p\theta_M - \frac{4\pi}{3}\right)i'_C\right]$$

$$i'_q = \sqrt{\frac{2}{3}}\left[\cos(p\theta_M)i'_A + \cos\left(p\theta_M - \frac{2\pi}{3}\right)i'_B + \cos\left(p\theta_M - \frac{4\pi}{3}\right)i'_C\right]$$

Réciproquement, en fonction des composantes i'_d et i'_q les courants réels i'_A, i'_B, i'_C s'écrivent

$$i'_A = \sqrt{\frac{2}{3}}\left[-i'_d\sin(p\theta_M) + i'_q\cos(p\theta_M)\right]$$

$$i'_B = \sqrt{\frac{2}{3}}\left[-i'_d\sin\left(p\theta_M - \frac{2\pi}{3}\right) + i'_q\cos\left(p\theta_M - \frac{2\pi}{3}\right)\right]$$

$$i'_C = \sqrt{\frac{2}{3}}\left[-i'_d\sin\left(p\theta_M - \frac{4\pi}{3}\right) + i'_q\cos\left(p\theta_M - \frac{4\pi}{3}\right)\right]$$

On peut appliquer la même transformation de Park aux tensions v'_A, v'_B, v'_C et aux forces électromotrices e'_A, e'_B, e'_C. Par exemple

$$v'_A = \sqrt{\frac{2}{3}}\left[-v'_d\sin(p\theta_M) + v'_q\cos(p\theta_M)\right]$$

$$v'_B = \sqrt{\frac{2}{3}}\left[-v'_d \sin\left(p\theta_M - \frac{2\pi}{3}\right) + v'_q \cos\left(p\theta_M - \frac{2\pi}{3}\right)\right]$$

$$v'_C = \sqrt{\frac{2}{3}}\left[-v'_d \sin\left(p\theta_M - \frac{4\pi}{3}\right) + v'_q \cos\left(p\theta_M - \frac{4\pi}{3}\right)\right]$$

Les équations liant les tensions et courants de l'induit exprimés en fonction de leurs composantes de Park s'écrivent :

$$v'_d = Ri'_d + L\frac{\mathrm{d}i'_d}{\mathrm{d}t} - p\dot{\theta}_M L i'_q$$

$$v'_q = Ri'_q + L\frac{\mathrm{d}i'_q}{\mathrm{d}t} + p\dot{\theta}_M L i'_d + \sqrt{\frac{3}{2}}p\phi_m\dot{\theta}_M$$

et l'expression du couple électromagnétique devient

$$C = \sqrt{\frac{3}{2}}p\phi_m i'_q$$

En régime permanent, lorsque tous les courants et toutes les tensions sont des fonctions sinusoïdales de même pulsation, les composantes de Park associées aux diverses grandeurs sont toutes des grandeurs constantes.

▶ En fonction des composantes de Park des courants, la commande vectorielle revient simplement à imposer

– à i'_q d'avoir une valeur égale à $C_{\text{réf}}/p\phi_m\sqrt{3/2}$,

– à i'_d d'avoir une valeur nulle.

D'où le schéma de régulation dans le référentiel $d-q$ (*figure* 8.10).

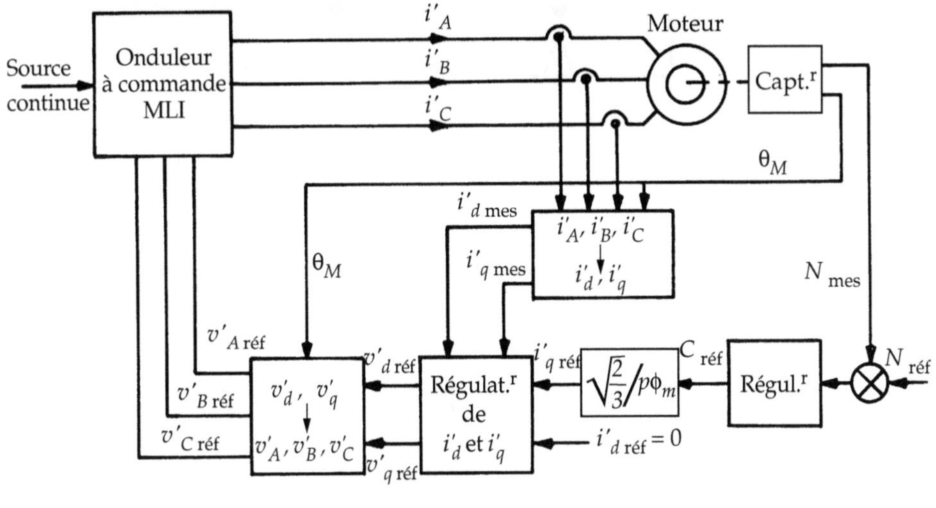

Figure 8.10

Les composantes $d-q$ des courants dont on assure la régulation ont des valeurs constantes en régime permanent, la synthèse du régulateur des courants (basée sur les équations liant v'_d et v'_q à i'_d et i'_q) est beaucoup plus facile que dans le cas où il faut suivre des références variant sinusoïdalement en fonction de la position du rotor.

Mais la réalisation des opérations liées au passage des composantes ABC aux composantes dq au niveau des courants, des composantes dq aux composantes ABC au niveau des tensions ne peut raisonnablement s'envisager qu'avec une implantation numérique de la commande. Ceci ne pose plus actuellement de problème en raison de la puissance et de la vitesse de calcul des microprocesseurs.

Cette comparaison avec la régulation dans le référentiel ABC explique que dès que la puissance en jeu nécessite l'emploi d'une commande MLI à fréquence fixe on préfère la commande dans le référentiel de Park.

Remarque

Lorsque la commande vectorielle est implantée de manière numérique, on synchronise généralement la période d'échantillonnage du régulateur sur la fréquence MLI.

Si la vitesse du microprocesseur le permet, on rafraîchit les signaux de commande au début de chaque période de modulation (voire de chaque alternance de cette période) et on effectue les mesures aux instants correspondants aux sommets de la porteuse. À ces instants aucune commutation ne se produit, on évite ainsi que les mesures soient perturbées par les parasites électromagnétiques engendrés lors des commutations (figure 8.11).

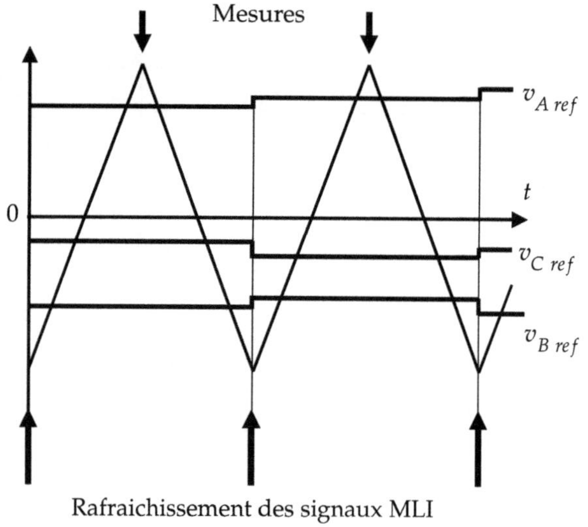

Figure 8.11

8.2.3 Variateurs à cycloconvertisseurs

a) Le cycloconvertisseur

► Principe

La figure 8.12 donne le schéma de principe d'un cycloconvertisseur triphasé. Chaque phase du récepteur est alimentée par l'une ou l'autre des tensions redressées fournies par les deux redresseurs, montés en parallèle inverse, à la sortie desquels elle est placée.

Un redresseur tout thyristors délivre une tension de sortie u_d dont on peut faire varier la valeur moyenne entre $U_{d\,max}$ et $-U_{d\,max}$ par action sur le retard à l'amorçage α des thyristors qui le composent.

On peut, par une modulation convenable des angles α, former la tension u_d de portions de sinusoïdes telles que la « valeur moyenne » de u_d varie périodiquement suivant une loi sinusoïdale.

Ainsi la tension v_1 aux bornes de la phase 1 du moteur est-elle fournie par le premier redresseur R^r1 quand le courant i_1 qu'absorbe cette phase est positif. Un deuxième redresseur R^r1' est nécessaire pour alimenter la phase 1 quand i_1 est négatif. Par action sur la commande des thyristors des deux redresseurs on fait évoluer v_1 suivant une sinusoïde, aux fluctuations dues à la nécessité d'utiliser les ondes fournies par le réseau près.

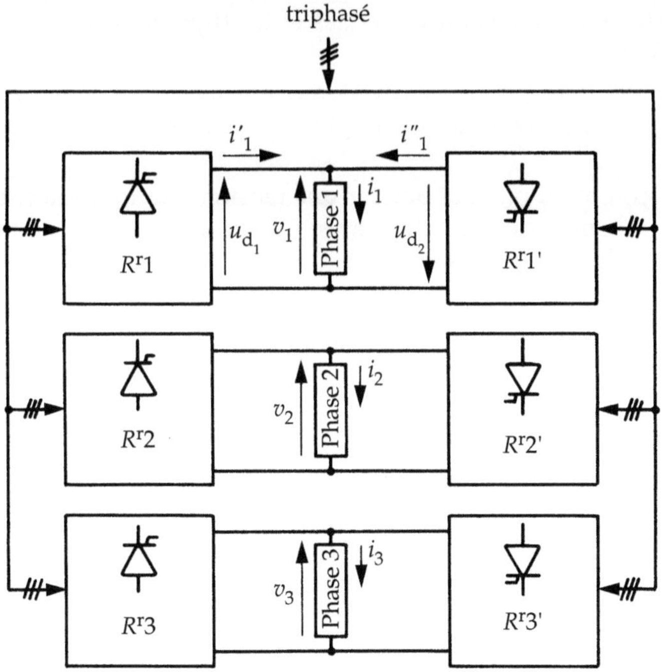

Figure 8.12

▶ Exemple de tracé

Pour pouvoir obtenir avec une approximation suffisante des ondes sinusoïdales, on utilise d'ordinaire des ponts à six thyristors. La figure 8.13 montre l'alimentation, à partir du réseau triphasé, d'une phase du moteur. On forme la tension v_1, égale à u_{d_1} quand i_1 est positif, à $-u_{d_2}$ quand i_1 est négatif, de portions convenables des tensions composées u_{BA} ou $-u_{BA}$, u_{CB} ou $-u_{CB}$, u_{AC} ou $-u_{AC}$.

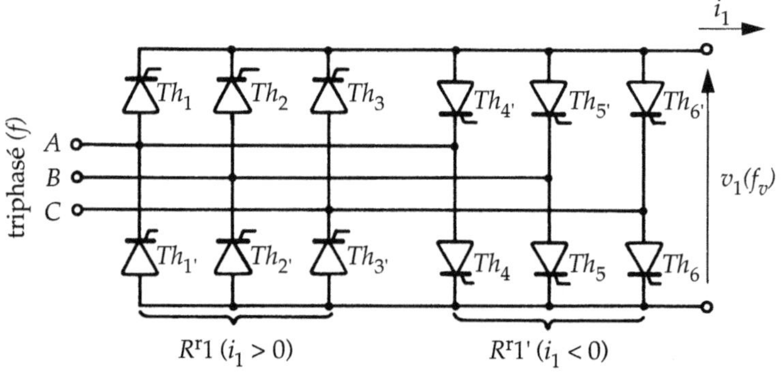

Figure 8.13

Le tracé de la figure 8.14 montre comment, à partir de v_1 souhaitée, on détermine les portions de sinusoïdes retenues et les thyristors conducteurs (repérés par leur indice).

Cet exemple correspond à la division par 4 de la fréquence du réseau (passage de 50 Hz à 12,5 Hz) et à une amplitude de la tension de sortie voisine du maximum.

On voit comment on peut obtenir une tension d'amplitude et de fréquence déterminées : il suffit de construire avec les six tensions dont on dispose une approximation de la sinusoïde désirée.

b) Avantages. Inconvénients. Utilisation

Le montage ne comportant que des thyristors se prête bien à la réalisation d'équipements de forte puissance.

▶ Il présente l'avantage d'être *réversible*. Quand la machine passe de la marche en moteur à celle en génératrice, les intervalles de fonctionnement en redresseur proprement dit des six ponts deviennent plus courts que les intervalles de fonctionnement en onduleur non autonome. Il n'y a aucune discontinuité dans la commande.

▶ Le cycloconvertisseur présente l'inconvénient d'envoyer au réseau des *courants harmoniques* importants. Il se comporte comme un groupe de redresseurs,

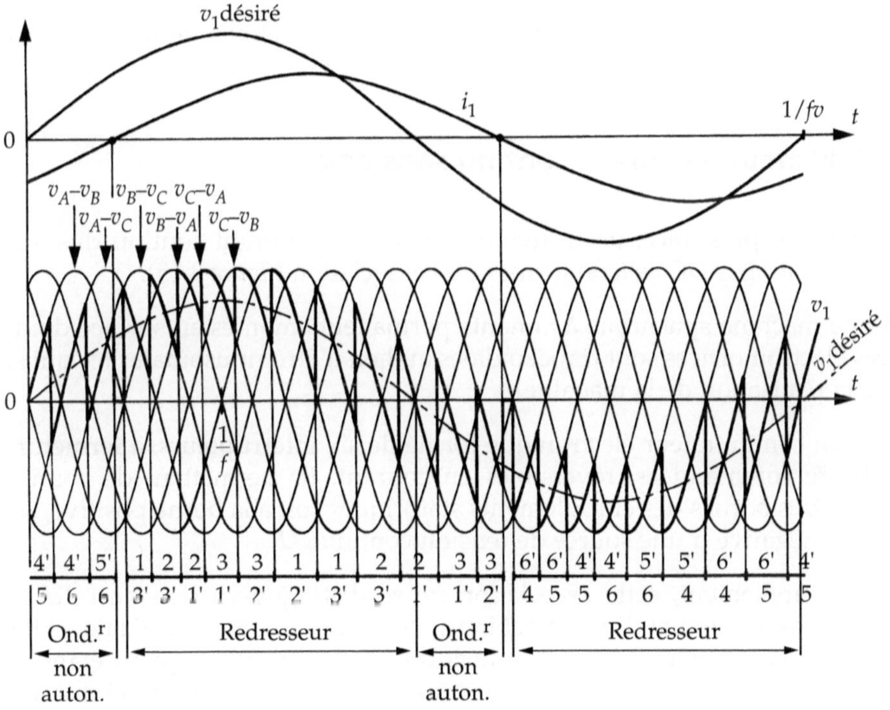

Figure 8.14

dont on fait varier l'angle de retard à l'amorçage à la fréquence des tensions de sortie.

Les harmoniques habituels des redresseurs triphasés sont modulés à la fréquence de sortie, d'où un spectre très riche comportant des termes basse fréquence particulièrement difficiles à filtrer.

▶ D'autre part, comme on fait varier le retard au déblocage des thyristors de part et d'autre de $\pi/2$, le cycloconvertisseur consomme une *puissance réactive* importante.

▶ De par son principe même, le cycloconvertisseur présente une *limitation* : il ne peut fournir que des fréquences de sortie nettement inférieures à la fréquence du réseau d'alimentation. Généralement on ne dépasse pas le tiers de celle-ci.

▶ Ces avantages et ces inconvénients expliquent que l'emploi des cycloconvertisseurs soit limité à la réalisation de variateurs pour moteurs lents ou très lents de forte puissance. Celle-ci peut être supérieure à 100 Mégawatts. En très forte puissance, les machines ont des tensions nominales élevées incompatibles avec le calibre en tension des semi-conducteurs totalement commandés actuellement commercialisés.

En ce qui concerne la régulation, on emploie les mêmes stratégies que pour les variateurs à onduleurs MLI de tension.

8.2.4 Moteur à courant continu sans balais

En faible puissance, on trouve des moteurs à courant continu dits « sans balais » (*brushless DC motors*) formés de l'association (*figure* 8.15).

• d'une machine synchrone à aimants permanents montés en surface dont les forces électromotrices sont trapézoïdales au lieu d'être sinusoïdales (ce qui simplifie la réalisation de la machine) ;

• et d'un commutateur électronique formé de six interrupteurs, à fermeture et ouverture commandées, réversibles en courant. Ils permettent de connecter chacune des bornes des enroulements statoriques soit à la borne positive, soit à la borne négative d'une source de tension continue U.

▶ Structurellement, cette association ne se distingue en rien de celle d'un onduleur de tension et d'une machine synchrone à f.e.m. sinusoïdales. Elle en diffère par la stratégie de commande adoptée, chaque interrupteur étant commandé en fonction de la position du rotor de manière à être fermé durant un tiers de chaque tour.

L'intervalle de commande à la fermeture de l'interrupteur K_1 correspond au palier positif de la force électromotrice e_A, l'intervalle de commande à la fermeture de K_1' au palier négatif de e_A. Les interrupteurs liés aux phases B et C sont commandés de manière similaire (*figure* 8.16).

Pour déterminer les instants de fermeture et d'ouverture des interrupteurs, on utilise généralement, comme capteurs de position, trois capteurs à effet Hall qui permettent de fixer les six instants de commutation. À tout instant, on relie à la borne « plus » de la source de tension U la borne de la machine qui est la plus positive, à la borne « moins » de la source la borne la plus négative de la machine. Si on néglige l'inductance des enroulements qui est faible, les courants dans les phases de la machine sont des créneaux de forme rectangulaire.

▶ Les forces électromotrices e_A, e_B et e_C ont une amplitude qui est proportionnelle à la vitesse de rotation Ω du rotor. Si on désigne par R la résistance des deux phases qui à chaque instant sont en série sous la tension U, par i le courant qui les traverse et par $k_T\Omega$ la f.e.m. totale qui y est induite, comme dans une machine à courant continu on a :

$$U = Ri + k_T\Omega$$

et la conservation de la puissance donne le couple

$$C = \frac{Ui - Ri^2}{\Omega} = k_T i$$

Pour faire varier la vitesse, il suffit de faire varier la tension U, par exemple à l'aide d'un hacheur (*figure* 8.17).

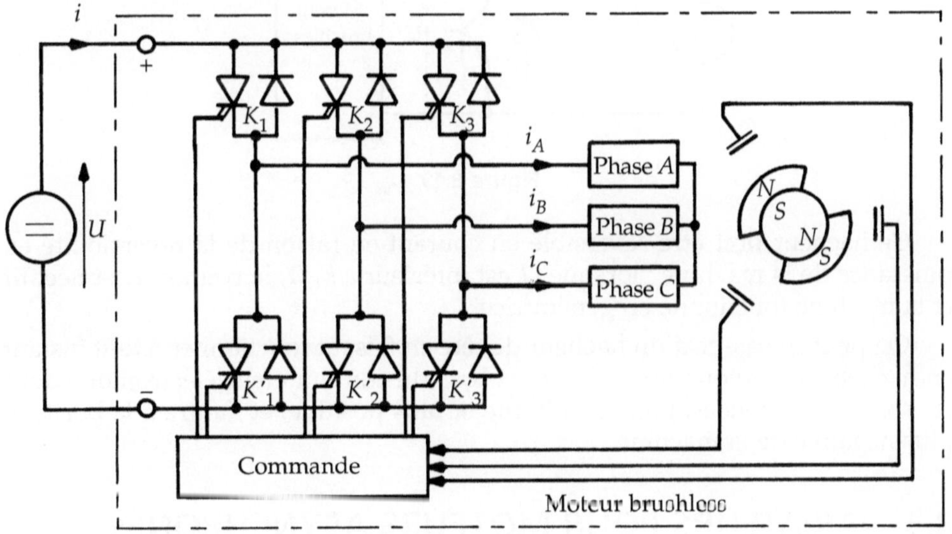

Figure 8.15

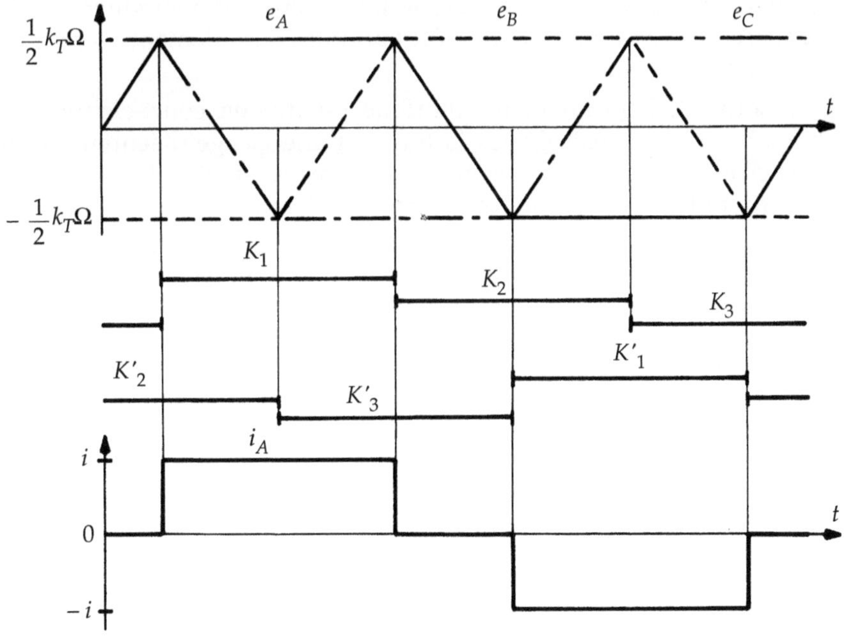

Figure 8.16

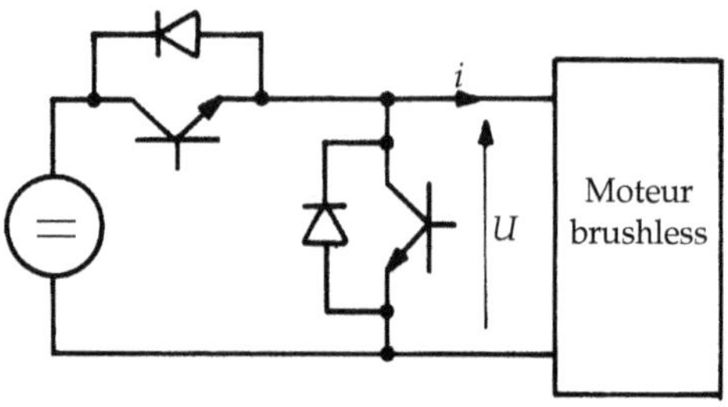

Figure 8.17

Ce hacheur doit être réversible en courant en raison de la réversibilité en puissance de la machine : lorsque U est inférieur à $k_T\Omega$, le courant i est négatif et la machine fonctionne en génératrice.

On peut se passer d'un hacheur de tête en faisant fonctionner à tout instant en hacheur quatre quadrants les deux bras du commutateur électronique dont les sorties sont reliées, l'une à la borne la plus positive, et l'autre à la borne la plus négative de la machine.

8.3 VARIATEURS POUR MOTEURS ASYNCHRONES

8.3.1 Le moteur asynchrone triphasé

Le moteur asynchrone triphasé est formé d'un stator portant un bobinage triphasé à $2p$ pôles réuni à la source fournissant les tensions de fréquence f, d'un rotor polyphasé de même nombre de pôles dont les enroulements sont mis en court-circuit sur eux-mêmes.

Le plus souvent, l'enroulement rotorique est mis en court-circuit dès la construction. Il est alors réalisé sous la forme d'une « cage d'écureuil » : une barre dans chaque encoche, l'ensemble des barres étant reliées par deux anneaux d'extrémités. Ce type de rotor correspond aux *moteurs à cage*.

On peut aussi placer dans les encoches du rotor un bobinage analogue à celui du stator. Les extrémités des trois phases sont alors reliées à trois bagues sur lesquelles frottent trois balais constituant les trois bornes fixes du rotor. Un tel moteur est dit à *rotor bobiné* ou à bagues. Avec cette solution on peut intervenir sur le rotor mais on perd les avantages en matière de coût de fabrication et de robustesse mécanique du moteur à cage.

a) Principe

Les courants statoriques créent un flux tournant à la vitesse synchrone N_S :

$$N_S = \frac{f}{p} \text{ (tr/s)}$$

Ce flux balayant les enroulements rotoriques y induit des f.é.m. et des courants puisque le rotor est en court-circuit. L'action du flux sur ces courants qu'il a lui-même induits crée le couple.

Glissement

Le couple fait tourner le rotor dans le même sens que le flux tournant. La vitesse N ne peut atteindre la vitesse synchrone car, si les bobines du rotor tournaient aussi vite que le flux tournant, elles seraient traversées par un flux constant, et il n'y aurait plus ni f.é.m, ni courants induits, ni couple.

La vitesse N a pour valeur :

$$N = N_S(1 - g)$$

Le rapport :

$$\boxed{g = \frac{N_S - N}{N_S}}$$

est appelé glissement.

Fréquence rotorique

La vitesse de balayage du rotor par le flux tournant est :

$$N_S - N = gN_S.$$

Or, le flux balayant le stator à la vitesse N_S y induit des f.é.m de fréquence f. Au rotor, les f.é.m. et les courants auront pour fréquence :

$$\boxed{f_R = gf}$$

Les courants rotoriques créent un flux tournant dont la vitesse par rapport au rotor est :

$$\frac{f_R}{p} = \frac{gf}{p}$$

donc par rapport au stator :

$$N + \frac{gf}{p} = \frac{f}{p}(1 - g) + \frac{gf}{p} = \frac{f}{p} = N_S.$$

Les flux dus aux courants statoriques et aux courants rotoriques tournent à la même vitesse, quel que soit g; ils se composent pour donner le flux tournant réel dans l'entrefer. C'est ce flux qui induit dans les phases statoriques une f.é.m. sensiblement égale à la tension qui leur est appliquée. Le quotient de cette tension V_1 par la fréquence f est approximativement proportionnel au flux.

b) Schéma équivalent. Couple

Équation des tensions statoriques

En régime permanent, les tensions aux bornes des enroulements statoriques et les courants qui y circulent sont des fonctions sinusoïdales du temps de pulsation ω égale à $2\pi f$. Si $\overline{V}_1$ et $\overline{I}_1$ sont les vecteurs représentant ces grandeurs, l'équation d'une phase s'écrit

$$\overline{V}_1 = r_1\overline{I}_1 + j\omega l_1\overline{I}_1 + j\omega k_1 n_1 \overline{\phi}_e$$

• le terme $j\omega k_1 n_1 \overline{\phi}_e$ représente la f.e.m. induite par le flux tournant résultant dans l'entrefer, flux traversant le stator et le rotor. Elle est proportionnelle au nombre de spires n_1 des enroulements multiplié par un coefficient k_1 qui tient compte de la réalisation de ces enroulements ;
• le terme $j l_1 \omega \overline{I}_1$ est la chute inductive due à l'inductance de fuites l_1 qui rend compte du flux ne traversant que le stator ;
• le terme $r_1\overline{I}_1$ traduit la chute ohmique due à la résistance r_1 des enroulements.

Équation des tensions rotoriques

Le flux d'entrefer balayant les enroulements du rotor à la vitesse gN_S y induit des f.e.m. de pulsation ω_R, égale à $g\omega$, et de valeur proportionnelle à cette pulsation.

Les enroulements du rotor étant en court-circuit, ces f.e.m. sont compensées par les chutes de tension qu'elles provoquent. Si $\overline{I}_2$ est le vecteur associé aux courants de pulsation $g\omega$ du rotor, l'équation d'une phase s'écrit

$$j g \omega k_2 n_2 \overline{\phi}_e = r_2\overline{I}_2 + j g \omega l_2 \overline{I}_2$$

• le terme $j g \omega k_2 n_2 \overline{\phi}_e$ représente la f.e.m. induite par le flux résultant d'entrefer ; elle est proportionnelle au nombre de spires n_2 des enroulements multiplié par le coefficient k_2 qui tient compte de la réalisation de ceux-ci.
• $r_2\overline{I}_2$ et $j g \omega l_2 \overline{I}_2$ représentent les chutes de tension dues à la résistance r_2 et à l'inductance de fuites l_2 des phases rotoriques.

Schéma équivalent

On ne change pas la relation liant les courants rotoriques aux f.e.m. induites au rotor par le flux total d'entrefer en divisant tous les termes par g :

$$j \omega k_2 n_2 \overline{\phi}_e = \frac{r_2}{g}\overline{I}_2 + j \omega l_2 \overline{I}_2$$

L'équation des tensions statoriques et celle des tensions rotoriques ainsi modifiée sont celles d'un transformateur de rapport de transformation $k_1 n_1 / k_2 n_2$ dont le secondaire en court-circuit aurait une résistance r_2/g.

En ramenant au stator les grandeurs rotoriques, c'est-à-dire en posant

$$\overline{I}'_2 = \frac{k_2 n_2}{k_1 n_1}\overline{I}_2 \ ; \ r'_2 = \left(\frac{k_1 n_1}{k_2 n_2}\right)^2 \overline{r}_2 \ ; \ l'_2 = \left(\frac{k_1 n_1}{k_2 n_2}\right)^2 \overline{l}_2,$$

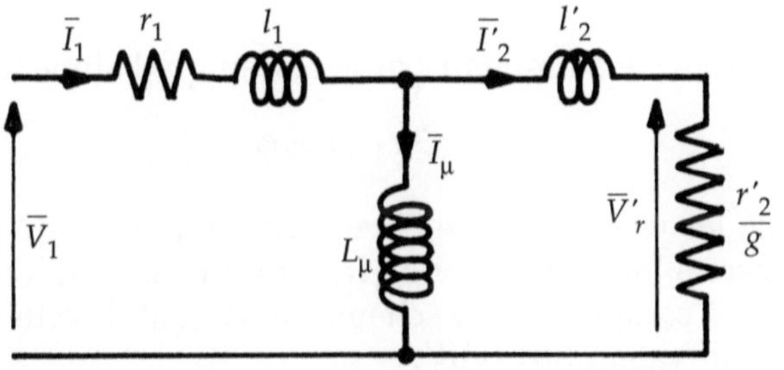

Figure 8.18

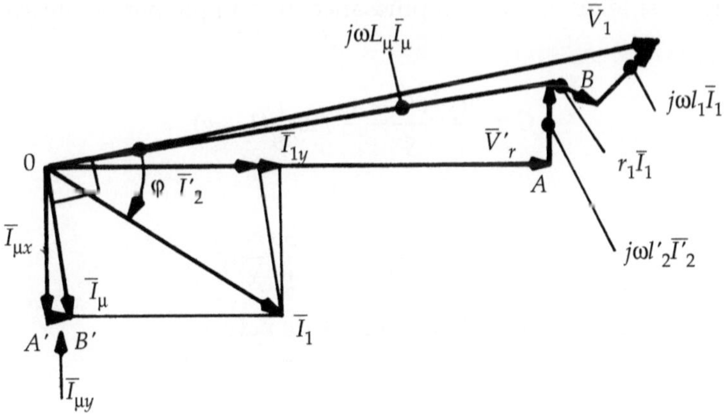

Figure 8.19

on arrive au schéma équivalent de la figure 8.18. Dans celui-ci, on a négligé les faibles pertes dans le circuit magnétique en rendant compte du courant magnétisant I_μ par l'inductance de magnétisation L_μ

$$L_\mu \overline{I}_\mu = k_1 n_1 \overline{\phi}_e$$

On a désigné par $\overline{V}'_r$ la tension aux bornes de r'_2/g.

Au schéma équivalent de la figure 8.18 on peut associer le diagramme vectoriel de la figure 8.19. Il traduit les relations

$$j\omega L_\mu \overline{I}_\mu = \overline{V}'_r + j\omega l'_2 \overline{I}'_2, \quad \text{avec } \overline{V}'_r = \frac{r'_2}{g}\overline{I}'_2$$

$$\overline{I}_1 = \overline{I}'_2 + \overline{I}_\mu$$

$$\overline{V}_1 = j\omega L_\mu \overline{I}_\mu + r_1 \overline{I}_1 + j\omega l_1 \overline{I}_1$$

Expression du couple

La puissance fournie au moteur par le réseau qui l'alimente est

$$P = 3V_1 I_1 \cos\varphi$$

Si on néglige les pertes dans le circuit magnétique, cette puissance, après déduction des pertes Joule au stator $3r_1 I_1^2$, est transmise au rotor. C'est la résistance r'_2/g qui rend compte dans le schéma équivalent de cette puissance transmise P' ; elle a pour valeur $3(r'_2/g)I'^2_2$.

Les pertes Joule au rotor p_{JR} égalent $3r'_2 I'^2_2$; le reste de la puissance transmise au rotor, soit $3r'_2 I'^2_2(1-g)/g$, est transformée en puissance mécanique.

Le couple est le quotient de la puissance mécanique par la vitesse angulaire du rotor

$$C = \frac{3r'_2 I'^2_2(1-g)}{g} / 2\pi\frac{f}{p}(1-g)$$

Donc

$$C = \frac{p}{2\pi f}\,\frac{3r'_2}{g}\,I'^2_2 = \frac{3p}{\omega}\frac{r'_2}{g}I'^2_2$$

ou, en fonction de la tension V'_r aux bornes de r'_2/g,

$$\boxed{C = \frac{3p}{\omega}\,g\,\frac{V'^2_r}{r'_2}}$$

À valeur donnée de V'_r, le couple est proportionnel à g.

> **Remarque**
>
> Les pertes Joule au rotor p_{JR}, soit $3r'_2 I'^2_2$, égalent le produit par g de la puissance P' transmise au rotor
>
> $$\boxed{p_{JR} = g\,P'}$$
>
> d'où l'intérêt de fonctionner à faible glissement.

c) Caractéristique mécanique. Réversibilité

Si on alimente le moteur à tension V_1 et fréquence f constantes, par exemple par le réseau industriel, la caractéristique mécanique qui donne la vitesse N en fonction du couple C a l'allure représentée à la figure 8.20.

C est nul pour $g = 0$ ou $N = N_S$. Il croît d'abord quasi proportionnellement à g, car quand g est faible la valeur de la tension V'_r s'écarte peu de celle de V_1. Il passe ensuite par un maximum, puis décroît jusqu'au couple de démarrage ($g = 1$ ou $N = 0$), car aux fortes valeurs de g la tension V'_r décroît rapidement au fur et à mesure que les chutes de tension dans les éléments r_1, l_1 et l'_2 deviennent importantes.

Dans ses conditions normales d'utilisation, le moteur travaille en régime permanent sur la partie AB de la caractéristique entre la marche à vide ($C = 0$) et le fonctionnement nominal qui correspond à un glissement de quelques centièmes.

Si on augmente la résistance par phase r_2 du rotor (emploi d'une cage plus résistante, insertion de résistances supplémentaires dans le cas du moteur à rotor bobiné), on ne change pas le couple maximal, mais ce maximum est obtenu pour une valeur plus élevée du glissement et le couple de démarrage est accru.

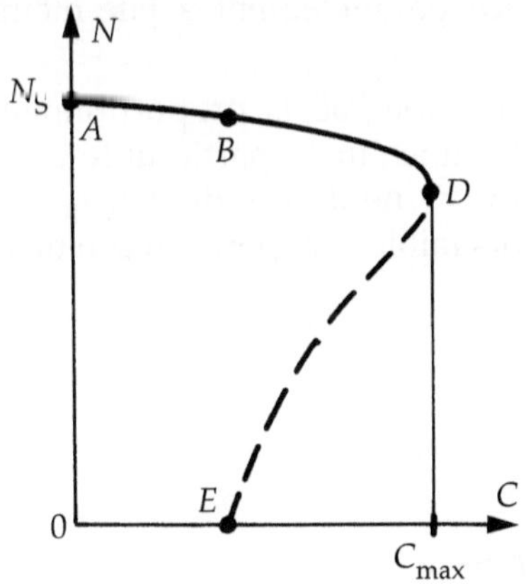

Figure 8.20

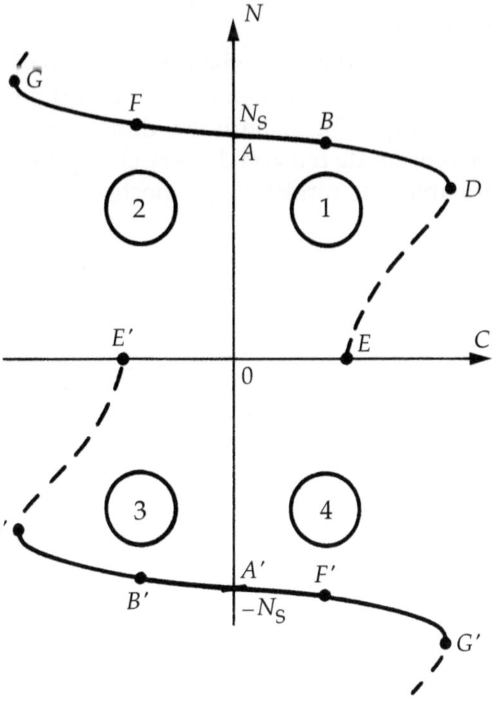

Figure 8.21

▶ Si, au lieu d'entraîner une charge, la machine asynchrone est entraînée, elle fonctionne en *génératrice asynchrone* avec un glissement négatif (branche AFG de la caractéristique mécanique sur la figure 8.21). Le couple maximal de freinage est très voisin du couple moteur maximal.

Pour *inverser le sens de rotation*, il suffit d'inverser le sens de rotation du flux tournant en permutant deux phases au stator ou, ce qui revient au même, en alimentant le stator par un système inverse de tensions au lieu d'un système direct (c'est ce qu'on peut faire avec un onduleur ou un cycloconvertisseur). Quand g va de 1 à 0 le point de fonctionnement décrit la partie $E'D'B'A'$ de la caractéristique (*figure* 8.21). En génératrice, il se déplace sur $A'F'G'$.

Le moteur peut donc fonctionner dans les quatre quadrants. Dans les quadrants 2 et 4, le freinage est un freinage par récupération. Mais, si le sens d'écoulement de la puissance active peut s'inverser, par contre dans les quatre quadrants la machine consomme de la puissance réactive.

d) Fonctionnement à fréquence d'alimentation variable

Si on fait varier la fréquence f d'alimentation en maintenant constante l'amplitude du flux d'entrefer ϕ_e grâce à la constance du courant I_μ qui le produit, la caractéristique couple-vitesse se déplace parallèlement à elle-même (*figure* 8.22).

Pour maintenir I_μ constant, il faut rendre la tension $j\omega L_\mu \bar{I}_\mu$ proportionnelle à la fréquence f d'alimentation. Lorsqu'on fonctionne sur la partie utile de la caractéristique (branche FAB), dans la mesure où $\overline{V}_1$ ne diffère de $j\omega L_\mu \bar{I}_\mu$ que par les chutes de tension dans r_1 et l_1 qui sont alors faibles, on peut, en première approximation, rendre V_1 proportionnel à f.

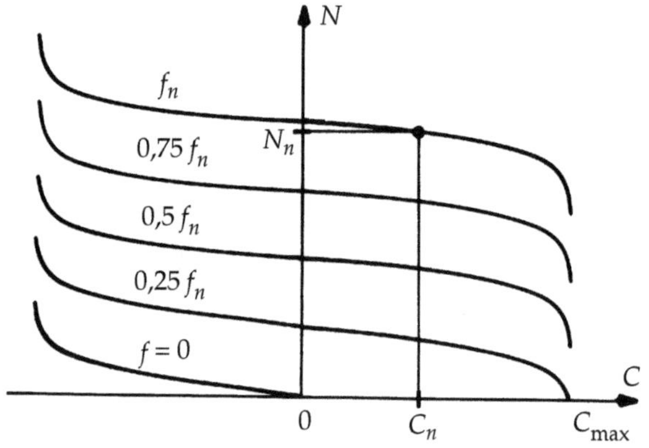

Figure 8.22

On peut ainsi obtenir le couple nominal C_n en moteur ou génératrice à toutes les vitesses allant de zéro à la vitesse nominale pour f allant de zéro à sa valeur nominale f_n. Sur la figure 8.22 on a tracé les courbes $N(C)$ pour quelques valeurs de f et un seul sens de rotation du flux tournant.

8.3.2 Variateurs à onduleurs MLI de tension ou à cycloconvertisseurs

Si on alimente les enroulements du stator par un onduleur de tension MLI ou un cycloconvertisseur, on peut agir sur la fréquence et l'amplitude des tensions qui sont appliquées au moteur.

Lors de l'alimentation par un onduleur de tension, pour assurer le fonctionnement dans les quatre quadrants du plan couple-vitesse, on emploie les mêmes schémas qu'avec le moteur synchrone.

Le principe du cycloconvertisseur a été présenté au paragraphe 8.2.3. Son utilisation pour alimenter le moteur asynchrone est, comme pour le moteur synchrone, limitée aux entraînements de forte puissance à basse vitesse.

a) Réglage du flux et du couple par les tensions appliquées

► Si $I_{\mu x}$ est la composante du courant magnétisant $\overline{I}_\mu$ qui produit la composante du flux $\overline{\phi}_e$ en quadrature avec la tension $\overline{V}'_r$ (*figure* 8.19),

$$\overline{V}'_r = (r'_2/g)\overline{I'_2} = j\omega L_\mu \overline{I}_{\mu x}$$

et l'expression du couple devient

$$C = \frac{3pg\,V'^2_r}{\omega r'_2} = \frac{3pg\,\omega(L_\mu I_{\mu x})^2}{r'_2} = 3p\,\omega_R \frac{L_\mu I_{\mu x}}{r'_2} L_\mu I_{\mu x}$$

$$C = 3p\,I'_2\,L_\mu\,I_{\mu x}$$

La similitude des triangles $OA'B'$ et OAB de la figure 8.19 montre qu'on a

$$\frac{I_{\mu y}}{I_{\mu x}} = \frac{\omega\,l'_2\,I'_2}{\omega\,L_\mu\,I_{\mu x}}, \quad \text{donc} \quad I_{\mu y} = \frac{l'_2}{L_\mu} I'_2$$

Les composantes x et y du courant statorique $\overline{I}_1$ sont donc

$$\begin{cases} I_{1x} = I_{\mu x} \\ I_{1y} = I'_2 + I_{\mu y} = \dfrac{L_\mu + l'_2}{L_\mu} I'_2 = \dfrac{L_\mu + l'_2}{L_\mu} \dfrac{\omega_R\,L_\mu\,I_{1x}}{r'_2} \end{cases}$$

La deuxième équation montre que les grandeurs I_{1x}, I_{1y} et ω_R sont liées algébriquement. À I_{1x} donné, la valeur de I_{1y} est proportionnelle à celle de ω_R : pour avoir un I_{1y} donné, il faut imposer à ωR de valoir

$$\omega_R = \frac{r'_2}{L_\mu + l'_2} \frac{I_{1y}}{I_{1x}}$$

En fonction des composantes I_{1x} et I_{1y}, le couple vaut

$$C = 3p \frac{L_\mu}{L_\mu + l'_2} \quad I_{1y} L_\mu I_{1x}$$

On voit que le couple est proportionnel au flux $L_\mu I_{1x}$ et au courant I_{1y}. Si on parvient à régler séparément I_{1x} et I_{1y}, on a la même souplesse de réglage qu'avec un moteur à courant continu à excitation séparée.

▶ En régime permanent, on obtient les valeurs souhaitées de I_{1x} et I_{1y} en appliquant aux enroulements des tensions :

- de pulsation

$$\omega = 2\pi p\, N + \omega_R = 2\pi p N + \frac{r'_2}{L_\mu + l'_2} \frac{I_{1y}}{I_{1x}}$$

- dont les composantes V_{1x} et V_{1y} en phase et en quadrature avec I_{1x} ont pour valeurs, comme le montre le diagramme vectoriel de la figure 8.19,

$$\begin{cases} V_{1x} = r_1 I_{1x} - \omega\, l'_2 \dfrac{L_\mu}{L_\mu + l'_2} I_{1y} - \omega l_1 I_{1y} \\ V_{1y} = \omega (L_\mu + l_1) I_{1x} + r_1 I_{1y} \end{cases}$$

Si on a

$$\theta = \int_0^t \omega\, \mathrm{d}t = \omega t,$$

le courant i_{1A} dans la phase A et la tension v_{1A} aux bornes de celle-ci valent

$$i_{1A} = I_{1x} \cos\theta + I_{1y} \sin\theta$$

$$v_{1A} = V_{1x} \cos\theta + V_{1y} \sin\theta$$

Les courants et tensions des phases B et C sont décalés de $2\pi/3$ et $4\pi/3$ dans un sens ou dans l'autre suivant le sens de rotation.

b) Modalités d'implantation

Le schéma de la figure 8.23 se déduit directement de la stratégie de réglage qui vient d'être présentée.

▶ Le régulateur de vitesse fournit la pulsation ω_R à donner aux grandeurs rotoriques ; la valeur de cette pulsation est limitée de façon à ce que le couple ne dépasse pas sa valeur nominale.

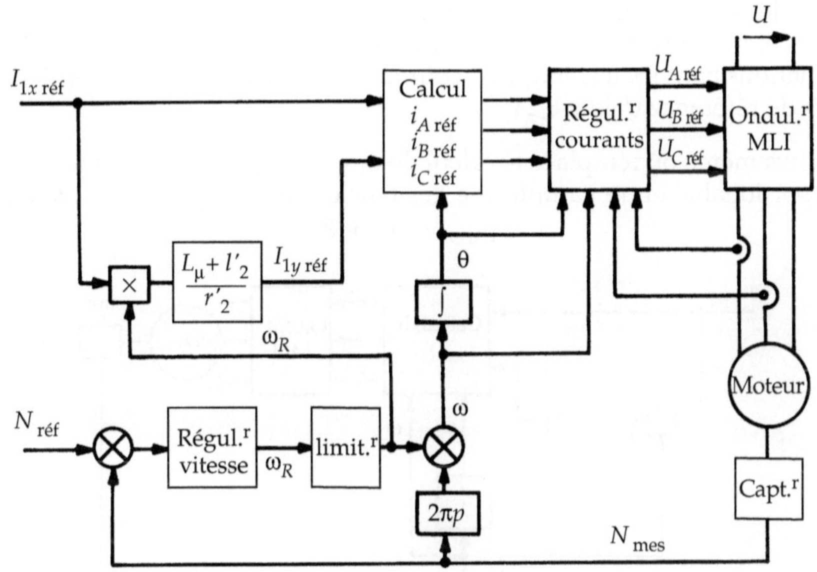

Figure 8.23

Cette pulsation est ajoutée à celle $2\pi pN$ correspondant à la vitesse de rotation de manière à obtenir la pulsation ω des grandeurs statoriques. En intégrant ω on obtient θ.

La valeur de ω_R fixe la valeur de référence de I_{1y}. De I_{1x}, I_{1y} et θ on déduit les références des courants i_{1A}, i_{1B}, i_{1C} à fournir au moteur.

Le régulateur qui asservit les courants dans les enroulements à leurs valeurs de référence fournit les tensions à appliquer à la machine.

▶ On obtient les meilleures performances du régulateur de courant en formant les tensions de référence par la somme de termes prédictifs basés sur les équations liant V_{1x} et V_{1y} aux courants et à ω d'une part, de termes de rétroaction fixés par les écarts entre les courants de référence et les courants mesurés d'autre part. D'où l'introduction dans ce régulateur de ω et θ pour calculer les termes prédictifs.

Les performances obtenues sont tributaires de la précision avec laquelle on connait les paramètres de la machine. La variation de la résistance rotorique avec l'échauffement peut en particulier entraîner une nette dégradation des performances. Celles-ci sont d'ailleurs limitées parce qu'on utilise une commande construite à partir d'un modèle en régime permanent.

Pour pallier cet inconvénient, on peut faire appel aux techniques avancées de l'automatique pour déterminer à partir des mesures effectuées les valeurs de θ et ϕ_e (filtre de Kalmann étendu, observateur de Luenberger). Un régulateur de flux fixe alors la valeur de I_{1x} et le régulateur de vitesse celle de I_{1y}.

▶ Dans les régulations les plus simples, on peut se passer de la régulation des courants et se contenter d'appliquer au moteur les tensions calculées à partir des équations liant les tensions aux courants en prenant pour ces derniers leurs valeurs de référence (*figure* 8.24).

▶ Parfois même on remplace le calcul de $v_{1A\text{réf}}$, $v_{1B\text{réf}}$, $v_{1C\text{réf}}$ par une simple loi de proportionalité entre l'amplitude des tensions et leur pulsation. On a alors :

$$v_{1A\text{réf}} = k\omega\cos\theta$$

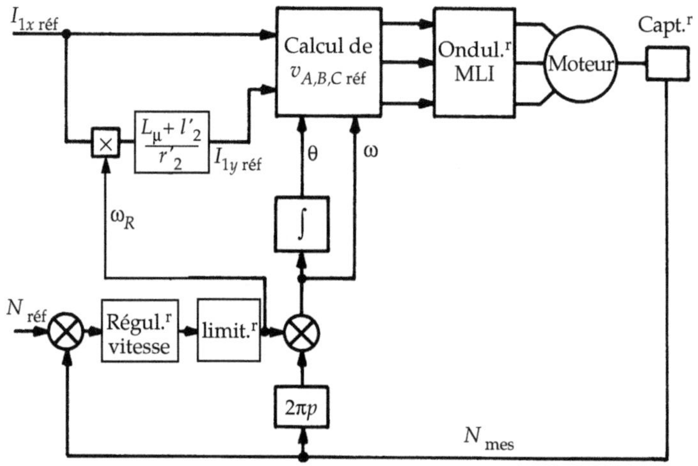

Figure 8.24

8.3.3 Variateurs à onduleurs de courant

Parmi les nombreuses solutions qui ont été proposées, nous ne retiendrons que celle schématisée à la figure 8.25 qui utilise un onduleur de courant à GTO symétriques. Les capacités branchées en parallèle avec le moteur compensent son caractère inductif et rétablissent vis-à-vis de l'onduleur le caractère de source de tension du récepteur qu'impose la règle de l'alternance des sources.

Ce montage présente un double intérêt :

▶ il suffit d'alimenter l'onduleur par un redresseur commandé pour obtenir la réversibilité fonctionnelle, puisque l'inversion du sens d'écoulement de la puissance s'obtient en inversant la tension dans le circuit à courant continu et non plus le courant.

▶ Les condensateurs permettent d'obtenir des courants dans le moteur et des tensions à ses bornes quasi sinusoïdaux. En effet, ils empêchent les brusques variations de la tension aux bornes de la machine et offrent aux courants harmoniques présents à la sortie de l'onduleur un trajet de faible impédance.

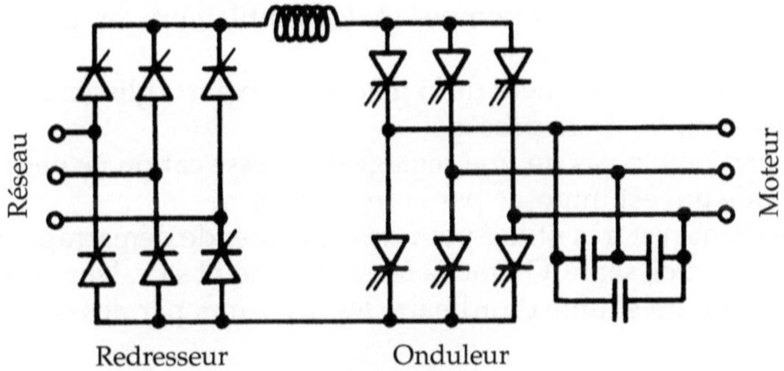

Figure 8.25

Pour ce qui est du réglage de la vitesse, on peut utiliser la stratégie de commande qui consiste à agir sur les composantes I_{1x} et I_{1y} du courant statorique pour régler le flux et le couple.

8.3.4 Autres variateurs

a) Variation de la tension d'alimentation

Au lieu d'agir sur la fréquence et l'amplitude des tensions d'alimentation, on peut n'agir que sur leur amplitude en interposant entre le réseau et le moteur un simple gradateur (*figure* 8.26).

Comme à glissement donné le couple est proportionnel au carré de la tension d'alimentation, en réduisant celle-ci on aplatit la caractéristique couple-vitesse (figure 8.27). Si la charge entraînée a elle-même une caractéristique en

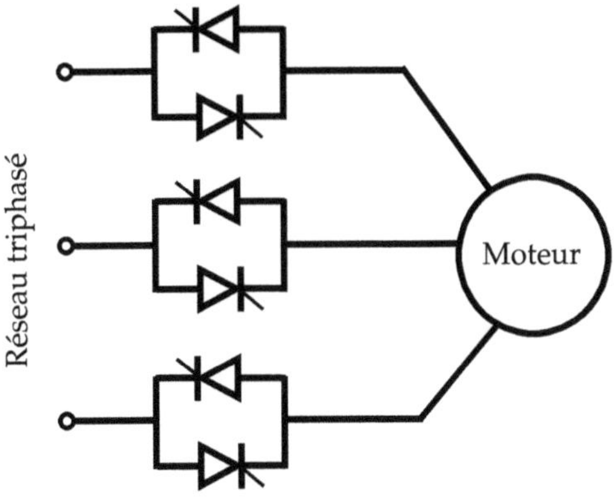

Figure 8.26

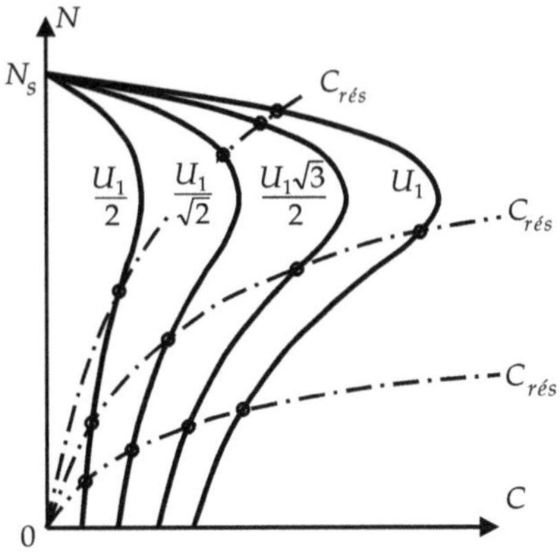

Figure 8.27

$C = kN^2$, ce qui est le cas des pompes et des ventilateurs, on peut obtenir une variation significative de vitesse.

La médiocrité du rendement de la machine aux forts glissements limite aux petites unités l'emploi de ce procédé.

D'autre part on n'a pas un vrai réglage de vitesse car on ne peut faire varier la vitesse à vide qui est imposée par la fréquence.

Mais ce schéma est très utilisé pour des systèmes de démarrage sous tension progressivement croissante. Quand la tension a atteint sa valeur nominale, pour réduire les pertes, on shunte d'ordinaire les thyristors par des contacteurs.

b) Variation de la résistance secondaire

Avec le moteur à rotor bobiné on peut faire varier la vitesse en agissant sur la valeur de la résistance rotorique. Au lieu de court-circuiter entre elles les bagues auxquelles aboutissent les extrémités des enroulements rotoriques, grâce aux balais on les referme sur un rhéostat. En augmentant la résistance par phase du rotor on augmente le glissement pour lequel le couple est maximum.

La figure 8.28 donne la courbe $N(C)$ du moteur pour la résistance normale r_2 des phases rotoriques et celles obtenues pour diverses augmentations de cette résistance par le rhéostat.

Ce procédé présente les mêmes inconvénients que le précédent :

- ce n'est pas un vrai réglage de vitesse car la vitesse à vide est toujours voisine de la vitesse synchrone ;
- l'augmentation du glissement se fait au détriment du rendement.

Mais les pertes dues à l'augmentation du glissement sont dissipées dans le rhéostat et non plus dans le moteur. De plus celui-ci peut développer son couple nominal à toutes les vitesses quel que soit le type de charge entraînée.

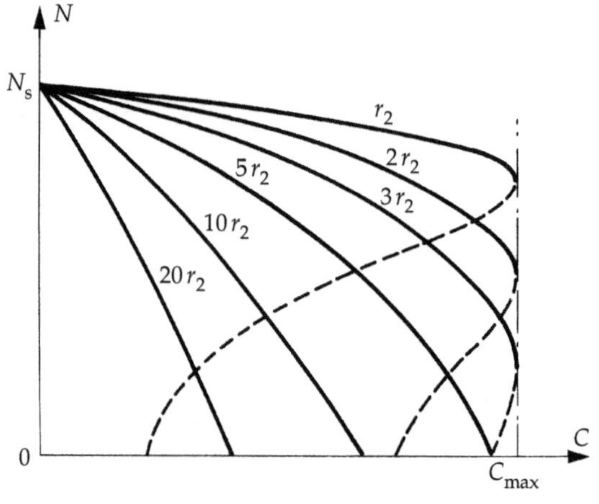

Figure 8.28

On peut rendre entièrement statique et continue la variation de la résistance additionnelle. Entre les bagues (*figure* 8.29) on monte un pont redresseur à six diodes ; à travers une inductance, la tension redressée est appliquée à la résistance *Rh* ; un semiconducteur à fermeture et ouverture commandées *T* court-circuite plus ou moins longtemps, durant chacune de ses périodes de fonctionnement, la résistance *Rh*. On fait ainsi varier la valeur vue du rotor de la résistance additionnelle.

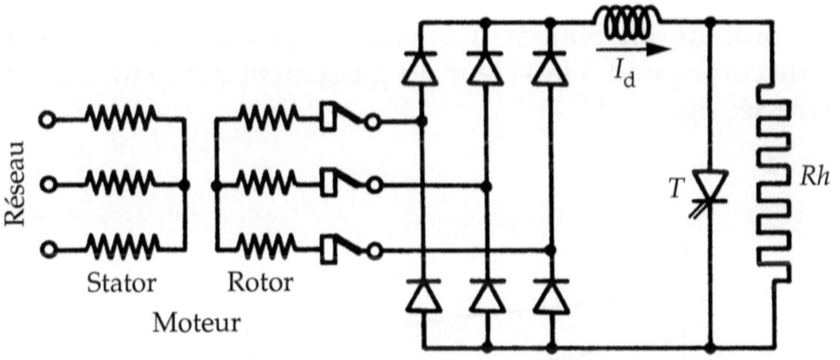

Figure 8.29

c) Récupération de puissance au rotor

▶ Au lieu de refermer sur un rhéostat les enroulements rotoriques du moteur à bagues on peut les faire débiter à travers un redresseur sur une source de tension continue *E′* (*figure* 8.30).

Pour qu'il y ait circulation de courants au rotor et donc couple, il faut que le glissement soit suffisant pour que les tensions induites au rotor donnent une tension redressée au moins égale à *E′* et que le redresseur puisse conduire.

Au fur et à mesure que le courant redressé augmente et donc aussi les courants rotoriques et le couple, le glissement et les f.e.m. induites au rotor doivent augmenter un peu pour compenser les chutes de tension dues aux courants

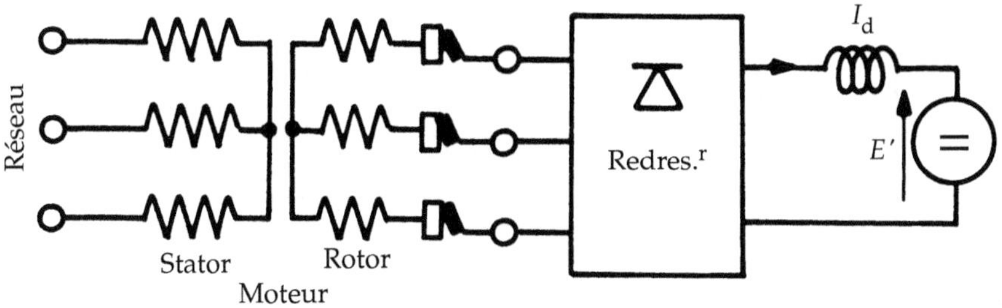

Figure 8.30

rotoriques. Les caractéristiques couple-vitesse tracées pour diverses valeurs de E' ont l'allure représentée à la figure 8.31.

▶ La tension E' est généralement fournie par un redresseur commandé fonctionnant en onduleur non autonome piloté par le réseau. On peut ainsi renvoyer au réseau l'énergie soutirée au rotor (*figure* 8.32). Ce montage est souvent appelé *cascade hyposynchrone*. On règle la vitesse par l'angle de retard au déblocage des thyristors de l'onduleur.

▶ Avec ce procédé on obtient une vraie régulation de vitesse puisque la vitesse à vide correspond à la valeur du glissement qui rend, à courant nul, la tension redressée égale à E'.

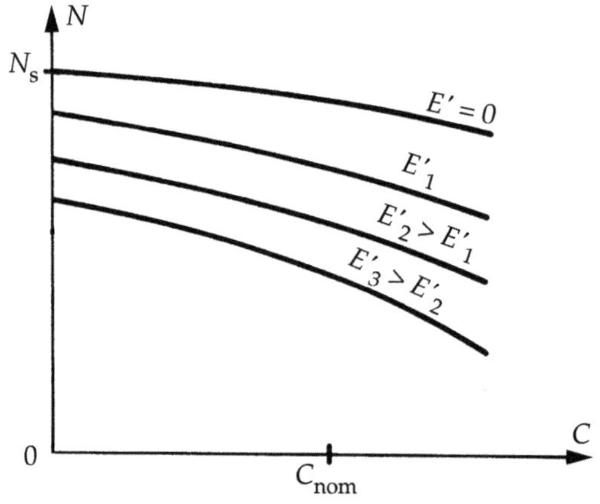

Figure 8.31

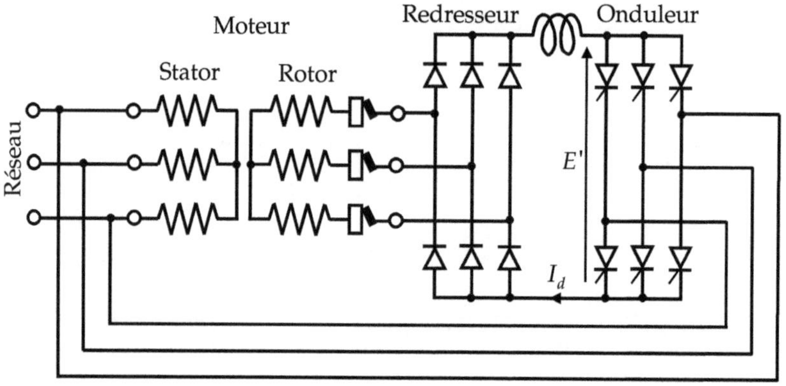

Figure 8.32

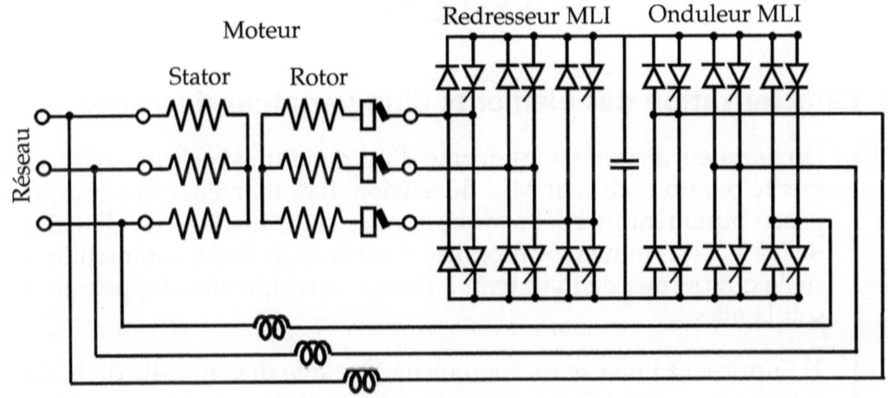

Figure 8.33

Le rendement est proche de celui qu'on obtient avec rotor en court-circuit puisque l'énergie prélevée au rotor est renvoyée au réseau.

d) Double alimentation

Si sur le schéma de la figure 8.32 on remplace le redresseur à diodes et l'onduleur de courant à thyristors par un redresseur MLI de courant et un onduleur MLI de tension (*figure* 8.33) on obtient une machine à double alimentation. On peut prélever ou injecter de la puissance entre les bornes du rotor pour faire tourner la machine à une vitesse inférieure ou supérieure à la vitesse de synchronisme et, quelle que soit la vitesse, fonctionner en moteur ou en générateur.

Cette solution est largement utilisée dans les générateurs éoliens pour extraire le maximum de puissance du vent quelle que soit la vitesse de celui-ci.

EXERCICES

8.1 Caractérisation des éléments d'un variateur de vitesse

Un variateur de vitesse est formé d'un moteur asynchrone triphasé alimenté par un onduleur MLI de tension. Il doit amener une charge supposée purement inertielle, dont le moment d'inertie J est de 0,5 kgm^2, de 0 à 1 500 t/min en 5 secondes. Il est équipé d'une commande vectorielle qui permet de maintenir constant le couple développé quelle que soit la vitesse.

1) Supposant l'inertie du moteur négligeable devant celle de la charge, calculer le couple C et la puissance P qu'il doit développer durant ce lancement de la charge.

2) L'onduleur fonctionne avec une MLI sinus-triangle et est alimenté par une source de tension U de 570 V. À 1 500 t/min, sachant qu'alors l'onduleur fonctionne avec un taux de modulation r égal à 1, quel est la valeur du fondamental des tensions aux bornes du moteur ?

3) À 1 500 t/min, le moteur a un rendement de 85 % et un cos φ égal à 0,8. En supposant que la fréquence de découpe MLI est suffisante pour qu'on puisse négliger les harmoniques des courants fournis au moteur, quelle est la valeur efficace de ces courants ? Quel est le courant maximal qu'ont à écouler les interrupteurs de l'onduleur ?

1) Puisque $C = J\,d\Omega/d\,t$, avec Ω vitesse angulaire en rad/sec

$$\Omega = Ct/J \;\; ; \;\; 2\pi\frac{1\,500}{60} = 157 = C\,5/0,5$$

$$C = 15,7 \text{ Nm pendant tout le lancement}$$

$$P = 15,7 \times 157 = 2\,467 \text{ W, à } 1\,500 \text{ t/min}$$

2) L'amplitude du fondamental des tensions simples de sortie égale $U/2$. D'où la valeur efficace du fondamental des tensions composées :

$$\frac{570}{2}\frac{\sqrt{3}}{\sqrt{2}} = 349 \text{ V}$$

3) Courant moteur : $\dfrac{2\,467}{0,85 \times 0,8} \times \dfrac{1}{\sqrt{3}\,349} = 6 \text{ A}$

courant interrupteurs $6\sqrt{2} = 8,5$ A

8.2 Variateur avec moteur à courant continu et hacheur

Un variateur de vitesse est formé d'un moteur à courant continu à aimants permanents et d'un hacheur à un quadrant. Les valeurs nominales du courant, de la tension et de la vitesse du moteur sont 3 A, 42 V et 2 500 t/min. Le hacheur est alimenté par une batterie de 48 V.

1) La régulation du courant fourni au moteur est réalisée par une modulation en delta.

Quelle doit être la fourchette d'hystérésis du régulateur pour que l'ondulation crête à crête du couple soit inférieure à 5 % du couple nominal ?

La fréquence maximale de hachage admissible étant de 20 kHz, en négligeant la résistance de l'induit, calculer la valeur minimum que doit présenter son inductance.

2) Pour avoir une idée du courant pris à la batterie, on néglige toutes les pertes du moteur.

Sachant que le couple résistant est de la forme

$$C_r = 5{,}8 \cdot 10^{-6}\,\Omega^2 \quad \text{avec } \Omega \text{ en rad/sec,}$$

calculer le courant moyen débité par la batterie lorsque le moteur tourne à 2 500 t/min. Comment varie ce courant quand la vitesse diminue ?

1) À ϕ donné, le couple est proportionnel au courant

$$\Delta i' = 0{,}05\, I'_n = 0{,}15 \text{ A}$$

Si u' est la tension de sortie du hacheur, E' la f.e.m. du moteur et L son inductance

$$u' = L\frac{\mathrm{d}\,i'}{\mathrm{d}\,t} + E', \text{ avec } u' \text{ égal à 48 V ou à zéro}$$

Les temps de montée t_{ON} et de descente t_{OFF} valent

$$t_{\mathrm{ON}} = \frac{L\Delta i'}{48 - E'} \qquad t_{\mathrm{OFF}} = \frac{L\Delta i'}{E'}$$

D'où la fréquence de hachage

$$f = \frac{1}{t_{\mathrm{ON}} + t_{\mathrm{OFF}}} = \frac{48\left(1 - \dfrac{E'}{48}\right)\dfrac{E'}{48}}{L\Delta i'}$$

f est maximum pour $E' = 24$ V. Pour avoir $f_{\max} < 20$ kHz, il faut

$$L > 4 \text{ mH}$$

2) Pour le fonctionnement nominal,

$$E'_n = k'\phi\Omega_n, \text{ avec } E'_n = 42 \text{ V et } \Omega_n = 2\pi\frac{2\,500}{60}$$

donne

$$k'\phi = 0,16$$

Le couple a pour valeur $k'\phi I'$.
Pour la charge entraînée à 2 500 t/min,

$$k'\phi I' = 5,8 \cdot 10^{-6}\left(2\pi\frac{2\,500}{60}\right)^2, \text{ donc } I' = 2,5 \text{ A}$$

Le hacheur a à son entrée 48 V, à sa sortie 42 V. Son courant moyen d'entrée est

$$I = \alpha I' = \frac{42}{48}2,5 \simeq 2,2 \text{ A}$$

Le couple est proportionnel au carré de la vitesse ; la puissance fournie par la batterie et donc son courant varient comme le cube de la vitesse.

8.3 Régulation de position

On considère l'entraînement (*figure* 8.34) qui assure la régulation de la position angulaire d'une charge mécanique à l'aide d'un moteur à courant continu à aimants permanents. La régulation se fait par boucles en cascade avec :

- un régulateur proportionnel de position de gain K_p dont la sortie est une consigne de vitesse $\omega_{réf}$
- un régulateur proportionnel de vitesse de gain K_v dont la sortie est une consigne de courant d'induit $i_{dréf}$
- un régulateur de courant d'induit i_d par modulation delta.

On suppose que le rotor du moteur et la charge entraînée peuvent en première approximation être assimilés à un système purement inertiel de moment d'inertie J, que la modulation en delta assure un suivi parfait du courant de référence $i_{dréf}$.

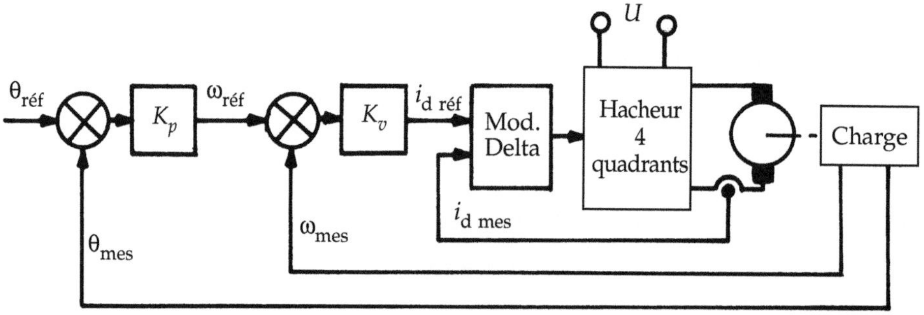

Figure 8.34

1) Établir l'équation permettant de calculer la position θ de la charge si à l'instant $t = 0$, alors que θ égale 0, on applique un échelon de position de référence $\theta_{\text{réf}_0}$.

2) Déterminer le rôle de la boucle de vitesse en comparant l'équation obtenue avec celle qu'on aurait en l'absence de cette boucle, c'est-à-dire si la sortie de la boucle de position fixait $i_{d\text{réf}}$.

3) Quelle serait la réponse si la charge opposait à son mouvement un couple constant C_r ? Comment compenser l'effet de ce couple ?

1) On a $\omega_{\text{réf}} = K_p(\theta_{\text{réf}_0} - \theta)$

$i_{d\text{réf}} = K_v(\omega_{\text{réf}} - \omega_{\text{mes}})$ et, puisque $\omega_{\text{mes}} = \mathrm{d}\,\theta/\mathrm{d}\,t$,

$$i_{d\text{réf}} = K_v[K_p(\theta_{\text{réf}_0} - \theta) - \frac{\mathrm{d}\,\theta}{\mathrm{d}\,t}]$$

Le couple électromagnétique vaut $C = k'\phi i_d$ ou, vu l'hypothèse sur la modulation delta,

$$C = k'\phi i_{d\text{réf}}$$

Si dans l'équation mécanique, $C = J\mathrm{d}^2\theta/\mathrm{d}t^2$, on remplace C par son expression en fonction de $i_{d\text{réf}}$ et si on reporte la valeur de ce courant, on obtient après classement des termes

$$\frac{1}{k'\phi K_p K_v}\frac{\mathrm{d}^2\theta}{\mathrm{d}\,t^2} + \frac{1}{k'\phi K_p}\frac{\mathrm{d}\,\theta}{\mathrm{d}\,t} + \theta = \theta_{\text{réf}_0}$$

La réponse est solution d'une équation du deuxième ordre dont on règle les paramètres par action sur K_p et K_v. Par la valeur de ces gains on peut rendre la réponse oscillante, amortie ou non oscillante (amortissement hypercritique) et ajuster le temps nécessaire pour atteindre $\theta_{\text{réf}_0}$

2) En l'absence de retour de vitesse le schéma serait celui de la figure 8.35 et la réponse en position serait la solution de l'équation

$$\frac{J}{k'\phi K_p}\frac{\mathrm{d}^2\,\theta}{\mathrm{d}\,t^2} + \theta = \theta_{\text{réf}_0}$$

C'est l'équation d'un système oscillant non amorti (c'est la boucle de vitesse qui introduit l'amortissement).

3) L'équation mécanique avec couple résistant constant, soit

$$C - C_r = J\frac{\mathrm{d}^2\theta}{\mathrm{d}\,t^2}$$

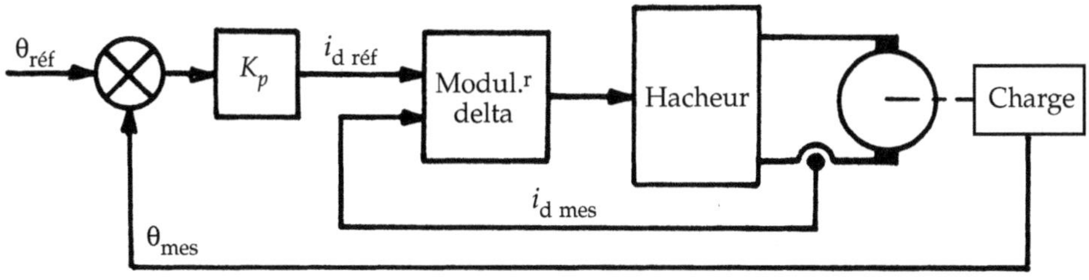

Figure 8.35

donne
$$\frac{J}{k'\phi K_p K_v}\frac{\mathrm{d}^2\theta}{\mathrm{d}t^2}+\frac{1}{k'\phi K_p}\frac{\mathrm{d}\theta}{\mathrm{d}t}+\theta=\theta_{\text{réf}_0}-\frac{C_r}{k'\phi K_p K_v}$$

C_r entraîne une erreur puisque la valeur finale de θ est $\theta_{\text{réf}_0} - C_r/k'\phi K_p K_v$ et non $\theta_{\text{réf}_0}$. Pour annuler cette erreur, on remplace normalement le régulateur proportionnel de vitesse par un régulateur proportionnel intégral dont le terme intégral sert à compenser l'effet du couple résistant.

8.4 Montée en vitesse d'un entraînement à moteur synchrone

Un moteur synchrone à aimants permanents à une paire de pôles fonctionne avec le schéma de régulation de la figure 8.9. Il entraîne une charge qui, avec son rotor, constitue un système mécanique caractérisé par un moment d'inertie J et un couple de frottement visqueux $K_v\omega$, en désignant par ω la vitesse angulaire de rotation. Le régulateur de vitesse est du type proportionnel, son gain est K_p. On suppose que les courants suivent parfaitement leurs valeurs de référence.

On demande de calculer et de donner l'allure

- de la réponse en vitesse du moteur,
- de la valeur de la référence du courant de la phase A, sachant que pour $t = 0$, alors que la vitesse est nulle et la position angulaire θ_M du rotor égale à zéro, on applique à l'entrée du régulateur un échelon de consigne de vitesse ω_0.

L'équation du mouvement est
$$C = J\frac{\mathrm{d}\omega}{\mathrm{d}t} + K_v\omega$$
C égale $C_{\text{réf}}$ dans la mesure où le régulateur à seuil assure un suivi quasi parfait des références de courant
$$C_{\text{réf}} = K_p(\omega_0 - \omega)$$
D'où en reportant
$$J\frac{\mathrm{d}\omega}{\mathrm{d}t} + (K_v + K_p)\omega = K_p\omega_0$$
La vitesse (*figure* 8.36) tend vers $K_p\omega_0/(K_v + K_p)$ avec une constante de temps τ égale à $J/(K_v + K_p)$
$$\omega = \frac{K_p\omega_0}{K_p + K_v}\left(1 - \mathrm{e}^{-t/\tau}\right)$$

D'où la position angulaire du rotor :
$$\theta_M = \int_0^t \omega \mathrm{d}t = \frac{K_p\omega_0}{K_p + K_v}[1 - \tau(1 - \mathrm{e}^{-t/\tau})]$$
et le couple :
$$C = C_{\text{réf}} - K_p\omega_0[1 - \frac{K_p}{K_p + K_v}(1 - \mathrm{e}^{-t/\tau})]$$

Le courant de référence de la phase A étant donné par

$$i_{A\text{réf}} = \frac{2}{3}\frac{C_{\text{réf}}}{\phi_m}\cos\theta_M,$$

la figure 8.37 montre comment on passe de $\theta_M(t)$ et $C_{\text{réf}}(t)$ à $i_{A\text{réf}}(t)$.

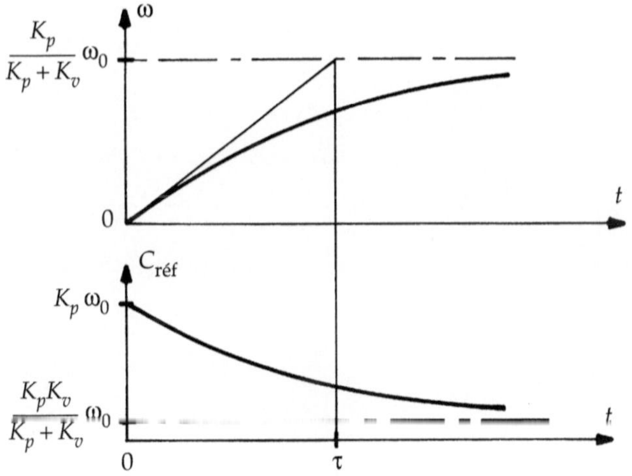

Figure 8.36

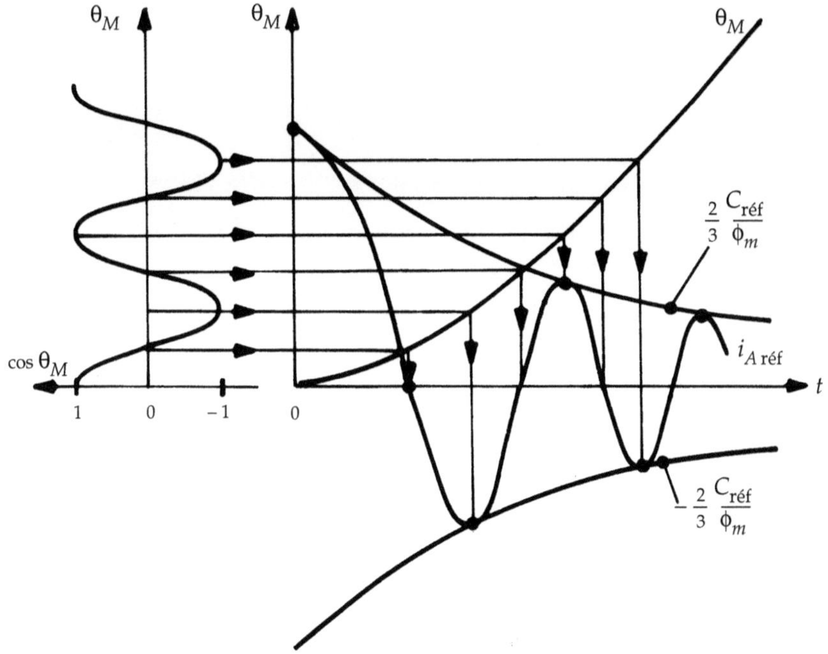

Figure 8.37

Chapitre 9

Alimentations à découpage

9.1 INTRODUCTION

Le plus souvent, on réserve le nom de hacheurs (*choppers*) aux convertisseurs continu-continu alimentant sous une tension continue variable un récepteur de courant, l'induit d'un moteur à courant continu par exemple.

On désigne par alimentations à découpage (SMPS, *switch mode power supplies*) les convertisseurs continu-continu destinés à alimenter sous une tension continue, le plus souvent constante, des appareils électroniques dont on peut assimiler le comportement à celui d'une charge résistive.

▶ Il faut noter que la fonction que remplit une alimentation à découpage peut être assurée par une alimentation linéaire régulée. Dans celle-ci un transistor « ballast » absorbe la différence entre la tension d'alimentation et celle qui doit être appliquée aux bornes de la charge. La commande du transistor rend son comportement comparable à celui d'une résistance variable, avec les pertes correspondantes. Le rendement est donc toujours nettement inférieur à celui d'une alimentation à découpage qui fonctionne en commutation.

▶ Lorsque la source d'énergie de l'alimentation est le réseau alternatif, un pont redresseur à diodes débitant sur une capacité permet de fournir la tension à l'entrée du convertisseur continu-continu. Si la forte distorsion harmonique du courant prélevé par un tel montage n'est pas acceptable (*cf.* 6.8.1), on place entre la sortie du pont à diodes et la capacité un convertisseur qui permet de charger celle-ci en prenant au réseau un courant sinusoïdal avec un cosinus φ égal à l'unité (PFC, power factor corrector, voir 9.5).

Une isolation galvanique est généralement nécessaire tant pour assurer l'isolement vis-à-vis du réseau que pour adapter le niveau de tension :

• pour une alimentation régulée, le transformateur est inséré à l'entrée entre le réseau et le pont à diodes ; il travaille à la fréquence du réseau ;

• pour une alimentation à découpage, le transformateur peut être inséré dans le convertisseur statique après le pont à diodes qui est relié au réseau. Le transformateur travaille alors à la fréquence des variables commutées par les interrupteurs, généralement au-delà des fréquences audibles (20 kHz et plus). Cette augmentation de la fréquence permet, à puissance donnée, une importante réduction de la taille du transformateur par rapport à une alimentation régulée.

Le rendement théorique de 100 % et les dimensions du transformateur sont les deux principaux avantages des alimentations à découpage sur les alimentations régulées. Ces dernières permettent cependant un filtrage plus efficace de la tension de sortie.

▶ Dans toutes les alimentations à découpage, on place en parallèle avec la charge, qu'on peut assimiler à une résistance R, un condensateur de forte valeur qui assure le filtrage de la tension de sortie.

9.2 MONTAGES SANS TRANSFORMATEUR

9.2.1 Alimentation avec hacheur série (*buck converter*)

Ce montage utilise un hacheur série qui doit être alimenté par une source de tension et débiter sur une récepteur de courant. Il faut donc ajouter une inductance L entre le hacheur proprement dit et l'ensemble RC (figure 9.1).

L'inductance L et la capacité forment un filtre du second ordre, ce qui permet d'assurer un excellent filtrage de la tension u_c appliquée au récepteur.

a) Expressions. Formes d'ondes

▶ Si ω est la pulsation correspondant à la fréquence de hachage, de sorte que ωt passe de 0 à 2π sur une période T de hachage, et α le taux de hachage, en conduction continue :

• pour $0 < \omega t < 2\pi\alpha$, le transistor T conduit :

$$i = i', \qquad u' = U, \qquad u_c = U - L\frac{di'}{dt}$$

- pour $2\pi\alpha < \omega t < 2\pi$, la diode D conduit :

$$i = 0, \qquad u' = 0, \qquad u_c = -L\frac{di'}{dt}$$

Puisque la tension moyenne aux bornes de l'inductance est nulle en régime permanent, la tension de sortie u_c a la même valeur moyenne que u' :

$$\boxed{U_c = U' = \alpha U}$$

Si le filtre LC est convenablement dimensionné, l'ondulation de u_c est négligeable. On peut confondre u_c avec sa valeur moyenne U_c et prendre comme valeur du courant dans la charge

$$i_R = U_c/R = \alpha U/R$$

Puisque le courant moyen à travers C est nul, la valeur moyenne I' du courant i' égale i_R.

D'où les formes d'ondes de la figure 9.1 ; les courants i_R et i' y ont été tracés en négligeant l'ondulation très fortement exagérée de u_c.

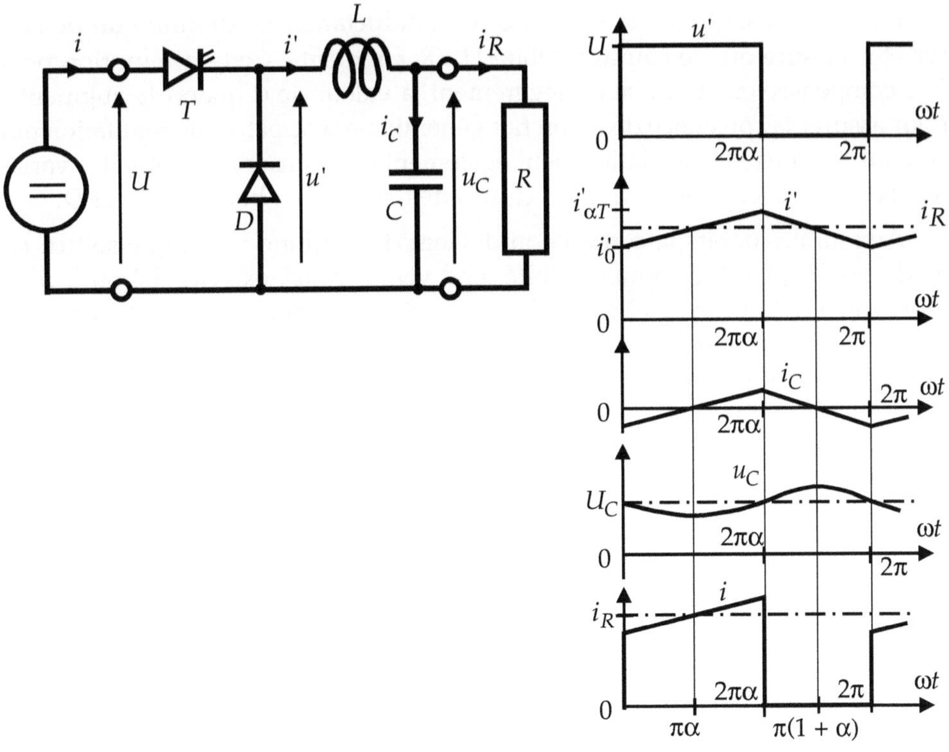

Figure 9.1

▶ L'ondulation $\Delta i'$ du courant i' (*cf.* 4.1.1b) vaut

$$\Delta i' = \frac{U}{L\omega} 2\pi\alpha(1 - \alpha)$$

Les valeurs i'_0, égale à $i_R - \Delta i'/2$, et $i'_{\alpha T}$, égale à $i_R + \Delta i'/2$, sont symétriques par rapport à i_R. Le courant i_c est égal à la différence entre i' et i_R ; il est positif et u_c croît quand i' est supérieur à i_R ; il est négatif et u_c décroît quand i' est inférieur à i_R. On a donc :

$$\Delta u = \frac{1}{C\omega} \int_{\alpha\pi}^{(\alpha+1)\pi} i_c d\omega t = \frac{\Delta i'}{4C\omega} \pi$$

b) Réglage du point de fonctionnement

▶ La valeur de α est imposée par la tension U_c qu'on veut obtenir en sortie

$$\alpha = U_c / U$$

▶ En réalité, à cause de la résistance de l'inductance, U_c diminue un peu au fur et à mesure que le courant débité U_c/R augmente. Cette diminution peut être compensée en augmentant légèrement la valeur de α quand I_R augmente. Pour assurer la constance de U_c on fait généralement appel à une régulation qui agit sur α. Une telle régulation peut également compenser d'éventuelles variations de la tension U ainsi que les chutes de tension aux bornes de T et D.

▶ Aux faibles débits la conduction devient discontinue : quel que soit α, U_c tend vers U quand le courant débité tend vers zéro (*cf.* exercice 4.2 où E peut représenter la tension aux bornes du dipôle RC). Un fonctionnement correct de l'alimentation impose une consommation minimale à sa sortie.

Toutefois, si la consommation tombe au-dessous de ce minimum, on peut éviter une augmentation excessive de U_c en faisant, par exemple, fonctionner le montage de manière intermittente (*burst control*). On interrompt le hachage dès que U_c dépasse d'un certain seuil sa valeur de référence ; on le rétablit lorsque U_c a suffisamment diminué. Ceci entraîne toutefois une augmentation sensible de l'ondulation de la tension u_c.

c) Choix de L et C

▶ À tension de sortie U_c donnée, la valeur de L fixe l'ondulation $\Delta i'$ du courant i'. Pour que la conduction soit continue il faut que

$$i_R - \Delta i'/2 = i'_0 > 0$$

La valeur minimale du courant i_R au-dessus de laquelle la conduction doit être permanente fixe le maximum admissible pour $\Delta i'$.

▶ La valeur de C doit être telle que l'ondulation de la tension u_C reste inférieure à une valeur spécifiée. Pour cela, il faut non seulement tenir compte de l'ondulation de la charge stockée dans C sous l'action du courant i_C, mais aussi de la chute de tension que i_C provoque dans la très faible résistance série que présente C.

d) Filtre d'entrée

Si l'on veut lisser le courant pris à la source de tension U, on place en série avec celle-ci un filtre L_sC_s dont le dimensionnement s'opère comme vu en 4.1.1c. On y ajoute généralement un dipôle d'amortissement formé d'une résistance R' en série avec une capacité C' qui bloque la composante continue de la tension aux bornes de C_s (figure 9.2).

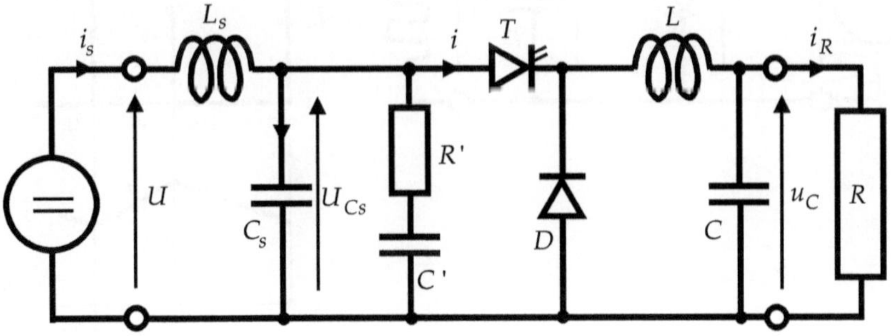

Figure 9.2

Ce dipôle a pour but d'éviter la mise en oscillation du filtre sous l'action du régulateur de la tension de sortie u_C. En effet, ce régulateur réagit à une diminution de la tension U_{Cs} par une augmentation de α et donc du courant I, égal à αi_R, consommé à l'entrée de l'alimentation. Cette augmentation fait apparaître l'alimentation comme une résistance négative dont l'effet est compensé par R'.

9.2.2 Alimentation avec hacheur parallèle (*boost converter*)

Cette alimentation utilise un hacheur parallèle qui doit être alimenté par une source de courant et débiter sur un récepteur de tension. On peut donc brancher directement l'ensemble RC à la sortie du hacheur, mais entre l'entrée de celui-ci et la source de tension U_s il faut ajouter une inductance L (figure 9.3).

- pour $0 < \omega t < 2\pi\alpha$, le transistor T conduit :

$$i' = 0, \qquad i_C = -u_C/R, \qquad u = 0, \qquad L\,di/dt = U_S.$$

Pour $2\pi\alpha < \omega t < 2\pi$, la diode D conduit :

$$i' = i, \qquad i_C = i - u_C/R, \qquad u = u_c, \qquad L\,di/dt = U_S - u_C.$$

D'où les formes d'ondes, en conduction continue, tracées en supposant u_C et donc i_R constants.

L'augmentation du courant i pendant le premier intervalle étant égale à sa diminution pendant le second, la valeur moyenne de la tension est nulle aux bornes de L. On a :

$$U_S\, 2\pi\alpha + (U_S - U_C)(2\pi - 2\pi\alpha) = 0$$

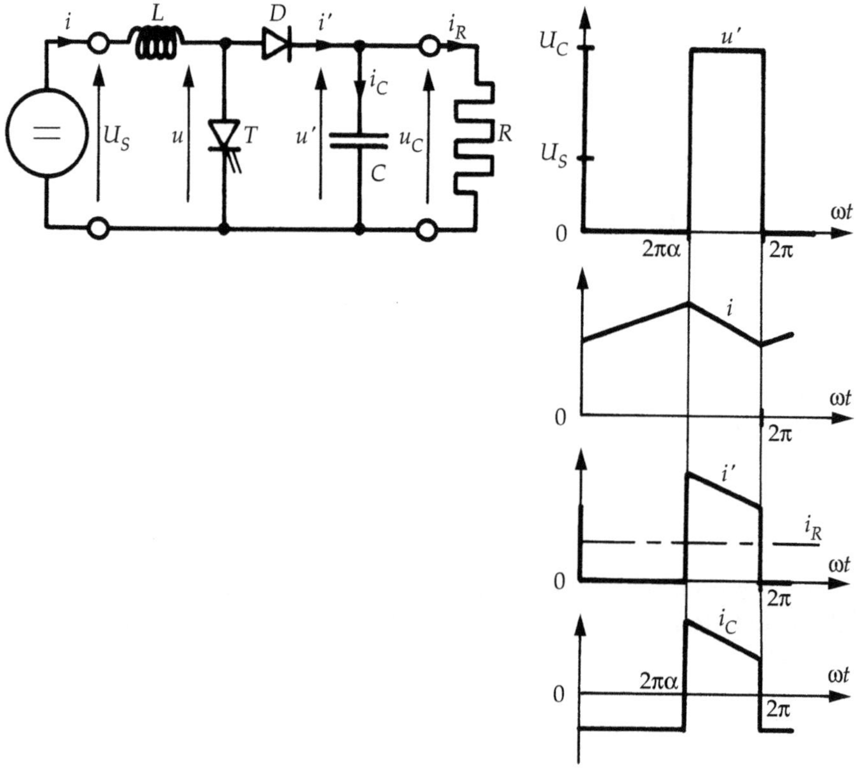

Figure 9.3

$$\boxed{U_C = \frac{U_S}{1-\alpha}}$$

► En réalité, à cause de la résistance interne de l'inductance, quand α croît, le rapport U_C/U_S, égal à 1 pour $\alpha = 0$, croît d'abord. Mais il passe ensuite par un maximum pour tendre vers 0 quand α tend vers 1 (voir exercice 9.1).

Ce maximum est d'autant plus faible que i_R est plus grand. Pour que l'alimentation puisse fonctionner correctement, il faut travailler dans la zone où U_c croît avec α, en restant suffisamment en deçà du point d'inflexion de la courbe $U_c(\alpha)$ tracée pour le courant de sortie maximum.

▶ Aux faibles débits, la conduction est discontinue et U_c augmente rapidement quand le courant débité tend vers 0. Comme pour l'alimentation avec hacheur série, on peut éviter une croissance excessive de U_c en supprimant le hachage dès que U_c dépasse d'un seuil donné la valeur de référence et en le rétablissant lorsque U_c a suffisamment décru.

▶ En conduction continue, l'ondulation résiduelle de la tension de sortie u_c est proportionnelle au courant débité et inversement proportionnelle à $C\omega$.

9.2.3 Alimentation avec hacheur à stockage inductif (*buck boost converter*)

L'alimentation avec hacheur à stockage inductif permet de rendre la tension de sortie inférieure ou supérieure à la tension d'entrée. Ce hacheur doit être monté entre deux sources de tension de polarités opposées (*figure* 9.4).

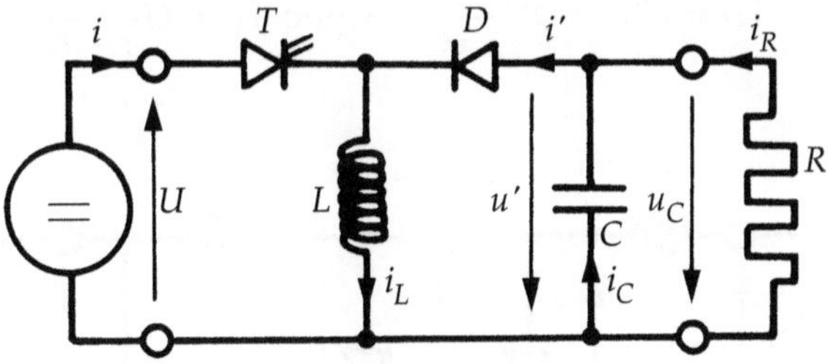

Figure 9.4

Si, dans un premier temps, on néglige la résistance r de l'inductance L et l'ondulation résiduelle de la tension u_C, les formes d'ondes sont celles qu'on a tracées pour le hacheur seul (*cf.* § 4.2.1) et on a encore :

$$\boxed{U' = U\frac{\alpha}{1-\alpha}, \quad \text{avec } U_C = U'}$$

On peut faire les mêmes remarques que pour l'alimentation précédente.

- En conduction continue, à cause de la résistance r, le rapport U_C/U, qui part de 0 pour α nul , augmente bien d'abord avec α mais passe par un maximum (d'autant plus élevé que r/R est plus faible), puis décroît pour s'annuler quand α égale 1. Le point de fonctionnement doit ici aussi se situer bien en deçà de ce maximum.

• Aux faibles débits, la conduction est discontinue ; le courant dans la diode s'annule avant la fermeture du transistor. Le rapport U_C/U tend vers l'infini quand I_R tend vers 0.

• En conduction continue, l'ondulation résiduelle de la tension u_C est proportionnelle au courant débité et inversement proportionnelle à $C\omega$.

9.2.4 Alimentation avec hacheur à stockage capacitif (Cùk converter)

L'alimentation utilisant un hacheur à stockage capacitif nécessite l'addition d'une inductance L_1 en amont et d'une inductance L_2 en aval du hacheur, puisque celui-ci doit être placé entre deux sources de courant (*figure* 9.5).

Si on néglige l'ondulation des courants i et i', les confondant avec leurs valeurs moyennes, écrire que la décharge du condensateur C' quand T conduit est égale à sa charge quand D conduit donne (*cf.* § 4.2.2) :

$$I'\alpha = I(1-\alpha).$$

L'égalité des puissances moyennes à l'entrée et à la sortie du hacheur donne alors la relation entre les valeurs moyennes U et U' des tensions u et u' :

$$UI = U'I' = U'I\frac{1-\alpha}{\alpha}, \text{ donc } U' = U\frac{\alpha}{1-\alpha}$$

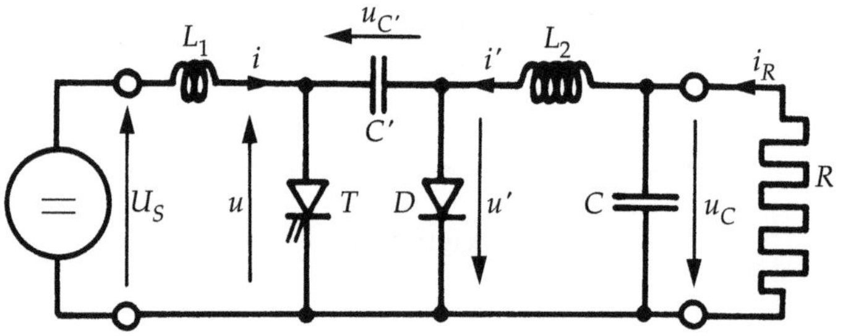

Figure 9.5

Or, $L_1\,\mathrm{d}i/\mathrm{d}t$ et $L_2\,\mathrm{d}i'/\mathrm{d}t$ ayant des valeurs moyennes nulles, U égale U_S et U' égale U_C :

$$\boxed{\frac{U_C}{U_S} = \frac{\alpha}{1-\alpha}}$$

Comme pour l'alimentation à stockage inductif :

• Aux faibles débits, la conduction est discontinue et le rapport U_C/U_S augmente au fur et à mesure que I_R tend vers 0.

• À cause de la résistance non nulle des inductances L_1 et L_2, en conduction continue, quand α va de 0 à 1, U_C/U_S croît à partir de 0, passe par un maximum puis retourne à 0.

Le montage à stockage capacitif est beaucoup moins utilisé que celui à stockage inductif car il nécessite plus d'éléments. Toutefois il présente deux avantages :

• le courant pris à la source d'alimentation est moins ondulé ;

• le filtre de sortie est du second ordre et non du premier, ce qui le rend plus efficace.

9.3 MONTAGES ASYMÉTRIQUES AVEC TRANSFORMATEUR

Il existe plusieurs structures qui permettent d'insérer un transformateur entre les sources de tension continue à l'entrée et à la sortie d'une alimentation à découpage

▶ Les plus simples, à un seul transistor, imposent un flux unidirectionnel dans le circuit magnétique du transformateur, qui ne peut donc être démagnétisé de façon optimale :

• le montage flyback découle du hacheur à stockage inductif ;

• le montage forward découle du hacheur série.

▶ Pour permettre la variation alternative du flux dans le transformateur, il faut utiliser au moins deux transistors, mais cela permet d'éviter de surdimensionner le transformateur, ce qui devient impératif lorsque la puissance devient significative (en pratique 500 W).

9.3.1 Alimentation à stockage inductif isolée : montage flyback

Dans le montage flyback on remplace l'inductance du convertisseur à stockage inductif par un transformateur (*figure* 9.6), la source et le transistor étant montés du côté primaire, la diode et la charge du côté secondaire.

Si on néglige la résistance et l'inductance de fuites de ses enroulements, le transformateur équivaut à une inductance magnétisante L_μ et à un transformateur idéal de rapport n_1/n_2 (*figure* 9.7).

C'est L_μ qui joue maintenant le rôle d'inductance de stockage.

Pour $0 < \omega t < 2\pi\alpha$, T conduit, le courant magnétisant i_μ croît :

$$i = i_\mu, \qquad L_\mu \, \mathrm{d}i_\mu/\mathrm{d}t = U$$

$$i' = 0, \qquad v_D = -u_C - U\frac{n_2}{n_1} \, .$$

Pour $2\pi\alpha < \omega t < 2\pi$, D conduit, i_μ décroît :

$$i = 0, \qquad i' = \frac{n_1}{n_2} i_\mu \qquad L_\mu \, \mathrm{d}i_\mu / \mathrm{d}t = -u_C \frac{n_1}{n_2}$$

$$v_T = U + u_C \frac{n_1}{n_2} \, .$$

Si on néglige l'ondulation de u_C de part et d'autre de sa valeur moyenne U_C, l'égalité des valeurs de i_μ pour $\omega t = 0$ et $\omega t = 2\pi$ impose que la tension aux bornes de L_μ ait une valeur moyenne nulle. Cela donne :

$$\boxed{U_C = \frac{n_2}{n_1} \frac{\alpha}{1 - \alpha} U}$$

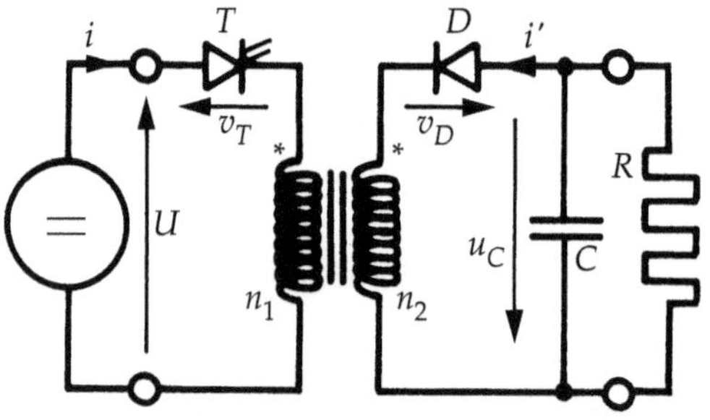

Figure 9.6

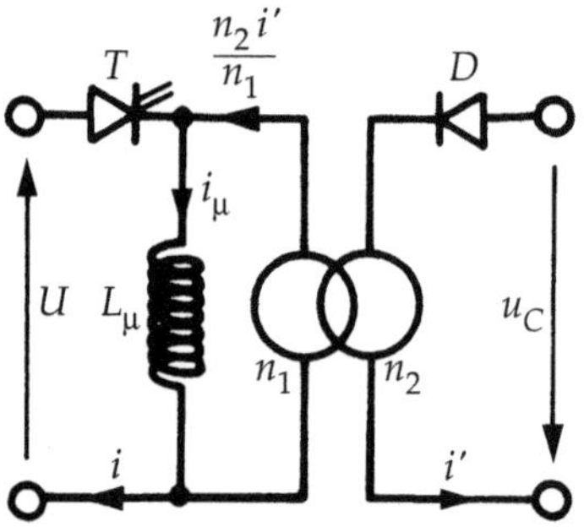

Figure 9.7

Les diverses remarques formulées pour le montage sans transformateur sont encore applicables.

Le transformateur réalise le couplage de deux inductances traversées par un courant l'une après l'autre, jamais en même temps. Le courant magnétisant i_μ est donc égal soit au courant primaire i, soit au courant secondaire ramené au primaire $(n_2/n_1)i'$. Pour éviter la saturation sans restreindre exagérément les valeurs maximales de i et i', le circuit magnétique doit comporter un entrefer.

9.3.2 Alimentation avec hacheur du type série : montage forward

L'insertion d'un transformateur dans une alimentation à découpage utilisant un hacheur série est un peu plus compliquée.

Les figures 9.8, 9.9 et 9.10 présentent trois manières d'effectuer cette insertion. Sur chaque période de fonctionnement, la source U alimente la charge à travers le transformateur pendant l'intervalle où elle est raccordée au primaire du transformateur par la conduction de T', de T et T' ou de T. Durant cet intervalle D_2 conduit et D est bloquée : $u' = n_2/n_1 U$ et $i_2 = i'$. Un flux φ croissant apparaît dans le noyau sous l'effet de la tension U appliquée au primaire. Il lui correspond un courant magnétisant i_μ qui s'ajoute au primaire au courant $n_2/n_1 i_2$ provenant du secondaire.

Lorsqu'on interrompt l'alimentation du transformateur par la source U (par l'ouverture de T', T et T' ou T), la charge est mise en court-circuit par conduction de la diode D et la diode D_2 se bloque isolant le secondaire du transformateur. Il faut ramener à zéro le flux φ qui circule à cet instant dans le noyau sans lui faire subir de discontinuité. À cet effet :

• On peut insérer le primaire dans un circuit résonant dissipatif (figure 9.8) formé de la résistance R', de la capacité C' et de la diode D'. À l'ouverture de T' la diode D entre en conduction annulant i_2 ; le courant primaire se réduit à i_μ : l'énergie $(1/2)L_\mu i_\mu^2$ de l'inductance de magnétisation est transférée au condensateur C' en une demi période d'oscillation puis dissipée par la décharge de C' dans R'. Cette solution simple pénalise le rendement.

• On peut utiliser un hacheur en pont réversible en tension (*figure* 9.9) qui nécessite deux transistors et deux diodes. Les deux transistors conduisent ensemble pendant la phase de magnétisation qui correspond au transfert direct

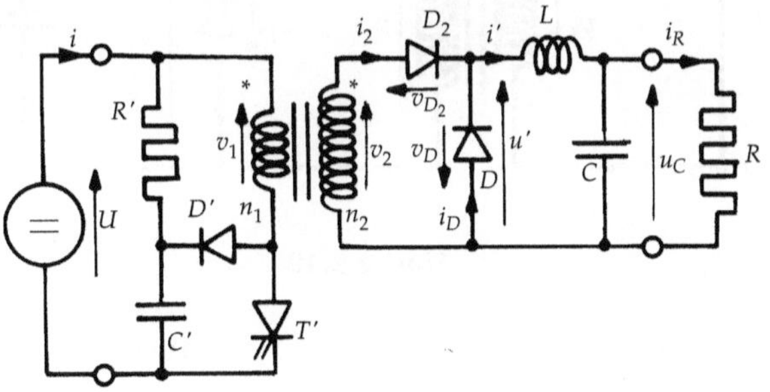

Figure 9.8

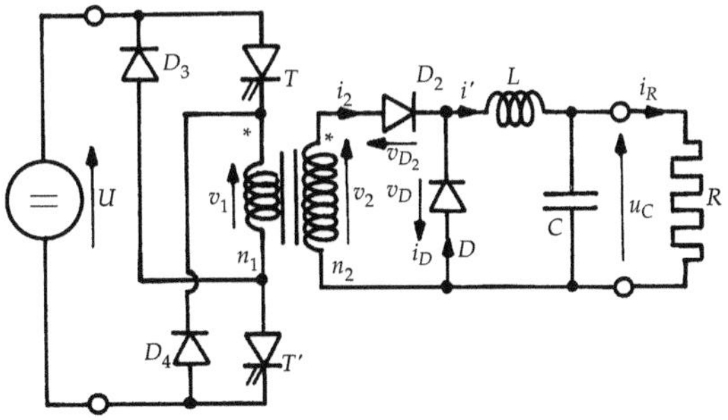

Figure 9.9

de l'énergie de l'entrée à la sortie. Dès la commande de l'ouverture des transistors, les diodes D_3 et D_4 deviennent conductrices et le restent jusqu'à l'annulation du courant magnétisant. Les temps de montée et de descente de ce courant étant identiques, le rapport cyclique α ne doit pas dépasser 0,5.

• L'addition d'un troisième enroulement de n_3 tours en série avec une diode D_3 (*figure* 9.10) permet de récupérer, aux pertes près, l'énergie de magnétisation comme dans la structure précédente, tout en n'utilisant qu'un seul transistor comme dans la structure avec circuit $R'C'D'$.

Aussi est-ce cette dernière solution que nous allons étudier sommairement.

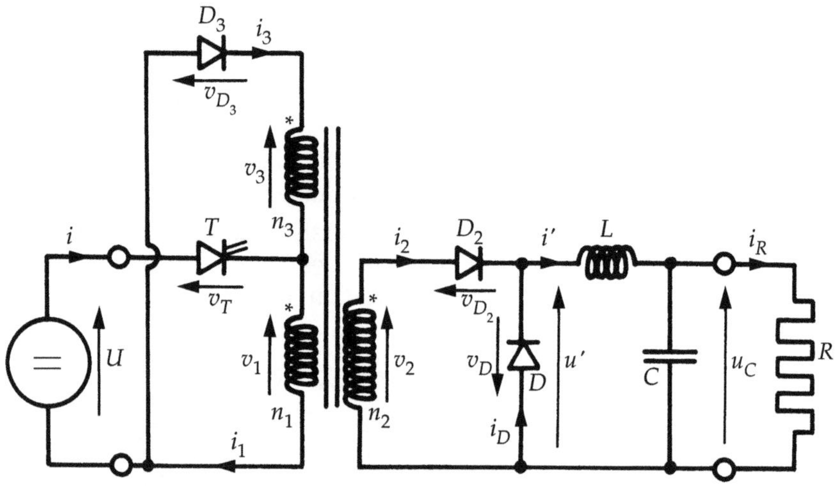

Figure 9.10

▶ Pour une étude simplifiée, on néglige la résistance et la réactance de fuites des enroulements et on suppose le courant i' à la sortie du hacheur proprement dit constamment égal à sa valeur moyenne I'.

• De $\omega t = 0$ à $\omega t = 2\pi\alpha$, T est fermé et D_2 conduit :

$$v_1 = U, \qquad u' = v_2 = Un_2/n_1, \qquad v_3 = Un_3/n_1, \qquad v_D = -u' < 0$$

$$v_{D_3} = -U - Un_3/n_1 < 0 \qquad i_2 = I', \qquad i = i_1 = n_2I'/n_1 + i_{1\mu}.$$

Le flux φ dans le noyau du transformateur, donné par $n_1\, \mathrm{d}\varphi/\mathrm{d}t = U$ croît de 0 à φ_{max} égal à $2\pi\alpha U/n_1\omega$.

Si $L_{1\mu}$ est l'inductance de magnétisante ramenée à l'enroulement primaire, le courant magnétisant $i_{1\mu}$, lié au flux φ par $L_{1\mu} \cdot i_{1\mu} = n_1 \cdot \varphi$, croît de 0 à $2\pi\alpha U/L_{1\mu}\omega$.

• Pour $\omega t = 2\pi\alpha$, on ouvre T. La continuité du flux et donc des ampères-tours magnétisants nécessite l'entrée en conduction de la diode D_3, ce qui entraîne :

$$v_3 = -U, \qquad v_1 = -Un_1/n_3, \qquad v_2 = -Un_2/n_3.$$

La diode D_2 ne peut continuer à conduire car cela donnerait une tension $+Un_2/n_3$ aux bornes de la diode D. Le blocage de D_2 entraîne l'annulation du courant i_2 et l'entrée en conduction de D pour assurer la continuité du courant I' ; la tension u' devient égale à 0.

L'ouverture de T provoque donc l'ouverture de D_2 et la fermeture de D_3 et D.

- De $\omega t = 2\pi\alpha$ à $\omega t = 2\pi\beta$ (avec $\alpha < \beta < 1$), D_3 et D conduisent :

$$v_3 = -U, \qquad v_1 = -Un_1/n_3, \qquad v_T = U - v_1 = U\left(1 + \frac{n_1}{n_3}\right)$$

$$u' = 0, \qquad v_{D_2} = v_2 = -Un_2/n_3$$

$$i = -i_3, \qquad i_D = I'.$$

La continuité du flux φ est assurée par le courant i_3.

Le flux, donné par $n_3\,\mathrm{d}\varphi/\mathrm{d}t = v_3 = -U$, diminue :

$$\varphi = \frac{U}{n_1\omega}2\pi\alpha - \frac{U}{n_3\omega}(\omega t - 2\pi\alpha)$$

et s'annule pour $\omega t = 2\pi\beta$ tel que :

$$\frac{U}{n_1\omega}2\pi\alpha - \frac{U}{n_3\omega}(2\pi\beta - 2\pi\alpha) = 0$$

ce qui donne $\beta = \dfrac{n_3 + n_1}{n_1}\alpha$.

Pour que β soit inférieur à 1, il faut que α soit inférieur à $n_1/(n_1 + n_3)$.

Le courant i_3, égal à $n_3\varphi/L_{3\mu}$, en désignant par $L_{3\mu}$ l'inductance magnétisante ramenée à l'enroulement tertiaire, part de $n_3\varphi_{max}/L_{3\mu}$ en $\omega t = 2\pi\alpha$, soit, compte tenu de ce que $L_{1\mu}/L_{3\mu} = n_1^2/n_3^2$, de $(n_1/n_3)i_{1\mu max}$. Il s'annule pour $\omega t = 2\pi\beta$ et la diode D_3 se bloque.

- De $\omega t = 2\pi\beta$ à $\omega t = 2\pi$, la diode D conduit seule :

$$i_1 = i_2 = i_3 = 0, \qquad i_D = I', \qquad v_1 = v_2 = v_3 = 0, \qquad u' = 0$$

$$v_T = U, \qquad v_{D_3} = -U.$$

D'où les formes d'ondes de la figure 9.11. Les deux surfaces hachurées sont égales car proportionnelles, l'une à l'énergie fournie pour magnétiser le circuit magnétique, l'autre à l'énergie récupérée lors de la démagnétisation.

▶ Puisqu'on néglige toutes les pertes et que $L\,\mathrm{d}i'/\mathrm{d}t$ a une valeur moyenne nulle, u_C a la même valeur moyenne que u' :

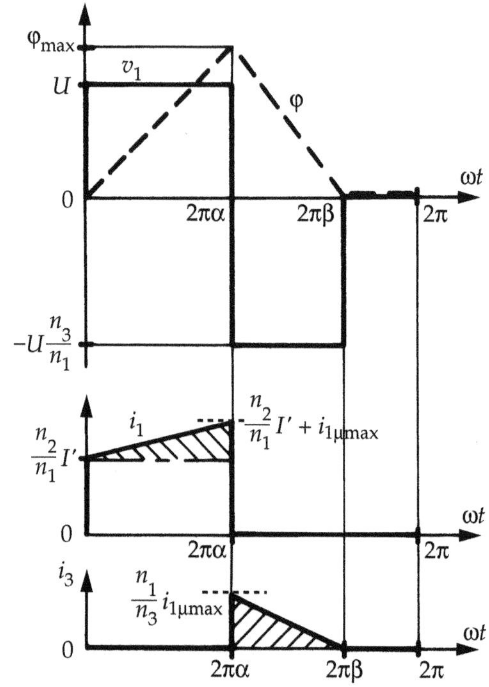

Figure 9.11

$$\boxed{U_C = U' = \alpha U \frac{n_2}{n_1}}$$

• Pour ne pas trop augmenter la tension aux bornes du transistor bloqué, soit $U + Un_1/n_3$, il ne faut pas trop réduire le rapport n_3/n_1. Mais l'augmentation de n_3/n_1 entraîne celle de la durée de la phase de démagnétisation et, par là, réduit la valeur maximale de α.

Souvent on prend $n_3 = n_1$, ce qui entraîne $\alpha < 0,5$.

• Ce montage est le plus utilisé, surtout lorsqu'il s'agit de fournir un courant relativement important sous une basse tension. Le filtre LC de sortie permet d'obtenir une tension de faible ondulation avec une valeur raisonnable de la capacité.

9.4 MONTAGES SYMÉTRIQUES AVEC TRANSFORMATEUR

Dans les montages symétriques, la tension appliquée au transformateur est alternative, ainsi que le flux et l'induction dans le circuit magnétique. Le transformateur est mieux utilisé ; à puissance donnée, son volume et son coût peuvent être réduits. Mais il faut au moins deux transistors.

Le schéma de principe est le même quelle que soit la structure utilisée : on alimente le transformateur en alternatif, on redresse les tensions de sortie et on filtre la tension redressée. Les structures sont celles d'onduleurs et de redresseurs, mais les conditions de fonctionnement diffèrent de celles qu'on trouve d'ordinaire pour ces convertisseurs.

Les diverses structures d'onduleurs monophasés (en demi-pont, en pont complet) et de redresseurs monophasés (montage P2, montage PD2) peuvent être utilisées.

Nous nous limiterons à l'étude des schémas les plus usuels, le montage *push-pull* et le montage en pont à commande décalée des deux demi-ponts.

9.4.1 Montage push-pull

La figure 9.12 donne le schéma du montage push-pull avec transformateur à point milieu au primaire et au secondaire. L'utilisation d'un redresseur P2 au secondaire limite la chute de tension due au redresseur puisqu'elle se limite à une seule chute de tension de diode.

► Si on désigne par ω la pulsation correspondant à la fréquence de fonctionnement, en conduction continue, on trouve par période $2\pi/\omega$ quatre phases de

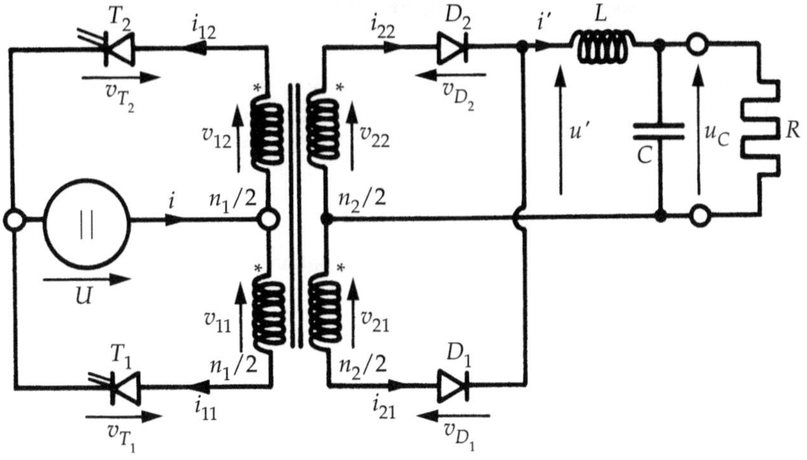

Figure 9.12

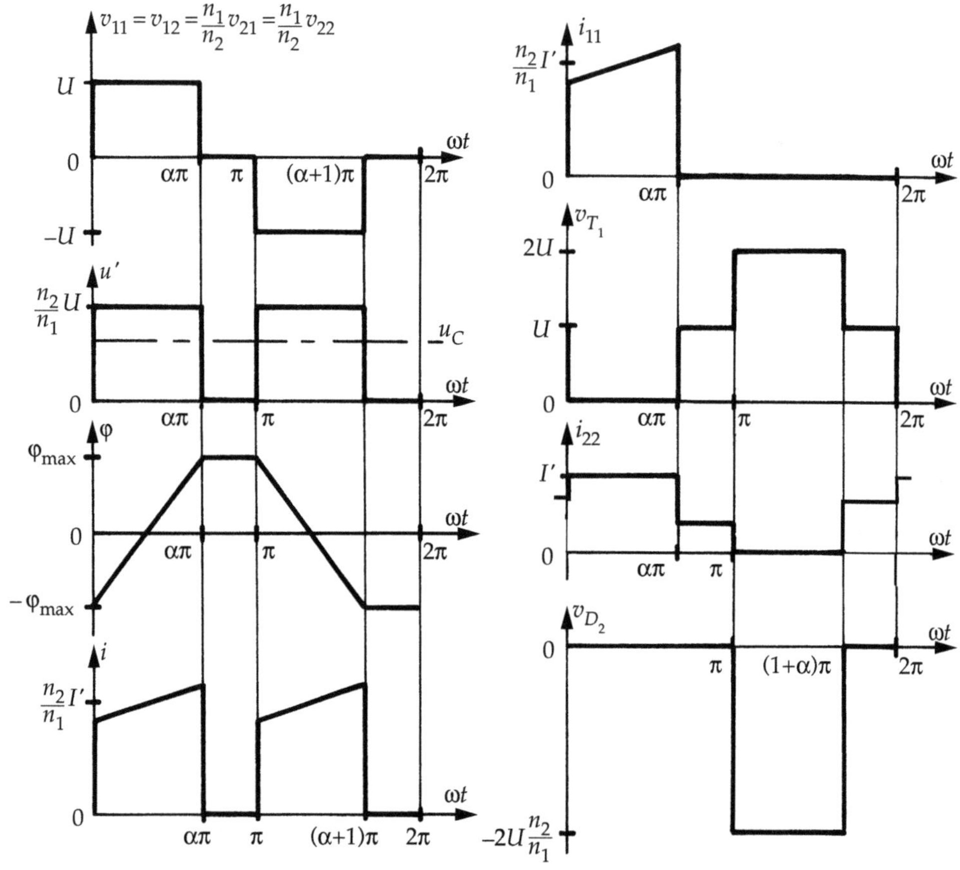

Figure 9.13

fonctionnement. Pour en simplifier la présentation, on néglige la résistance et l'inductance de fuites des enroulements du transformateur et on suppose le courant i' constant. Les formes d'ondes sont alors celles représentées figure 9.13.

- Pour $0 < \omega t < \pi\alpha$, le transistor T_1 conduit.

Les tensions v_{21} et v_{22} étant rendues positives, la diode D_2 conduit et la diode D_1 est bloquée :

$$v_{11} = v_{12} = U, \qquad v_{21} = v_{22} = U\frac{n_2}{n_1} = u'$$

$$v_{T_2} = +2U, \qquad v_{D_1} = -2U\frac{n_2}{n_1}$$

$$i_{21} = 0, \qquad i_{22} = I', \qquad i_{12} = 0, \qquad i_{11} = i = I'\frac{n_2}{n_1} + i_{1\mu}.$$

Le flux φ dans le noyau du transformateur, donné par :

$$\frac{n_1}{2}\frac{\mathrm{d}\varphi}{\mathrm{d}t} = v_{11} = U = L_\mu \frac{\mathrm{d}i_{1\mu}}{\mathrm{d}t}$$

passe de $-\varphi_{max}$ à $+\varphi_{max}$. Le courant magnétisant $i_{1\mu}$ passe de $-\varphi_{max}/L_\mu$ à $+\varphi_{max}/L_\mu$.

• Pour $\pi\alpha < \omega t < \pi$, aucun transistor ne conduit.

La continuité du courant i' et celle du flux nécessitent que D_2 continue à conduire et que D_1 entre en conduction. Si D_2 conduisait seule la somme des ampères-tours passerait brusquement de $(n_1/2)i_{1\mu\ max}$ à $-(n_2/2)I'$.

La conduction simultanée de D_1 et D_2 met le secondaire en court-circuit :

$$u' = v_{21} = v_{22} = 0, \qquad v_{11} = v_{12} = 0, \qquad v_{T_1} = v_{T_2} = U, \qquad i_{11} = i_{12} = 0.$$

Le flux et donc la somme des ampères-tours doivent rester constants. Les courants dans les deux diodes sont donc tels que :

$$i_{21} + i_{22} = I' \text{ et } \qquad \frac{n_2}{2}(i_{21} - i_{22}) = \frac{n_1}{2} i_{1\mu\ max}$$

ce qui donne :

$$i_{21} = \frac{I'}{2} + \frac{1}{2}\frac{n_1}{n_2} i_{1\mu\ max} \text{ et } \qquad i_{22} = \frac{I'}{2} - \frac{1}{2}\frac{n_1}{n_2} i_{1\mu\ max}$$

• Pour $\pi < \omega t < (1+\alpha)\pi$, T_2 et D_1 conduisent :

$$v_{11} = v_{12} = -U \text{ et } \qquad v_{21} = v_{22} = -U\frac{n_2}{n_1} = -u'$$

$$v_{T_1} = +2U, \qquad v_{D_2} = -2U\frac{n_2}{n_1}, \qquad i_{21} = I', \qquad i_{12} = I'\frac{n_2}{n_1} - i_{1\mu}$$

Le flux passe de φ_{max} à $-\varphi_{max}$, et le courant magnétisant de φ_{max}/L_μ à $-\varphi_{max}/L_\mu$.

• Pour $(1-\alpha)\pi < \omega < \pi$, aucun transistor ne conduit. Le débit simultané de D_1 et D_2 met le secondaire en court-circuit.

► L'ensemble formé par les semiconducteurs et le transformateur a un comportement de hacheur série : alternance de phases où l'entrée est reliée à la sortie et de phases de court-circuit de la sortie.

La tension aux bornes de l'inductance L ayant une valeur moyenne nulle, la tension u_C à la sortie de l'alimentation à découpage a la même valeur moyenne que la tension u' à la sortie du redresseur :

$$\boxed{U_C = U' = \alpha\frac{n_2}{n_1}U}$$

À cause des diverses chutes de tension, à α donné, U_C diminue au fur et à mesure que le courant débité augmente.

Aux faibles débits, la conduction devient discontinue. Quand le courant de sortie tend vers 0, U_C tend vers $U(n_2/n_1)$.

Le filtre LC permet une bonne réduction de l'ondulation résiduelle de la tension de sortie. Ce filtrage est en outre facilité par le fait que la fréquence de la tension u' à filtrer est le double de la fréquence de fonctionnement des semi-conducteurs.

9.4.2 Montage en pont à commande décalée des demi-ponts

La figure 9.14 donne le schéma du montage en pont à commande décalée des deux demi-ponts.

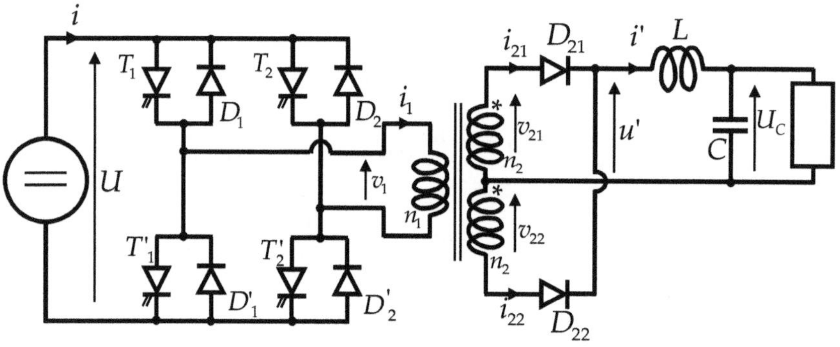

Figure 9.14

Les commandes de fermeture de T_1 et T_1' d'une part, de T_2 et T_2' d'autre part, sont complémentaires. On désigne par β le décalage entre les commandes des deux demi-ponts.

Sont donc commandés à la fermeture :

T_1 pour $0 < \omega t < \pi$ — T_1' pour $\pi < \omega t < 2\pi$

T_2 pour $\beta < \omega t < \pi + \beta$ — T_2' pour $\pi + \beta < \omega t < 2\pi + \beta$

▶ Si on néglige la résistance et l'inductance de fuites des enroulements du transformateur et si on suppose i' constant et égal à sa valeur moyenne I', les formes d'ondes sont celles de la figure 9.15.

- pour $\beta < \omega t < \pi$, T_1 et T_2' conduisent :

$$v_1 = U,\ v_{21} = U\frac{n_2}{n_1} > 0, \text{ donc } D_{21} \text{ conduit et } u' = v_{21}$$

$$U = L_\mu \frac{di_\mu}{dt} \text{ donc } i_\mu \text{ augmente}$$

$$i_1 = \frac{n_2}{n_1}I' + i_\mu = i$$

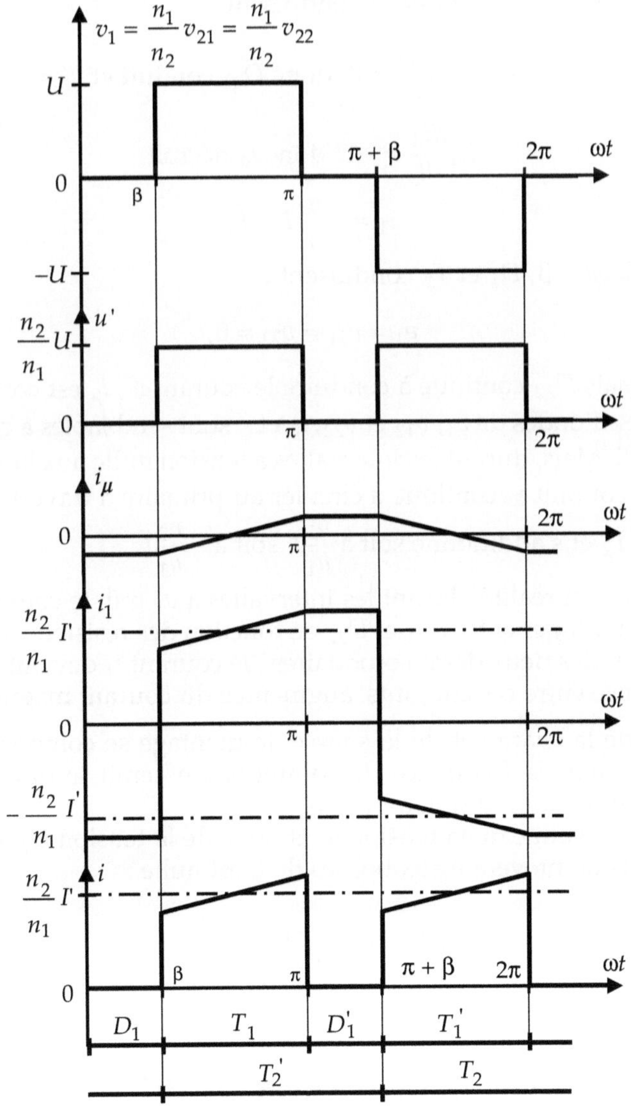

Figure 9.15

- pour $\pi < \omega t < \pi + \beta$, D'_1 et T'_2 conduisent :

$$v_1 = 0, v_{21} = v_{22} = 0, \text{ donc } u' = 0$$

$$L_\mu \frac{di_\mu}{dt} = v_1 = 0 \;;$$

donc i_μ est constant, D_{21} continue à conduire le courant i'.

- pour $\pi + \beta < \omega t < 2\pi$, T'_1 et T_2 conduisent :

$$v_1 = -U, v_{22} = -U\frac{n_2}{n_1} < 0, \text{ donc } D_{22} \text{ conduit et } u' = -v_{22}$$

$$L_\mu \frac{di_\mu}{dt} = -U \text{ donc } i_\mu \text{ décroît}$$

$$i_1 = -\frac{n_2}{n_1}I' + i_\mu$$

- pour $0 < \omega t < \beta$, D_1 et T_2 conduisent :

$$v_1 = v_{21} = v_{22} = 0,$$

donc $u' = 0$, mais D_{22} continue à conduire le courant i' ; i_μ est constant.

Les formes d'ondes de v_1, v_{12} et v_{22}, i_μ et i' sont semblables à celles du montage push-pull. Mais, durant les intervalles à tension nulle aux bornes du transformateur, le courant i_μ continue à circuler au primaire à travers D'_1 et T'_2 ou à travers D_1 et T_2 et s'additionne soit à $\frac{n_2}{n_1}I'$ soit à $-\frac{n_2}{n_1}I$.

Remarque : En réalité, durant les intervalles à v_1 nul, le courant i' va avoir tendance à se partager entre D_{21} et D_{22} en fonction des résistances et des inductances de fuites des deux demi-secondaires ; le courant i_1 devient égale à n_2/n_1 fois la différence entre ces courants, augmentée du courant magnétisant.

► Vis-à-vis de la charge et de la source, le montage se comporte comme un hacheur série dont la fréquence de commutation serait le double de la fréquence de commutation des demi-ponts.

La valeur moyenne de la tension u' et donc de la tension U_c a pour valeur, puisque la tension moyenne aux bornes de L est nulle :

$$U' = U_c = \frac{n_2}{n_1}U(1 - \frac{\beta}{\pi})$$

9.5 CORRECTION DU FACTEUR DE PUISSANCE

La plupart des alimentations à découpage sont alimentées à partir du réseau par un pont monophasé de diodes dont la tension de sortie doit être filtrée par un condensateur. Le durcissement des normes en matière de pollution harmonique du réseau interdit souvent de connecter directement le condensateur aux bornes du pont redresseur. On utilise de plus en plus fréquemment le montage correcteur de facteur de puissance dit PFC (*power factor corrector*) représenté figure 9.16. Il assure le redressement en prenant au réseau un courant quasi sinusoïdal sous un cosinus φ égal à l'unité.

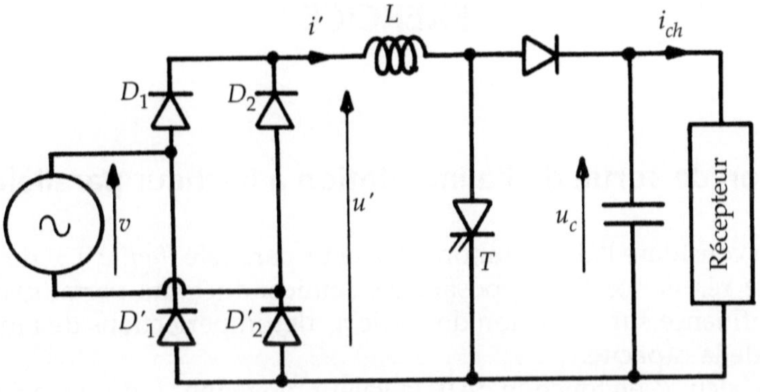

Figure 9.16

Si le courant i' dans l'inductance L est toujours positif, les diodes D_1 et D_2' conduisent durant la totalité des alternances positives de la tension v du réseau, les diodes D_2 et D_1' durant la totalité des alternances négatives. La tension à l'entrée du hacheur est égale à la valeur absolue de v :

$$u' = |v| = |V_m \cos \omega t|$$

Si on munit le hacheur d'une régulation de courant telle que le courant i' suive une référence de la forme

$$i'_w = |I_m \cos \omega t|,$$

le courant pris au réseau, égal à i' durant les alternances positives de la tension v, à $-i'$ durant les alternances négatives, est quasi sinusoïdal et en phase avec la tension.

Pour maintenir constante la tension u_C aux bornes du récepteur, il suffit d'adapter, via un régulateur de tension, l'amplitude du courant de référence i'_w à la valeur de la puissance $u_C i_{ch}$ consommée par le récepteur proprement dit, de manière à ce qu'en régime établi l'amplitude de i' soit égale à $2u_C i_{ch}/V_m$.

EXERCICE

9.1 Tension de sortie de l'alimentation à hacheur parallèle

On considère l'alimentation à hacheur parallèle (*figure* 9.3) débitant sur une résistance R. Supposant les semiconducteurs parfaits, on étudie l'influence sur la tension de sortie u_c des imperfections de l'inductance et de la capacité.

a) Calculer, en fonction de α, la valeur moyenne U_c de la tension de sortie en négligeant son ondulation mais en tenant compte de la résistance r de l'inductance L.

b) Calculer l'ondulation de la tension de sortie u_c en négligeant l'influence de cette ondulation sur le courant de charge i_R mais en tenant compte de la résistance série r_c de C.

a) Le courant dans C a une valeur moyenne nulle.

$$-i_R\alpha T + (i_L - i_R)(1-\alpha) = 0$$

$$\text{donne } i_{Lmoy} = \frac{i_R}{1-\alpha} = \frac{1}{1-\alpha}\frac{U_c}{R}$$

Le courant i_L a la même valeur moyenne pendant sa montée de 0 à α_T et pendant sa descente de αT à T.

La tension u aux bornes du transistor égale à U_c pendant l'intervalle de durée $(1-\alpha)T$ où la diode conduit, nulle pendant la conduction du transistor, a pour valeur moyenne $(1-\alpha)U_c$. D'autre part, u étant toujours égal à $U_s - ri_L - L\frac{di_L}{dt}$ et $L\frac{di_L}{dt}$ ayant une valeur moyenne nulle, u a aussi pour valeur moyenne $U_s - ri_{Lmoy}$. Donc

$$(1-\alpha)U_c = U_s - ri_L = U_s - \frac{r}{R}\frac{U_c}{1-\alpha}$$

$$\text{donne } U_c = \frac{U_s(1-\alpha)}{(1-\alpha)^2 + r/R}$$

U_c est maximum pour $(1-\alpha) = \sqrt{\frac{r}{R}}$ et vaut alors $\frac{U_s}{2}\sqrt{\frac{R}{r}}$.

b) Même si on néglige r_c, la tension u_c varie à cause de la valeur limitée de C. Pour $0 < \omega t < 2\pi\alpha$, la diode est bloquée, i_c égale $-i_R$, u_c décroît de u_{c0} à u_{c1}.

$$u_{c1} = u_{c0} - \frac{1}{C\omega}i_R(1-\alpha)2\pi$$

Pendant la conduction de la diode, i_c égale $i_L - i_R$; si on négligeait r_c, u_c passerait de u_{c1} à u_{c0}.
À cause de r_c, u_c va de $u_{c0} - r_c i_R$ à $u_{c1} - r_c i_r$ pendant la conduction de T, de $u_{c1} + r_c(i_{Lmax} - i_R)$ à $u_{c1} + r_c(i_{Lmin} - i_R)$ pendant la conduction de D.
D'où l'ondulation de u_c

$$\Delta u_c = \frac{1}{C\omega} i_R (1 - \alpha) 2\pi + r_c i_{L\,min}$$

Sur la figure 9.17 on a tracé en traits interrompus la forme d'onde de u_c lorsqu'on néglige r_c.

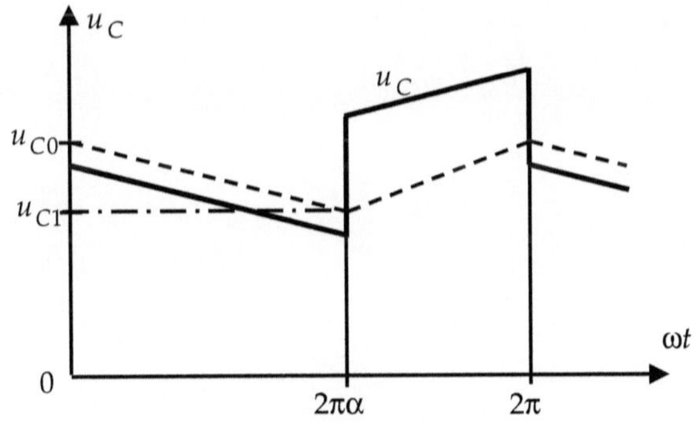

Figure 9.17

Chapitre 10

Onduleurs et alimentations à résonance

Les chapitres 4 à 7 ont présenté les principaux types de convertisseurs :
- hacheurs ;
- onduleurs de tension et de courant ;
- redresseurs à diodes et à thyristors ;
- gradateurs.

Le chapitre 8 a montré l'emploi de ces convertisseurs pour réaliser des entraînements à vitesse variable.

Le chapitre 9 a complété l'étude de la conversion continu-continu en traitant des alimentations à découpage.

Dans ce chapitre, nous complétons l'étude des onduleurs en présentant les onduleurs à résonance et leur utilisation dans les alimentations à résonance.

10.1 ONDULEURS À RÉSONANCE

Les onduleurs à résonance sont des onduleurs de tension ou de courant à un créneau par alternance fonctionnant dans des conditions particulières.

La charge doit être un circuit oscillant peu amorti. En asservissant la commande des interrupteurs, on peut obtenir :

• que les commutations soient toujours de même nature, ce qui facilite la réalisation des « interrupteurs »,

• que la grandeur de sortie, courant ou tension, non imposée par la source ait une forme d'onde très voisine de la sinusoïde.

On commande les interrupteurs à une *fréquence voisine de la fréquence de résonance de la charge*. Si celle-ci varie, il faut faire varier la fréquence de commande. L'onduleur doit donc être *piloté* par la charge ; il n'est pas autonome, comme c'était le cas des onduleurs étudiés au chapitre 5.

Les onduleurs à résonance sont principalement utilisés pour alimenter à moyenne fréquence des charges ayant un très faible facteur de puissance (systèmes de chauffage par induction, ozoneurs).

10.1.1 Onduleur série

L'onduleur série est un onduleur à résonance alimentant un *circuit résonnant série* de constantes R, L, C (*figure* 10.1). À cause de l'inductance, la charge constitue un récepteur de courant. L'onduleur doit donc être un *onduleur de tension* utilisant quatre interrupteurs trois segments réversibles en courant.

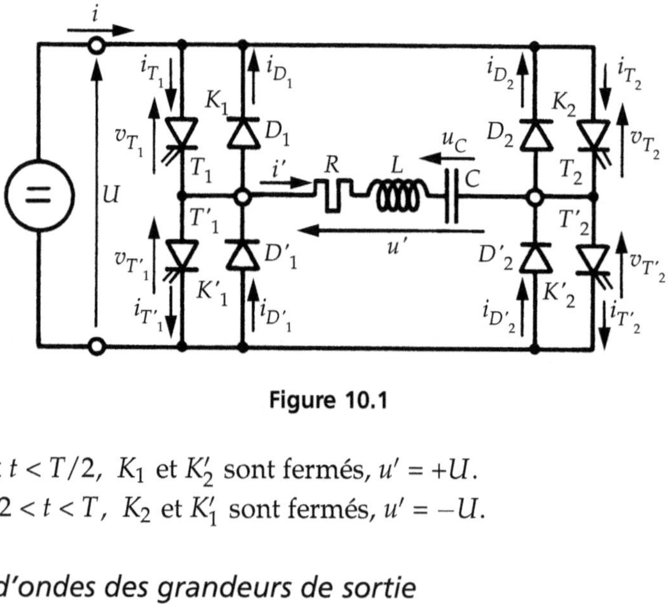

Figure 10.1

Pour $0 < t < T/2$, K_1 et K'_2 sont fermés, $u' = +U$.
Pour $T/2 < t < T$, K_2 et K'_1 sont fermés, $u' = -U$.

a) Formes d'ondes des grandeurs de sortie

La tension u_C aux bornes de C et le courant i' sont liés à la tension u' par :

$$Ri' + L\frac{di'}{dt} + u_C = u'$$

avec :

$$i' = C\frac{du_C}{dt}.$$

On en déduit :

$$LC\frac{\mathrm{d}^2 u_C}{\mathrm{d}t^2} + RC\frac{\mathrm{d}u_C}{\mathrm{d}t} + u_C = u'.$$

On caractérise ce circuit dont l'équation différentielle est du second ordre (*cf.* § 3.1.3) par :

- sa pulsation propre β_0 en l'absence d'amortissement,
- et son coefficient d'amortissement α,
- ou le rapport ζ de celui-ci à β_0,

$$\boxed{\beta_0 = \frac{1}{\sqrt{LC}}, \quad \alpha = \frac{R}{2L}, \quad \zeta = \frac{\alpha}{\beta_0} = \frac{R}{2}\sqrt{\frac{C}{L}}}$$

▶ Si l'amortissement est faible ($\alpha < \beta_0$ ou $\zeta < 1$), la tension u_C a pour expression :

$$u_C = u_{Cf} + (A'_1 \cos\beta t + A'_2 \sin\beta t)\mathrm{e}^{-\alpha t}$$

avec :

$$\beta = \sqrt{\beta_0^2 - \alpha^2} = \beta_0\sqrt{1-\zeta^2}.$$

Puisque $\mathrm{d}u_C/\mathrm{d}t = i'/C$, les deux constantes d'intégration A'_1 et A'_2 sont données par :

$$A'_1 = u_{C_0} - u_{Cf_0}$$
$$A'_2 = \frac{(i'_0 - i'_{f_0})/C + \alpha(u_{C_0} - u_{Cf_0})}{\beta}.$$

▶ Pendant la première demi-période $(0, T/2)$:

$$LC\frac{\mathrm{d}^2 u_C}{\mathrm{d}t^2} + RC\frac{\mathrm{d}u_C}{\mathrm{d}t} + u_C = U$$

donc :

$$u_{Cf} = U, \quad u_{Cf_0} = U, \quad i'_{f_0} = (\mathrm{d}u_{Cf}/\mathrm{d}t)_0/C = 0\,.$$

En reportant, on obtient :

$$u_C = U + \left\{\left[\frac{i'_0}{C\beta} + \frac{\alpha}{\beta}(u_{C_0} - U)\right]\sin\beta t + (u_{C_0} - U)\cos\beta t\right\}\mathrm{e}^{-\alpha t}$$

$$i' = C\frac{\mathrm{d}u_C}{\mathrm{d}t} = \left\{-\left[\frac{\alpha}{\beta}i'_0 + C\frac{\beta_0^2}{\beta}(u_{C_0} - U)\right]\sin\beta t + i'_0\cos\beta t\right\}\mathrm{e}^{-\alpha t}$$

▶ En régime établi, si T est la période des grandeurs de sortie :

$$u_C\left(t+\frac{T}{2}\right) = -u_C(t), \quad i'\left(t+\frac{T}{2}\right) = -i'(t).$$

On détermine u_{C_0} et i'_0 par :

$$u_C(T/2) = -u_{C_0} \quad \text{et} \quad i'(T/2) = -i'_0$$

ce qui donne :

$$u_{C_0} = U\frac{1 - Me^{-\alpha\frac{T}{2}} - Ne^{-\alpha T}\sin^2\beta\frac{T}{2}}{1 + Me^{-\alpha\frac{T}{2}} + Ne^{-\alpha T}\sin^2\beta\frac{T}{2}}$$

$$i'_0 = -C\beta_0 U\frac{Ne^{-\alpha\frac{T}{2}}\sin\beta\frac{T}{2}}{1 + Me^{-\alpha\frac{T}{2}} + Ne^{-\alpha T}\sin^2\beta\frac{T}{2}}$$

en posant :

$$M = \cos\beta\frac{T}{2} + \frac{\alpha}{\beta}\sin\beta\frac{T}{2}$$

$$N = \frac{\beta_0^2}{\beta^2}\frac{1}{1 + \left(\cos\beta\frac{T}{2} - \frac{\alpha}{\beta}\sin\beta\frac{T}{2}\right)e^{-\alpha\frac{T}{2}}}.$$

▶ La valeur i'_0 du courant i' pour $t = 0$ est nulle si $\beta T/2 = \pi$ ou, en désignant par ω la pulsation $2\pi/T$ du fondamental de la tension u', si $\omega = \beta$.

Si $\omega < \beta$, i'_0 est positif.
Si $\omega > \beta$, i'_0 est négatif.

La figure 10.2 montre, pour $\zeta = 1/4$ par exemple, les formes d'ondes du courant i' et de la tension u_C :

a) pour $\omega = \beta_0/1,5$,	*d*) pour $\omega = \beta_0$,
b) pour $\omega = \beta_0/1,1$,	*e*) pour $\omega = 1,1\beta_0$,
c) pour $\omega = \beta = 0,968\beta_0$,	*f*) pour $\omega = 1,5\beta_0$,

Le courant i' est rapporté à $C\beta_0 U$, la tension u_C à U.

▶ Ces formes d'ondes montrent :

- *la nature des commutations à effectuer*

Si ω *est inférieur à* β, au cours de la demi-période $(0, T/2)$ où K_1 et K'_2 fermés écoulent i', ce courant est d'abord positif ; il s'annule ensuite puis s'inverse.

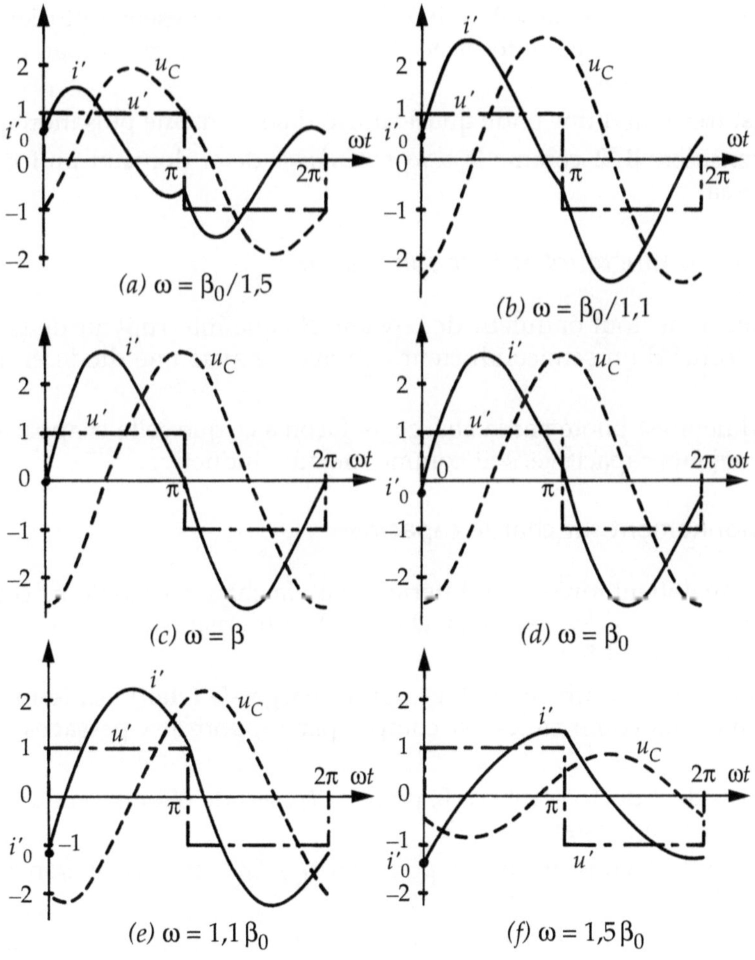

Figure 10.2

Le circuit a un comportement *capacitif*.

Si ω *est supérieur à* β, durant la première demi-période le courant i' traversant K_1 et K'_2 est d'abord négatif, il s'annule ensuite et devient positif. Le circuit a un comportement *inductif*.

- *les limites de validité de la méthode du premier harmonique*

– La tension u_C et le courant i' ont une allure sinusoïdale si ω est voisin de β ; c'est d'autant plus net que ζ est plus faible. Pour ω voisin de β, surtout si ζ est faible, on peut confondre u_C et i' avec leurs fondamentaux.

– Si ω s'écarte de β par valeur supérieure, le courant i' tend à prendre une forme d'onde en dents de scie.

– Si ω s'écarte de β par valeur inférieure, i' tend à présenter plusieurs demi-oscillations par demi-période de u'. Si ω égale β/k, i' passe par zéro k fois durant l'intervalle $(0, T/2)$.

On est très loin d'une onde quasi sinusoïdale de même pulsation que u'.

On considère $\beta/2$ comme la *valeur minimale* de ω donnant un fonctionnement normal.

b) Les semiconducteurs et leur commande

Comme dans tout onduleur de tension, chaque interrupteur de l'onduleur série est formé d'un semiconducteur commandé avec une diode en parallèle inverse.

L'onduleur est piloté par la charge de façon à ce que celle-ci apparaisse soit comme toujours capacitive, soit comme toujours inductive.

▶ Fonctionnement sur charge capacitive

Si l'on maintient toujours ω inférieur à β, la charge est toujours capacitive. Les interrupteurs K_1, K'_1, K_2, K'_2 fonctionnent en thyristors à conduction inverse (RCT chapitre 2 § 2.1.3a).

La figure 10.3 montre le pilotage par la charge : le retard à la fermeture des semiconducteurs commandés est compté par rapport aux passages par 0 du courant i' :

- le passage de i' décroissant par 0, pour $t = t_1$, sert de référence pour la fermeture de T_2 et T'_1 à l'instant $t = T/2$;
- le passage de i' croissant par 0, pour $t = t_1 + T/2$, sert de référence pour la fermeture de T_1 et T'_2 à l'instant $t = T$.

La commande à la fermeture des transistors est supprimée à l'instant où le courant qui les traverse s'annule en raison du changement de polarité de i', entrainant l'entrée en conduction de la diode montée en parallèle inverse.

On peut si on le souhaite remplacer les transistors T_1, T'_1, T_2, T'_2 par de simples thyristors (avec les limitations intrinsèques à ce type de composants, principalement le temps de désamorçage).

Plus on augmente le retard, $T/2 - t_1$, entre les passages par 0 de i' et les ordres de fermeture, plus la fréquence diminue, plus on s'écarte de la résonance, *plus le courant* i' *diminue.*

▶ Fonctionnement sur charge inductive

Si on maintient toujours ω au-dessus de β, la charge est toujours inductive.

Les interrupteurs K_1, K'_1, K_2, K'_2 fonctionnent en *thyristors duaux* (chapitre 2 § 2.1.3b).

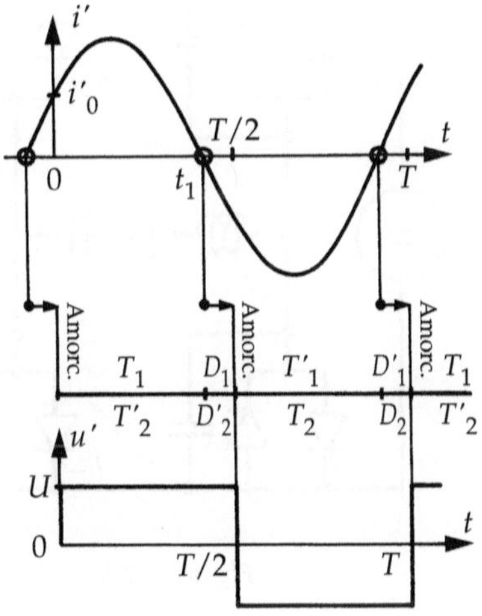

Figure 10.3

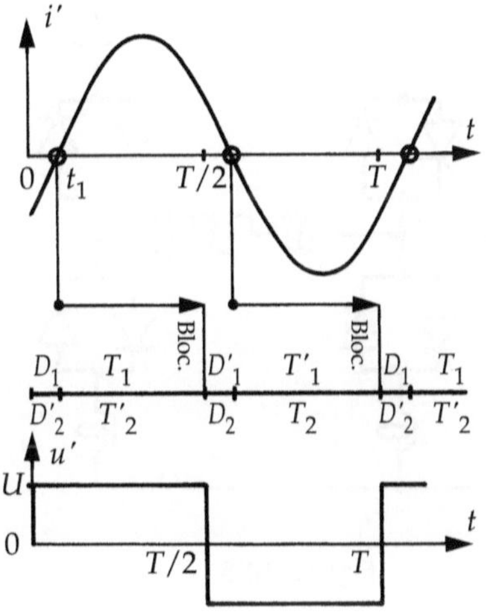

Figure 10.4

La commande des ouvertures est fixée à partir des passages par 0 du courant i' (*figure* 10.4) :

• le passage de i' d'une valeur négative à une valeur positive (entraînant l'entrée en conduction spontanée de T_1 et T'_2 puisqu'on leur a appliqué un signal de déblocage dès l'entrée en conduction de D_1 et D'_2) à l'instant $t = t_1$ sert de référence pour l'ouverture commandée de T_1 et T'_2 à l'instant $t = T/2$;

• de même, le début de la conduction de T_2 et T'_1, pour $t = t_1 + T/2$, sert de référence pour la commande de leur blocage à l'instant $t = T$.

Plus on abrège l'intervalle de conduction, $T/2 - t_1$, des semiconducteurs commandés, plus la fréquence de fonctionnement augmente, plus on s'écarte de la résonance, *plus le courant i' diminue.*

c) Adoucissement des commutations

▶ Si le pilotage de l'onduleur fait apparaître la charge comme étant toujours capacitive, de sorte qu'on ne fait appel qu'à la capacité de commande à la fermeture des interrupteurs, leur ouverture étant spontanée par annulation du courant, il suffit (*cf.* chapitre 2, § 2.3) de mettre en série avec ceux-ci de petites inductances pour adoucir les commutations à la fermeture (*figure* 10.5).

▶ Si le pilotage des interrupteurs fait apparaître la charge comme étant toujours inductive, de sorte qu'on ne fait appel qu'à la capacité de commande à l'ouverture des interrupteurs, leur fermeture étant spontanée par annulation de

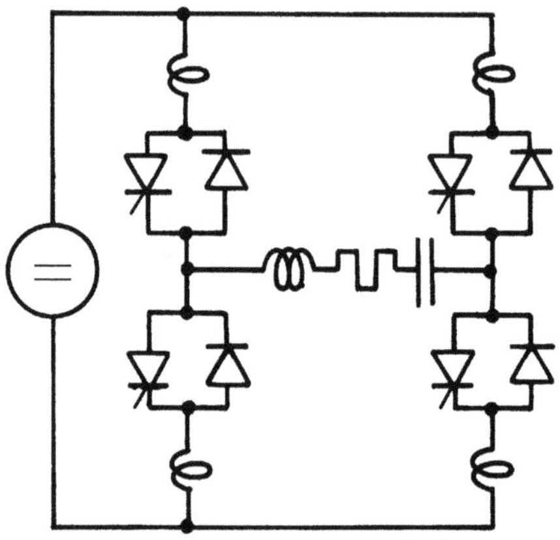

Figure 10.5

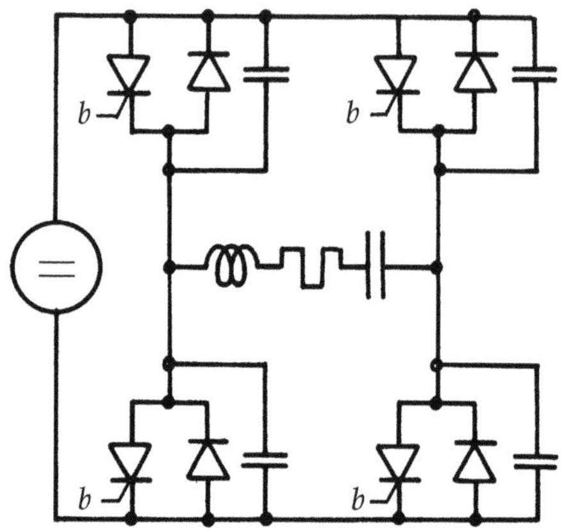

Figure 10.6

la tension, il suffit de placer en parallèle avec les interrupteurs de petits condensateurs pour adoucir les commutations à l'ouverture (*figure* 10.6).

On peut ainsi travailler à des fréquences élevées sans que cela n'entraîne des pertes de commutation excessives.

d) Caractéristiques

- La tension u' a pour développement en série.

$$u' = U'_1\sqrt{2}\sin\omega t + U'_3\sqrt{2}\sin 3\omega t + \cdots + U'_n\sqrt{2}\sin n\omega t$$

avec :

$$U'_1 = \frac{2\sqrt{2}}{\pi}U, \quad U'_n = \frac{U'_1}{n}.$$

Le fondamental i'_1 du courant i' a pour valeur efficace :

$$I'_1 = \frac{U'_1}{\sqrt{R^2 + (L\omega - 1/C\omega)^2}}.$$

Il est déphasé par rapport au fondamental de u' d'un angle φ_1 tel que :

$$\tan\varphi_1 = \frac{1}{R}\left(L\omega - \frac{1}{C\omega}\right).$$

Pour $\omega < \frac{1}{LC}$, φ_1 est négatif, i'_1 est en avance sur u'.

Pour $\omega > \frac{1}{LC}$, φ_1 est positif, i'_1 est en retard sur u'.

▶ D'ordinaire R et L sont les constantes du récepteur proprement dit, avec lequel on met en série une capacité pour former le circuit oscillant. Le fondamental de la tension u_{RL} aux bornes de l'ensemble RL a pour valeur efficace :

$$U_{RL_1} = \sqrt{R^2 + L^2\omega^2}\, I'_1 = U'_1 \sqrt{\frac{R^2 + L^2\omega^2}{R^2 + (L\omega - 1/C\omega)^2}}.$$

La valeur efficace du fondamental de u_C est donnée par :

$$U_{C_1} = \frac{I'_1}{C\omega} = U'_1 \frac{1}{C\omega\sqrt{R^2 + (L\omega - 1/C\omega)^2}}.$$

On peut exprimer I'_1, φ_1, U_{RL_1} et U_{C_1} en fonction de U, R, ζ et ω/β_0 :

$$I'_1 = \frac{2\sqrt{2}}{\pi}\frac{U}{R}\frac{1}{\sqrt{1 + \frac{1}{4\zeta^2}\left(\frac{\omega}{\beta_0} - \frac{\beta_0}{\omega}\right)^2}}, \quad \tan\varphi_1 = \frac{1}{2\zeta}\left(\frac{\omega}{\beta_0} - \frac{\beta_0}{\omega}\right)$$

$$U_{RL_1} = \frac{2\sqrt{2}}{\pi}U\sqrt{\frac{4\zeta^2 + (\omega/\beta_0)^2}{4\zeta^2 + \left(\frac{\omega}{\beta_0} - \frac{\beta_0}{\omega}\right)^2}},$$

$$U_{C_1} = \frac{2\sqrt{2}}{\pi}U\sqrt{\frac{\beta_0/\omega}{4\zeta^2 + \left(\frac{\omega}{\beta_0} - \frac{\beta_0}{\omega}\right)^2}}$$

et tracer les courbes de résonance classiques. La figure 10.7 par exemple, montre les variations de $I'_1/(U/R)$ en fonction de la fréquence pour quelques valeurs de ζ. On n'a pas tracé les courbes pour ω/β_0 inférieur à 0,5 puisqu'on a vu que ω/β_0 égal à 0,5 correspond à la limite du fonctionnement normal.

– L'approximation qui consiste à confondre i', u_{RL} et u_C avec leurs fondamentaux est d'autant plus légitime :

- qu'on est plus près de la résonance (ω/β_0 voisin de l'unité),
- que le circuit résonnant est moins amorti (ζ plus faible).

C'est pour le fonctionnement où ω est le plus voisin de β_0 qu'on a les plus fortes valeurs de I'_1, de U_{RL_1} et de U_{C_1}. On peut donc déterminer les calibres en courant et en tension des divers éléments du montage à partir des résultats établis en ne tenant compte que du fondamental.

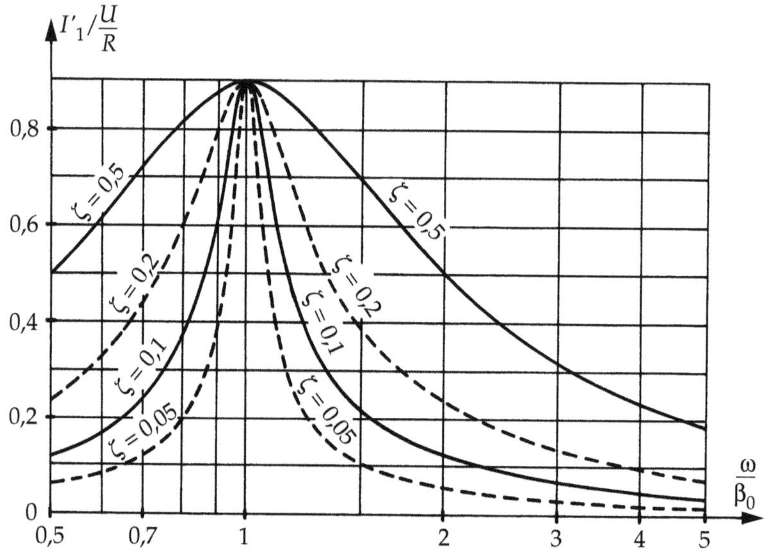

Figure 10.7

Si l'on confond i' avec son fondamental, φ_1 donne l'écart angulaire entre les passages de i' par 0 et les commandes des interrupteurs. Au lieu de tracer les caractéristiques en fonction de ω/β_0, on peut les tracer en fonction de φ_1 ; cela donne une idée plus précise de la sensibilité de la commande.

Remarques

• Les caractéristiques de la figure 10.7 montrent que, surtout si ζ n'est pas très faible, il vaut mieux travailler au-dessus de la fréquence de résonance qu'au-dessous : la plage des variations possibles de I'_1 est plus étendue.

Si on fonctionne à ω/β_0 supérieur à l'unité, seules des raisons technologiques limitent vers le haut la plage des fréquences utilisables.

Si on fonctionne à ω/β_0 inférieur à l'unité, les caractéristiques se dégradent gravement quand ω devient inférieur à $\beta/2$.

• Dans ce second cas, si on utilise de simples thyristors la plage des fréquences utilisables est encore réduite par le fait qu'on ne peut s'approcher trop de ω/β_0 égal à 1. Il faut que $|\varphi_1|$ reste suffisant pour que $|\varphi_1|/\omega$ soit supérieur au temps de désamorçage des thyristors.

• Enfin, dans un onduleur de tension, il est plus facile de protéger les semi-conducteurs commandés contre les dv/dt excessifs que contre les di/dt excessifs.

• Quel que soit le mode de fonctionnement choisi, la mise en oscillation du circuit résonnant ne soulève pas de difficulté particulière.

10.1.2 Onduleur parallèle

L'onduleur parallèle est un onduleur à résonance débitant sur un *circuit résonnant parallèle* peu amorti. La charge, comportant (*figure* 10.8) une capacité directement branchée entre les bornes de sortie, constitue un récepteur de tension ; l'onduleur doit donc être un *onduleur de courant* comportant quatre interrupteurs trois segments réversibles en tension (chapitre 2 § 2.1.2).

La figure 10.8 montre l'onduleur à quatre interrupteurs commandés non réversibles en courant. T_1 et T'_2, T_2 et T'_1 sont fermés simultanément pendant une demi-période.

Pour $0 < t < T/2$, T_1 et T'_2 sont fermés : $i' = I$, $u = u'$.
Pour $T/2 < t < T$, T_2 et T'_1 sont fermés : $i' = -I$, $u = -u'$.

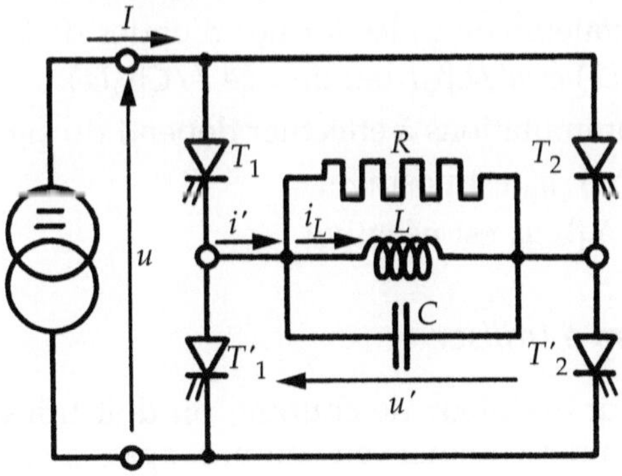

Figure 10.8

a) Formes d'ondes des grandeurs de sortie

Si l'on rend compte de l'ensemble de la consommation de puissance active dans la charge à l'aide d'une résistance R montée en parallèle avec l'inductance L et la capacité C, *la dualité* permet d'utiliser pour l'onduleur parallèle les résultats établis pour l'onduleur série.

En effet, le courant i_L dans L et la tension u' sont liés au courant i' par :

$$\frac{u'}{R} + C\frac{du'}{dt} + i_L = i'$$

avec :

$$u' = L\frac{di_L}{dt}.$$

On en déduit :

$$CL\frac{d^2 i_L}{dt^2} + \frac{L}{R}\frac{di_L}{dt} + i_L = i'.$$

On trouve les mêmes relations que pour l'onduleur série à condition de remplacer :

- U par I, i par u ;
- u' par i', i' par u' ;
- u_C par i_L ;
- L par C, C par L, R par $1/R$.

La pulsation propre β_0, le coefficient d'amortissement α et le rapport ζ de α à β_0 deviennent :

$$\beta_0 = \frac{1}{\sqrt{LC}}, \quad \alpha = \frac{1}{2RC}, \quad \zeta = \frac{1}{2R}\sqrt{\frac{L}{C}}$$

Pour les faibles valeurs de ζ, les formes d'ondes de la figure 10.2 donnent i_L/I (au lieu de u_C/U) et $u'/L\beta_0 I$ (au lieu de $i'/C\beta_0 U$).

La nature des commutations à effectuer dépend du signe de u'_0 :

- si ω est inférieur à β, u'_0 est positive,
- si ω est supérieur à β, u'_0 est négative.

b) Semiconducteurs à utiliser

Comme dans tout onduleur de courant, on doit utiliser des semiconducteurs commandés unidirectionnels en courant, aptes à supporter des tensions inverses.

Par la commande, on maintient ω/β toujours inférieur ou toujours supérieur à l'unité.

▶ Si ω/β *est inférieur à* 1, u'_0 est positive, le récepteur apparaît comme inductif.

Les semi-conducteurs doivent être à ouverture et fermeture commandées. Pour les commander, on utilise les passages par zéro de la tension u' (figure 10.9) :

- le passage de u' par zéro croissant sert de référence pour le blocage de T'_1 et T_2,
- le passage de u' par zéro décroissant sert de référence pour le blocage de T_1 et T'_2.

Pour assurer la continuité du courant I il faut qu'au blocage de T_1 et T'_2, T'_1 et T_2 s'amorcent spontanément comme le feraient des diodes. Pour cela, il faut appliquer à ces interrupteurs une commande à la fermeture juste avant de commander le blocage de T_1 et T'_2.

▶ Si ω/β *est supérieur à* 1, u'_0 est négative, le récepteur apparaît comme *capacitif.*

Les interrupteurs fonctionnent en thyristors. Ils peuvent être de simples thyristors (avec les limitations intrinsèques à ce type de composants). Ils sont le plus souvent formés de la mise en série d'un transistor et d'une diode émulant le comportement d'un thyristor via une commande adéquate (chapitre 2 § 2.1.2).

Pour les commander on utilise les passages par 0 de la tension u' (figure 10.10) :

• le passage de u' par un 0 croissant sert de référence pour l'amorçage de T_2 et T'_1 ;

• le passage de u' décroissant par 0 sert de référence pour la commande de l'amorçage de T_1 et T'_2.

Plus on abrège le retard entre les passages par 0 et les déblocages, plus on augmente la fréquence et plus on s'écarte de la résonance.

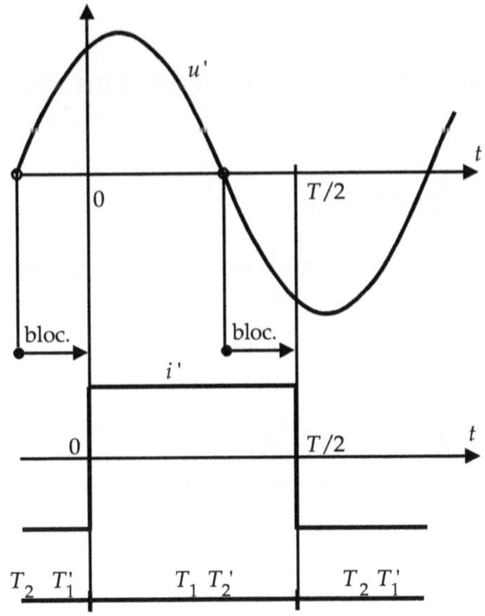

Figure 10.9

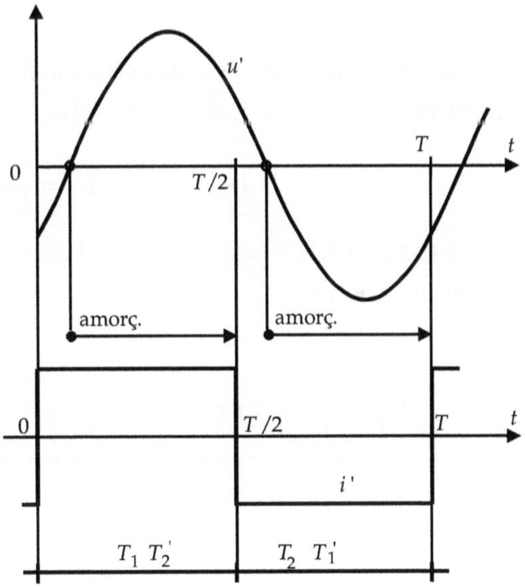

Figure 10.10

c) Caractéristiques

D'ordinaire, l'onduleur parallèle est alimenté à partir du réseau industriel à travers un redresseur et une inductance. La source alimentant l'onduleur est bien une source de courant au point de vue des commutations, à cause de l'inductance, mais sa caractéristique statique est celle d'une source de tension. Le réseau et le redresseur *imposent la valeur moyenne U de la tension à l'entrée de l'onduleur*.

Le fondamental du courant de sortie a pour valeur efficace :

$$I'_1 = \frac{2\sqrt{2}}{\pi} I.$$

Si on confond la tension de sortie avec son fondamental de valeur efficace U'_1, l'égalité de la puissance à l'entrée et à la sortie de l'onduleur donne :

$$UI = U'_1 I'_1 \cos\varphi_1.$$

On en déduit :

$$U'_1 = \frac{\pi}{2\sqrt{2}} \frac{U}{\cos\varphi_1}$$

avec :

$$\cos\varphi_1 = \frac{1}{\sqrt{1 + R^2\left(\frac{1}{L\omega} - C\omega\right)^2}}.$$

De U'_1 on déduit la valeur efficace du fondamental du courant dans chacune des branches R, L, C du récepteur :

$$I_{R_1} = \frac{U'_1}{R}, \quad I_{L_1} = \frac{U'_1}{L\omega}, \quad I_{C_1} = C\omega U'_1.$$

La figure 10.11 donne pour quelques valeur de ζ, les variations de U'_1/U en fonction de ω/β_0.

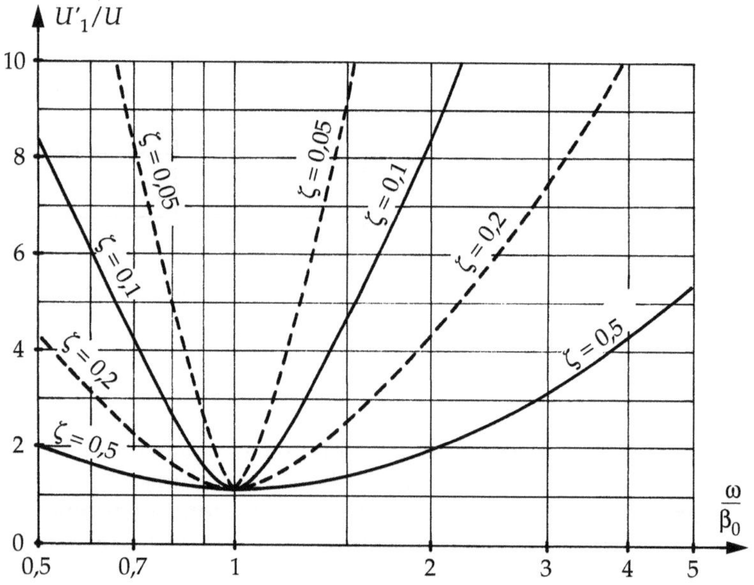

Figure 10.11

On voit que le fonctionnement à ω/β_0 supérieur à l'unité permet, surtout pour les amortissements relativement importants, d'étendre la plage de réglage.

De plus, dans un onduleur de courant, la protection contre d'excessifs di/dt, la seule que nécessitent les interrupteurs à ouverture spontanée, est particulièrement facile à réaliser.

> Remarque
>
> Pour mettre en oscillation un onduleur parallèle il est nécessaire de préalablement charger la capacité ou d'établir un courant suffisant dans l'inductance.

10.2 ALIMENTATIONS À RÉSONANCE

Dans les alimentations à découpage, pour diminuer la taille des éléments réactifs (filtrage, transformateur), il est nécessaire de faire commuter les interrupteurs à fréquence élevée. Une limite à l'augmentation de cette fréquence est constituée par les pertes de commutation, à la fermeture et à l'ouverture des interrupteurs à semiconducteurs.

La commutation douce permet de réduire très fortement les pertes de commutation et donc d'accroître la fréquence de fonctionnement des interrupteurs.

L'association en série d'un onduleur à résonance et d'un redresseur à diodes permet d'assurer la conversion continu-continu en faisant fonctionner tous les interrupteurs en commutation douce, puisque

- un pont à diodes fonctionne naturellement en commutation douce ;
- on peut rendre douces les seules commutations commandées (à la fermeture *ou* à l'ouverture) des interrupteurs d'un onduleur à résonance si on travaille à une fréquence toujours supérieure ou toujours inférieure à la fréquence de résonance, comme le début de ce chapitre l'a montré.

10.2.1 Alimentation à résonance série

L'onduleur de tension (*figure* 10.12) débite sur un circuit résonnant LC auquel l'inductance série donne la nature d'une source de courant, ce qui respecte la règle d'alternance des sources. En vertu de la même règle, le pont à diodes alimenté par une source de courant doit alimenter un récepteur de tension ; il peut donc débiter directement sur la charge résistive et son condensateur de filtrage en parallèle.

▶ L'onduleur est commandé en pleine onde pour bénéficier des avantages de la commutation douce. Le fondamental de sa tension de sortie a donc pour amplitude

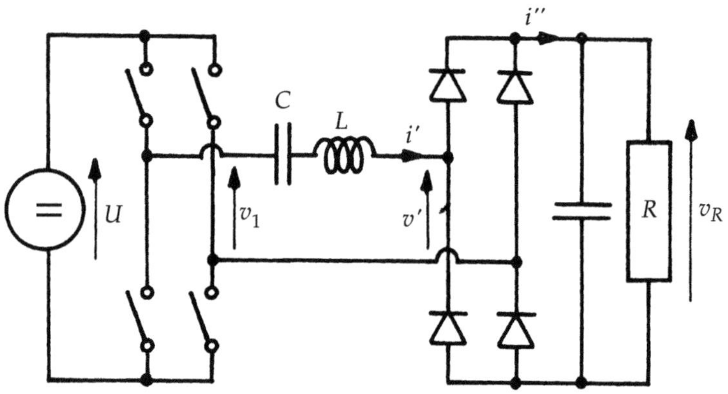

Figure 10.12

$$V_{1m} = \frac{4}{\pi} U$$

Si la fréquence de commande des interrupteurs n'est pas trop éloignée de la fréquence propre de résonance du circuit LC, on peut confondre le courant i' avec son fondamental i'_1.

Le signe du courant i' détermine les intervalles de conduction des diodes et la forme d'onde du courant de sortie i''.

▶ La figure 10.13 montre le tracé, en régime périodique, des formes d'ondes de i'' et de v' lorsqu'on suppose v_R constant et i' sinusoïdal.

La valeur moyenne du courant i'' est égale à celle du courant dans la résistance

$$i''_{\text{moy}} = \frac{v_{\text{Rmoy}}}{R}$$

Si le condensateur de filtrage est suffisamment grand pour qu'on puisse négliger l'ondulation de la tension v_R et la confondre avec sa valeur moyenne V_R, de la figure 10.13 on déduit

$$i''_{\text{moy}} = \frac{V_R}{R} = \frac{2}{\pi} I'_{1m}$$

D'où

$$I'_{1m} = \frac{\pi}{2} \frac{V_R}{R}$$

À partir des intervalles de conduction des diodes, on peut tracer la forme d'onde de la tension v' à l'entrée du pont redresseur et exprimer l'amplitude de son fondamental

$$V'_{1m} = \frac{4}{\pi} V_R$$

► La figure 10.14 montre, dans le cas où ω est plus grand que $1/\sqrt{LC}$, le diagramme liant les vecteurs représentatifs des fondamentaux de i, v' et v. On en déduit

$$(V_1\sqrt{2})^2 = (V'_1\sqrt{2})^2 + \left[(L\omega - \frac{1}{C\omega})I'_1\sqrt{2}\right]^2$$

$$\left(\frac{4}{\pi}U\right)^2 = \left(\frac{4}{\pi}V_R\right)^2 + \left[(L\omega - \frac{1}{C\omega})\frac{\pi}{2}\frac{V_R}{R}\right]^2$$

$$\left(\frac{U}{V_R}\right)^2 = 1 + \left[(L\omega - \frac{1}{C\omega})\frac{\pi^2}{8R}\right]^2$$

$$\boxed{\frac{V_R}{U} = \frac{1}{\sqrt{1 + \left[(L\omega - \frac{1}{C\omega})\frac{\pi^2}{8R}\right]^2}}}$$

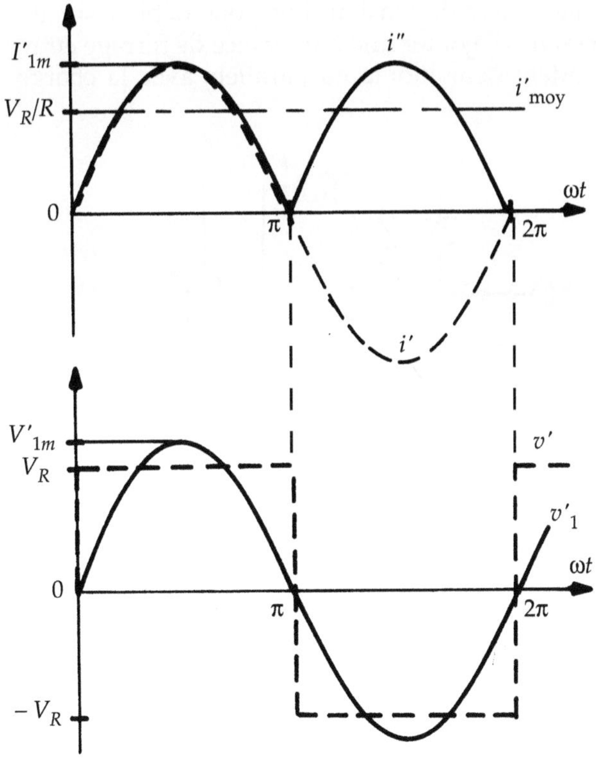

Figure 10.13

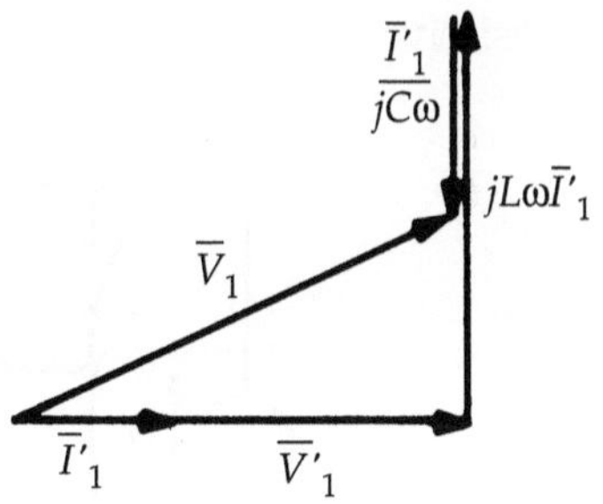

Figure 10.14

• La charge vue par l'onduleur apparaissant comme inductive, on ne fait appel qu'à l'ouverture commandée des interrupteurs (*cf* § 10.1.1) et on adoucit les commutations en plaçant de petites capacités en parallèle avec les interrupteurs de l'onduleur.

Si un isolement galvanique est nécessaire, un transformateur peut être introduit sans difficulté entre le circuit LC et le pont à diodes. L'inductance de fuites du transformateur peut être utilisée comme inductance du circuit résonnant, ce qui permet la réalisation avec un seul composant bobiné.

Il faut noter que pour les faibles charges (valeur élevée de R) la variable de réglage ω a peu d'influence sur V_R/U qui reste proche de 1 et il devient difficile d'imposer la valeur de V_R. Dans ce cas, il faut avoir recours à la résonance série-parallèle.

10.2.2 Alimentation à résonance série-parallèle

Au lieu d'alimenter le montage redresseur par la source de courant que forme l'inductance L en série avec la capacité C, on l'alimente par la source de tension que constitue le condensateur C dérivé à son entrée (*figure* 10.15). Le redresseur ainsi alimenté par une source de tension doit donc débiter sur un récepteur de courant : il est nécessaire d'ajouter une inductance de filtrage entre la sortie du redresseur et le condensateur monté en parallèle avec la charge résistive.

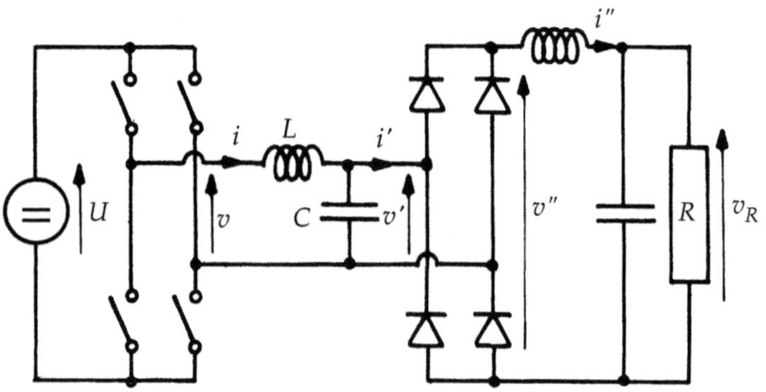

Figure 10.15

▶ Pour l'étude du fonctionnement, on fait les hypothèses simplificatrices suivantes :

• le condensateur de filtrage en parallèle sur R est assez grand pour qu'on puisse négliger l'ondulation de la tension v_R et confondre celle-ci avec sa valeur moyenne V_R ;

• l'inductance placée à la sortie du redresseur est suffisante pour qu'on puisse négliger l'ondulation du courant i'' que l'on confondra avec sa valeur moyenne V_R/R ;

• la fréquence de commande de l'onduleur supérieure à la fréquence propre de résonance du circuit LC reste suffisamment proche de celle-ci pour que l'on puisse confondre v' avec son fondamental v'_1.

► La tension quasi-sinusoïdale v' impose les intervalles de conduction des diodes du pont redresseur et la forme d'onde de la tension de sortie du pont v'' dont la valeur moyenne est égale à V_R (*figure* 10.16)

$$v''_{\text{moy}} = \frac{2}{\pi} V'_{1m} = V_R$$

Le courant i' à l'entrée du redresseur est formé de créneaux rectangulaires d'amplitude V_R/R. D'où, compte tenu de la relation entre V'_{1m} et V_R, la valeur de l'amplitude I'_{1m} du fondamental de i' en fonction de celle de v'

$$I'_{1m} = \frac{4}{\pi}\frac{V_R}{R} = \frac{8}{\pi^2 R} V'_{1m}$$

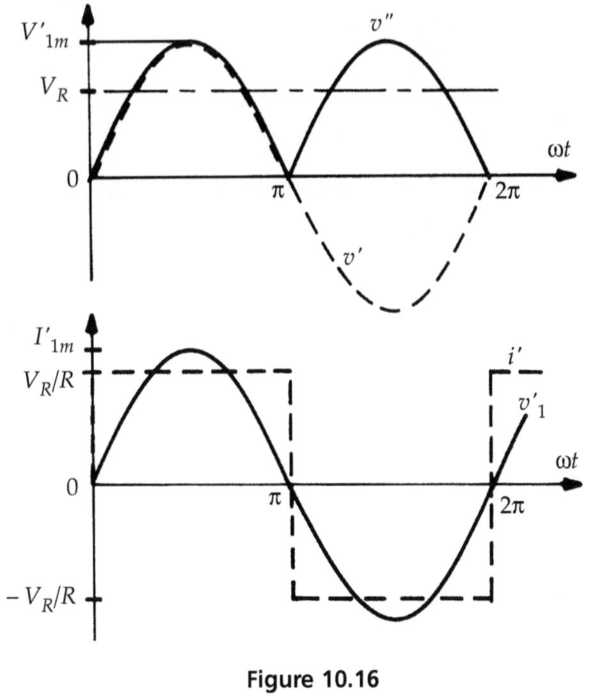

Figure 10.16

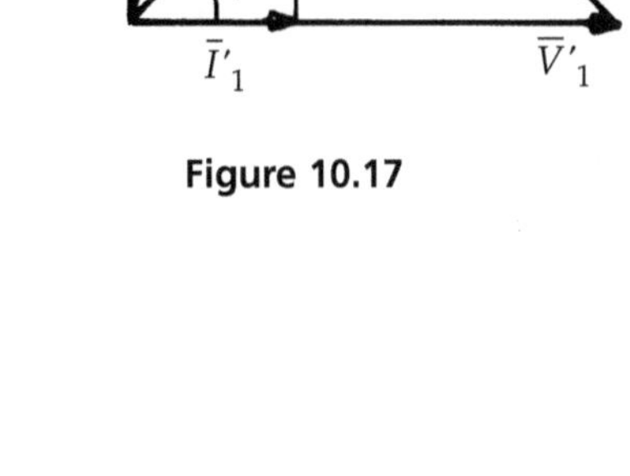

Figure 10.17

▶ Le diagramme vectoriel de la figure 10.17 montre comment on passe des fondamentaux v'_1, i'_1 des grandeurs à l'entrée du redresseur v', i' aux fondamentaux v_1, i_1 des grandeurs v, i à la sortie de l'onduleur

$$\overline{I}_1 = \overline{I}'_1 + jC\omega\overline{V}'_1 \quad ; \quad \overline{V}_1 = \overline{V}'_1 + jL\omega\overline{I}_1$$

Puisque $C\omega V'_1 = I_1 \sin\varphi$ et $I'_1 = I_1 \cos\varphi$, le triangle des tensions donne

$$\begin{aligned} V_1^2 &= (L\omega I_1 \cos\varphi)^2 + (V'_1 - L\omega I_1 \sin\varphi)^2 \\ &= (L\omega I'_1)^2 + (V'_1 - LC\omega^2 V'_1)^2 \\ &= \left(\frac{8}{\pi^2}\frac{L\omega}{R}V'_1\right)^2 + (1 - LC\omega^2)^2 V'^2_1 \end{aligned}$$

ou, puisque $V_1\sqrt{2} = \dfrac{4U}{\pi}$,

$$\left(\frac{1}{\sqrt{2}}\frac{4}{\pi}U\right)^2 = \left(\frac{\pi}{2\sqrt{2}}V_R\right)^2 \left[\left(\frac{8}{\pi^2}\frac{L\omega}{R}\right)^2 + (1 - LC\omega^2)^2\right]$$

$$\left(\frac{U}{V_R}\right)^2 = \left(\frac{L\omega}{R}\right)^2 + \left(\frac{\pi^2}{8}\right)^2 (1 - LC\omega^2)^2$$

$$\boxed{\frac{V_R}{U} = \frac{1}{\sqrt{\left(\dfrac{L\omega}{R}\right)^2 + \left(\dfrac{\pi^2}{8}\right)^2 (1 - LC\omega^2)^2}}}$$

Pour les fortes valeurs de R, le réglage deV_R reste possible grâce au terme $(1 - LC\omega^2)$. Pour les faibles valeurs de R, c'est le terme $L\omega/R$ qui est prépondérant.

▶ L'introduction d'un transformateur est toujours possible entre le condensateur du circuit résonnant et le pont redresseur. Mais l'inductance L du circuit résonnant ne peut plus être intégrée ce qui, avec l'inductance du filtre de sortie, porte à trois le nombre de composants bobinés nécessaires à cette structure.

Chapitre 11

Convertisseurs matriciels, convertisseurs modulaires multiniveaux

Les chapitres précédents ont présenté les convertisseurs d'électronique de puissance qui ont atteint une maturité et qui sont utilisés dans de nombreuses applications industrielles.

Dans ce chapitre, nous présentons des convertisseurs dont le développement est relativement récent et qui ne sont donc pas encore très présents dans l'industrie mais dont le potentiel de développement est important. Il s'agit des convertisseurs matriciels et des convertisseurs modulaires multiniveaux.

11.1 CONVERTISSEURS MATRICIELS

On appelle convertisseur matriciel un convertisseur constitué d'une matrice d'interrupteurs bidirectionnels permettant de connecter directement (sans élément de stockage intermédiaire) une source alternative m-phasée à une charge alternative n-phasée. L'utilisation de la MLI associée à des filtres permet d'obtenir en entrée et en sortie des grandeurs sinusoïdales.

Le convertisseur matriciel triphasé-triphasé représenté à la figure 11.1 a un intérêt industriel certain ; il connecte un réseau triphasé à une charge triphasée, typiquement un moteur, sans étage intermédiaire à courant continu. C'est une structure totalement réversible qui permet d'obtenir en sortie des grandeurs sinusoïdales réglables en amplitude et en fréquence, en entrée des courants sinusoïdaux équilibrés avec un facteur de puissance unitaire.

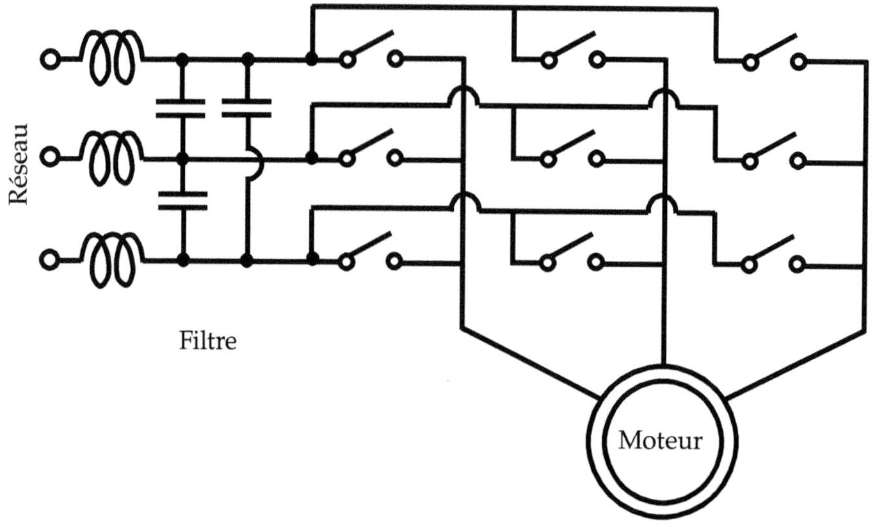

Figure 11.1

Introduite au début des années 1980 cette structure est restée longtemps l'apanage des chercheurs. Les problèmes inhérents au convertisseur matriciel (gestion des commutations dans une cellule bidirectionnelle en tension et en courant, élaboration de stratégies de modulation) ont trouvé progressivement des solutions. Le dernier verrou est tombé par la mise sur le marché, ces dernières années, de composants de type RB IGBT (*Reverse Blocking Insulated Gate Bipolar Transistor*) qui conduisent à une réduction importante des pertes dans les semi-conducteurs. Le convertisseur matriciel devient donc en ce début de XXIe siècle une alternative viable à la cascade redresseur MLI - onduleur MLI. Sa compacité permet même d'envisager son intégration dans le moteur pour les applications en variation de vitesse.

11.1.1 Étude du convertisseur matriciel

a) Fonctions de connexion

Le respect de l'alternance des sources de part et d'autre d'un convertisseur entièrement commandé conduit à avoir d'un côté une source de tension et de l'autre une source de courant.

En général, le convertisseur matriciel est branché en entrée sur le réseau triphasé associé à un filtre qui garantit son caractère de source de tension. La charge branchée en sortie doit donc être inductive pour jouer le rôle de source de courant, typiquement un moteur.

Pour l'étude du convertisseur matriciel, on idéalise le réseau d'alimentation et le filtre en considérant une source idéale de tension ; de même la sortie est considérée comme une source idéale de courant (figure 11.2).

Le convertisseur est composé de 3 cellules de commutation triphasées. Chacune comporte 3 interrupteurs bidirectionnels en tension et en courant : K_{11}, K_{12}, K_{13} pour la première, K_{21}, K_{22}, K_{23} pour la deuxième, K_{31}, K_{32}, K_{33} pour la troisième. Chaque borne de sortie peut ainsi être reliée à n'importe laquelle des bornes d'entrée.

La commande des interrupteurs doit éviter de mettre en court-circuit les phases d'entrée et de mettre en circuit ouvert les phases de sortie. Pour cela, il faut qu'il y ait un et un seul interrupteur fermé par cellule de commutation.

On définit pour chaque interrupteur une fonction de connexion (de même nom que l'interrupteur pour ne pas alourdir les notations) qui indique son état (ouvert ou fermé).

$$K_{i,\,j} = \begin{cases} 0 & \textit{pour ouvert} \\ 1 & \textit{pour fermé} \end{cases} \qquad i,\, j = 1,\, 2,\, 3$$

Les contraintes sur la commande des interrupteurs s'écrivent :

$$K_{i1} + K_{i2} + K_{i3} = 1 \qquad i = 1,\, 2,\, 3$$

Il y a au total $n^m = 3^3 = 27$ configurations possibles.

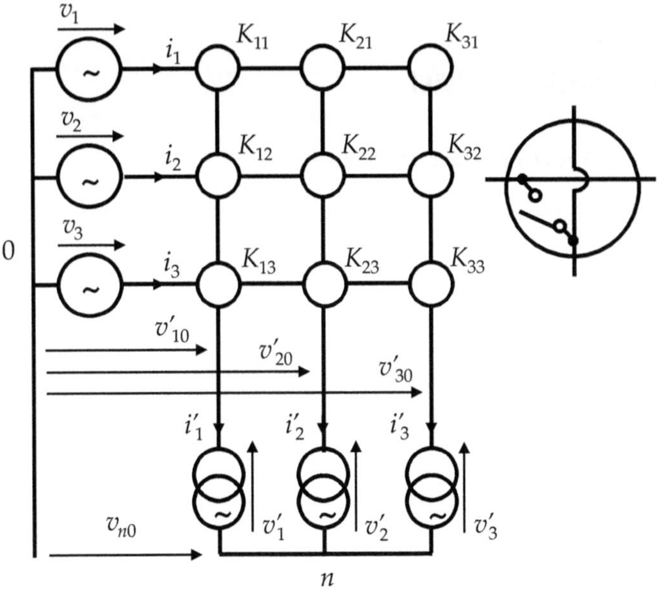

Figure 11.2

b) Notations – Mise en équations

En agissant sur les fonctions de connexion, on peut imposer à chacune des tensions v'_{10}, v'_{20}, v'_{30} entre les bornes de sortie et le point neutre (éventuellement fictif) de la source, de valoir tantôt v_1 tantôt v_2 tantôt v_3. Si la charge est équilibrée, ces tensions sont liées aux tensions v'_1, v'_2, v'_3 qu'on veut commander par les mêmes relations que celles qui lient v'_{A0}, v'_{B0}, v'_{C0} aux tensions v'_A, v'_B, v'_C dans l'onduleur triphasé en pont (§ 5.2 et 5.3). Les fonctions de connexion définissent également, en fonction de la loi des nœuds, les liens existant entre les courants i_1, i_2, i_3 et les courant i'_1, i'_2, i'_3.

On obtient ainsi les relations suivantes entre grandeurs de sortie et grandeurs d'entrée

$$\begin{bmatrix} v'_{10} \\ v'_{20} \\ v'_{30} \end{bmatrix} = \begin{bmatrix} K_{11} & K_{12} & K_{13} \\ K_{21} & K_{22} & K_{23} \\ K_{31} & K_{32} & K_{33} \end{bmatrix} \begin{bmatrix} v_1 \\ v_2 \\ v_3 \end{bmatrix}, \qquad \begin{bmatrix} i_1 \\ i_2 \\ i_3 \end{bmatrix} = \begin{bmatrix} K_{11} & K_{21} & K_{31} \\ K_{12} & K_{22} & K_{32} \\ K_{13} & K_{23} & K_{33} \end{bmatrix} \begin{bmatrix} i'_1 \\ i'_2 \\ i'_3 \end{bmatrix},$$

$$\text{avec } i_1 + i_2 + i_3 = 0 \qquad i'_1 + i'_2 + i'_3 = 0$$

Si on néglige les pertes dans le convertisseur, l'égalité de la puissance instantanée à l'entrée et à la sortie donne

$$p = v_1 i_1 + v_2 i_2 + v_3 i_3 = v'_1 i'_1 + v'_2 i'_2 + v'_3 i'_3$$

11.1.2 Commande par MLI

a) Fonctions moyennes de connexion

La commande par modulation de largeur d'impulsions consiste à faire commuter les interrupteurs à une fréquence f_{com} nettement supérieure à celle des tensions de la source et à celle des grandeurs sinusoïdales qu'on veut produire en sortie.

À chaque période $T_{com} = 1/f_{com}$, on construit chacune des tensions de sortie par action sur les durées de fermeture des interrupteurs de la cellule correspondante.

Ainsi v'_{10} est égal à v_1 pendant t_{11}, à v_2 pendant t_{12}, à v_3 pendant t_{13}, avec $t_{11} + t_{12} + t_{13} = T_{com}$ (*figure* 11.3).

Si la période de commutation est suffisamment brève pour qu'on puisse négliger les variations de v_1, v_2, v_3 pendant sa durée, la valeur moyenne de v'_{10} sur une période de commutation vaut

$$< v'_{10} >_{T_{com}} = \frac{1}{T_{com}} (t_{11} v_1 + t_{12} v_2 + t_{13} v_3)$$

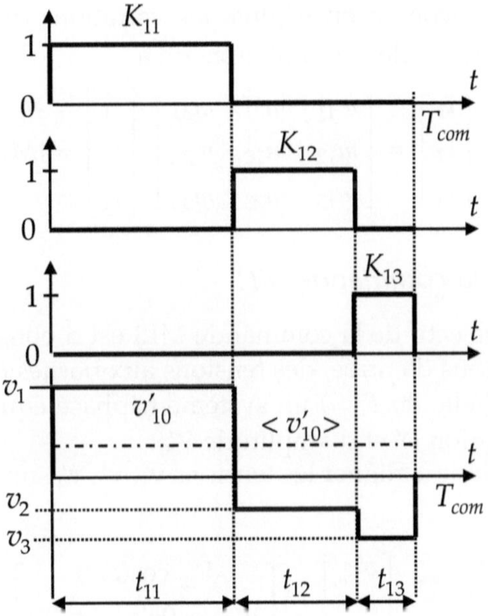

Figure 11.3

On obtient des résultats similaires pour v'_{20} et v'_{30}. D'où :

$$\begin{bmatrix} < v'_{10} >_{T_{com}} \\ < v'_{20} >_{T_{com}} \\ < v'_{30} >_{T_{com}} \end{bmatrix} = \frac{1}{T_{com}} \begin{bmatrix} t_{11} & t_{12} & t_{13} \\ t_{21} & t_{22} & t_{23} \\ t_{31} & t_{32} & t_{33} \end{bmatrix} \begin{bmatrix} v_1 \\ v_2 \\ v_3 \end{bmatrix}$$

Pour simplifier les notations on définit les fonctions moyennes de connexion qui correspondent au rapport cyclique de fermeture des interrupteurs

$$m_{ij} = t_{ij}/T_{com}$$

On note **en gras** la valeur moyenne d'une grandeur sur une période de commutation

$$\mathbf{v'_{10}} = < v'_{10} >_{T_{com}}$$

$$\begin{bmatrix} \mathbf{v'_{10}} \\ \mathbf{v'_{20}} \\ \mathbf{v'_{30}} \end{bmatrix} = \begin{bmatrix} m_{11} & m_{12} & m_{13} \\ m_{21} & m_{22} & m_{23} \\ m_{31} & m_{32} & m_{33} \end{bmatrix} \begin{bmatrix} v_1 \\ v_2 \\ v_3 \end{bmatrix} = [M] \begin{bmatrix} v_1 \\ v_2 \\ v_3 \end{bmatrix}$$

De la même façon, si on néglige les variations des courants i'_1, i'_2 et i'_3 à l'échelle de la période de commutation, on a

$$\begin{bmatrix} \mathbf{i}_1 \\ \mathbf{i}_2 \\ \mathbf{i}_3 \end{bmatrix} = \begin{bmatrix} m_{11} & m_{21} & m_{31} \\ m_{12} & m_{22} & m_{32} \\ m_{13} & m_{23} & m_{33} \end{bmatrix} \begin{bmatrix} i'_1 \\ i'_2 \\ i'_3 \end{bmatrix} = [M]^t \begin{bmatrix} i'_1 \\ i'_2 \\ i'_3 \end{bmatrix}$$

b) Objectifs de la commande MLI

▶ Le premier objectif de la commande MLI est d'obtenir, à partir du système triphasé de tensions d'entrée, des tensions aux bornes de la charge formant en moyenne (à l'échelle de T_{com}) un système triphasé équilibré de tensions sinusoïdales de pulsation ω' et d'amplitude V'_m.

On cherche donc à aligner les tensions $\mathbf{v}'_1$, $\mathbf{v}'_2$, $\mathbf{v}'_3$ sur les valeurs de référence suivantes

$$\begin{bmatrix} v'_{1w} \\ v'_{2w} \\ v'_{3w} \end{bmatrix} = \begin{bmatrix} V'_m \cos(\omega' t) \\ V'_m \cos(\omega' t - 2\pi/3) \\ V'_m \cos(\omega' t - 4\pi/3) \end{bmatrix}$$

Comme dans le cas de l'onduleur triphasé, cet objectif peut être atteint en prenant les mêmes valeurs de référence pour les tensions v'_{i0} que pour les tensions v'_i (*cf.* § 5.2 et 5.3).

Ceci impose aux fonctions moyennes de connexion de vérifier les relations suivantes

$$\begin{bmatrix} V'_m \cos(\omega' t) \\ V'_m \cos(\omega' t - 2\pi/3) \\ V'_m \cos(\omega' t - 4\pi/3) \end{bmatrix} = \begin{bmatrix} m_{11} & m_{12} & m_{13} \\ m_{21} & m_{22} & m_{23} \\ m_{31} & m_{32} & m_{33} \end{bmatrix} \begin{bmatrix} V_m \cos(\omega t) \\ V_m \cos(\omega t - 2\pi/3) \\ V_m \cos(\omega t - 4\pi/3) \end{bmatrix}$$

C'est le premier ensemble d'équation avec les variables m_{ij}.

▶ Le second objectif est d'obtenir en moyenne à l'entrée un système triphasé équilibré de courants sinusoïdaux avec un facteur de puissance unité

$$\begin{bmatrix} \mathbf{i}_1 \\ \mathbf{i}_2 \\ \mathbf{i}_3 \end{bmatrix} = \begin{bmatrix} I_m \cos \omega t \\ I_m \cos(\omega t - 2\pi/3) \\ I_m \cos(\omega t - 4\pi/3) \end{bmatrix}$$

Cet objectif est compatible avec la conservation de la puissance de part et d'autre du convertisseur si, sous l'action d'un système triphasé équilibré de tensions, le récepteur absorbe un système triphasé équilibré de courants sinusoïdaux

$$\begin{bmatrix} i'_1 \\ i'_2 \\ i'_3 \end{bmatrix} = \begin{bmatrix} I'_m \cos(\omega' t - \varphi') \\ I'_m \cos(\omega' t - \varphi' - 2\pi/3) \\ I'_m \cos(\omega' t - \varphi' - 4\pi/3) \end{bmatrix}$$

En effet, en régime triphasé équilibré, la puissance instantanée est constante et égale à sa valeur moyenne

$$p = v_1 i_1 + v_2 i_2 + v_3 i_3 = v'_1 i'_1 + v'_2 i'_2 + v'_3 i'_3$$

$$P = (3/2) V_m I_m = (3/2) V'_m I'_m \cos \varphi'$$

On peut déduire de cette dernière relation l'amplitude des courants d'entrée

$$I_m = \frac{V'_m}{V_m} I'_m \cos \varphi' \quad \text{ou } I_m = q_v I'_m \cos \varphi' \quad \text{en posant } q_v = \frac{V'_m}{V_m}$$

On obtient un deuxième ensemble d'équations où les variables sont les m_{ij}

$$\begin{bmatrix} q_v I'_m \cos \varphi' \cos \omega t \\ q_v I'_m \cos \varphi' \cos(\omega t - 2\pi/3) \\ q_v I'_m \cos \varphi' \cos(\omega t - 4\pi/3) \end{bmatrix} = \begin{bmatrix} m_{11} & m_{21} & m_{31} \\ m_{12} & m_{22} & m_{32} \\ m_{13} & m_{23} & m_{33} \end{bmatrix} \begin{bmatrix} I'_m \cos(\omega' t - \varphi') \\ I'_m \cos(\omega' t - \varphi' - 2\pi/3) \\ I'_m \cos(\omega' t - \varphi' - 4\pi/3) \end{bmatrix}$$

Aux six équations en m_{ij} ainsi obtenues, il faut ajouter les contraintes auxquelles sont soumis ces coefficients de par leur définition

$$m_{11} + m_{12} + m_{13} = 1$$

$$m_{21} + m_{22} + m_{23} = 1 \qquad \text{et } 0 < m_{ij} < 1$$

$$m_{31} + m_{32} + m_{33} = 1$$

- Si on attribue aux m_{ij} les valeurs suivantes :

$$m_{ij} = \frac{2}{3} q_v \cos \left[\omega' t - 2(i-1)\frac{\pi}{3}\right] \cos \left[\omega t - 2(j-1)\frac{\pi}{3}\right] + \frac{1}{3},$$

on satisfait aux contraintes sur les m_{ij} pour autant que $q_v < 0{,}5$, et on obtient, en valeurs moyennes à l'échelle de T_{com}, les relations souhaitées entre les grandeurs aux accès.

En imposant à q_v de rester inférieur à 0,5 on garantit que l'amplitude des tensions reste à l'intérieur de l'enveloppe définie par les maximums des tensions d'entrée (figure 11.4).

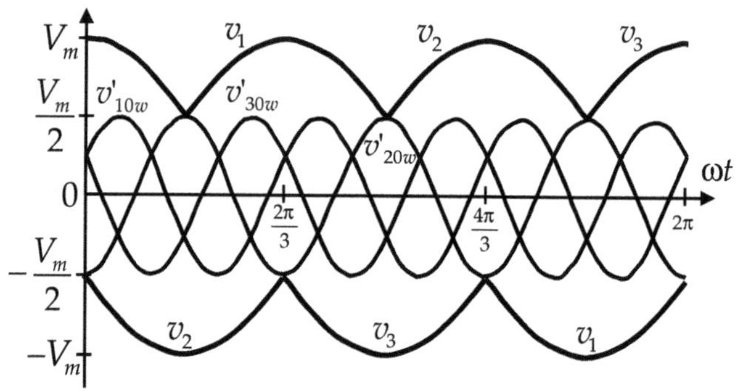

Figure 11.4

On peut augmenter la valeur maximale de q_v en introduisant une composante homopolaire v_{n0} dans les références des tensions v'_{i0}.

$$\begin{bmatrix} v_{10w} \\ v_{20w} \\ v_{30w} \end{bmatrix} = \begin{bmatrix} V'_m \cos(\omega' t) \\ V'_m \cos(\omega' t - 2\pi/3) \\ V'_m \cos(\omega' t - 4\pi/3) \end{bmatrix} + v_{n0}(t)$$

Cette composante s'élimine d'elle-même des valeurs moyennes à l'échelle de T_{com} des tensions v'_i.

Il existe une infinité de solutions pour v_{n0}. La figure 11.5 en donne un exemple [(1)]. Quelle que soit la solution adoptée, la valeur maximale que peut atteindre q_v est de $(\sqrt{3}/2) \approx 0{,}867$ pour un facteur de puissance unité à l'entrée. Si ce facteur diffère de 1, le rapport q_v est limité à $(\sqrt{3}/2)\cos\varphi$.

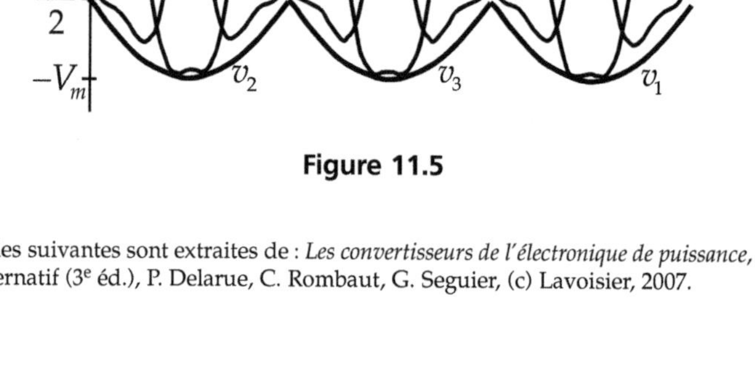

Figure 11.5

(1) Cette figure et les suivantes sont extraites de : *Les convertisseurs de l'électronique de puissance*, Vol. 2 La conversion alternatif-alternatif (3e éd.), P. Delarue, C. Rombaut, G. Seguier, (c) Lavoisier, 2007.

▶ Si la source alternative de tension en entrée du convertisseur présente un déséquilibre ou une distorsion harmonique, on peut définir des stratégies de génération des fonctions m_{ij} qui permettent d'encore obtenir, en moyenne à l'échelle de T_{com}, un système triphasé équilibré de tensions sinusoïdales aux bornes du récepteur.

c) Modulateur MLI

Le modulateur génère les fonctions de connexion des interrupteurs à partir des fonctions moyennes de connexion (matrice des rapports cycliques m_{ij}).

Même si l'implantation est le plus souvent numérique, le principe reste celui de la comparaison à des porteuses triangulaires ou en dents de scie de fréquence f_{com}. À chaque instant, il doit y avoir un et un seul interrupteur fermé par cellule de commutation. On choisit deux fonctions moyennes de connexion par cellule, on compare la première à une dent de scie calée à droite, la seconde à une dent de scie calée à gauche. On obtient ainsi les fonctions de connexion de deux interrupteurs. La fonction de connexion du troisième interrupteur de la cellule s'obtient par complémentarité de celles déterminées.

La figure 11.6 illustre ce principe. De m_{11}, m_{21}, m_{31} on déduit K_{11}, K_{21}, K_{31} de m_{12}, m_{22}, m_{32} on déduit K_{12}, K_{22} et K_{32}. Par complémentarité, on déduit K_{13} de K_{11} et K_{12}, K_{23} de K_{21} et K_{22}, K_{33} de K_{31} et K_{32}.

Les figures 11.7 et 11.8 donnent deux exemples d'ondes obtenues par modulation des fonctions de connexion moyennes.

De haut en bas, on trouve :

- une tension d'entrée (v_1) ;
- un courant d'entrée (i_1) ;
- une tension de sortie (v'_{10}) ;
- une tension aux bornes de la charge (v'_1) ;
- un courant de sortie (i'_1).

La figure 11.7 correspond à une fréquence de sortie de 30 Hz, la figure 11.8 à une fréquence de 200 Hz. Pour les deux tracés, on a pris une fréquence d'entrée de 50 Hz, un rapport des tensions q_v égal à 0,867 et une fréquence de commutation de 1 000 Hz.

Cette fréquence de commutation est très inférieure à celles normalement utilisées. On l'a choisie pour pouvoir rendre visible la montée et la descente des créneaux formant les ondes modulées.

L'observation des trains de créneaux formant l'onde du courant d'entrée avant filtrage montre que le fondamental de ce courant est bien en phase avec la tension d'entrée.

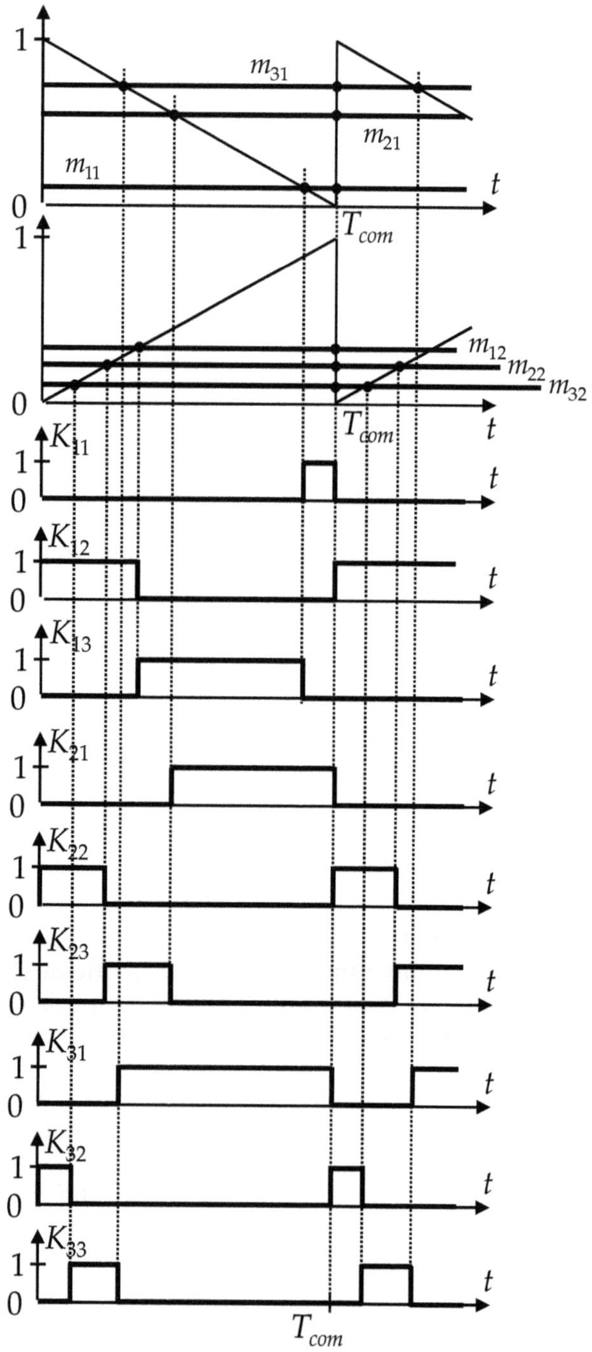

1
0
m_{31}
m_{21}
m_{11}
t
T_{com}
m_{12}
m_{22}
m_{32}
K_{11}
K_{12}
K_{13}
K_{21}
K_{22}
K_{23}
K_{31}
K_{32}
K_{33}

Figure 11.6

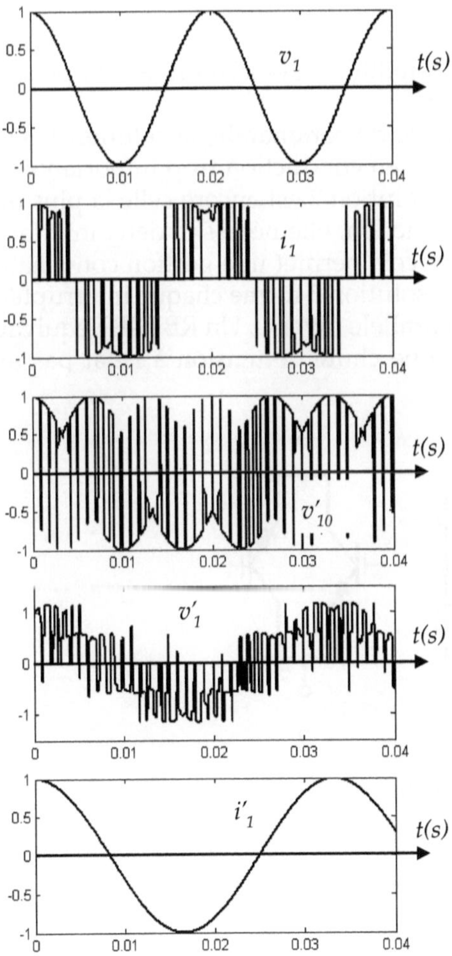

Figure 11.7

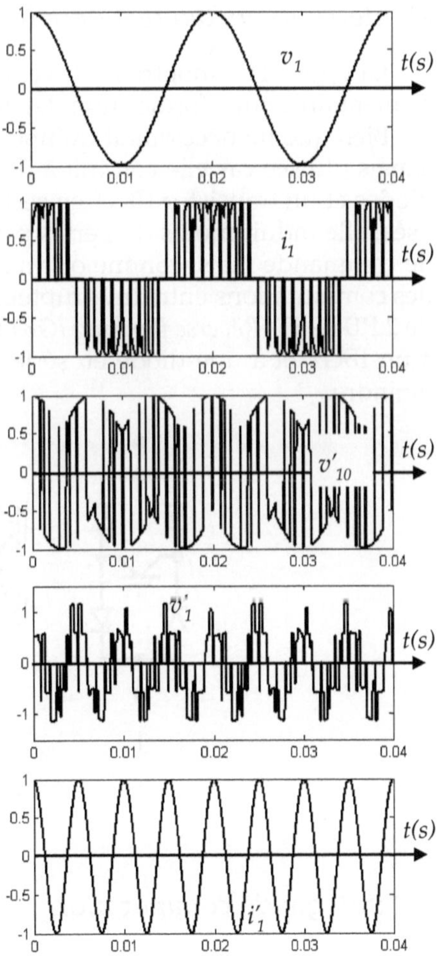

Figure 11.8

11.1.3 Gestion des commutations

Le convertisseur matriciel nécessite des interrupteurs bidirectionnels en courant et en tension. Pour obtenir de tels interrupteurs, il faut associer des composants élémentaires (diodes, transistors IGBT...). Par ailleurs, deux interrupteurs ne peuvent être commutés strictement en même temps. Si on introduit des trous dans la commande on évite de court-circuiter les sources de tension mais on ouvre des sources de courant de sortie. Si on fait chevaucher les commandes, on évite l'ouverture des sources de courant mais on court-circuite les sources de tension.

Une stratégie de commutation propre aux cellules de commutation bidirectionnelles en tension et en courant doit donc être mise en place.

a) Interrupteurs bidirectionnels

La figure 11.9 montre les diverses possibilités d'association de composants élémentaires pour former un interrupteur.

Bien que ne nécessitant qu'une interface de commande, la solution 1 n'est jamais utilisée car elle conduit à des pertes en conduction trop importantes (2 diodes et un transistor IBGT en série). La solution 2 est encore celle la plus utilisée, elle induit moins de pertes par conduction, elle nécessite deux interfaces de commande mais, comme on va le voir, cela permet une gestion convenable des commutations entre interrupteurs. La solution 3 forme chaque interrupteur de 2 RB IGBT (*Reverse Blocking IGBT*) en parallèle inverse. Un RB IGBT équivaut à un IBGT et à une diode en série avec une chute de tension à l'état passant moindre.

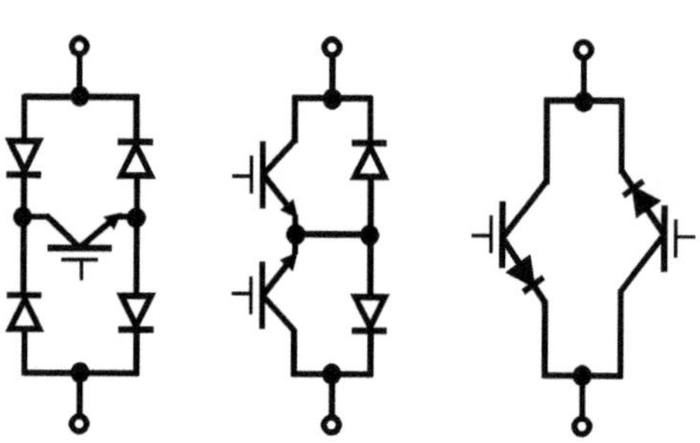

Figure 11.9

b) Stratégie de commutation

La stratégie de commutation communément adoptée est basée sur la détection du signe du courant à commuter, c'est-à-dire du courant dans les phases de sortie.

On considère par exemple (figure 11.10) la commutation entre K_{11} et K_{12} qui transfère le courant i' de la phase d'entrée 1 à la phase d'entrée 2. La solution 2 de la figure 11.9 étant choisie, K_{11} est formé des transistors T_1 et T'_1, des diodes D_1 et D'_1. K_{12} est formé de T_2 et T'_2, D_2 et D'_2.

La tension entre les deux entrées est notée v. Initialement T_1 et T'_1 sont commandés à la fermeture : le courant i' passe par T_1 et D'_1 s'il est positif, par T'_1 et D_1 s'il est négatif. La commutation va s'opérer en 4 phases.

▶ Si le courant i' est positif, on commande successivement :

- l'ouverture de T'_1,
- la fermeture de T_2,
- l'ouverture de T_1,
- la fermeture de T'_2.

– Si v est positif, c'est l'ouverture de T_1 qui provoque la commutation ; le courant i' ne pouvant plus passer par la paire T_1-D'_1 passe par T_2-D'_2 puisque T_2 est déjà commandé à la fermeture.

– Si v est négatif, c'est la fermeture de T_2 qui provoque la commutation en appliquant une tension négative aux bornes de l'ensemble T_1-D'_1.

▶ Si le courant i' est négatif, on commande successivement :

- l'ouverture de T_1,
- la fermeture de T'_2,
- l'ouverture de T'_1,
- la fermeture de T_2.

– Si v est positif, c'est la fermeture de T_2 qui provoque la commutation en appliquant une tension négative aux bornes de l'ensemble T_1-D'_1.

– Si v est négatif, c'est l'ouverture de T'_1 qui provoque la commutation ; le courant i' ne pouvant passer par la paire T'_1-D_1 passe par T'_2-D2 puisque T'_2 est déjà commandé à la fermeture.

On remarque qu'il n'y a jamais commande simultanée du transistor à mettre en conduction et du transistor à bloquer.

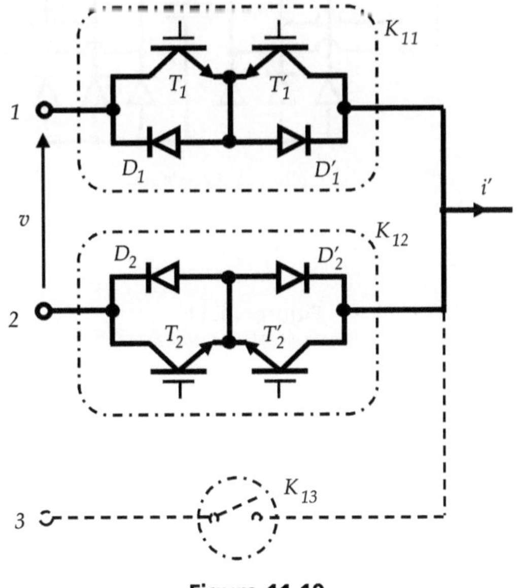

Figure 11.10

c) Circuit de protection

La stratégie de commande présentée nécessite la mesure des courants de sortie, soit par des capteurs à effet Hall, soit par des shunts. La précision limitée de ces organes de mesure peut conduire, pour les faibles courants, à une erreur possible sur le signe donc à des surtensions par ouverture inopinée de ces courants.

Pour limiter ces surtensions, on peut ajouter (figure 11.11) le circuit d'écrêtage (*clamping*) vu pour les onduleurs (§ 5.3.4.b) qui n'augmente guère les pertes.

Ce circuit est par ailleurs nécessaire pour protéger les semiconducteurs lors de surtensions venant du réseau ou apparaissant lors d'une déconnexion brutale de la charge en cas de surcharge.

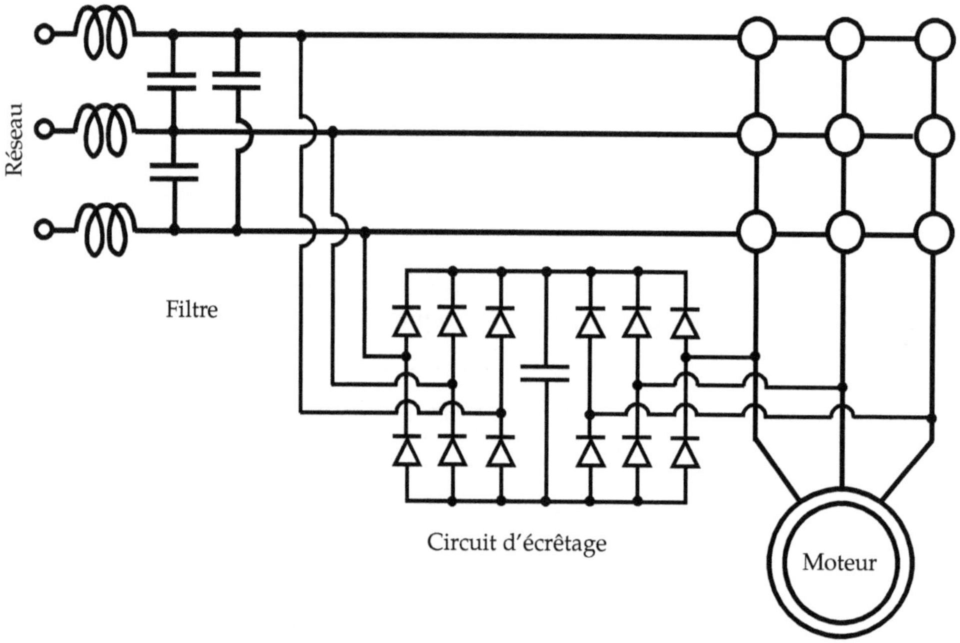

Figure 11.11

11.2 CONVERTISSEUR MODULAIRE MULTINIVEAUX

La multiplication dans les réseaux de transport de l'électricité de lignes à courant continu de très haute tension (HVDC) pose le problème de la réalisation des convertisseurs placés aux extrémités de ces lignes pour effectuer la liaison avec les réseaux à courant alternatif.

Réaliser cette liaison avec des redresseurs-onduleurs à thyristors (chapitre 6, § 6.5) ou avec des onduleurs autonomes (chapitre 5, § 5.5.2) soulève de grandes difficultés car il faut des interrupteurs supportant des tensions plus de cent fois supérieures à celles que peuvent tenir les semiconducteurs de puissance.

Pour pallier ce problème, les convertisseurs modulaires multiniveaux ont été développés ces dernières années.

11.2.1 Structure. Contraintes sur la commande

La figure 11.12 donne le schéma de principe du convertisseur modulaire multiniveaux (ou MMC pour *Modular Multilevel Converter*) et indique les notations adoptées.

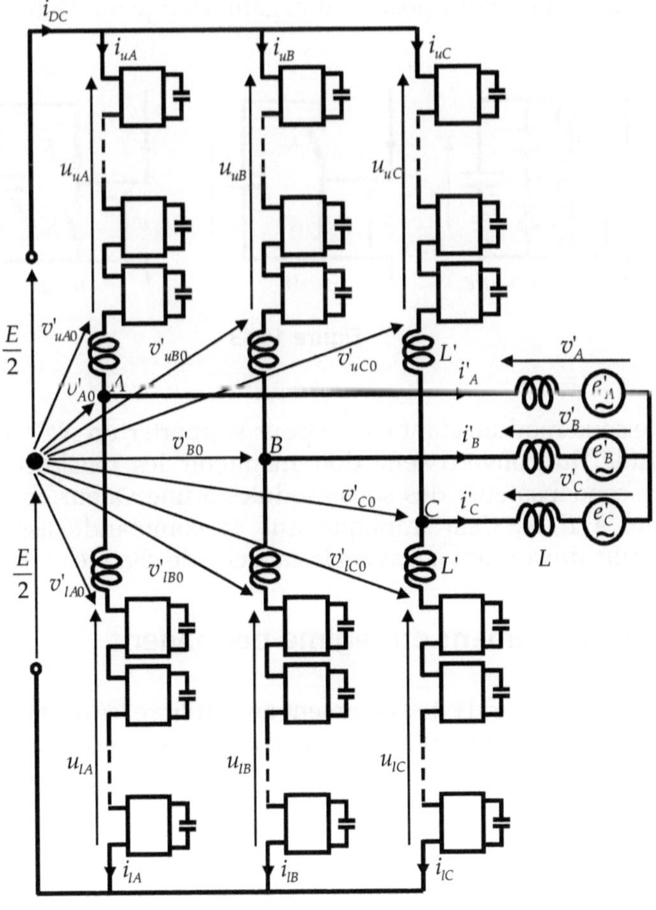

Figure 11.12

Placé entre une source de tension continue et un réseau de tension triphasé sinusoïdal équilibré, il est formé de trois bras, comportant chacun deux demi-bras. Chaque demi-bras est formé par la mise en série de N sous-modules, prévus pour supporter chacun un $N^{ième}$ de la tension continue E, et d'une inductance L' dont on verra plus loin le rôle (§ 11.2.3.a). La connexion des points milieux des trois bras aux phases du réseau s'effectue à travers des inductances de liaison L.

Chacun des sous-modules des demi-bras est formé d'une cellule de commutation à deux interrupteurs réversibles en courant K et K' et d'un condensateur C (*figure* 11.13).

Quand K' est fermé et donc K ouvert, la tension u aux bornes du sous-module est nulle, le condensateur est en circuit ouvert. Quand K est fermé et K' ouvert, la tension u_C s'insère dans la tension du demi-bras et le courant de ce demi-bras, suivant qu'il est positif ou négatif, charge ou décharge le condensateur.

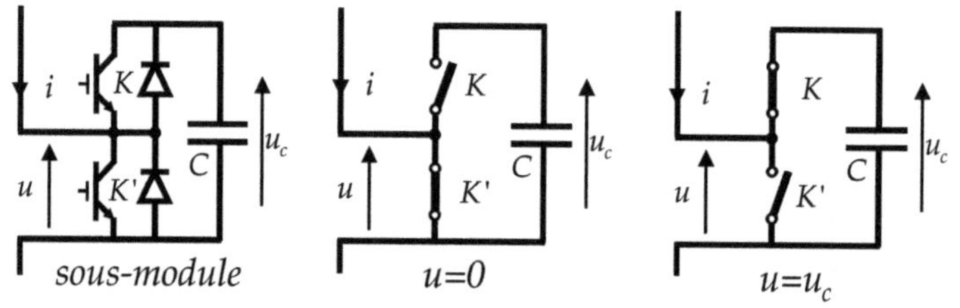

Figure 11.13

Chaque sous-module étant conçu pour supporter un $N^{ième}$ de la tension E, la commande du convertisseur doit maintenir les tensions moyennes aux bornes des condensateurs des sous-modules à une valeur égale (ou sensiblement égale) à E/N. Cela implique que la commande assure une valeur moyenne nulle du courant à travers la capacité de chaque sous-module.

11.2.2 Fonctionnement en régime permanent

On verra plus loin (§ 11.2.3) comment on équilibre les tensions des différents sous-modules. On suppose d'abord que chaque sous-module peut fournir une tension égale à zéro ou à E/N.

a) Objectif

On veut fournir au réseau (ou en prélever) une puissance active P, ainsi qu'une puissance réactive Q.

Si e'_A, e'_B, e'_C désignent les tensions du réseau

$$e'_A = \sqrt{2}V \sin(\omega t) = \sqrt{2}V \sin(\theta)$$
$$e'_B = \sqrt{2}V \sin(\omega t - 2\pi/3) = \sqrt{2}V \sin(\theta - 2\pi/3)$$
$$e'_C = \sqrt{2}V \sin(\omega t - 4\pi/3) = \sqrt{2}V \sin(\theta - 4\pi/3)$$

les tensions v'_A, v'_B, v'_C à la sortie du convertisseur doivent être égales à

$$v'_A = \sqrt{2}U \sin(\theta + \gamma)$$

$$v'_B = \sqrt{2}U\sin(\theta + \gamma - 2\pi/3)$$

$$v'_C = \sqrt{2}U\sin(\theta + \gamma - 4\pi/3)$$

avec $U = \sqrt{\left(V + L\omega\frac{Q}{3V}\right)^2 + \left(L\omega\frac{P}{3V}\right)^2}$; $\gamma = artg\frac{L\omega P/3V}{V + L\omega Q/3V}$; $0 < \gamma < \pi$

On remarque la similitude de la structure étudiée avec celle de l'onduleur de tension triphasé en pont (*figure* 5.21). On peut en déduire que les tensions v'_A, v'_B, v'_C auront les valeurs souhaitées si les tensions v'_{A0}, v'_{B0}, v'_{C0} entre les points milieux des bras et le point milieu (fictif) de la source continue sont, à une composante homopolaire v_{n0} près, respectivement égales aux tensions souhaitées (*cf.* § 5.2.2).

b) Tensions aux bornes des demi-bras

Comme on l'a déjà vu, la tension u_j aux bornes du sous-module d'indice j (avec $1 < j < N$) d'un demi-bras est nulle s'il est court-circuité, égale à E/N s'il est actif.

Si n est le nombre de sous-modules actifs, la tension u du demi-bras est $u = nE/N$. Par action sur n on peut faire varier u de zéro à E.

La figure 11.14 montre comment on peut faire suivre à u une référence variant sinusoïdalement autour de $E/2$.

L'effet « marche d'escalier » visible sur la tension u s'estompe dès que N est suffisant. On peut alors considérer l'ensemble des sous-modules d'un demi-bras comme une source de tension contrôlable (figure 11.15).

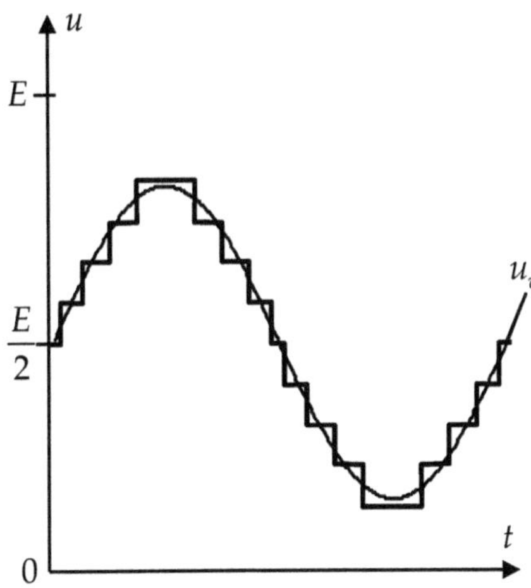

Figure 11.14

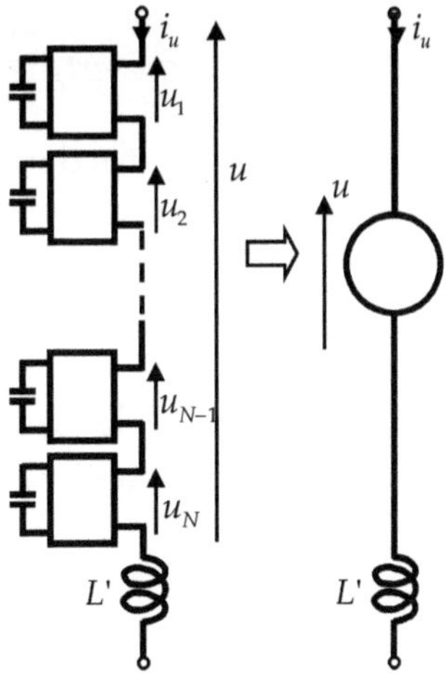

Figure 11.15

▶ Si on néglige les chutes de tension dans les inductances L', on obtient (avec le choix d'une composante homopolaire v_{no} nulle) les tensions $v'_{A0}, v'_{B0}, v'_{C0}$ souhaitées (pour autant que leur amplitude n'excède pas $E/2$) en imposant aux tensions des demi-bras de prendre les valeurs suivantes :

$$u_{lA} = \frac{E}{2} + \sqrt{2}U \sin(\theta + \gamma) \qquad u_{uA} = \frac{E}{2} - \sqrt{2}U \sin(\theta + \gamma)$$

$$u_{lB} = \frac{E}{2} + \sqrt{2}U \sin\left(\theta + \gamma - \frac{2\pi}{3}\right) \qquad u_{uB} = \frac{E}{2} - \sqrt{2}U \sin\left(\theta + \gamma - \frac{2\pi}{3}\right)$$

$$u_{lC} = \frac{E}{2} + \sqrt{2}U \sin\left(\theta + \gamma - \frac{4\pi}{3}\right) \qquad u_{uC} = \frac{E}{2} - \sqrt{2}U \sin\left(\theta + \gamma - \frac{4\pi}{3}\right)$$

On s'assure ainsi que la somme des tensions des deux demi-bras de chaque bras est égale à la tension E que le bras doit supporter.

c) Courants dans les demi-bras

▶ Dans la mesure où les tensions du réseau forment un système triphasé sinusoïdal équilibré, le convertisseur est commandé de façon à ce que les courants i'_A, i'_B, i'_C aient les mêmes propriétés

$$i'_A = \sqrt{2}I \sin(\theta - \varphi)$$

$$i'_B = \sqrt{2}I \sin(\theta - \varphi - 2\pi/3)$$

$$i'_C = \sqrt{2}I \sin(\theta - \varphi - 4\pi/3)$$

avec $I = \dfrac{\sqrt{P^2 + Q^2}}{3V}$; $\varphi = artg\dfrac{Q}{P}$; $0 < \varphi < \pi$

Si on néglige les pertes dans le convertisseur, il y a égalité de la puissance à ses deux accès. On en déduit la valeur moyenne I_{DC} du courant à l'entrée

$$I_{DC} = \frac{1}{E} 3V\, I \cos\varphi = \frac{P}{E}$$

Si l'on désigne par r le rapport de l'amplitude $\sqrt{2}V$ des tensions e'_A, e'_B, e'_C à la moitié de la tension continue E

$$r = \frac{\sqrt{2}V}{E/2} \quad ; \quad 0 < r < 1$$

on obtient

$$I_{DC} = 3\frac{r}{2\sqrt{2}} I \cos\varphi \quad ; \quad I_{DC} < \frac{3}{4}\sqrt{2}I$$

▶ Les courants dans les six demi-bras sont liés au courant d'entrée I_{DC} et aux courants de sortie i'_A, i'_B, i'_C par :

$$i_{uA} + i_{uB} + i_{uC} = i_{lA} + i_{lB} + 1_{lC} = I_{DC} = 3\frac{V}{E}I\cos\varphi$$

$$i_{uA} - i_{lA} = i'_A = \sqrt{2}I\sin(\theta - \varphi)$$

$$i_{uB} - i_{lB} = i'_B = \sqrt{2}I\sin(\theta - \varphi - 2\pi/3)$$

$$i_{uC} - i_{lC} = i'_C = \sqrt{2}I\sin(\theta - \varphi - 4\pi/3)$$

De plus, il faut qu'en régime permanent, au cours de chaque période des grandeurs alternatives, la puissance par demi-bras ait une valeur moyenne nulle. C'est nécessaire pour que l'énergie stockée dans les condensateurs de chaque demi-bras reste en moyenne constante.

La contrainte sur la puissance par demi-bras, jointe aux relations entre les divers courants, donne

$$i_{uA} = \frac{I_{DC}}{3} + \frac{\sqrt{2}I}{2}\sin(\theta - \varphi) \qquad i_{lA} = \frac{I_{DC}}{3} - \frac{\sqrt{2}I}{2}\sin(\theta - \varphi)$$

$$i_{uB} = \frac{I_{DC}}{3} + \frac{\sqrt{2}I}{2}\sin\left(\theta - \varphi - \frac{2\pi}{3}\right) \qquad i_{lB} = \frac{I_{DC}}{3} - \frac{\sqrt{2}I}{2}\sin\left(\theta - \varphi - \frac{2\pi}{3}\right)$$

$$i_{uC} = \frac{I_{DC}}{3} + \frac{\sqrt{2}I}{2}\sin\left(\theta - \varphi - \frac{4\pi}{3}\right) \qquad i_{lC} = \frac{I_{DC}}{3} - \frac{\sqrt{2}I}{2}\sin\left(\theta - \varphi - \frac{4\pi}{3}\right)$$

Pour le demi-bras du haut de la phase A, par exemple, la puissance p_{uA} égale

$$p_{uA} = \left[\frac{E}{2} - \frac{rE}{2}\sin\theta\right]\left[\frac{r\sqrt{2}}{4}I\cos\varphi + \frac{\sqrt{2}I}{2}\sin(\theta - \varphi)\right]$$

$$= \frac{rE}{2}\sin\theta * \frac{r\sqrt{2}}{4}I\cos\varphi + \frac{EI}{4}\sin(\theta - \varphi) + \frac{r\sqrt{2}}{8}EI\cos(2\theta - \varphi)$$

On constate que tous les termes de l'expression de cette puissance sont alternatifs, donc celle-ci a une valeur moyenne nulle.

Pour garantir la répartition choisie des courants de bras, on ne peut compter sur les chemins d'impédance offerts aux courants. On utilisera donc une régulation de ces courants.

Une telle régulation est rendue possible grâce aux inductances L', puisqu'on peut contrôler les courants qui les traversent en agissant sur les tensions de demi-bras.

d) Principales formes d'ondes

La figure 11.16 montre l'évolution de la tension e'_A et du courant i'_A dans la phase A du réseau, des tensions u'_{lA} et u'_{uA} aux bornes des deux demi-bras de la phase et des courants i_{lA} et i_{uA} qui les traversent.

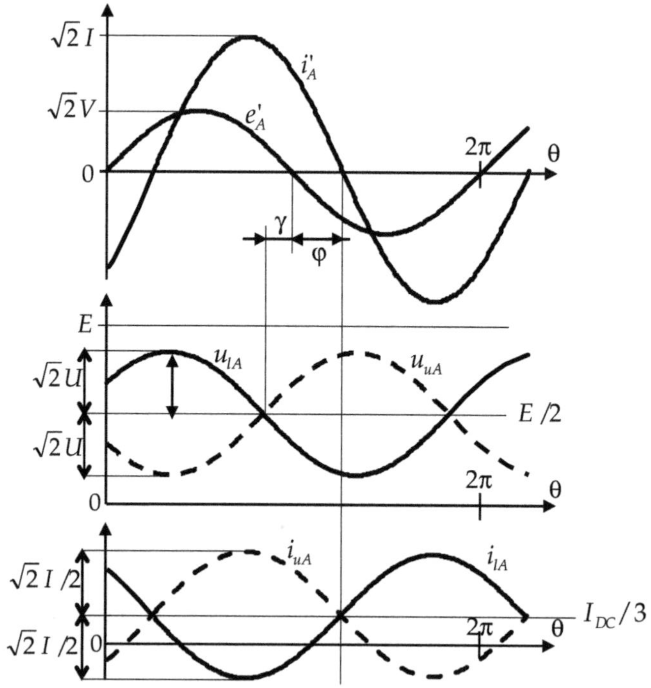

Figure 11.16

> **Remarques**
> – Il n'est pas nécessaire de prévoir un condensateur de filtrage haute tension du coté continu, puisque, grâce à la régulation des courants de demi-bras on prélève un courant constant à l'entrée du convertisseur. Le circuit à courant continu peut même être inductif, ce qui est le cas lorsqu'il s'agit d'une ligne de transport d'énergie.
> – Comme la composante continue des courants de demi-bras est inférieure à l'amplitude de leur composante alternative, ces courants sont tantôt positifs, tantôt négatifs, comme le montre la figure 11.16. Cela permettra d'assurer l'équilibrage des tensions des sous-modules moyennant une stratégie appropriée de leur activation (§ 11.2.3.b).

11.2.3 Architecture de commande

De l'étude qui précède, on peut déduire l'architecture de commande. Celle-ci comporte (figure 11.17) :

• *une commande « éloignée »* qui détermine la tension que doit produire chacun des demi-bras afin de régler les puissances active et réactive échangées avec le réseau triphasé. Elle doit assurer que la puissance moyenne par demi-bras est nulle, ce qui assure que l'énergie stockée dans l'ensemble des condensateurs de chaque demi-bras garde une valeur moyenne constante ;

• *une commande « rapprochée »* qui détermine en fonction de la tension de référence obtenue pour chaque demi-bras, le nombre n de sous-modules qu'il faut activer. Elle doit sélectionner les sous-modules pour maintenir constante la valeur moyenne de la tension aux bornes du condensateur de chacun d'eux et y assurer ainsi une répartition homogène de l'énergie stockée.

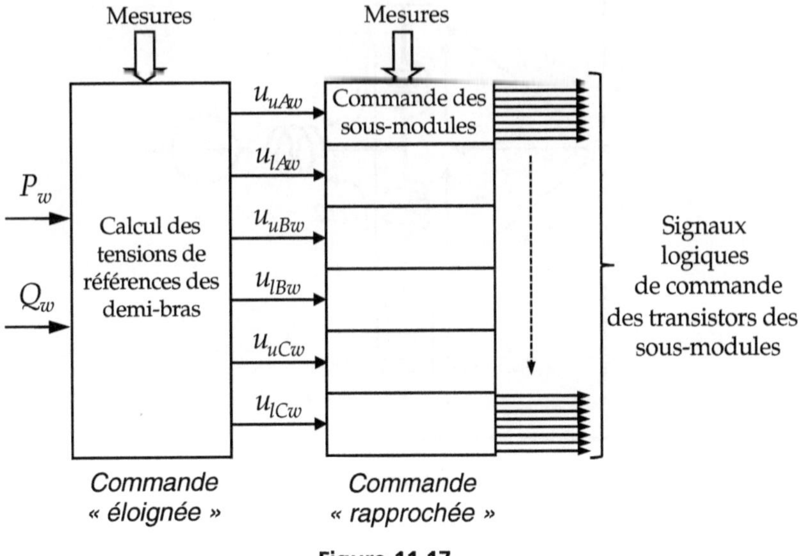

Figure 11.17

a) Commande éloignée

La structure de la commande éloignée découle directement de la stratégie de répartition des courants qu'on veut imposer entre les différents bras et qu'on a présentée à la section 11.2.2.*c* :

$$i_{uA} = i'_A/2 + I_{DC}/3 \qquad i_{lA} = -i'_A/2 + I_{DC}/3$$
$$i_{uB} = i'_B/2 + I_{DC}/3 \qquad i_{lB} = -i'_B/2 + I_{DC}/3$$
$$i_{uC} = i'_C/2 + I_{DC}/3 \qquad i_{lC} = -i'_C/2 + I_{DC}/3$$

▶ Pour chaque phase, il est intéressant de définir les tensions que les demi-bras doivent produire à partir de deux composantes. Pour la phase A (figure 11.18) ces composantes sont notées v'_{Ao} et v_{diffA} et correspondent :

• la première à la valeur commune à v'_{uA0} et v'_{lA0} nécessaire pour que les puissances active et réactive dans la phase correspondent à leurs valeurs de référence ;

• la seconde composante à la moitié de la différence qui doit exister entre v'_{uA0} et v'_{lA0} pour qu'il en résulte un courant i_{diffA} qui crée entre $i_{uA}/2$ et $-i_{lA}/2$ une différence égale à $I_{DC}/3$.

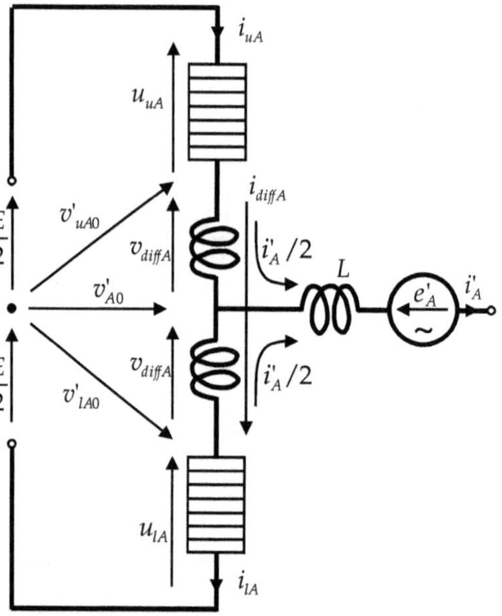

Figure 11.18

Il vient ainsi

$$u_{uA} = \frac{E}{2} - v'_{A0} - v_{diffA} \qquad\qquad u_{lA} = \frac{E}{2} - v'_{A0} - v_{diffA}$$

(Pour les autres bras, il suffit de remplacer par B ou C l'indice A.)

▶ On obtient ainsi le schéma de régulation de la figure 11.19 qui comporte :

• un régulateur des courants i_d et i_q dont les valeurs de référence i_{dw} et i_{qw} se déduisent des puissances actives $P_{réf}$ et réactives $Q_{réf}$ qu'on veut fournir au réseau.

- des régulateurs des courants i_{diffA}, i_{diffB} et i_{diffC} qui fournissent les tensions v_{diffA}, v_{diffB} et v_{diffC} qui permettent d'aligner ces trois courants sur une valeur théoriquement égale à $I_{DC}/3$ ou P_w/E. Les courants différentiels sont obtenus à partir des courants dans les demi-bras

$$i_{diffA} = \frac{i_{uA} + i_{lA}}{2} \quad i_{diffB} = \frac{i_{uB} + i_{lB}}{2} \quad i_{diffC} = \frac{i_{uC} + i_{lC}}{2}$$

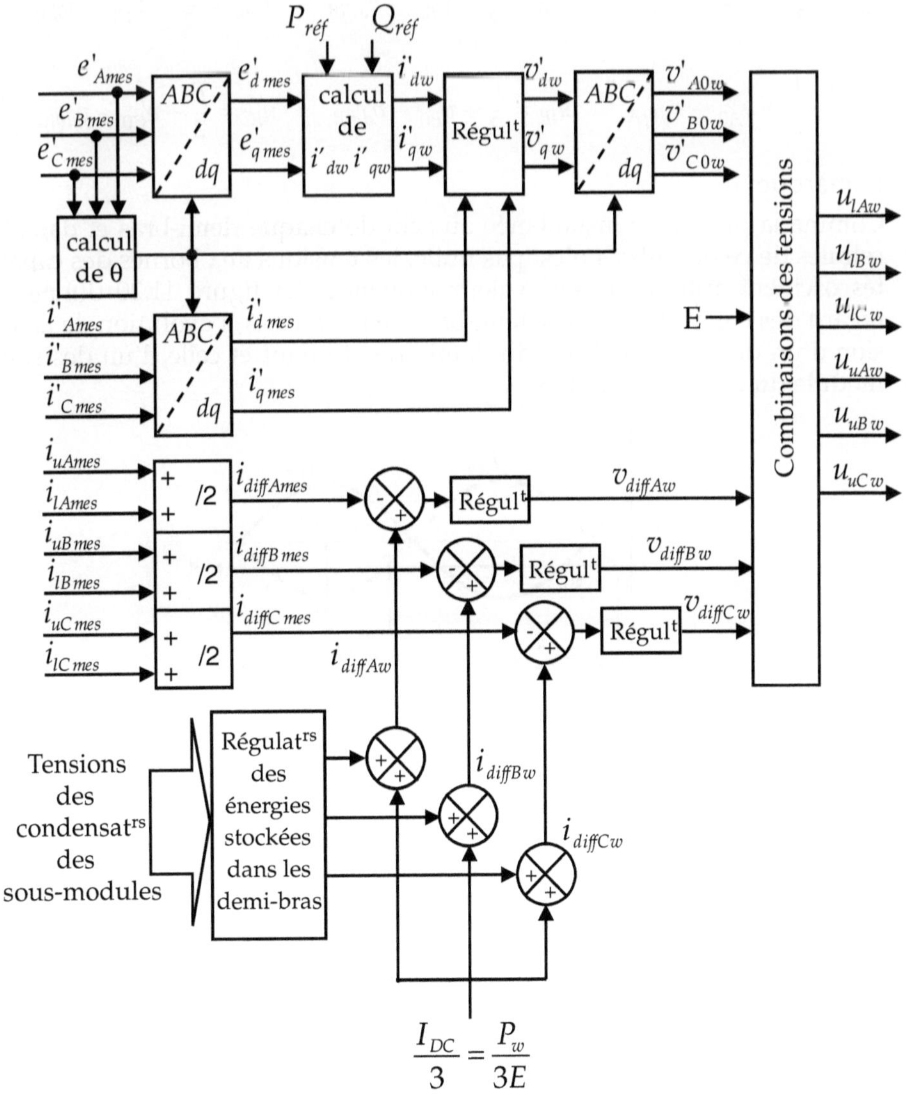

Figure 11.19

• des termes de correction apportés à la valeur théorique $I_{DC}/3$ pour compenser les imperfections du montage et ainsi assurer la constance de l'énergie stockée dans chaque demi-bras. Ces corrections sont issues de la régulation à E de la somme des valeurs moyennes des tensions aux bornes des capacités de chaque demi-bras image de l'énergie qui y est stockée.

• la combinaison des composantes de tensions pour obtenir les tensions que doivent produire les demi-bras.

$$u_{uA} = \frac{E}{2} - v'_{A0} - v_{diffA} \qquad u_{uB} = \frac{E}{2} - v'_{B0} - v_{diffB} \qquad u_{uC} = \frac{E}{2} - v'_{C0} - v_{diffC}$$

$$u_{lA} = \frac{E}{2} + v'_{A0} - v_{diffA} \qquad u_{lB} = \frac{E}{2} + v'_{B0} - v_{diffB} \qquad u_{lC} = \frac{E}{2} + v'_{C0} - v_{diffC}$$

Remarque

Comme la puissance instantanée au sein de chaque demi-bras et dans les cellules de ce demi-bras n'est pas nulle, les tensions aux bornes des capacités oscillent autour de leur valeur moyenne. La figure 11.20 donne, en regard des courants dans les demi-bras de la phase A, l'évolution de la tension d'un des sous-modules du demi-bras du haut et celle d'un des sous-module du demi-bras du bas.

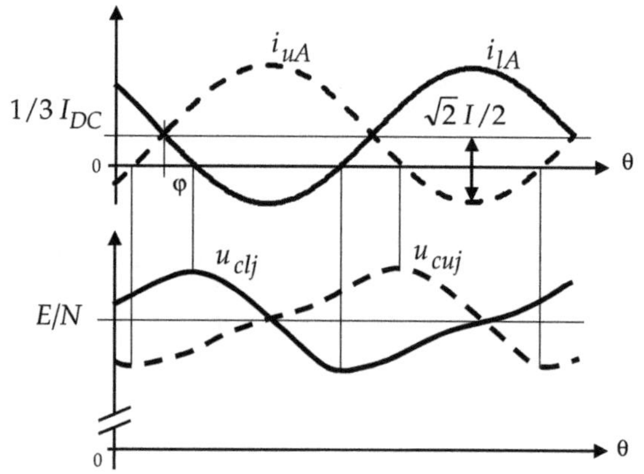

Figure 11.20

b) Commande rapprochée

Pour produire une tension u aux bornes d'un demi-bras qui suive sa référence u_w, il faut déterminer à tout instant le nombre n de sous-modules (parmi les N) qu'il faut activer de façon à ce que $(n/N)E$ soit le plus proche possible de u_w ; c'est l'étape de discrétisation, début de la commande rapprochée schématisée figure 11.21 pour un demi-bras.

Le choix des n sous-modules actifs doit se faire de sorte à équilibrer les tensions aux bornes des N condensateurs de ce demi-bras. La stratégie d'équilibrage est d'ordinaire la suivante :

- lorsque le courant du demi-bras est positif, on choisit de rendre actifs les n sous-modules dont les tensions des condensateurs sont les plus faibles, de sorte à les augmenter,
- lorsque le courant du demi-bras est négatif, on choisit de rendre actifs les n sous-modules dont les tensions des condensateurs sont les plus fortes, de sorte à les réduire.

Pour éviter que cet algorithme conduise à une fréquence des commutations trop élevée, on introduit un comparateur à hystérésis qui n'autorise les commutations que lorsque l'écart entre la plus grande (u_{cmax}) et la plus petite (u_{cmin}) des tensions condensateurs atteint une valeur prédéfinie.

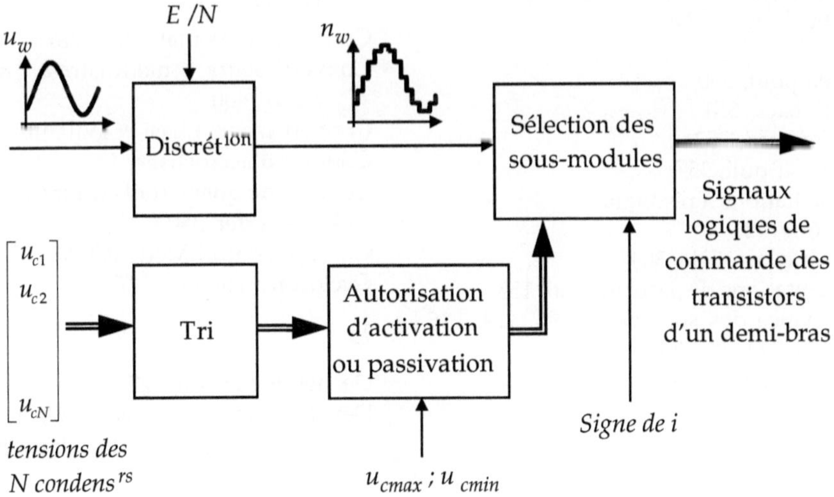

Figure 11.21

Index alphabétique

73866 – (II) – OSB 80° – LAS – LRN
Dépôt légal : août 2015
Suite du tirage : octobre 2019

Achevé d'imprimer par Dupli-Print à Domont (95)
N° d'impression : 2019092887
www.dupli-print.fr

Imprimé en France

Imprimé en France
FRHW010831150926
49451FR00013B/175

* 9 7 8 2 1 0 0 7 3 8 6 6 3 *